Wolfgang Müller

Elektrotechnik
Fachbildung
Technische Mathematik
Energieelektronik/
Industrieelektronik

Ernst Hörnemann, Heiden
Heinrich Hübscher, Lüneburg
Dieter Jagla, Neuwied
Joachim Larisch, Homburg/Saar
Wolfgang Müller, Montabaur
Volkmar Pauly, Limburg

westermann

Diesem Buch wurden die bei Redaktionsschluß vorliegenden
neuesten Ausgaben der DIN-Normen und VDE-Bestimmungen
zugrundegelegt.
Verbindlich für die Anwendung sind jedoch nur die neuesten
Ausgaben der DIN-Normen und VDE-Bestimmungen selbst,
die bei der vde-verlag gmbh, Bismarckstr. 33, 1000 Berlin 12 bzw.
Merianstr. 29, 6060 Offenbach und für DIN-Normen bei der
Beuth Verlag GmbH, Burggrafenstr. 6, 1000 Berlin 30
erhältlich sind.

1. Auflage   Druck   5   4   3   2

Herstellungsjahr   1993   1992

Alle Drucke dieser Auflage können im Unterricht
parallel verwendet werden.

© Westermann Schulbuchverlag GmbH, Braunschweig 1990

Verlagslektorat: Armin Kreuzburg
Herstellung: westermann druck GmbH, Braunschweig

ISBN 3-14-22 1150-0

Vorwort

Die komplexen elektrotechnischen Zusammenhänge der Energietechnik und Energieelektronik werden vom Lernenden leichter erfaßt, wenn er zugrunde liegende Strukturen erkennt, die durch Formeln mathematisch beschrieben werden. Die Technische Mathematik soll mit Hilfe mathematischer Methoden elektrotechnische Zusammenhänge erschließen helfen und Wege aufzeigen, Probleme in der Praxis zu lösen. Die rechnerische Auseinandersetzung mit den Problemen der Fachtheorie ist deshalb eine notwendige Ergänzung zu den in der Technologie erarbeiteten Lerninhalten.

Um die enge Beziehung zur Technologie zu verdeutlichen und die Arbeit mit dem Buch zu erleichtern, lehnt sich dieser Band Technische Mathematik eng an den Technologieband Energietechnik/Energieelektronik an und übernimmt dessen Kapitelaufteilung. Er baut auf dem Band Grundbildung Technische Mathematik auf und setzt die dort eingeschlagene Konzeption fort.

Jedes Kapitel beginnt mit einer Problemstellung, die aus der Praxis oder dem Bereich der Fachtheorie entnommen ist. Die anschließende Beispiellösung soll dem Lernenden eine mögliche Lösungsstrategie auch für die folgenden Aufgaben verdeutlichen. Treten innerhalb eines Kapitels zusätzliche Aspekte auf, dann sind weitere Problemstellungen mit Beispiellösungen eingearbeitet. Alle einführenden Aufgaben sind leicht erkennbar mit einem roten Dreieck gekennzeichnet.

Damit das Mathematikbuch unabhängig vom Technologiebuch eingesetzt werden kann, ist jedem Kapitel bzw. Unterkapitel eine rot umrandete Sammlung der zur Lösung der Aufgaben notwendigen Größen, Einheiten und Formeln vorangestellt.

Durch Herauslesen und rechnerisches Verwenden von Daten aus Tabellen, Datenblättern und Diagrammen wird der Forderung nach Praxisnähe entsprochen. Weiterhin soll dadurch handlungsorientiertes Lernen gefördert werden.

Für Hinweise und Verbesserungsvorschläge sind Herausgeber, Autoren und Verlag jederzeit aufgeschlossen und dankbar.

Herausgeber, Autoren und Verlag
Braunschweig, 1990

Inhaltsverzeichnis

1   Wechselstromkreis 1

1.1   Wechselspannung und
       Wechselströme 1
1.1.1 Winkelfunktionen 1
1.1.2 Drehzahl, Frequenz............. 4
1.1.3 Sinusförmige Wechselspannungen
       und Wechselströme 5
1.2   *RL*-Schaltungen 8
1.2.1 Schein- und Blindwiderstände der
       Spule 8
1.2.2. Reihenschaltung von induktiven
       Blindwiderständen und
       Wirkwiderständen 10
1.2.3. Parallelschaltung von induktiven
       Blindwiderständen und
       Wirkwiderständen 12
1.2.4 Leistungen in Stromkreisen mit
       induktiven Blindwiderständen und
       Wirkwiderständen 16
1.3   *RC*-Schaltungen 18
1.3.1 Blindwiderstand des
       Kondensators 18
1.3.2 Reihenschaltung von kapazitiven
       Blindwiderständen und
       Wirkwiderständen 20
1.3.3 Parallelschaltung von kapazitiven
       Blindwiderständen und
       Wirkwiderständen 22
1.3.4 Leistungen in Stromkreisen mit
       kapazitiven Blindwiderständen und
       Wirkwiderständen 24
1.4   *RCL*-Schaltungen............... 25
1.4.1 Reihenschaltungen von induktiven
       und kapazitiven Blindwiderständen
       und Wirkwiderständen 25
1.4.2. Parallelschaltung von induktiven
       und kapazitiven Blindwiderständen
       und Wirkwiderständen 27
1.4.3 Leistungen in Stromkreisen mit
       Spulen, Kondensatoren und
       Wirkwiderständen 29
1.4.4 Schwingkreise 31
1.5   Filter........................ 33

**2   Dreiphasenwechselstrom
       (Drehstrom)** 35

2.1   Sternschaltung................. 35
2.2   Dreieckschaltung 37
2.3   Unsymetrische Belastung des
       Drehstromnetzes 39

**3   Transformatoren und
       Übertrager** 43

3.1   Übersetzungsverhältnisse 43
3.2   Strom- und Spannungswandler ... 45
3.3   Kurzschlußspannung und
       Kurzschlußstrom 46
3.4   Spartransformator 47
3.5   Leistung und Wirkungsgrad von
       Transformatoren 48
3.6   Drehstromtransformatoren 50
3.7   Parallelschaltung von
       Drehstromtransformatoren 51

**4   Umlaufende elektrische
       Maschinen** 53

4.1   Mechanische Grundlagen 53
4.1.1 Drehzahl, Drehmoment,
       mechanische Leistung 53
4.1.2 Leistungsübertragung 54
4.2   Drehstrom-Asynchronmotoren 55
4.3   Wechselstrommotoren 57
4.4   Synchronmaschinen 59
4.5   Gleichstrommaschinen.......... 62
4.5.1 Gleichstromgeneratoren 62
4.5.2 Gleichstrommotoren 64
4.5.3 Anlasser, Feldsteller............. 66

5   Schutzmaßnahmen 67

5.1   Schutzmaßnahmen im TN-Netz ... 67
5.2   Fehlerstrom-Schutzeinrichtung im
       TT-Netz 70
5.3   Erdungswiderstand 71

Inhaltsverzeichnis

6 Elektrische Anlagen 73

6.1 Leitungen in Wechselstromanlagen 73

6.2 Verzweigte Wechselstromanlagen 76

6.3 Leitungen in Drehstromanlagen ... 78

6.4 Ringleitungen 81

6.5 Strombelastbarkeit isolierter Leitungen bei erhöhter Umgebungstemperatur 82

6.6 Einzelkompensation 83

6.7 Gruppen- und Zentralkompensation 88

6.8 Kosten der elektrischen Arbeit 90

6.9 Wärmebedarf in Verbraucheranlagen 91

6.10 Licht- und Beleuchtungstechnik ... 93

6.11 Kommunikationstechnik 97

6.11.1 Dämpfungs- und Übertragungsfaktoren 97

6.11.2 Dämpfungs- und Übertragungsmaße 97

6.11.3 Relativer Pegel 99

6.11.4 Mechanische Festigkeit von Antennen 100

7 Leistungselektronik 101

7.1 Gleichrichterschaltungen 101

7.2 Bipolare Transistoren 107

7.2.1 Gleich- und Wechselstrom-kennwerte 107

7.2.2 Arbeitspunkt und Verlustleistung .. 109

7.2.3 Verstärkung 111

7.2.4 Emitterschaltung 113

7.2.5 Gegenkopplung 115

7.2.6 Operationsverstärker 116

7.3 Feldeffekttransistoren 118

7.4 Wärmeableitung 121

7.5 Stabilisierung 123

7.6 Thyristoren 125

8 Digitaltechnik 127

8.1 Funktionsgleichungen 127

8.2 Vereinfachung von Schaltwerken .. 129

8.2.1 Vereinfachung mit Hilfe von KV-Tafeln 129

8.2.2 Algebraische Vereinfachung 132

8.3 Astabile Kippstufe 135

8.4 Monostabile Kippstufe 138

8.5 Schmitt-Trigger 140

8.6 Zähler, Teiler und Schieberegister 142

8.7 Codierer, Code-Umsetzer 144

8.8 Zahlensysteme 146

9 Automatisierungstechnik ... 147

9.1 Sensoren 147

9.2 Elektronische Regler 150

9.2.1 P-Regler 150

9.2.2 I-Regler, Integrierer 151

9.2.3 D-Regler, Differenzierer 152

9.2.4 Regler mit kombiniertem Verhalten 153

9.3 Anpassungen zwischen Bausteinen elektronischer Steuerungen 155

Sachwortverzeichnis .... 159 – 161

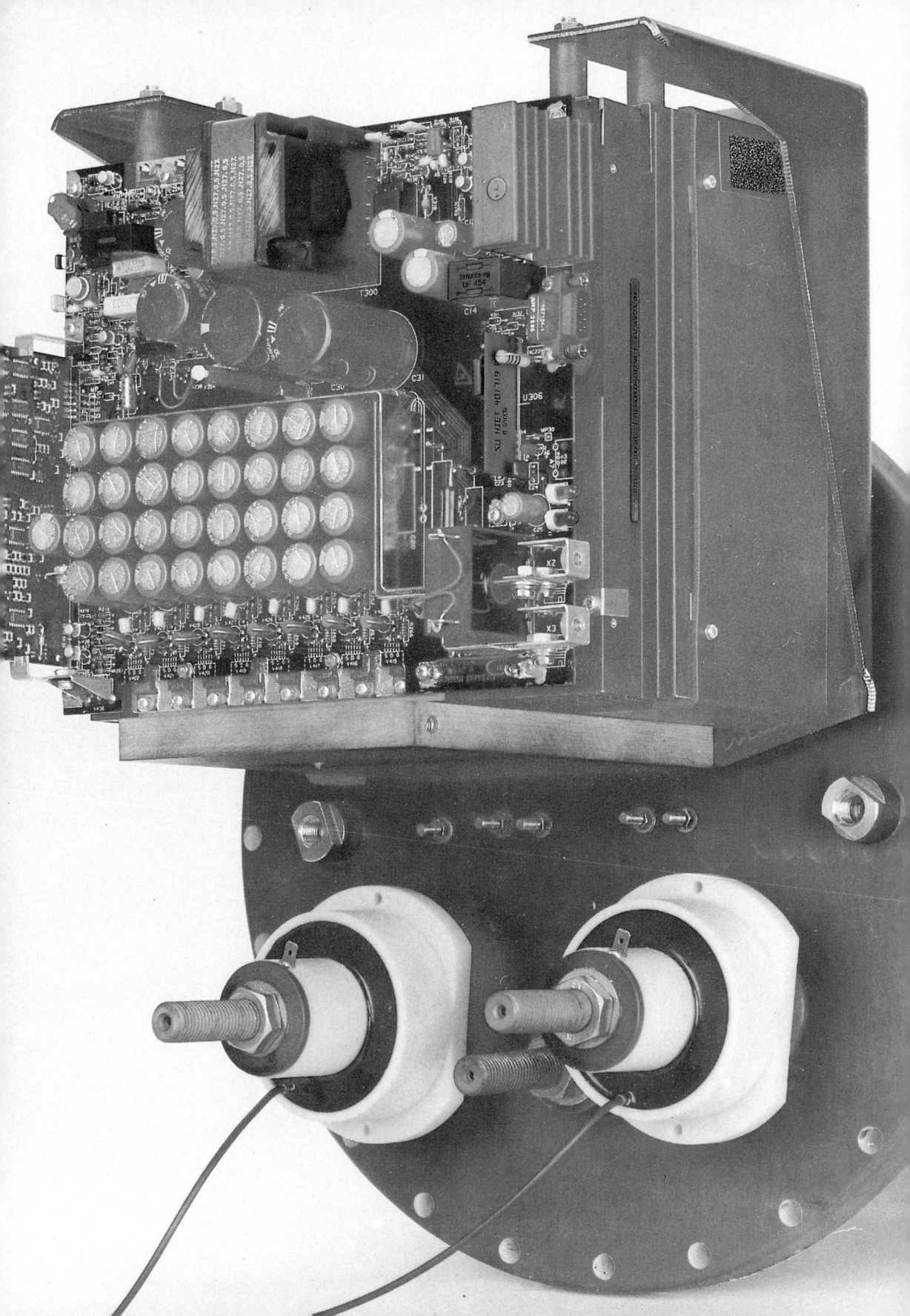

 **Wechselstromkreis**

1.1 Wechselspannung und -strom

1.1.1 Winkelfunktionen

▶ In einem rechtwinkligen Dreieck mit den Seiten *a*, *b*, *c* ist $a = 15\,cm$ und $\sin \alpha = 0,6$.
a) Welche Werte haben der Winkel α in Grad und im Bogenmaß, $\cos \alpha$ und $\tan \alpha$?
b) Wie lang sind *b* und *c*?

Winkelfunktionen

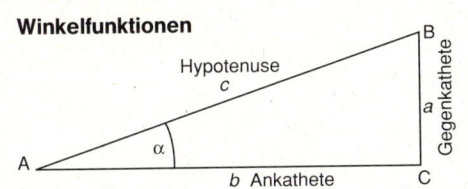

$$\sin \alpha = \frac{a}{c} \qquad \sin \alpha = \frac{\text{Gegenkathete}}{\text{Hypotenuse}}$$

$$\cos \alpha = \frac{b}{c} \qquad \cos \alpha = \frac{\text{Ankathete}}{\text{Hypotenuse}}$$

$$\tan \alpha = \frac{a}{b} \qquad \tan \alpha = \frac{\text{Gegenkathete}}{\text{Ankathete}}$$

Satz des Pythagoras $\qquad c^2 = a^2 + b^2$

Winkelmaß

Winkel im Gradmaß: $\qquad \alpha_G \qquad [\alpha_G] = °$
Winkel im Bogenmaß: $\qquad \alpha_B \qquad [\alpha_B] = rad$

Zusammenhang zwischen α_G und α_B:

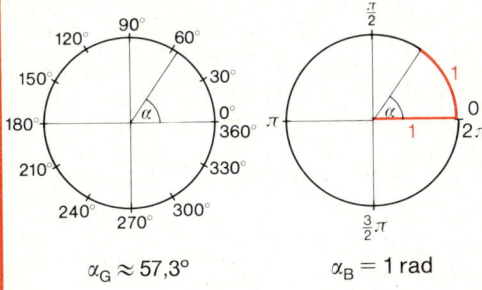

$$\alpha_G \approx 57,3° \qquad\qquad \alpha_B = 1\,rad$$

$$\frac{\alpha_G}{\alpha_B} = \frac{360°}{2 \cdot \pi} = \frac{57,3°}{1\,rad};$$

$$\frac{\alpha_B}{\alpha_G} = \frac{2 \cdot \pi}{360°} = 0,01745\,\frac{1\,rad}{1°}$$

Beispiellösung:

Gegeben: Rechtwinkliges Dreieck mit $a = 15\,cm$ und $\sin \alpha = 0,6$.

Gesucht: a) α_G; α_B; $\cos \alpha$; $\tan \alpha$ b) *b*, *c*

a) Rechnerische Lösung

$\sin \alpha = 0,6 \Rightarrow \underline{\underline{\alpha_G \quad = 36,87°}}$

$\underline{\cos \alpha = 0,8} \qquad \underline{\tan \alpha = 0,75}$

$\dfrac{\alpha_G}{\alpha_B} = \dfrac{360°}{2\,\pi}$	$\dfrac{\alpha_B}{\alpha_G} = 0,01745\,\dfrac{1\,rad}{1°}$
$\alpha_B = \dfrac{\alpha_G \cdot 2\,\pi}{360°}$	$\alpha_B = 0,01745\,\dfrac{1\,rad}{1°} \cdot \alpha_G$
$\alpha_B = \dfrac{36,87° \cdot 2 \cdot \pi}{360°}$	$\alpha_B = 0,01745\,\dfrac{1\,rad}{1°} \cdot 36,87°$
$\underline{\underline{\alpha_B = 0,6435\,rad}}$	$\underline{\underline{\alpha_B = 0,6434\,rad}}$

Zeichnerische Lösung (Abb. 1)

Man zeichnet den I. Quadranten des Einheitskreises und unterteilt die Koordinaten.

Auf der y-Achse wird der Wert für $\sin \alpha = 0,6$ aufgesucht und in diesem Abstand die Parallele zur x-Achse gezeichnet. Durch den Schnittpunkt mit dem Kreisbogen verläuft der Schenkel des Winkels α. Durch Messen mit dem Winkelmesser erhält man $\alpha_G = 37°$.

Die Länge *s* des Kreisbogens im Winkel α entspricht α_B. Die Werte für $\cos \alpha$ werden entsprechend der Abb. 1 bestimmt.

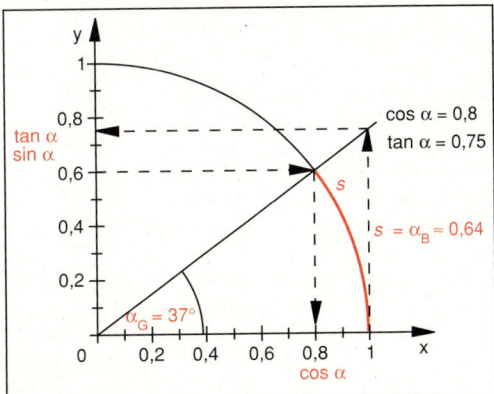

Abb. 1: Zeichnerische Ermittlung der Winkelfunktionen im Einheitskreis

b) $\sin\alpha = \dfrac{a}{c}$ $\qquad\qquad c = \dfrac{a}{\sin\alpha}$

$c = \dfrac{15\ \text{cm}}{0{,}6}$ $\qquad\qquad \underline{\underline{c = 25\ \text{cm}}}$

$\cos\alpha = \dfrac{b}{c}$ $\qquad$ oder $\quad \tan\alpha = \dfrac{a}{b}$

$b = c \cdot \cos\alpha$ $\qquad\qquad b = \dfrac{a}{\tan\alpha}$

$b = 25\ \text{cm} \cdot 0{,}8$ $\qquad\quad b = \dfrac{15\ \text{cm}}{0{,}75}$

$\underline{\underline{b = 20\ \text{cm}}}$ $\qquad\qquad \underline{\underline{b = 20\ \text{cm}}}$

oder

$c^2 = a^2 + b^2 \quad b^2 = c^2 - a^2$

$b = \sqrt{c^2 - a^2} \quad b = \sqrt{(25\ \text{cm})^2 - (15\ \text{cm})^2}$

$\underline{\underline{b = 20\ \text{cm}}}$

Winkelfunktionen im Einheitskreis

Die Winkelfunktionen lassen sich mit Hilfe des Einheitskreises darstellen (Abb. 1). Der Einheitskreis hat den Radius $r = 1$. (Aus mathematischen Gründen wird hier auf die Angabe einer Längeneinheit verzichtet.) Im Koordinatensystem liegt sein Mittelpunkt im Nullpunkt, die Kreisbahn schneidet die x- und y-Achse in 1 und (-1).

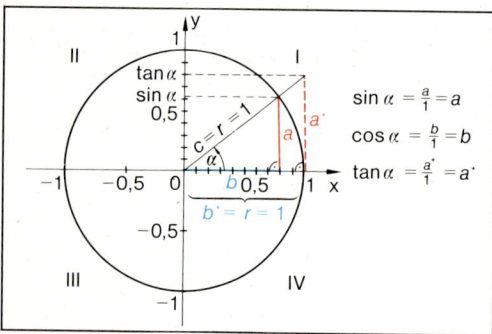

Abb. 1: Winkelfunktionen im Einheitskreis

In diesen Einheitskreis zeichnet man den Winkel α so ein, daß sein Scheitelpunkt im Nullpunkt des Koordinatensystems und der eine Schenkel auf dem positiven Bereich der x-Achse liegt. Der zweite Schenkel z.B. bei einem Winkel $\alpha < 90°$ schneidet den Kreisbogen im I. Quadranten. Fällt man von diesem Schnittpunkt das Lot auf die x-Achse, so erhält man ein rechtwinkliges Dreieck mit dem Winkel α und der Hypotenuse $c = r = 1$. In diesem Dreieck ist die Seite a ein Maß für $\sin\alpha$ und die Seite b ein Maß für $\cos\alpha$ (Abb. 1).

Verlängert man den zweiten Schenkel des Winkels α über den Kreisbogen hinaus und errichtet in $x = 1$ die Senkrechte, so ergibt sich ein weiteres rechtwinkliges Dreieck mit dem Winkel α und der Ankathete $b^* = r = 1$. Hier ist die Seite a^* ein Maß für $\tan\alpha$ (Abb. 1). Entsprechend können die Winkelfunktionen für Winkel $\alpha > 90°$ bestimmt werden.

Die Werte für $\sin\alpha$ und $\tan\alpha$ können an der y-Achse und die Werte für $\cos\alpha$ an der x-Achse abgelesen werden.

Mit Hilfe des Einheitskreises können die **Sinuskurve** bzw. **Cosinuskurve** konstruiert werden. Hierzu werden auf der x-Achse (Abszisse) die Winkel und auf der y-Achse (Ordinate) die zugehörigen Sinus- bzw. Cosinuswerte abgetragen (vgl. Abb. 2).

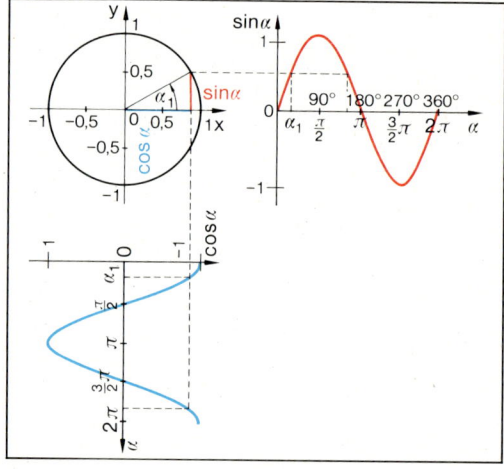

Abb. 2: Sinus- und Cosinuskurve

Aufgaben

1. In einem rechtwinkligen Dreieck ist $\cos\alpha = 0{,}4$ und $b = 25\ \text{cm}$. Bestimmen Sie zeichnerisch und rechnerisch α_G, α_B, $\sin\alpha$ und $\tan\alpha$!

2. Ein rechtwinkliges Dreieck hat die Seiten $a = 12\ \text{m}$ und $b = 16\ \text{m}$.
a) Wie lang ist die Seite c?
b) Wie groß sind die Winkel? (Grad und Bogenmaß)

3. Bestimmen Sie zeichnerisch und rechnerisch die Winkel in Grad und im Bogenmaß:
a) $\sin\alpha = 0{,}75$ $\qquad\qquad$ b) $\sin\gamma = 0{,}25$
c) $\cos\alpha = 0{,}5$ $\qquad\qquad$ d) $\tan\alpha = 2{,}5$
e) $\tan\varphi = 1$ $\qquad\qquad$ f) $\sin\varphi = 0{,}5$
g) $\cos\beta = 0{,}95$ $\qquad\qquad$ h) $\tan\beta = 0{,}3$

4. Bestimmen Sie die Winkelfunktionen (sin, cos, tan) und die Winkel in Grad für folgende Winkel:

a) $\alpha_B = \pi/2$ b) $\varphi_B = 1$

c) $\varphi_B = \pi/3$ d) $\beta_B = 1,5$

e) $\gamma = \frac{3}{4}\pi$ f) $\alpha_B = 0,75$

g) $\beta_B = 1\frac{5}{6}\pi$ h) $\gamma_B = 2,5$

5. Ermitteln Sie zu den folgenden Winkelfunktionen den $\cos\alpha$:

a) $\sin\alpha = -0,374$ b) $\tan\alpha = -0,473$

c) $\sin\alpha = 0,176$ d) $\tan\alpha = 1,756$

e) $\sin\alpha = 0,975$ f) $\tan\alpha = 0,748$

g) $\sin\alpha = -0,658$ h) $\tan\alpha = -2,845$

6. Bestimmen Sie zu folgenden Winkelfunktionen den $\tan\alpha$:

a) $\sin\alpha = -0,475$ b) $\cos\alpha = 0,444$

c) $\sin\alpha = 0,273$ d) $\cos\alpha = -0,178$

e) $\sin\alpha = 0,925$ f) $\cos\alpha = 0,735$

g) $\sin\alpha = -0,743$ h) $\cos\alpha = -0,876$

7. Bestimmen Sie in einem rechtwinkligen Dreieck die Katheten a und b, wenn

a) $\alpha = 20°$; $c = 3\,cm$,

b) $\beta = 45°$; $c = 24\,cm$,

c) $\alpha = 70°$; $c = 2,35\,m$,

d) $\beta = 10°$; $c = 12,5\,mm$,

e) $\alpha = 83°$; $c = 1,24\,km$,

f) $\beta = 75°$; $c = 65\,mm$ betragen.

8. Berechnen Sie die fehlenden Seiten und Winkel eines rechtwinkligen Dreiecks mit:

a) $a = 6,5\,cm$, $b = 3\,cm$

b) $a = 45\,m$, $\alpha = 40°$

c) $c = 5,8\,km$, $\beta = 32°$

d) $a = 12\,m$, $\alpha = 39,5°$

e) $b = 33,4\,mm$, $c = 58,3\,mm$

f) $a = 25,4\,cm$, $c = 135\,cm$

9. Eine Straßenlampe wird zwischen zwei Häusern aufgehängt (Abb. 3). Um wieviel m hängt die Lampe durch und wie groß ist der Winkel α zwischen der Waagerechten und den Spannseilen, wenn die Seile je 12 m lang sind und die Aufhängepunkte 23,80 m voneinander entfernt sind?

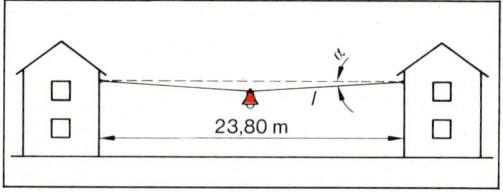

Abb. 3

10. Die Spitze eines Höchstspannungsmastes erblickt man aus einer Entfernung von 70 m unter einen Erhebungswinkel von 29,5°. Wie hoch ist der Mast, wenn die Augenhöhe 1,60 m beträgt?

11. Ein 7 m hoher Freileitungsmast wirft einen Schatten von 5,4 m. Unter welchem Winkel treffen die Sonnenstrahlen auf den Erdboden auf?

12. Der Schatten eines Sendemastes ist 54,6 m lang. Wie hoch ist der Mast, wenn die Sonnenstrahlen mit einem Winkel von 23,5° auf den Erdboden treffen?

13. Ein Mast ($h = 7,5$ m) wird mit einem Seil ($l = 7,6$ m) verankert (Abb. 4). Wieviel m vom Mast wird das Seil verankert und welcher Winkel besteht zwischen Seil und Mast?

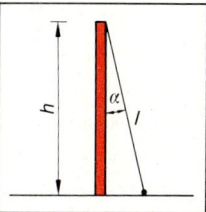

Abb. 4

14. Welchen Steigungswinkel hat eine Straße, die nach 1750 m um 17,5 m gestiegen ist?

15. Ein Kabelgraben mit dem in Abb. 5 dargestellten Querschnitt und einer Länge von 1,27 km soll ausgehoben werden. Wieviel m³ Erdreich müssen fortgeschafft werden?

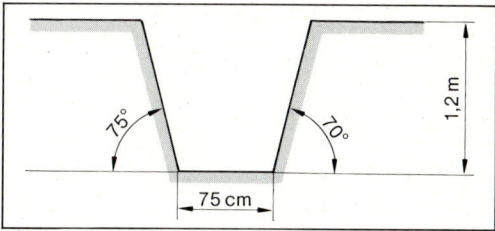

Abb. 5

16. Berechnen Sie die Länge des Riemens des in Abb. 6 dargestellten Riementriebes!
$D = 850$ mm, $d = 280$ mm, $s = 1420$ mm.

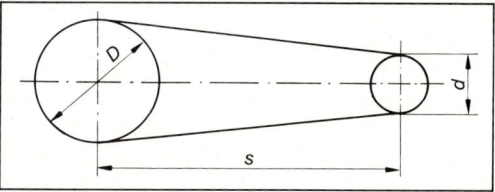

Abb. 6

1.1.2 Drehzahl, Frequenz

▶ Die Abb. 1 zeigt das Oszillogramm der Spannung eines Wechselstrom-Generators mit der Drehzahl $n = 1500 \frac{1}{min}$. Wie groß sind

a) die Periodendauer,
b) die Frequenz,
c) die Kreisfrequenz und
d) die Polzahl?

Drehzahl, Umdrehungsfrequenz n	$[n] = \frac{1}{s}$	$[n] = \frac{1}{min}$
	$\frac{1}{s} = s^{-1}$	$\frac{1}{min} = min^{-1}$

Polpaarzahl p

Frequenz f $[f] = Hz$

$f = \frac{1}{T}$ $1\,Hz = \frac{1}{s}$

$f = p \cdot n$

Periodendauer T $[T] = s$

Kreisfrequenz ω $[\omega] = \frac{1}{s}$

$\omega = \frac{2 \cdot \pi}{T}$

$\omega = 2 \cdot \pi \cdot f$

Beispiellösung:

Gegeben: Abb. 1
$n = 1500 \frac{1}{min}$

Gesucht: a) T b) f c) ω d) Polzahl

a) Aus der Abb. 1 ergeben sich für eine Periode 4 Skt. Nach dem Maßstab ergibt sich für

$T = 4\,Skt. \cdot 5 \frac{ms}{Skt.}$ $\underline{\underline{T = 20\,ms}}$

b) $f = \frac{1}{T}$ $f = \frac{1}{20\,ms}$ $\underline{\underline{f = 50\,Hz}}$

c) $\omega = 2 \cdot \pi \cdot f$ $\omega = 2 \cdot \pi \cdot 50\,Hz$

$\omega = 100\,\pi\, \frac{1}{s}$ $\underline{\underline{\omega \approx 314 \frac{1}{s}}}$

d) $f = p \cdot n$ $p = \frac{f}{n}$ $p = \frac{50\,Hz}{1500 \frac{1}{min}}$

$p = \frac{50\,min}{1500\,s}$ $p = \frac{50 \cdot 60\,s}{1500\,s}$ $\underline{\underline{p = 2}}$

Die Maschine hat $2 \cdot p = 4$ Pole.

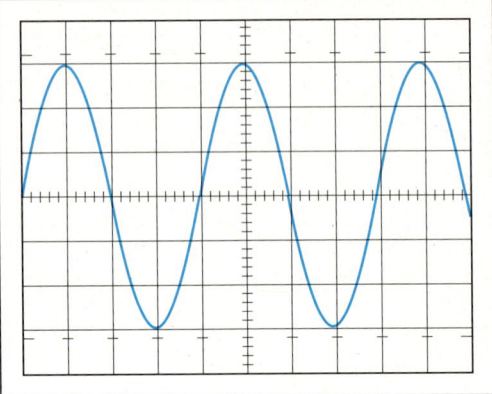

Abb. 1: Oszillogramm der Spannung eines Wechselstrom-Generators (1 Skt $\hat{=}$ 5 ms)

Aufgaben

1. Welche Frequenzen haben die erzeugten Wechselspannungen eines Generators mit 4 Polpaaren bei folgenden Drehzahlen:

a) $250 \frac{1}{min}$ b) $900 \frac{1}{min}$
c) $375 \frac{1}{min}$ d) $3000 \frac{1}{min}$
e) $750 \frac{1}{min}$ f) $6000 \frac{1}{min}$

2. Wie groß sind Periodendauer und Kreisfrequenz der Wechselspannungen mit folgenden Frequenzen:

a)   1   Hz   b) 100 kHz
c) $16\frac{2}{3}$ Hz   d)   1 MHz
e) 50   Hz   f)   10 MHz
g) 400   Hz   h) 100 MHz
i)   1   kHz   k)   1 GHz

3. Die Abb. 2 zeigt das Oszillogramm einer Wechselspannung.

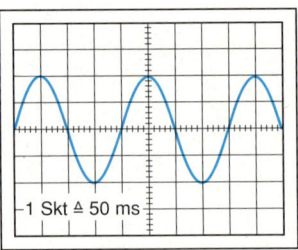

Wie groß sind
a) Periodendauer,
b) Frequenz und
c) Kreisfrequenz?

$-1\,Skt \triangleq 50\,ms$

Abb. 2: Oszillogramm einer Wechselspannung

4. Der vierzigpolige Generator in einem Laufwasserkraftwerk wird mit $n = 150 \frac{1}{min}$ angetrieben. Wie groß sind die Frequenz, die Periodendauer und die Kreisfrequenz der erzeugten Wechselspannung?

5. Welche Drehzahl muß ein Generator mit 12 Polpaaren haben, um eine Wechselspannung mit folgenden Frequenzen zu erzeugen:
a) $16\frac{2}{3}$ Hz   b) 25 Hz
c) 50 Hz   d) 200 Hz
e) 60 Hz   f) 400 Hz

6. Wie viele Schwingungen pro Sekunde macht ein Wechselstrom, der in einem 8poligen Wechselstromgenerator bei einer Drehzahl von $925 \frac{1}{\text{min}}$ erzeugt wird?

7. Eine zwölfpolige Drehstromlichtmaschine arbeitet im Drehzahlbereich $1000 \frac{1}{\text{min}}$ bis $4500 \frac{1}{\text{min}}$. In welchem Bereich liegt die Frequenz der erzeugten Wechselspannung?

8. Der vierpolige Generator eines Notstromaggregates wird von einem Dieselmotor angetrieben, dessen Drehzahl je nach Belastung zwischen 1280 min^{-1} und 1620 min^{-1} schwankt.
a) Berechnen Sie den Frequenzbereich!
b) Um wieviel % schwankt die Frequenz?

9. Mit welcher Drehzahl wird ein vierpoliger Bahngenerator angetrieben, der eine Wechselspannung mit $f = 16\frac{2}{3}$ Hz erzeugt?

10. In einem zweipoligen Generator wird eine Wechselspannung mit der Periodendauer $T = 60$ ms erzeugt. Wie groß ist die Drehzahl?

11. Mit welcher Drehzahl muß eine 48polige Wechselspannungsmaschine angetrieben werden, damit eine Wechselspannung mit der Frequenz 400 Hz erzeugt wird?

12. Die Frequenz der Wechselspannung eines vierpoligen Notstromgenerators darf von der Nennfrequenz 50 Hz nur um $\pm 2\%$ abweichen.
a) Berechnen Sie die Grenzfrequenzen!
b) Zwischen welchen Werten darf die Drehzahl schwanken?

13. Wieviel Pole besitzt ein Wechselstrom-Generator, der eine Wechselspannung mit $f = 400$ Hz erzeugt und mit einer Drehzahl von $n = 3000 \frac{1}{\text{min}}$ angetrieben wird?

14. Ein Generator wird mit $n = 150 \frac{1}{\text{min}}$ angetrieben und erzeugt eine Wechselspannung mit $f = 60$ Hz. Wieviel Pole hat er?

15. Wieviel Pole hat ein Generator, der mit $n = 10000 \frac{1}{\text{min}}$ angetrieben wird, wenn er eine Wechselspannung mit $f = 1$ MHz erzeugt?

1.1.3 Sinusförmige Wechselspannungen und Wechselströme

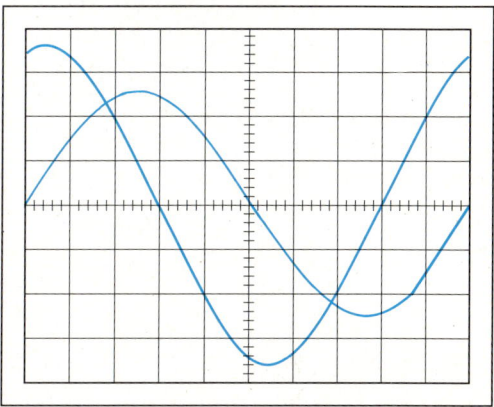

Abb. 3: Oszillogramm der Spannungen u_1 und u_2.
(1 Skt. $\triangleq$ 2 ms; 1 Skt. $\triangleq$ 5 V)

▶ Abb. 3 zeigt ein Oszillogramm zweier Wechselspannungen u_1 und u_2. Die Spannung u_1 eilt der Spannung u_2 voraus.
a) Wie groß sind $\hat{u}_1$, $\hat{u}_2$ und der Phasenverschiebungswinkel φ?
b) Wie groß ist der Momentanwert der Spannung u_1, wenn die Spannung u_2 aus dem Negativen kommend 0 V wird?
c) Wie groß ist die Gesamtspannung u der Reihenschaltung?
d) Wie groß ist die Phasenverschiebung zwischen u und u_1 bzw. u und u_2?
e) Wie groß sind die Effektivwerte der Spannungen?

Scheitelwerte	$\hat{u}$; $\hat{i}$
Momentanwerte	u; i

$u = \hat{u} \cdot \sin \alpha$
$i = \hat{i} \cdot \sin \alpha$
$\alpha = \omega \cdot t$

Phasenverschiebungswinkel φ

Effektivwerte U; I

$$U = \frac{\hat{u}}{\sqrt{2}}; \quad I = \frac{\hat{i}}{\sqrt{2}}$$

Reihenschaltung von Spannungsquellen:
$u = u_1 + u_2 + \cdots + u_n$

Knotenpunktregel:
$i = i_1 + i_2 + \cdots + i_n$

Beispiellösung:

Gegeben: Abb. 3, Seite 5

Gesucht: a) $\hat{u}_1$; $\hat{u}_2$; φ b) u_1 bei φ
          c) u d) φ_1, φ_2 e) U_1, U_2, U

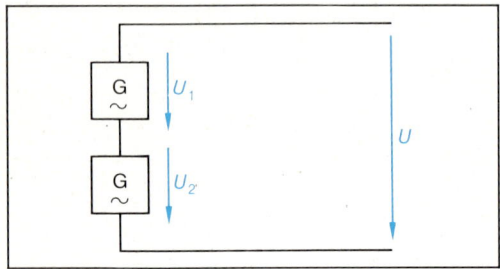

a) $\hat{u}_1 = 3,6$ Skt. $\cdot 5 \dfrac{V}{Skt.}$ $\underline{\hat{u}_1 = 18\ V}$

   $\hat{u}_2 = 2,4$ Skt. $\cdot 5 \dfrac{V}{Skt.}$ $\underline{\hat{u}_2 = 12\ V}$

   $\varphi = 2$ Skt. $\cdot \dfrac{360°}{10\ Skt.}$ $\underline{\varphi = 72°}$

b) $u_1 = \hat{u}_1 \cdot \sin\varphi$ $u_1 = 18\ V \cdot \sin 72°$
   $\underline{u_1 = 17,1\ V}$

d) Aus den Diagrammen in c) folgt
   $\varphi_1 = 28°$; $\varphi_2 = 44°$
   u_1 eilt u um $\varphi_1 = 28°$ voraus und u_2 eilt u um
   $\varphi_2 = 44°$ nach.

e) $U_1 = \dfrac{\hat{u}_1}{\sqrt{2}}$; $U_1 = \dfrac{18\ V}{\sqrt{2}}$; $\underline{\underline{U_1 = 12,4\ V}};$

   $U_2 = \dfrac{\hat{u}_2}{\sqrt{2}}$; $U_2 = \dfrac{18\ V}{\sqrt{2}}$; $\underline{\underline{U_2 = 8,5\ V}};$

   $U = \dfrac{\hat{u}}{\sqrt{2}}$; $U = \dfrac{24\ V}{\sqrt{2}}$; $\underline{\underline{U = 17\ V}}$

Auch mit Effektivwerten kann das Zeigerdiagramm gezeichnet werden und somit U bestimmt werden:

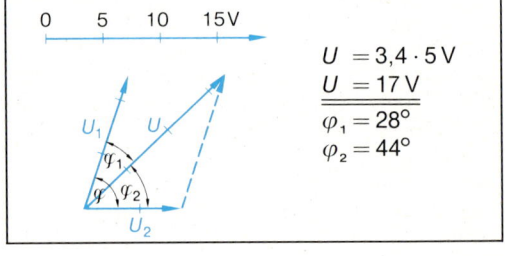

$U = 3,4 \cdot 5\ V$
$\underline{U = 17\ V}$
$\overline{\varphi_1 = 28°}$
$\varphi_2 = 44°$

c)

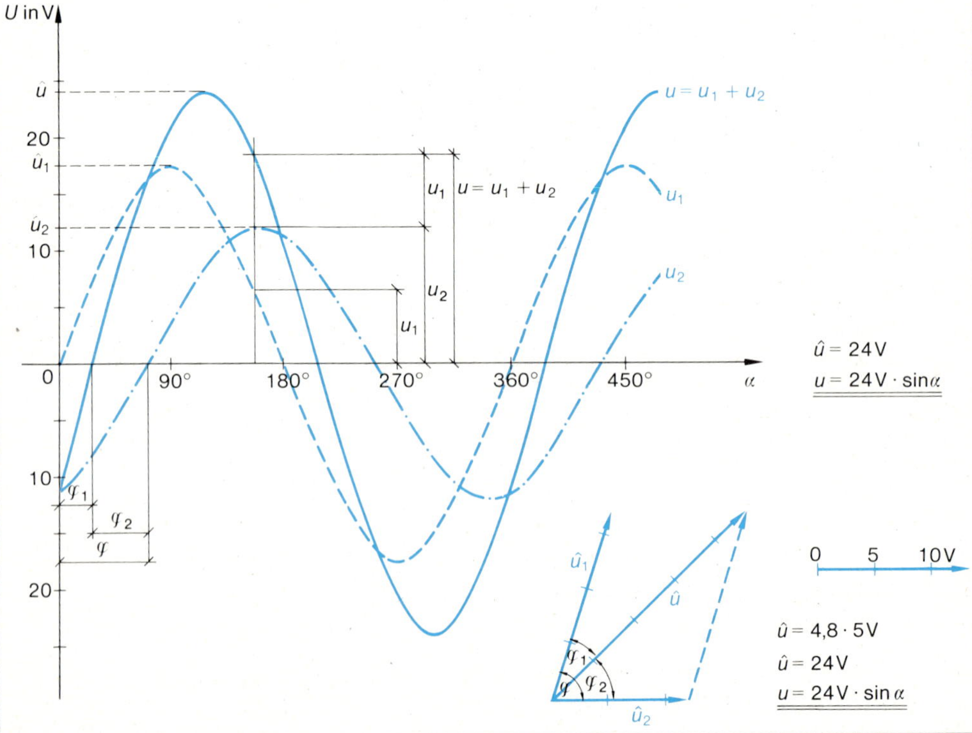

U in V

$u = u_1 + u_2$

u_1 | $u = u_1 + u_2$

u_1

u_2

u_2

u_1

$\hat{u} = 24\ V$
$\underline{u = 24\ V \cdot \sin\alpha}$

$\hat{u}_1$

$\hat{u}$

0   5   10V

$\hat{u} = 4,8 \cdot 5\ V$
$\hat{u} = 24\ V$
$\underline{u = 24\ V \cdot \sin\alpha}$

$\hat{u}_2$

Aufgaben

1. Wie groß sind die Momentanwerte einer sinusförmigen Spannung für folgende Winkel α bei $\hat{u} = 50$ V:

a) $\alpha = 15°$ b) $\alpha = 305°$ c) $\alpha = 1,4$
d) $\alpha = 205°$ e) $\alpha = \pi/6$ f) $\alpha = 3$
g) $\alpha = 270°$ h) $\alpha = \frac{13}{12}\pi$ i) $\alpha = 0,25$

2. Bestimmen Sie die Scheitelwerte:

a) $U = 42$ V b) $U = 230$ V
c) $I = 10$ A d) $U = 400$ V
e) $I = 3,5$ mA f) $I = 12$ kA
g) $U = 24$ V h) $I = 75\,\mu$A

3. Bestimmen Sie zu folgenden Scheitelwerten die Effektivwerte:

a) $\hat{u} = 566$ V b) $\hat{\imath} = 7,75$ mA
c) $\hat{u} = 155,5$ V d) $\hat{\imath} = 75$ kA
e) $\hat{u} = 7,1$ kV f) $\hat{\imath} = 14,1$ A

4. Ein Wechselstrom $f = 50$ Hz hat den Scheitelwert $\hat{\imath} = 14$ A. Wie groß sind die Momentanwerte für folgende Zeiten:

a) $t = 1$ ms b) $t = 7$ ms c) $t = 40$ ms
d) $t = 5$ ms e) $t = 12$ ms f) $t = 1$ s

5. Der Maximalwert einer sinusförmigen Wechselspannung mit $f = 50$ Hz beträgt $\hat{u} = 230$ V. Zu welchen Zeiten stellen sich folgende Momentanwerte ein:

a) $u = 12$ V b) $u = -30$ V c) $u = 175$ V
d) $u = 25$ V e) $u = 160$ V f) $u = 200$ V

6. Die Isolation eines Wechselstrommotors mit $U = 5000$ V wird mit der 2,5fachen Nennspannung geprüft. Für welche maximale Spannung muß die Isolation ausgelegt sein?

7. Zwei Wechselspannungsquellen sind in Reihe geschaltet. Die Scheitelwerte betragen $\hat{u}_1 = 2,5$ V und $\hat{u}_2 = 4$ V. Die Spannung u_1 eilt der Spannung u_2 um 2 ms voraus, $f = 50$ Hz. Bestimmen Sie grafisch die Gesamtspannung u und die Phasenverschiebung zwischen u_1 und u bzw. u_2 und u!

8. Wie groß ist der Strom i_1 im Knotenpunkt der Abb. 1?

9. Addieren Sie graphisch die Ströme i_1 und i_2 zu i. Die Scheitelwerte betragen $\hat{\imath}_1 = 10$ A und $\hat{\imath}_2 = 12$ A. Der Strom i_1 eilt dem Strom i_2 um 45° voraus.
Wie groß sind die Phasenverschiebungen zwischen i_1 und i bzw. i_2 und i?

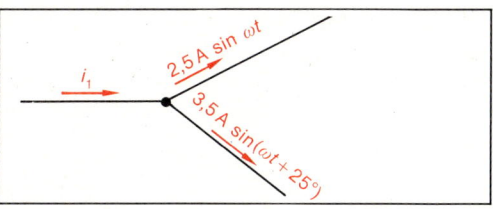

Abb. 1

10. Mit einem Oszilloskop wird das Oszillogramm nach Abb. 2 ermittelt. (1 Skt. $\stackrel{\wedge}{=}$ 5 ms und 1 Skt. $\stackrel{\wedge}{=}$ 10 V).

a) Wie groß sind die Scheitelwerte der Spannungen und der Phasenverschiebungswinkel?
b) Wie groß sind die Effektivwerte der Spannungen?
c) Wie groß sind Frequenz und Periodendauer?
d) Wie groß ist die Gesamtspannung, wenn die beiden Spannungsquellen in Reihe geschaltet werden? (Lösung mit dem Liniendiagramm und dem Zeigerdiagramm).
e) Wie groß ist die Phasenverschiebung zwischen der Gesamtspannung und der Spannung der Spannungsquelle 1?
f) Welchen Effektivwert hat die Gesamtspannung?

11. Drei Spannungsquellen mit $u_1 = 17$ V $\cdot \sin \omega t$; $u_2 = 25$ V $\cdot \sin(\omega t + 20°)$ und $u_3 = -15$ V $\cdot \sin(\omega t - 20°)$ werden in Reihe geschaltet.

a) Bestimmen Sie die Gesamtspannung mit Hilfe des Liniendiagramms!
b) Lösen Sie die Aufgabe a) mit dem Zeigerdiagramm!
c) Berechnen Sie die Effektivwerte der Spannungen!

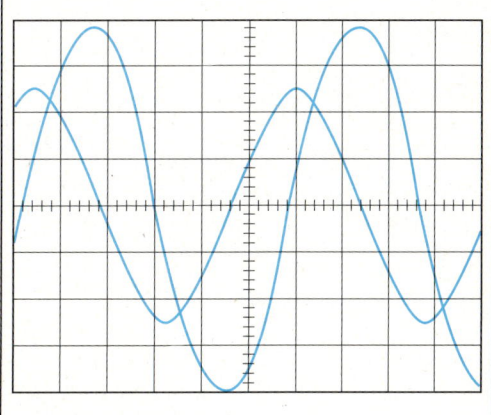

Abb. 2

1.2 *RL*-Schaltungen

1.2.1 Schein- und Blindwiderstand der Spule

▶ Bei einem Motor wird an 380 V eine Stromstärke von 11,7 A gemessen.
a) Wie groß ist sein Scheinwiderstand?
b) Welche Induktivität ergibt sich, wenn mit einer Brückenschaltung der induktive Blindwiderstand mit $X_L = 31,7\ \Omega$ ermittelt wurde?

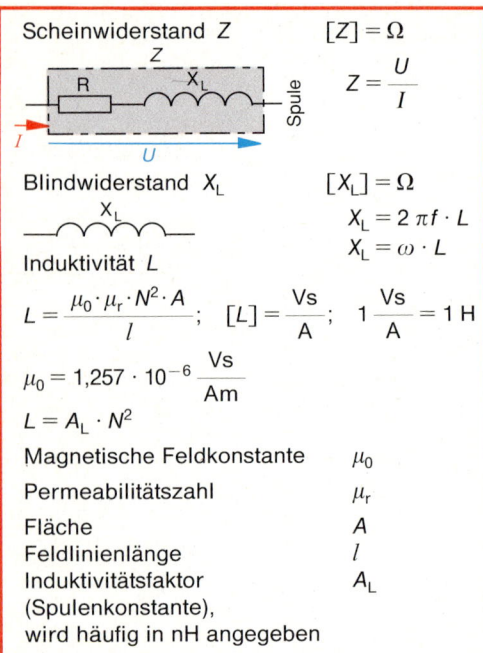

Scheinwiderstand Z $[Z] = \Omega$

$$Z = \frac{U}{I}$$

Blindwiderstand X_L $[X_L] = \Omega$

$$X_L = 2\,\pi f \cdot L$$
$$X_L = \omega \cdot L$$

Induktivität L

$$L = \frac{\mu_0 \cdot \mu_r \cdot N^2 \cdot A}{l}; \quad [L] = \frac{Vs}{A}; \quad 1\,\frac{Vs}{A} = 1\,H$$

$$\mu_0 = 1{,}257 \cdot 10^{-6}\ \frac{Vs}{Am}$$

$$L = A_L \cdot N^2$$

Magnetische Feldkonstante μ_0

Permeabilitätszahl μ_r

Fläche A
Feldlinienlänge l
Induktivitätsfaktor A_L
(Spulenkonstante),
wird häufig in nH angegeben

Beispiellösung:

Gegeben: $U = 380$ V; $I = 11{,}7$ A; $X_L = 31{,}7\ \Omega$;
           $f = 50$ Hz
Gesucht: a) Z,   b) L

a) $Z = \dfrac{U}{I}$; $Z = \dfrac{380\ \text{V}}{11{,}7\ \text{A}}$; $\underline{\underline{Z = 32{,}5\ \Omega}}$

b) $X_L = 2\,\pi \cdot f \cdot L$

    $L = \dfrac{X_L}{2\,\pi \cdot f}$; $L = \dfrac{31{,}7\ \Omega}{2\,\pi \cdot 50\ \text{Hz}}$

    $\underline{\underline{L = 0{,}101\ \text{H}}}$

Aufgaben

1. Eine Drosselspule wird zur Ermittlung des Scheinwiderstandes an eine Wechselspannung von 24 V gelegt. Die Stromstärke beträgt dabei 0,35 A. Wie groß ist der Scheinwiderstand?

2. Der Scheinwiderstand einer Lautsprecherspule beträgt 5 Ω bei 1 kHz. Sie liegt an einer Spannung von 3,8 V. Wie groß ist die Stromstärke?

3. Die Steuersignale für Speicherheizungen werden mit Hilfe der Energieversorgungsleitungen übertragen. Die Frequenz der Wechselspannung beträgt 0,5 kHz. Wie groß sind die Blindwiderstände einer Drosselspule mit 6 H bei 0,5 kHz und 50 Hz?

4. Eine Spule mit einem vernachlässigbaren Wirkwiderstand liegt zu Meßzwecken an einer Wechselspannung von 24 V bei 50 Hz. Die Stromstärke beträgt 0,8 A. Wie groß sind Blindwiderstand und Induktivität?

5. Die Induktivität einer Spule kann durch Umschalten von 500 mH auf 800 mH verändert werden. Zwischen welchen Werten ändert sich der induktive Blindwiderstand, wenn die Frequenz 50 Hz und 1 kHz beträgt?

6. Eine verlustlos angenommene Spule hat bei 50 Hz einen induktiven Blindwiderstand von 38 Ω. Bei welchen Frequenzen haben die induktiven Blindwiderstände die Werte 16 Ω, 120 Ω und 200 Ω?

7. Der Scheinwiderstand einer Spule beträgt 16,3 Ω. Wie groß ist der Scheitelwert des Stromes durch die Spule, wenn eine Wechselspannung mit einem Effektivwert von 24 V angelegt wird?

8. Die Ringspule mit den Abmessungen von Abb. 1 hat 2500 Windungen. Der Kern besteht aus Kunststoff. Es wird eine Spannung von 24 V (50 Hz) angelegt. Wie groß ist der Blindwiderstand?

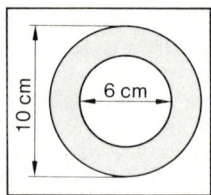

Abb. 1

9. Für die Endstufe eines Verstärkers wird eine Induktivität mit $L = 65$ mH benötigt. Es soll ein Schalenkern mit dem A_L-Wert von 160 nH verwendet werden.
Wie groß ist die Windungszahl?

10. Eine Ringspule ohne Eisenkern hat folgende Daten: $L = 0{,}8$ H; $l = 25$ cm; $A = 16$ cm^2.
Wie groß ist die Windungszahl?

11. In Abb. 2 ist der A_L-Wert eines Schalenkerns in Abhängigkeit vom Luftspalt dargestellt. Zwischen welchen Werten läßt sich bei einer Windungszahl von $N = 810$ die Induktivität verändern, wenn der Luftspalt von 0,04 mm auf 0,2 mm vergrößert wird?

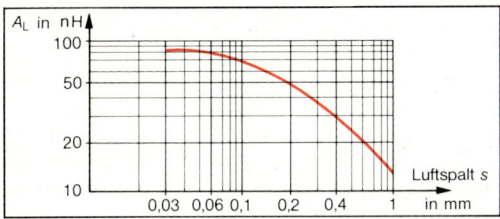

Abb. 2

12. Ermitteln Sie aus Abb. 3 die Induktivitäten von L_1 und L_2!

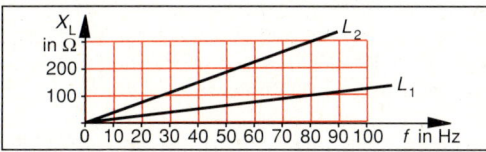

Abb. 3

▶ Zwei Blindwiderstände mit $X_{L1} = 1,2\ k\Omega$ und $X_{L2} = 510\ \Omega$ werden parallel geschaltet. Wie groß ist der gesamte Blindwiderstand?

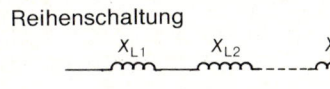

Reihenschaltung

$$X_{Lges} = X_{L1} + X_{L2} + \ldots + X_{Ln}$$

Parallelschaltung

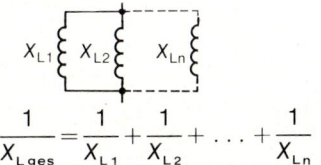

$$\frac{1}{X_{Lges}} = \frac{1}{X_{L1}} + \frac{1}{X_{L2}} + \ldots + \frac{1}{X_{Ln}}$$

Alle Induktivitäten werden ohne gegenseitige Beeinflussung betrachtet.

Beispiellösung:

Gegeben: $X_{L1} = 1,2\ k\Omega$; $X_{L2} = 510\ \Omega$
Gesucht: X_{Lges}

$$\frac{1}{X_{Lges}} = \frac{1}{X_{L1}} + \frac{1}{X_{L2}}; \qquad \frac{1}{X_{Lges}} = \frac{1}{1200\ \Omega} + \frac{1}{510\ \Omega}$$

$$\underline{X_{Lges} = 358\ \Omega}$$

13. Zwei Drosselspulen mit $L_1 = 3,3\ H$ und $L_2 = 5,0\ H$ werden in Reihe geschaltet.
a) Wie groß ist der gesamte Blindwiderstand bei 50 Hz?
b) Die Reihenschaltung liegt an 230 V Wechselspannung und 50 Hz. Wirkwiderstände sind vernachlässigbar. Wie groß ist der Spannungsfall an jeder Drosselspule?

14. Berechnen Sie den gesamten Blindwiderstand der Schaltung von Abb. 4!

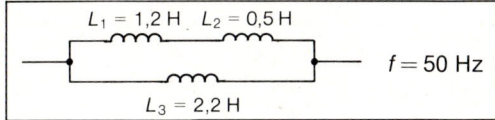

Abb. 4

15. Der Wirkwiderstand einer Drosselspule ist vernachlässigbar klein. Sie besitzt eine Induktivität von 720 mH. Bedingt durch die Drahtdicke darf die Stromstärke von 0,8 A nicht überschritten werden. Wie groß darf die angelegte Wechselspannung höchstens sein bei
a) $16\frac{2}{3}$ Hz, b) 50 Hz und c) 60 Hz?

16. Berechnen Sie den Blindwiderstand X_{L3} der Schaltung von Abb. 5 bei 50 Hz!

L₁   L₃ $L_1 = 3\ H$; $L_{ges} = 6\ H$
              L₂ $L_2 = 8\ H$

Abb. 5

17. Zwei Induktivitäten mit 0,5 H und 0,6 H sind in Reihe geschaltet. Für welche Frequenz ergibt sich ein Blindwiderstand von 3140 Ω?

18. Zu zwei parallel geschalteten Induktivitäten mit je 80 mH werden drei weitere mit je 0,12 H parallel geschaltet.
a) Berechnen Sie die Gesamtinduktivität!
b) Wie groß ist der Gesamtblindwiderstand bei 50 Hz?
c) Welche Gesamtstromstärke ergibt sich bei einer Wechselspannung von 100 V?

19. An einer Wechselspannung von 230 V und 50 Hz liegt eine als verlustlos angenommene Spule mit einer Induktivität von 750 mH. Durch Hinzuschalten einer zweiten, ebenfalls als verlustlos anzusehenden Spule, soll die Gesamtstromstärke auf 3 A steigen. Berechnen Sie die Induktivität der hinzugeschalteten Spule!

1.2.2 Reihenschaltung von induktiven Blindwiderständen und Wirkwiderständen

▶ An einer Spule liegt eine Spannung von 220 V/50 Hz. Die Stromstärke beträgt 0,8 A. Zwischen Strom und Spannung herrscht eine Phasenverschiebung von 68°.

a) Wie groß sind die Spannungen am Wirk- und am Blindwiderstand?

b) Wie groß sind Schein-, Wirk- und Blindwiderstände?

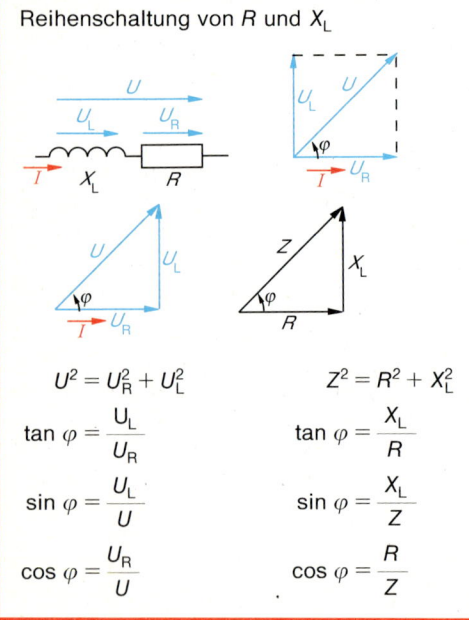

Reihenschaltung von R und X_L

$$U^2 = U_R^2 + U_L^2 \qquad Z^2 = R^2 + X_L^2$$

$$\tan \varphi = \frac{U_L}{U_R} \qquad \tan \varphi = \frac{X_L}{R}$$

$$\sin \varphi = \frac{U_L}{U} \qquad \sin \varphi = \frac{X_L}{Z}$$

$$\cos \varphi = \frac{U_R}{U} \qquad \cos \varphi = \frac{R}{Z}$$

Beispiellösung:

Gegeben: $U = 220$ V/50 Hz; $I = 0,8$ A; $\varphi = 68°$
Gesucht: a) U_R; U_L; b) Z; R; X_L

a) $\sin \varphi = \dfrac{U_L}{U}$

$U_L = U \cdot \sin \varphi \qquad\qquad U_R = U \cdot \cos \varphi$
$U_L = 220$ V $\cdot \sin 68° \qquad U_R = 220$ V $\cdot \cos 68°$
$\underline{U_L = 204\ \text{V}} \qquad\qquad \underline{U_R = 82,4\ \text{V}}$

Eingabe	Anzeige	Eingabe	Anzeige
220	*220*	220	*220*
☒	*220.*	☒	*220.*
68	*68*	68	*68*
sin	*0.927183*	cos	*0.374606*
=	*203.98*	=	*82.413*

b) $Z = \dfrac{U}{I}$

$$Z = \frac{220\ \text{V}}{0,8\ \text{A}}$$

$\underline{Z = 275\ \Omega}$

$X_L = Z \cdot \sin \varphi$
$X_L = 275\ \Omega \cdot \sin 68°$
$\underline{X_L = 255\ \Omega}$

$R = Z \cdot \cos \varphi$
$R = 275\ \Omega \cdot \cos 68°$
$\underline{R = 103\ \Omega}$

Aufgaben

1. Eine Spule ist an eine Wechselspannung von 60 V/50 Hz angeschlossen. Es fließt ein Strom von 300 mA. Der Phasenverschiebungswinkel zwischen Stromstärke und Spannung beträgt 68°. Wie groß sind U_R, U_L, X_L und R?

2. Eine Spule hat einen Wirkwiderstand von 45 Ω und eine Induktivität von 22 mH. Bei Anschluß an eine Wechselspannung von 800 Hz wird eine Stromstärke von 78,3 mA gemessen. Wie groß sind U, U_R und U_L?

3. Von einer Spule ohne Eisenkern wird der Wirkwiderstand mit 76,3 Ω ermittelt. Legt man die Spule an eine Wechselspannung von 220 V/50 Hz, dann fließt ein Strom von 1,2 A. Wie groß sind der Scheinwiderstand, der Blindwiderstand und der Phasenverschiebungswinkel zwischen Stromstärke und Gesamtspannung?

4. Wie groß sind der Phasenverschiebungswinkel und der Scheinwiderstand, wenn über eine Reihenschaltung aus R und X_L folgende Werte bekannt sind:
$R = 0,7\ \Omega$; $X_L = 3,0\ \Omega$
(zeichnerische und rechnerische Lösung, Maßstab: 1 Ω ≙ 1 cm)!

5. Über eine Reihenschaltung sind folgende Werte bekannt: $f = 60$ Hz, $\varphi = 55°$, $R = 167\ \Omega$. Wie groß sind Scheinwiderstand und Induktivität der Reihenschaltung?

6. Ein Relais wird über einen Vorwiderstand betrieben. Die Gesamtspannung beträgt 24 V. Der Wirkwiderstand der Spule soll vernachlässigt werden. Am Vorwiderstand wird eine Spannung von 6 V gemessen.
a) Ermitteln Sie zeichnerisch die Spannung am Relais.
Es soll folgender Maßstab verwendet werden:
6 V ≙ 1 cm.
b) Berechnen Sie die Spannung am Relais bei einer Gesamtspannung von 24 V!

7. Durch eine Drosselspule fließt bei einer Wechselspannung von 10 V/50 Hz ein Strom von 48 mA. Der Wirkwiderstand beträgt 26 Ω. Eisenverluste sind vernachlässigbar. Berechnen Sie Z und X_L!

8. Zwei Spulen mit $L_1 = 0,8$ H; $R_1 = 200$ Ω und $L_2 = 1,3$ H; $R_2 = 150$ Ω sind in Reihe geschaltet. Berechnen Sie den Scheinwiderstand der Reihenschaltung bei 50 Hz.

9. Von einer Reihenschaltung aus R und X_L sind die Werte der Abb. 1 bekannt. Berechnen Sie R, X_L, L, Z und φ.

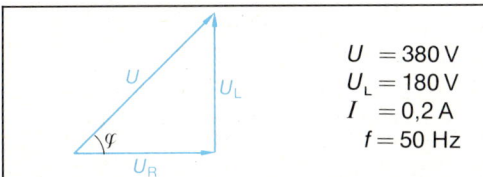

$U = 380$ V
$U_L = 180$ V
$I = 0,2$ A
$f = 50$ Hz

Abb. 1

10. Zu einer Drosselspule mit 2,5 H (Wirkwiderstand vernachlässigbar), soll ein Wirkwiderstand so in Reihe geschaltet werden, daß eine Phasenverschiebung zwischen Gesamtspannung und der Stromstärke von 45° entsteht. Berechnen Sie bei $f = 50$ Hz den Wirkwiderstand und den Scheinwiderstand!

11. Eine Drosselspule hat einen Wirkwiderstand von 98 Ω. Bei Anschluß an 220 V/50 Hz fließt ein Strom von 1,3 A. Durch einen Vorschaltwiderstand soll die Stromstärke auf 0,8 A reduziert werden. Wie groß ist der Vorschaltwiderstand R_v?

12. An einer Drosselspule mit $R = 1,2$ kΩ und $L = 3,3$ H liegt eine Wechselspannung von 100 V/50 Hz. Berechnen Sie X_L; Z; I; U_R; U_L und φ.

13. An einer Quecksilberdampflampe mit vorgeschalteter Drosselspule werden folgende Werte gemessen:
$I = 3,5$ A; $U = 230$ V (Gesamtspannung);
Spannung an der Drosselspule: $U_L = 180$ V.
Die Drosselspule wird für die Berechnung als verlustlos angenommen.
Berechnen Sie
a) die Spannung an der Lampe,
b) den Blindwiderstand der Drosselspule,
c) den Phasenverschiebungswinkel zwischen Stromstärke und Gesamtspannung!

14. Gegeben ist die Schaltung mit den Werten von Abb. 2.
a) Wie groß sind die Spannungen an den Blind- und Wirkwiderständen der Anlage?
b) Wie groß ist die Gesamtspannung?
c) Wie groß ist der $\cos \varphi$ der Anlage?

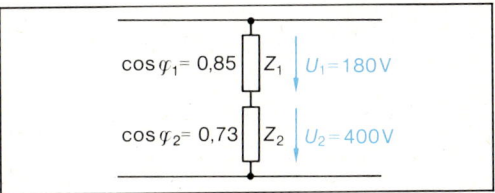

$\cos \varphi_1 = 0,85$ Z_1 $U_1 = 180$ V
$\cos \varphi_2 = 0,73$ Z_2 $U_2 = 400$ V

Abb. 2

15. An einer verlustbehafteten Spule wurde der $\cos \varphi$ mit 0,63 und der Wirkwiderstand mit 41 Ω ermittelt.
a) Berechnen Sie den Blind- und Scheinwiderstand!
b) Wie groß ist die Stromstärke, wenn 220 V/50 Hz anliegen?
c) Berechnen Sie die Spannungen an den Teilwiderständen!

16. Ein Wirkwiderstand mit $R = 120$ Ω und eine Induktivität sind in Reihe geschaltet. Es werden ein $\cos \varphi$ von 0,53 und eine Wirkspannung von 68 V gemessen. Berechnen Sie
a) die Stromstärke,
b) den Blindwiderstand der Induktivität,
c) die Spannung am Blindwiderstand und
d) die Gesamtspannung!

17. Eine verlustbehaftete Spule verursacht bei Anlegen an eine Wechselspannung von 220 V und 50 Hz eine Phasenverschiebung von 22,5°. Es fließt dabei ein Strom von 0,3 A.
a) Wie groß ist der Scheinwiderstand?
b) Wie groß sind die Einzelwiderstände?
c) Welche Spannungen würden sich an den einzelnen Widerständen ergeben?

18. Der Scheinwiderstand aus einer Reihenschaltung mit R und X_L wird mit $Z = 570$ Ω angegeben. Die Induktivität beträgt 0,8 H. Berechnen Sie die Frequenz, bei der $R = X_L$ wird!

19. Zu einer verlustbehafteten Spule mit dem $\cos \varphi = 0,3$ und $Z = 580$ Ω soll ein Wirkwiderstand so in Reihe hinzugeschaltet werden, daß sich ein Phasenverschiebungswinkel von 60° ergibt. Wie groß muß der zuschaltbare Wirkwiderstand sein, damit die aufgeführte Bedingung erfüllt wird?

20. Über die Schaltung der Abb. 1 sind folgende Größen bekannt:
$L_1 = 0,3\,H$, $R = 200\,\Omega$, $L_2 = 0,5\,H$, $f = 50\,Hz$,
$U = 220\,V$.
a) Berechnen Sie Z, I, U_L und U_R bei geöffnetem Schalter!
b) Berechnen Sie Z, I, U_L und U_R bei geschlossenem Schalter!

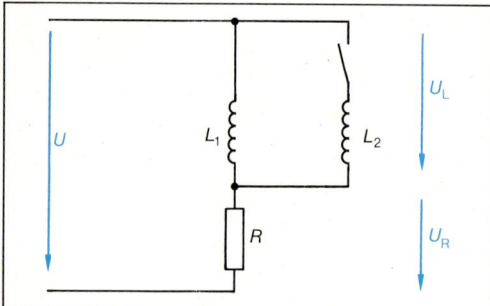

Abb. 1

21. Eine Induktivität mit $X_L = 100\,\Omega$ (verlustlos anzusehen) und ein Wirkwiderstand von $220\,\Omega$ liegen in Reihe an einer Wechselspannung von 50 Hz. Die Einzelspannung wird mit $U_L = 7,2\,V$ ermittelt. Berechnen Sie die Stromstärke, die Spannung am Wirkwiderstand, den Gesamtwiderstand, die Gesamtspannung und den Phasenverschiebungswinkel!

22. Eine verlustbehaftete Schützspule besitzt einen induktiven Blindwiderstand von $520\,\Omega$. Bei Anlegen an eine Wechselspannung von 220 V (50 Hz) fließt ein Strom von 0,28 A. Berechnen Sie
a) R und Z der Spule,
b) L und φ,
c) die Stromstärke, wenn ein Wirkwiderstand von $120\,\Omega$ in Reihe geschaltet wird!

23. Ein Wechselspannungsgenerator für 50 Hz besitzt eine Induktivität von 31 mH und einen Wirkwiderstand von $1,75\,\Omega$. Von ihm geht eine Leitung zu einem Verbraucher, der aus einem Wirkwiderstand von $30,7\,\Omega$ besteht. Über die Leitung ist bekannt: $l = 20\,km$ (einfache Länge), $d = 0,8\,cm$; $\varrho = 0,02\,\mu\Omega m$. Am Verbraucher soll eine Spannung von 10 kV liegen.
a) Berechnen Sie die Stromstärke und den Spannungsfall auf der Leitung!
b) Wie groß sind die Generatorspannung und der Phasenverschiebungswinkel (Reihenschaltung der Widerstände des Generators annehmen)?

1.2.3 Parallelschaltung von induktiven Blindwiderständen und Wirkwiderständen

▶ Zwischen Stromstärke und Spannung eines elektrischen Gerätes entsteht die im Oszillogramm abgebildete Phasenverschiebung (Abb. 2). Es sind die Spannung mit $U = 24\,V$ (50 Hz) und die Stromstärke $I = 68\,mA$ bekannt.
a) Wie groß ist der Scheinwiderstand?
b) Wie groß sind R und X_L?

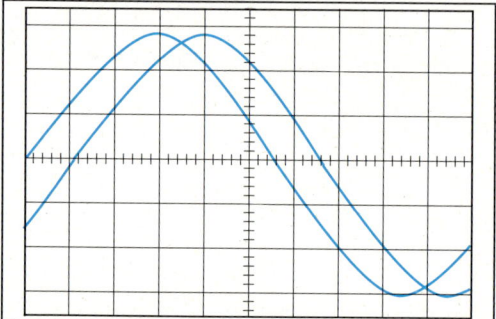

Abb. 2: Phasenverschiebung

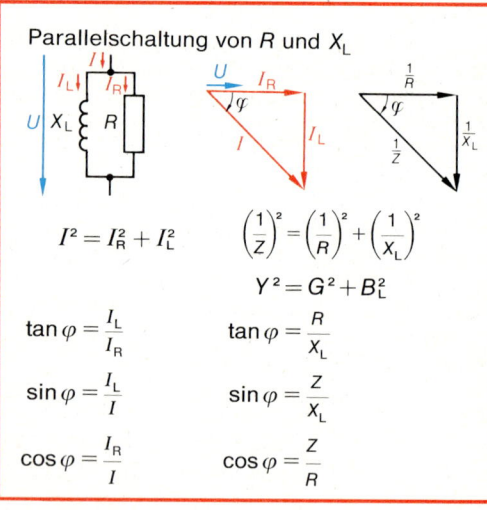

Parallelschaltung von R und X_L

$$I^2 = I_R^2 + I_L^2 \qquad \left(\frac{1}{Z}\right)^2 = \left(\frac{1}{R}\right)^2 + \left(\frac{1}{X_L}\right)^2$$

$$Y^2 = G^2 + B_L^2$$

$$\tan\varphi = \frac{I_L}{I_R} \qquad \tan\varphi = \frac{R}{X_L}$$

$$\sin\varphi = \frac{I_L}{I} \qquad \sin\varphi = \frac{Z}{X_L}$$

$$\cos\varphi = \frac{I_R}{I} \qquad \cos\varphi = \frac{Z}{R}$$

Beispiellösung:

Gegeben: $U = 24\,V$; $I = 68\,mA$; $\varphi = 32°$
Gesucht: a) Z; b) R; X_L

a) $Z = \dfrac{U}{I}$; $\qquad Z = \dfrac{24\,V}{68\,mA}$; $\qquad \underline{\underline{Z = 353\,\Omega}}$

b) $\sin\varphi = \dfrac{Z}{X_L}$ $\qquad\qquad\qquad \cos\varphi = \dfrac{Z}{R}$;

$\qquad X_L = \dfrac{Z}{\sin\varphi}$ $\qquad\qquad\qquad R = \dfrac{Z}{\cos\varphi}$

$\qquad X_L = \dfrac{353\,\Omega}{\sin 32°}$; $\qquad\qquad R = \dfrac{353\,\Omega}{\cos 32°}$;

$\qquad \underline{\underline{X_L = 666\,\Omega}}$ $\qquad\qquad\quad \underline{\underline{R = 416\,\Omega}}$

Aufgaben

1. Parallel zu einer Induktivität mit $L = 0,5$ H und vernachlässigbarem Wirkwiderstand liegt ein Heizwiderstand mit $R = 180\,\Omega$. Die Spannung beträgt 230 V/50 Hz. Wie groß sind die Stromstärken und Z?

2. Von der Parallelschaltung aus R und X_L sind die Werte der Abb. 3 gegeben.
Berechnen Sie I, X_L, L, Z und φ!

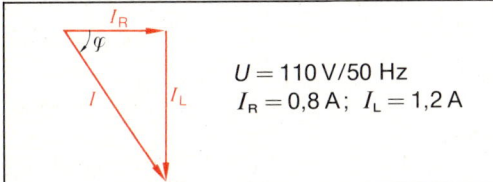

$$U = 110\ V/50\ Hz$$
$$I_R = 0,8\ A;\quad I_L = 1,2\ A$$

Abb. 3

3. Für eine Parallelschaltung aus R und X_L sind gegeben: $R = 175\,\Omega$; $I = 80$ mA; $U = 12$ V/50 Hz. Wie groß sind Z, I_R, I_L und φ?

4. Der Blindwiderstand einer Parallelschaltung beträgt 760 Ω. Der Wirkwiderstand ist 920 Ω groß. Wie groß sind Z und φ (zeichnerische/rechnerische Lösung)?

5. Der Phasenverschiebungswinkel zwischen Spannung und Gesamtstromstärke beträgt bei einer Parallelschaltung aus R und X_L 60°. Der Scheinwiderstand wird mit 25 Ω angegeben. Wie groß sind R und X_L?

6. Berechnen Sie für Abb. 4 die Größen: U, R_2, X_L, I_L, I, Z und φ!

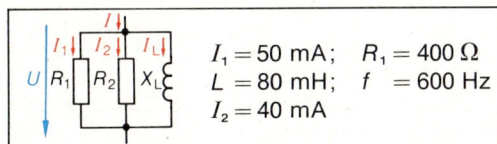

$$I_1 = 50\ mA;\quad R_1 = 400\ \Omega$$
$$L = 80\ mH;\quad f = 600\ Hz$$
$$I_2 = 40\ mA$$

Abb. 4

7. Berechnen Sie für Abb. 5 die Größen: f; X_{L1}; I_L, I_{L1}, I und Z!

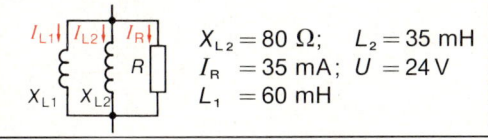

$$X_{L2} = 80\ \Omega;\quad L_2 = 35\ mH$$
$$I_R = 35\ mA;\quad U = 24\ V$$
$$L_1 = 60\ mH$$

Abb. 5

8. Der Gesamtwirkwiderstand einer Schaltung besitzt einen Wert von 637 Ω. Durch Parallelschalten einer als verlustlos aufzufassenden Spule soll der Scheinwiderstand auf 280 Ω bei 50 Hz verringert werden. Wie groß ist die Induktivität der Spule?

9. Das Relais der Abb. 6 arbeitet mit einer Wechselspannung von 110 V/50 Hz. Der Wirkwiderstand kann vernachlässigt werden. Wenn der Schalter offen ist, fließt ein Strom von 0,3 A. Berechnen Sie bei geschlossenem Schalter
a) den Scheinwiderstand der Schaltung,
b) die Stromstärke I,
c) den Phasenverschiebungswinkel zwischen der Gesamtstromstärke und der Spannung!

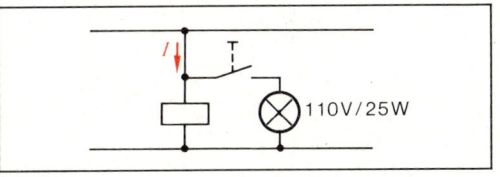

110V/25W

Abb. 6

10. Parallel zu einem Heizwiderstand von 23,8 Ω liegt ein Gerät mit $X_L = 17,5\,\Omega$ (Wirkwiderstand vernachlässigbar). Die Schaltung liegt an 230 V/50 Hz. Berechnen Sie
a) den Scheinwiderstand der Schaltung,
b) die Gesamt- und die Teilstromstärken,
c) den Phasenverschiebungswinkel zwischen Stromstärke (Gesamtstrom) und Spannung!

11. Der Strom durch einen Einphasenmotor beträgt bei 230 V/50 Hz 1,8 A (cos $\varphi = 0,73$). Parallel liegen zwei Glühlampen von je 100 W. Berechnen Sie
a) den Wirk- und Blindwiderstand des Motors (Parallelschaltung),
b) die Gesamtstromstärke und
c) den cos φ der Gesamtschaltung!

12. Berechnen Sie zu der Schaltung in Abb. 7 die fehlenden Größen!

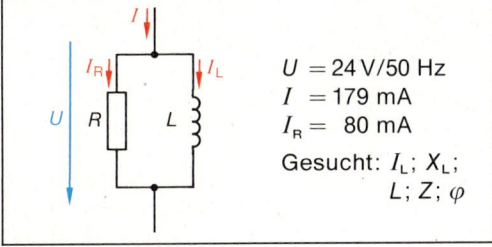

$$U = 24\ V/50\ Hz$$
$$I = 179\ mA$$
$$I_R = 80\ mA$$

Gesucht: I_L; X_L;
L; Z; φ

Abb. 7

13. Zwei Relais liegen parallel und werden über einen Vorwiderstand betrieben. In Abb. 1 sind die Relais als reine Blindwiderstände dargestellt. Berechnen Sie
a) die Spannung an den Relais,
b) die Induktivitäten der Relais und
c) den Scheinwiderstand der Anlage!

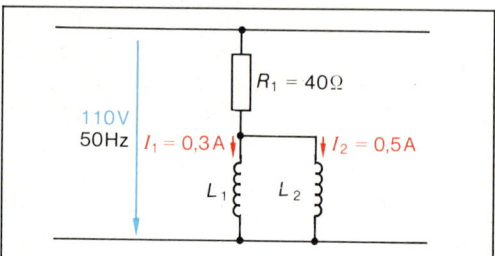

Abb. 1

14. Parallel zu einem Wirkwiderstand von 40 Ω liegt eine Induktivität mit $L = 0,3$ H (verlustlos anzusehen). Die Schaltung liegt an einer Wechselspannung von 230 V (50 Hz).
a) Berechnen Sie den Scheinwiderstand, die Einzelstromstärken und die Gesamtstromstärke!
b) Wie groß muß eine parallel zu schaltende zusätzliche Induktivität sein, damit sich ein Phasenverschiebungswinkel zwischen der anliegenden Spannung und der Gesamtstromstärke von 45° ergibt?

15. Eine elektrische Anlage besitzt einen $\cos\varphi$ von 0,8. Bei 230 V Wechselspannung fließt ein Strom von 1,2 A.
a) Berechnen Sie den Wirkwiderstand und den induktiven Blindwiderstand einer Parallelschaltung!
b) Berechnen Sie den Wirkwiderstand und den induktiven Blindwiderstand einer Reihenschaltung!

16. Durch eine Spule mit $L = 0,2$ H und $R = 450$ Ω (Parallelschaltung) darf ein Maximalstrom von 0,9 A fließen.
a) Wie groß darf die Wechselspannung bei 50 Hz und bei 1 kHz sein?
b) Wie groß sind die Phasenverschiebungswinkel bei 50 Hz und bei 1 kHz?

17. Wie groß muß die Induktivität gewählt werden, um bei einer Parallelschaltung mit einem Wirkwiderstand von $R = 560$ Ω und bei einer Frequenz von 800 Hz einen Phasenverschiebungswinkel von 75° zu erreichen?

18. Ein Wirkwiderstand von 270 Ω und eine Induktivität von 1,2 H sind parallel geschaltet und liegen an einer Spannungsquelle mit 100 Hz. Durch den Wirkwiderstand fließt ein Strom von 180 mA. Wie groß sind Gesamtstromstärke und Gesamtwiderstand?

19. Eine Schaltung aus Wirkwiderständen besitzt einen Gesamtwiderstand von 400 Ω. Durch Parallelschalten einer Induktivität (verlustlos anzusehen) soll sich bei 100 Hz ein Scheinwiderstand von 180 Ω ergeben. Wie groß ist die Induktivität?

20. Für eine elektrische Anlage werden ein induktiver Blindstrom von 1,5 A und ein Wirkstrom von 2,8 A ermittelt. Die Anlage wird mit 230 V Wechselspannung (50 Hz) betrieben.
a) Wie groß ist der Phasenverschiebungswinkel?
b) Berechnen Sie den Scheinwiderstand, den Wirkwiderstand und den Blindwiderstand (Parallelschaltung annehmen)!
c) Welche Widerstandswerte ergeben sich für eine Reihenschaltung?

21. Eine Spule in einer Hochfrequenzschaltung besitzt folgende Werte:
$Z = 1200$ Ω; $L = 2$ mH ($f = 100$ kHz)
a) Berechnen Sie den Wirkwiderstand der Spule (Parallelschaltung annehmen)!
b) Auf welchen Wert ändert sich der Scheinwiderstand, wenn sich die Frequenz verdoppelt?

22. Zur Schaltung von Abb. 2 sind folgende Werte gegeben:
Glühlampe: 100 W
Motor: $\cos\varphi = 0,8$; $I_2 = 0,3$ A
a) Berechnen Sie den Wirkwiderstand und den induktiven Blindwiderstand (Parallelschaltung) des Motors!
b) Wie groß sind Gesamtstromstärke und Phasenverschiebungswinkel zwischen der anliegenden Spannung und der Gesamtstromstärke der Anlage?

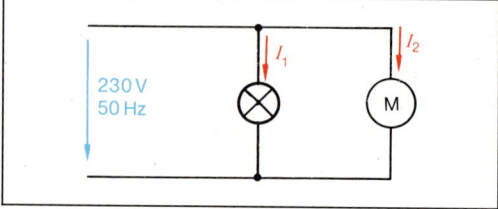

Abb. 2

▶ Durch einen Motor an 230 V/50 Hz fließt ein Strom von 3,2 A bei einem cos φ von 0,72. Die Spulen des Motors lassen sich sowohl als eine Reihenschaltung von einem Wirk- und einem Blindwiderstand als auch als Parallelschaltung auffassen. Berechnen Sie die Widerstände des Motors bei
a) einer angenommenen Reihenschaltung und
b) einer angenommenen Parallelschaltung!

Umrechnung von Schaltungen

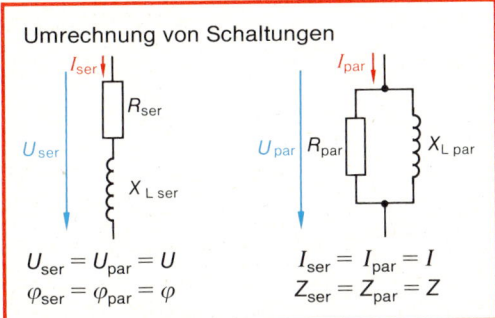

$U_{ser} = U_{par} = U$

$\varphi_{ser} = \varphi_{par} = \varphi$

$I_{ser} = I_{par} = I$

$Z_{ser} = Z_{par} = Z$

Beispiellösung:

Gegeben: $U_{ser} = U_{par} = U = 230\ V$
$I_{ser} = I_{par} = I = 3,2\ A$
$\cos \varphi_{ser} = \cos \varphi_{par} = 0,72$

Gesucht: a) Z, R_{ser}, X_{Lser}, b) Z, R_{par}, X_{Lpar}

a)

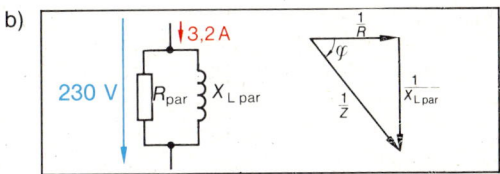

$Z = \dfrac{U}{I}$; $\quad Z = \dfrac{230\ V}{3,2\ A}$

$Z = 71,9\ \Omega$

$\cos \varphi = \dfrac{R_{ser}}{Z}$

$R_{ser} = Z \cdot \cos \varphi$

$R_{ser} = 71,9\ \Omega \cdot 0,72$

$R_{ser} = 51,8\ \Omega$

$\sin \varphi = \dfrac{X_{Lser}}{Z}$; $\quad X_{Lser} = Z \cdot \sin \varphi$

$\cos \varphi = 0,72$; $\quad \varphi = 44°$

$X_{Lser} = 71,9\ \Omega \cdot \sin 44°$;

$X_{Lser} = 49,9\ \Omega$

b)

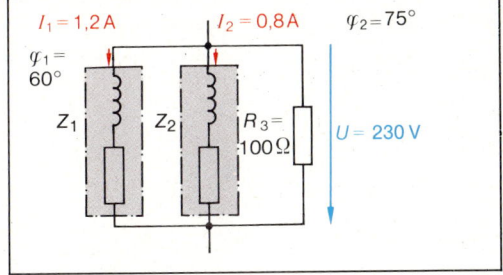

$Z = \dfrac{U}{I}$; $\quad Z = \dfrac{230\ V}{3,2\ A}$; $\quad Z = 71,9\ \Omega$

$\cos \varphi = \dfrac{Z}{R_{par}}$; $\quad R_{par} = \dfrac{Z}{\cos \varphi}$; $\quad R_{par} = \dfrac{71,9\ \Omega}{0,72}$

$R_{par} = 99,9\ \Omega$

$\sin \varphi = \dfrac{Z}{X_{Lpar}}$; $\quad X_{Lpar} = \dfrac{Z}{\sin \varphi}$; $\quad X_{Lpar} = \dfrac{71,9\ \Omega}{\sin 44°}$;

$X_{Lpar} = 103,5\ \Omega$

Aufgaben

23. Eine verlustbehaftete Spule hat einen Wirkwiderstand $R_{ser} = 125\ \Omega$ und einen Blindwiderstand von $X_{Lser} = 68,3\ \Omega$. Parallel zur Spule wird ein Heizwiderstand von 32 Ω geschaltet. Die Gesamtschaltung liegt an 24 V/50 Hz. Berechnen Sie
a) den Scheinwiderstand,
b) die Widerstände einer Parallelschaltung,
c) die Gesamtstromstärke!

24. Gegeben sind folgende Größen einer als Parallelschaltung von Widerständen aufgefaßten Spule: $R_{par} = 47\ \Omega$, $X_{Lpar} = 120\ \Omega$. Berechnen Sie die Widerstände der Reihenschaltung!

25. Die Spulen von Abb. 3 und der Wirkwiderstand sind parallel geschaltet. Berechnen Sie
a) die Widerstände der Serienschaltung und den Gesamtscheinwiderstand,
b) die Gesamtstromstärke und
c) den Phasenverschiebungswinkel der Gesamtschaltung!

Abb. 3

1.2.4 Leistungen in Stromkreisen mit induktiven Blindwiderständen und Wirkwiderständen

▶ Aus dem Leistungsschild eines Motors sind folgende Größen entnommen worden:
$P = 0,8$ kW; $U = 220$ V; $\cos \varphi = 0,83$; $f = 50$ Hz; $I = 6,4$ A

a) Wie groß sind Schein-, Wirk- und Blindleistung?

b) Wie groß ist der Wirkungsgrad?

Leistungen in *RL*-Schaltungen

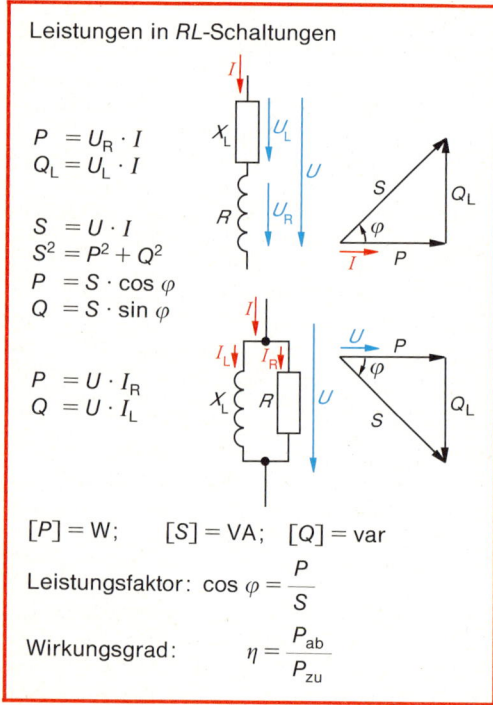

$P = U_R \cdot I$
$Q_L = U_L \cdot I$

$S = U \cdot I$
$S^2 = P^2 + Q^2$
$P = S \cdot \cos \varphi$
$Q = S \cdot \sin \varphi$

$P = U \cdot I_R$
$Q = U \cdot I_L$

$[P] = $ W; $[S] = $ VA; $[Q] = $ var

Leistungsfaktor: $\cos \varphi = \dfrac{P}{S}$

Wirkungsgrad: $\eta = \dfrac{P_{ab}}{P_{zu}}$

Beispiellösung:

Gegeben: $P = 0,8$ kW; $U = 220$ V;
$\cos \varphi = 0,83$; $f = 50$ Hz; $I = 6,4$ A

Gesucht: a) S, P, Q, b) η

a) $S = U \cdot I$; $S = 220$ V $\cdot 6,4$ A
$\underline{\underline{S = 1408 \text{ VA}}}$

$P = S \cdot \cos \varphi$; $P = 1408$ W $\cdot 0,83$
$\underline{\underline{P = 1169 \text{ W}}}$

$Q = S \cdot \sin \varphi$; $Q = 1408$ var $\cdot 0,558$
$\varphi = 33,9°$; $\underline{\underline{Q = 786 \text{ var}}}$

b) $\eta = \dfrac{P_{ab}}{P_{zu}}$; $\eta = \dfrac{800 \text{ W}}{1169 \text{ W}}$
$\underline{\underline{\eta = 0,68}}$

Aufgaben

1. An einer Schützspule werden eine Scheinleistung von 320 VA und eine Wirkleistung von 140 W gemessen. Berechnen Sie den Leistungsfaktor!

2. Über einen Motor sind folgende Größen bekannt: $U = 230$ V; $I = 3,8$ A; $\cos \varphi = 0,7$. Wie groß ist die Wirkleistung?

3. Eine Schützspule besitzt an 230 V Wechselspannung (50 Hz) eine Wirkleistung von 75 W. Der Leistungsfaktor beträgt 0,45. Wie groß ist die Stromstärke durch die Spule?

4. Durch eine Spule ohne Eisenkern mit $L = 0,3$ H und vernachlässigbarem Wirkwiderstand fließt ein Strom von 0,86 A ($f = 50$ Hz).
a) Wie groß ist die anliegende Spannung?
b) Wie groß ist die Blindleistung?

5. Durch den Motor einer Wasserpumpe mit 1,4 kW an 230 V/50 Hz fließt ein Strom von 11,7 A. Der Leistungsfaktor beträgt 0,85. Wie groß sind
a) Scheinleistung,   b) Wirkleistung,
c) Blindleistung und   d) der Wirkungsgrad?

6. Berechnen Sie mit Hilfe der Größen aus dem Leistungsschild eines älteren Motors S, P, Q und η (Abb. 1)!

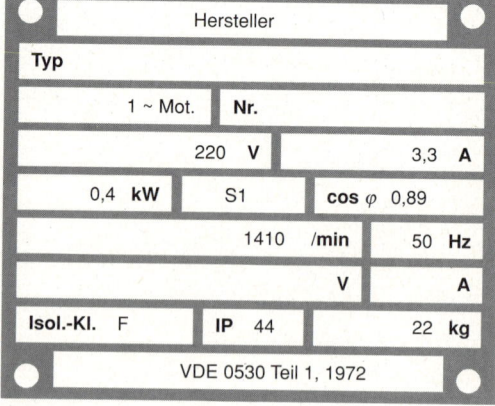

Hersteller		
Typ		
1 ~ Mot.	**Nr.**	
220 **V**		3,3 **A**
0,4 **kW**	S1	**cos φ** 0,89
	1410 /min	50 **Hz**
	V	**A**
Isol.-Kl. F	**IP** 44	22 **kg**
VDE 0530 Teil 1, 1972		

Abb. 1: Leistungsschild

7. Durch eine Reihenschaltung von R und X_L fließt ein Strom von 3,5 A. Es werden am Wirkwiderstand 85 V, am Blindwiderstand 67 V gemessen. Berechnen Sie die Spannung, sowie Schein-, Wirk- und Blindleistung!

8. Ein induktiver Blindwiderstand mit $L = 200\,\text{mH}$ (verlustlos angenommen) liegt parallel zu $R = 560\,\Omega$. Die Schaltung liegt an einer Spannung von 3,5 V bei 1 kHz.
Gesucht sind: I; Z; $\cos \varphi$; P; S; Q!

9. Berechnen Sie für eine Reihenschaltung aus R und X_L die Wirkleistung (Gesamtspannung 220 V und 50 Hz), wenn der Scheinwiderstand 172 Ω groß ist und der Phasenverschiebungswinkel 19° beträgt!

10. Die Abb. 2 zeigt eine Meßschaltung mit einer verlustbehafteten Spule. Berechnen Sie aus den Meßwerten die Induktivität der Spule!

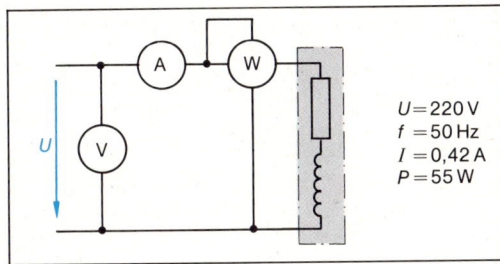

$U = 220\,\text{V}$
$f = 50\,\text{Hz}$
$I = 0,42\,\text{A}$
$P = 55\,\text{W}$

Abb. 2

11. Eine Glühlampe hat bei 115 V eine Leistung von 40 W. Sie soll an 230 V und 50 Hz betrieben werden.
a) Wie groß ist der Vorwiderstand?
b) Wie groß muß die in Reihe zu schaltende Induktivität sein ($f = 50\,\text{Hz}$)?

12. Durch eine Spule fließt bei 230 V und 50 Hz ein Strom von 0,9 A. Der Leistungsfaktor beträgt 0,72.
a) Wie groß sind Wirk-, Blind- und Scheinleistung?
b) Wie groß ist die Induktivität der Spule?

13. Durch eine Leuchtstofflampe an 220 V (50 Hz) fließt ein Strom von 0,7 A. Die insgesamt gemessene Wirkleistung (Lampe und Drosselspule) beträgt 80 W. Wie groß sind
a) Scheinleistung,
b) Blindleistung und
c) Leistungsfaktor?

14. Der Scheinwiderstand einer Spule beträgt 65 Ω und der Wirkwiderstand 26 Ω (Serienwiderstand).
a) Wie groß ist der Blindwiderstand?
b) Wie groß sind die Schein-, Wirk- und Blindleistung bei 380 V?

15. Ermitteln Sie für zwei parallel geschaltete Motoren folgende Gesamtgrößen: P, S und Q! Gegeben sind: $S_1 = 900\,\text{VA}$; $Q_1 = 533\,\text{var}$; $S_2 = 720\,\text{VA}$; $Q_2 = 470\,\text{var}$.

16. Ein Schütz besitzt folgende Daten: $U = 220\,\text{V}$; $S = 10\,\text{VA}$; $P = 6,5\,\text{W}$.
Wie groß sind
a) Leistungsfaktor,
b) Blindleistung,
c) Blind- und Wirkwiderstand, wenn eine Parallelschaltung angenommen wird?

17. Der Phasenverschiebungswinkel zwischen Stromstärke und Spannung bei einer Leuchtstofflampenanlage (Lampe und Drosselspule) beträgt 65°. Sie wird an 230 V/50 Hz betrieben. Es fließt ein Strom von 7,7 A. Berechnen Sie
a) die Wirk- und Blindspannung,
b) die Schein-, Wirk- und Blindwiderstände,
c) die Schein-, Wirk- und Blindleistung!

18. Bei einer Reihenschaltung beträgt der Spannungsfall am Wirkwiderstand 4,2 V. Die Gesamtspannung ist 9 V groß und es fließt ein Strom von 86 mA bei 50 Hz. Wie groß sind U_L; R, L, P, Q und S?

19. Eine Spule hat einen Scheinwiderstand von 1,2 kΩ und einen Wirkwiderstand von 820 Ω.
a) Wie groß ist der Leistungsfaktor?
b) Wie groß ist die Wirkleistung bei einer Stromstärke von 0,3 A?

20. Mit der Spule von Abb. 3 ist ein Wirkwiderstand R_X in Reihe geschaltet. Er soll so groß gewählt werden, daß sich bei $f = 50\,\text{Hz}$ ein gesamter Scheinwiderstand von 30 Ω ergibt.
a) Wie groß muß R_X sein?
b) Wie groß ist dann der Leistungsfaktor?

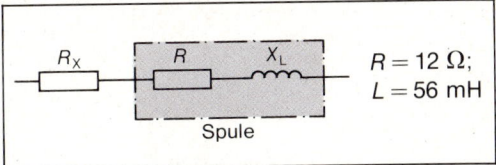

$R = 12\,\Omega$;
$L = 56\,\text{mH}$

Spule

Abb. 3

21. Ein Wechselstrommotor hat folgende Daten: $P = 300\,\text{W}$ (abgebbare Leistung); $U = 230\,\text{V}/50\,\text{Hz}$; $\cos \varphi = 0,9$ und $\eta = 0,7$.
Wie groß sind
a) I, b) S, c) Q, d) X_L und R?
(Parallelschaltung angenommen)

22. Ermitteln Sie aus den gegebenen Daten der Abb. 1
a) die Schein-, Wirk- und Blindleistungen der einzelnen Motoren sowie
b) den Gesamtleistungsfaktor und die Gesamtstromstärke.

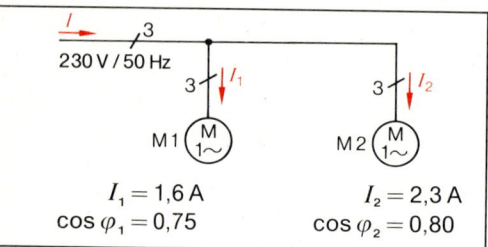

$$I_1 = 1,6 \text{ A}$$
$$\cos \varphi_1 = 0,75$$

$$I_2 = 2,3 \text{ A}$$
$$\cos \varphi_2 = 0,80$$

Abb. 1

23. Zwei verlustbehaftete Drosselspulen sind in Reihe geschaltet. Sie besitzen die Werte: $R_1 = 21 \, \Omega$; $L_1 = 0,5 \text{ H}$; $R_2 = 5,3 \, \Omega$; $L_2 = 120 \text{ mH}$. In der Reihenschaltung fließt ein Strom von 2,9 A (Frequenz 50 Hz).
a) Wie groß sind die Spannungen an den einzelnen Spulen?
b) Wie groß ist die Gesamtspannung?
c) Wie groß sind die Wirk-, Blind- und die Scheinleistung der Schaltung?

24. Die Abb. 2 zeigt die Schaltung einer Projektionslampe mit einer Drosselspule. Die Lampe benötigt zur einwandfreien Funktion eine Spannung von 120 V. Die Leistung beträgt dabei 150 W. Von der verlustbehafteten Spule ist lediglich der Wirkwiderstand mit 22,6 Ω bekannt.
a) Berechnen Sie die Induktivität der Drosselspule!
b) Wie groß sind Wirk-, Blind- und Scheinleistung der Schaltung?

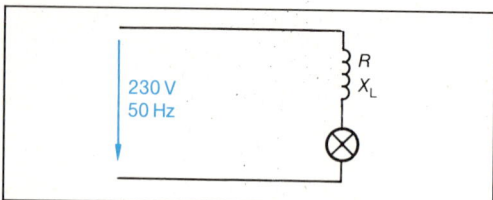

Abb. 2

25. Eine Leuchtstofflampe mit 65 W besitzt bei Anschluß mit einer Drosselspule eine Wirkleistung von 80 W. Die Lampenschaltung wird an 230 V (50 Hz) betrieben. Es fließt ein Strom von 0,68 A. Wie groß sind:
a) Q_L u. S, b) $\cos \varphi$, c) U_{Lampe} u. U_{Spule}?

1.3 *RC*-Schaltungen

1.3.1 Blindwiderstand des Kondensators

▶ In einer Leuchtstofflampenschaltung befindet sich ein Kondensator, dessen Beschriftung unleserlich geworden ist. Durch Strom- und Spannungsmessung soll die Kapazität ermittelt werden. Meßwerte: $U = 230 \text{ V}/50 \text{ Hz}$; $I = 138 \text{ mA}$.

Blindwiderstand X_C $[X_C] = \Omega$

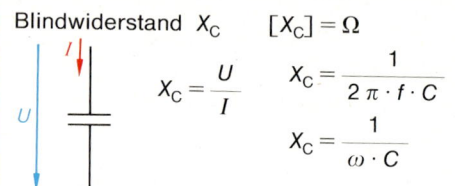

$$X_C = \frac{U}{I} \qquad X_C = \frac{1}{2 \pi \cdot f \cdot C}$$

$$X_C = \frac{1}{\omega \cdot C}$$

Reihenschaltung

$$X_{C\,\text{ges}} = X_{C1} + X_{C2} + \cdots + X_{Cn}$$

$$\frac{1}{C_{\text{ges}}} = \frac{1}{C_1} + \frac{1}{C_2} + \cdots + \frac{1}{C_n}$$

Parallelschaltung

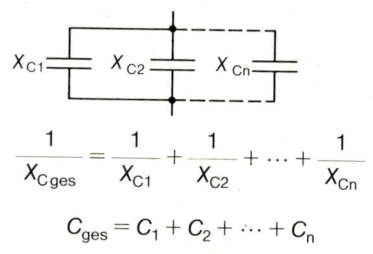

$$\frac{1}{X_{C\,\text{ges}}} = \frac{1}{X_{C1}} + \frac{1}{X_{C2}} + \cdots + \frac{1}{X_{Cn}}$$

$$C_{\text{ges}} = C_1 + C_2 + \cdots + C_n$$

Beispiellösung:

Gegeben: $U = 230 \text{ V}/50 \text{ Hz}$; $I = 138 \text{ mA}$
Gesucht: C

$$X_C = \frac{U}{I}; \qquad X_C = \frac{1}{2 \pi \cdot f \cdot C}; \qquad \frac{U}{I} = \frac{1}{2 \pi \cdot f \cdot C};$$

$$C = \frac{I}{U \cdot 2 \pi \cdot f}; \quad C = \frac{138 \cdot 10^{-3} \text{A}}{230 \text{V} \cdot 2 \cdot \pi \cdot \frac{50}{\text{s}}}; \quad \underline{\underline{C = 2 \, \mu\text{F}}}$$

Aufgaben

1. Wie groß ist der Blindwiderstand eines Kondensators von 4,7 µF bei   a) $16\frac{2}{3}$ Hz, b) 50 Hz und c) 60 Hz?

2. Zur Kompensation werden in einer Anlage drei Kondensatoren von 4,7 µF, 6,8 µF und 10 µF parallel geschaltet. An ihnen liegt eine Spannung von 400 V/50 Hz. Wie groß sind die Stromstärken durch die Kondensatoren?

3. Berechnen Sie die Kapazität eines Kondensators, durch den bei 380 V/50 Hz ein Strom von 1,25 A fließt!

4. Für eine Filterschaltung wird bei 1 kHz ein Blindwiderstand von 420 Ω benötigt. Wie groß muß die Kapazität des Kondensators sein?

5. Ermitteln Sie die Gesamtkapazität der Kondensatorschaltung aus Abb. 3 und den Gesamtblindwiderstand ($f = 50$ Hz)!

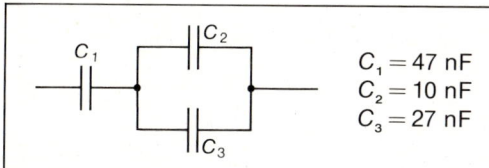

$C_1 = 47$ nF
$C_2 = 10$ nF
$C_3 = 27$ nF

Abb. 3

6. Drei Kondensatoren mit
$C_1 = 10$ µF, $C_2 = 4,7$ µF   und $C_3 = 6,8$ µF
liegen in Reihe an $U = 230$ V. Wie groß sind
a) der Blindwiderstand der Schaltung,
b) die Spannungen an den Kondensatoren und
c) die Gesamtstromstärke?

7. Ermitteln Sie aus dem Diagramm von Abb. 4 die Kapazität des Kondensators.

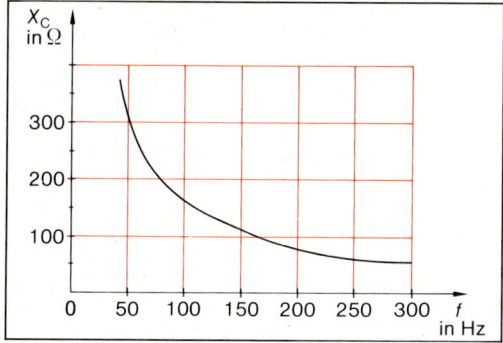

Abb. 4

8. Ein Kompensationskondensator mit 4,7 µF liegt parallel zu einem Motor an einer Spannung von 230 V (50 Hz). Die Toleranz des Kondensators beträgt ±20%. Zwischen welchen Werten kann die Stromstärke liegen?

9. Ein Entstörkondensator von 1 µF wird irrtümlich gegen einen Kondensator von 0,5 µF ausgetauscht. Berechnen Sie die Blindwiderstände für 50 Hz und 100 kHz!

10. a) Berechnen Sie die Gesamtkapazität und den Gesamtblindwiderstand ($f = 50$ Hz) der Schaltung von Abb. 5!
b) Wie groß sind die Stromstärke und die Einzelspannungen an den Kondensatoren, wenn die Schaltung an einer Gesamtspannung von 230 V (50 Hz) liegt?

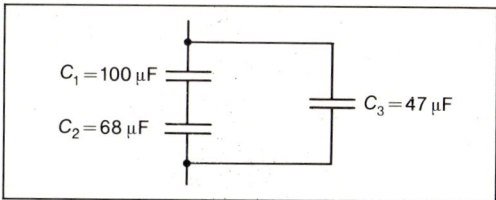

$C_1 = 100$ µF
$C_2 = 68$ µF
$C_3 = 47$ µF

Abb. 5

11. Ermitteln Sie für die drei Kondensatoren von 1 µF, 5 µF und 10 µF die Frequenzen, bei denen der kapazitive Blindwiderstand 100 Ω beträgt!

12. Kondensatoren mit unbekannten Werten werden an 230 V Wechselspannung (50 Hz) gelegt und anschließend wird die Stromstärke gemessen. Welche Kapazitäten ergeben sich, wenn
a) 5,3 mA; b) 17,5 mA und c) 120 mA fließen?

13. Durch einen Kondensator von 10 µF mit einer Toleranz von ±20% darf nur ein effektiver Wechselstrom von 120 mA fließen. Wie groß darf der Scheitelwert der Wechselspannung höchstens werden? ($f = 50$ Hz)

14. Ein Kondensator von 10 µF wird an einen Generator mit veränderbarer Frequenz angeschlossen. Bei einer gleichbleibenden Spannung ändert sich die Stromstärke von 30 mA bis 110 mA. Um wieviel Prozent hat sich dabei die Frequenz verändert?

15. Ein Kondensator mit einer Kapazität von 22 µF und einer Toleranz von ±20% liegt an einer Wechselspannung von 400 V (50 Hz). Zwischen welchen Werten liegt der Blindwiderstand des Kondensators?

16. Um wieviel Prozent ändert sich der Blindwiderstand eines Kondensators von 2,2 µF, wenn sich die Frequenz von 50 Hz auf 60 Hz erhöht?

1.3.2 Reihenschaltung von kapazitiven Blindwiderständen und Wirkwiderständen

▶ Zur Leistungsverminderung eines Lötkolbens ist ein Kondensator in Reihe geschaltet. Die Spannung am Lötkolben wird durch eine Messung bestimmt. Sie beträgt jetzt 180 V. Die Gesamtspannung hat einen Wert von 230 V/ 50 Hz. Wie groß ist die Spannung am Kondensator?

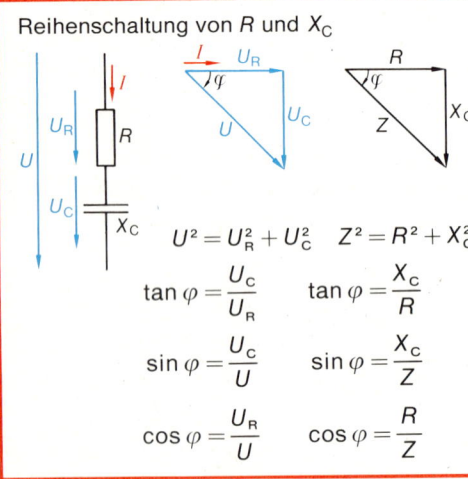

Reihenschaltung von R und X_C

$$U^2 = U_R^2 + U_C^2 \qquad Z^2 = R^2 + X_C^2$$

$$\tan \varphi = \frac{U_C}{U_R} \qquad \tan \varphi = \frac{X_C}{R}$$

$$\sin \varphi = \frac{U_C}{U} \qquad \sin \varphi = \frac{X_C}{Z}$$

$$\cos \varphi = \frac{U_R}{U} \qquad \cos \varphi = \frac{R}{Z}$$

Beispiellösung:

Gegeben: $U = 230$ V/50 Hz; $\quad U_R = 180$ V
Gesucht: U_C

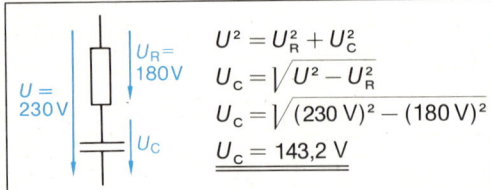

$$U^2 = U_R^2 + U_C^2$$
$$U_C = \sqrt{U^2 - U_R^2}$$
$$U_C = \sqrt{(230\ \text{V})^2 - (180\ \text{V})^2}$$
$$\underline{\underline{U_C = 143{,}2\ \text{V}}}$$

Aufgaben

1. Ein Wirkwiderstand von 120 Ω und ein Kondensator mit einem Blindwiderstand von 300 Ω liegen in Reihe an einer Wechselspannung. Die Stromstärke beträgt 63 mA.
a) Wie groß sind die Spannungen an R und an X_C?
b) Wie groß sind die angelegte Spannung und der Phasenverschiebungswinkel zwischen der Gesamtspannung U und der Stromstärke?

2. An dem Siebglied der Abb. 1 werden die angegebenen Spannungen gemessen.
Berechnen Sie für die Frequenz von 100 Hz die Werte für U_R, I, Z, X_C und C!

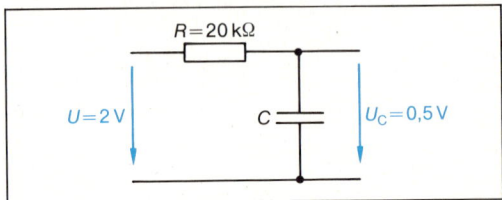

Abb. 1

3. Ein Wirkwiderstand und ein Kondensator sind in Reihe geschaltet. Bei Anschluß an 24 V Wechselspannung von 50 Hz wird eine Stromstärke von 720 mA gemessen. Die Spannung am Wirkwiderstand beträgt 6,8 V. Wie groß sind R, U_C, C und φ?

4. Wie groß ist der Scheinwiderstand einer Reihenschaltung von $R = 1$ kΩ und $C = 3,3$ μF bei $f = 50$ Hz?

5. Wie groß ist die Stromstärke durch einen Kondensator von 0,5 μF, wenn er in Reihe mit einem Wirkwiderstand von 3,9 kΩ liegt? Die Gesamtspannung beträgt 110 V/50 Hz.

6. Die Schaltung der Abb. 2 zeigt eine Siebschaltung in einer Gleichrichterschaltung.
a) Berechnen Sie den Scheinwiderstand der Schaltung für 50 Hz und 100 Hz.
b) Wie groß ist die Spannung am 100 μF-Kondensator, wenn als Restwechselspannung eine Spannung von 3 V bei 100 Hz angenommen wird.

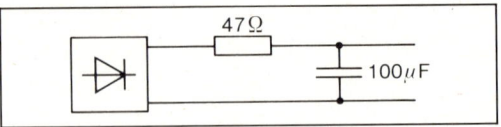

Abb. 2

7. Der Blindwiderstand eines unbekannten Kondensators wird in einer Meßschaltung ermittelt. Bei einer Frequenz von 50 Hz hat der Blindwiderstand einen Wert von 14,3 kΩ.
a) Berechnen Sie die Kapazität!
b) Wie groß ist der Scheinwiderstand, wenn ein Wirkwiderstand von 18 kΩ in Reihe geschaltet wird?
c) Welcher Wert ergibt sich im Fall b) für den Phasenverschiebungswinkel zwischen der Gesamtspannung und der Stromstärke?

8. Wie groß sind Z, I, U_{R1}, U_{R2}, U_C und φ in der Schaltung von Abb. 3?

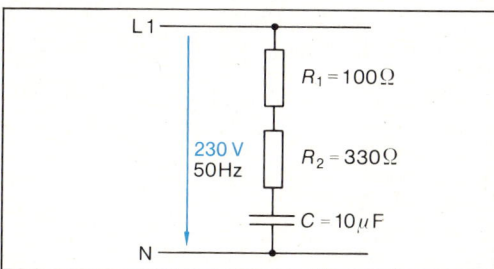

Abb. 3

9. Zwei Transistorstufen sind kapazitiv gekoppelt (Abb. 4). Der Eingangswiderstand der nachfolgenden Stufe ist durch den Widerstand R gekennzeichnet. Die Schaltung wird mit einem Wechselspannungsgenerator untersucht. Dazu wird die Spannung U mit 10 mV konstant gehalten. Berechnen Sie X_C, Z, I, U_R und den Phasenverschiebungswinkel für die Grenzfrequenzen von 30 Hz und 15 kHz!

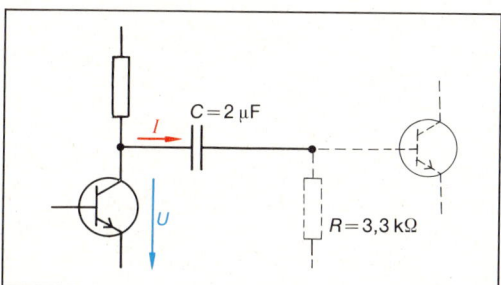

Abb. 4

10. Eine Glühlampe hat die Nennwerte 230 V und 60 W. Sie liegt mit einem Kondensator von 2,2 µF in Reihe an der Gesamtspannung von 230 V (50 Hz). Der Widerstand der Glühlampe soll für die Berechnung als unabhängig von der Stromstärke angenommen werden. Berechnen Sie Z, I, U_R, U_C, φ!

11. Eine Reihenschaltung aus einem Wirkwiderstand und einem Kondensator soll so bemessen werden, daß bei 230 V Gesamtspannung (50 Hz) an jedem Bauteil gleichgroße Spannungen abfallen. Der Wirkwiderstand hat einen Wert von 220 Ω.
a) Wie groß ist die zuzuschaltende Kapazität?
b) Wie groß muß die zweite Kapazität sein, wenn ein Kondensator mit 4,7 µF vorhanden ist und beide Kondensatoren parallel geschaltet werden sollen?

12. An einer Reihenschaltung aus $C = 0,47$ µF und $R = 6,8$ kΩ liegt eine Wechselspannung von 150 V. Es fließt ein Strom von 13,8 mA. Wie groß ist die Frequenz der Wechselspannung?

13. Eine Glühlampe von 115 V und 15 W soll in einer Reihenschaltung mit einem Kondensator an 230 V/50 Hz betrieben werden. Sie soll dabei normal hell leuchten. Welche Kapazität muß der Kondensator haben?

14. Ein Wirkwiderstand von 4,7 kΩ und ein Kondensator von 0,6 µF sind in Reihe geschaltet. Die Gesamtspannung beträgt 90 V. Bei welcher Frequenz fließt ein Strom von 12 mA?

15. Die Frequenzabhängigkeit der Reihenschaltung aus R und X_C soll mit der Schaltung von Abb. 5 untersucht werden. Zeichnen Sie zwei Diagramme mit U_R und φ in Abhängigkeit von der Frequenz für die Werte: $f = 20$ Hz; 40 Hz; 60 Hz; 80 Hz; 100 Hz!

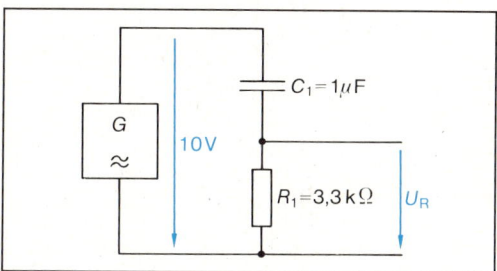

Abb. 5

16. Ein Wirkwiderstand von 1 kΩ liegt in Reihe mit einem Kondensator an einer Wechselspannung ($f = 50$ Hz). An beiden Bauteilen wird eine gleich große Spannung gemessen. Wie groß ist die Kapazität des Kondensators?

17. Auf einem Wirkwiderstand steht die Angabe 40 W/230 V. Er liegt mit einem Kondensator von 5 µF in Reihe an einer Gesamtspannung von 230 V/50 Hz. Wie groß sind
a) der Scheinwiderstand,
b) die Stromstärke,
c) die Spannungen an R und X_C sowie
d) der Phasenverschiebungswinkel?

18. Ein Kondensator liegt an einer Wechselspannung ($f = 50$ Hz) mit einem Wirkwiderstand von 270 Ω in Reihe. Infolge eines Durchschlags wird der Kondensator kurzgeschlossen. Die Stromstärke steigt dabei auf den 5fachen Wert. Welche Kapazität hatte der Kondensator?

1.3.3 Parallelschaltung von kapazitiven Blindwiderständen und Wirkwiderständen

▶ Der Verlustfaktor eines MP-Kondensators wird mit $7 \cdot 10^{-3}$ bei 50 Hz angegeben. Die Nennkapazität beträgt 47 µF.
a) Wie groß ist der parallele Verlustwiderstand?
b) Wie groß sind Blind- und Wirkstromstärke bei einer Spannung von 220 V/50 Hz?

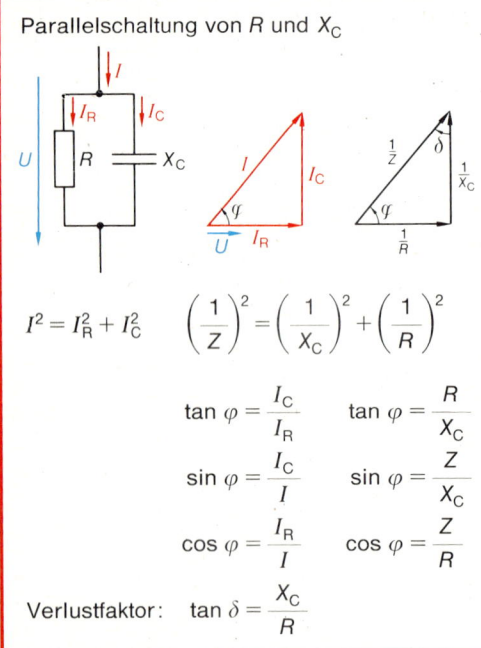

Parallelschaltung von R und X_C

$$I^2 = I_R^2 + I_C^2 \qquad \left(\frac{1}{Z}\right)^2 = \left(\frac{1}{X_C}\right)^2 + \left(\frac{1}{R}\right)^2$$

$$\tan \varphi = \frac{I_C}{I_R} \qquad \tan \varphi = \frac{R}{X_C}$$

$$\sin \varphi = \frac{I_C}{I} \qquad \sin \varphi = \frac{Z}{X_C}$$

$$\cos \varphi = \frac{I_R}{I} \qquad \cos \varphi = \frac{Z}{R}$$

Verlustfaktor: $\quad \tan \delta = \dfrac{X_C}{R}$

Beispiellösung:

Gegeben: $\tan \delta = 7 \cdot 10^{-3}$; $f = 50$ Hz; $C = 47$ µF
Gesucht: a) R, b) I_C, I_R

a) $\tan \delta = \dfrac{X_C}{R}$; $\quad R = \dfrac{X_C}{\tan \delta}$; $\quad R = \dfrac{1}{2\pi f \cdot C \cdot \tan \delta}$

$$R = \frac{1}{2\,\pi \cdot \frac{50}{\text{s}} \cdot 47 \cdot 10^{-6}\,\frac{\text{As}}{\text{V}} \cdot 7 \cdot 10^{-3}}$$

$$\underline{\underline{R = 9{,}68\ \text{k}\Omega}}$$

b) $X_C = \dfrac{1}{2\,\pi \cdot f \cdot C}$; $\quad X_C = \dfrac{1}{2\,\pi \cdot \frac{50}{\text{s}} \cdot 47 \cdot 10^{-6}\,\frac{\text{As}}{\text{V}}}$;

$X_C = 67{,}7\ \Omega$

$I_C = \dfrac{U}{X_C}$; $\quad I_C = \dfrac{220\ \text{V}}{67{,}7\ \Omega}$; $\quad \underline{\underline{I_C = 3{,}25\ \text{A}}}$

$I_R = \dfrac{U}{R}$; $\quad I_R = \dfrac{220\ \text{V}}{9{,}68\ \text{k}\Omega}$; $\quad \underline{\underline{I_R = 22{,}7\ \text{mA}}}$

Aufgaben

1. Ein Elektrolytkondensator von 0,1 µF hat bei 100 Hz einen Verlustfaktor von $250 \cdot 10^{-3}$.
a) Wie groß ist der parallele Verlustwiderstand?
b) Wie groß sind Wirk- und Blindstromstärke bei einer Spannung von 10 V ($f = 100$ Hz)?

2. Welcher Wirkwiderstand ist bei $f = 50$ Hz einem Kondensator von 1 µF parallel geschaltet, wenn sich ein Phasenverschiebungswinkel von 35° ergibt?

3. Ein Kondensator von 2,2 µF und ein Wirkwiderstand von 500 Ω sind parallel geschaltet. Die Gesamtspannung beträgt 230 V/50 Hz. Wie groß sind Z, I_C, I_R, I, φ?

4. An einer Schaltung mit unbekannten Bauteilen wird bei Anlegen einer Wechselspannung von 100 V und 50 Hz eine Gesamtstromstärke von 125 mA gemessen. Es wird eine Phasenverschiebung zwischen Gesamtstromstärke und Spannung von 23° gemessen. Der Strom eilt der Spannung voraus. Welche Werte haben die Bauteile in
a) Parallelschaltung,
b) Reihenschaltung?

5. Bei Anschalten einer Gleichspannung von 60 V an eine Parallelschaltung aus R und X_C fließt ein Strom von 0,3 A. Bei Anlegen einer Wechselspannung (50 Hz) von ebenfalls 60 V verdoppelt sich die Stromstärke. Wie groß sind R und C?

6. Die Abb. 1 zeigt einen Transistor in einem NF-Verstärker. Er wird für einen Frequenzbereich von 50 Hz bis 15 kHz verwendet. Zwischen welchen Werten ändert sich der Scheinwiderstand der Parallelschaltung?

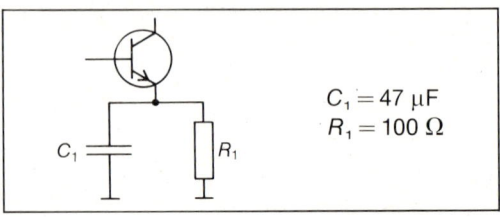

$C_1 = 47$ µF
$R_1 = 100$ Ω

Abb. 1

7. Ein MP-Kondensator von 10 µF hat bei 50 Hz einen parallelen Verlustwiderstand von 86 kΩ. Wie groß sind der Verlustfaktor und der Phasenverschiebungswinkel φ?

8. Berechnen Sie zum Schaltbild der Abb. 2 den Scheinwiderstand und die Spannungen an C_1 und C_2, wenn die Gesamtspannung 100 V/50 Hz beträgt.

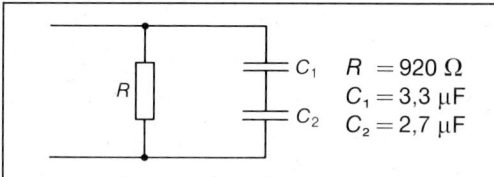

$R = 920\ \Omega$
$C_1 = 3{,}3\ \mu F$
$C_2 = 2{,}7\ \mu F$

Abb. 2

9. Ein Kondensator von 2,2 nF und ein Wirkwiderstand von 1 kΩ sind parallel geschaltet. Bei welcher Frequenz beträgt der Scheinwiderstand 500 Ω?

10. Durch Zuschalten von C_2 (Abb. 3) soll eine Phasenverschiebung zwischen Spannung und Gesamtstrom von 35° erreicht werden. Wie groß ist die Kapazität des zugeschalteten Kondensators C_2?

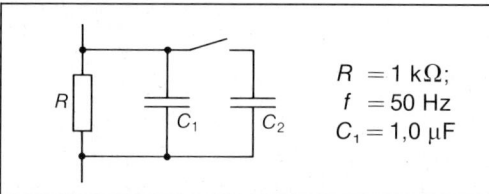

$R = 1\ k\Omega;$
$f = 50\ Hz$
$C_1 = 1{,}0\ \mu F$

Abb. 3

11. Zu einem Wirkwiderstand von 1 kΩ liegen zwei Kondensatoren parallel. Der eine Kondensator besitzt eine Kapazität von 2,2 μF. Wie groß muß die zweite Kapazität sein, damit sich bei 50 Hz ein Phasenverschiebungswinkel zwischen der angelegten Spannung und der Gesamtstromstärke von 45° ergibt?

12. Berechnen Sie zu Abb. 4 den Scheinwiderstand und den Phasenverschiebungswinkel, wenn folgende Werte bekannt sind:
$R = 820\ \Omega;\ \ C_1 = 2{,}2\ \mu F;\ \ C_2 = 3{,}3\ \mu F$ und
$f = 50\ Hz$

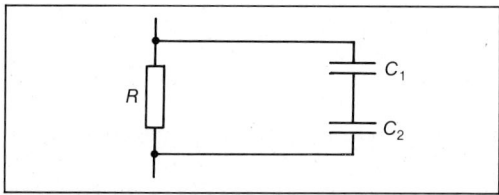

Abb. 4

13. Ein Aluminium-Elektrolytkondensator von 470 μF hat bei 50 Hz einen tan δ von $250 \cdot 10^{-3}$.
a) Berechnen Sie den parallelen Verlustwiderstand!
b) Wie groß sind Blind-, Wirk- und Gesamtstrom, wenn der Kondensator an 22 V Wechselspannung (50 Hz) betrieben wird?

14. Ein Kondensator von 4,7 nF und ein Wirkwiderstand von 22 kΩ liegen parallel. Es wird bei $f = 1$ kHz eine Spannung von 5,3 V gemessen. Berechnen Sie I_R, X_C, I_C, Z und φ!

15. Zu einem Wirkwiderstand von 18 kΩ soll ein Blindwiderstand (Kondensator) so parallel geschaltet werden, daß sich eine Phasenverschiebung von 30° bei $f = 10$ kHz ergibt. Wie groß ist die Kapazität?

16. Die Abb. 5 zeigt einen Ausschnitt aus einer Schaltung mit einem Transistor. Zwischen Basis und Masse liegt eine Parallelschaltung aus R und C. Berechnen Sie den Scheinwiderstand der Schaltung für $f = 100$ MHz!

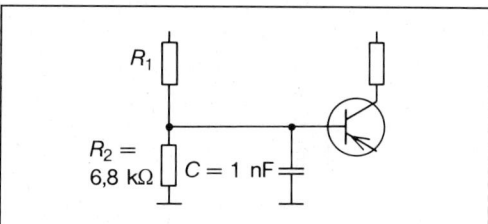

R_1
$R_2 = 6{,}8\ k\Omega$
$C = 1\ nF$

Abb. 5

17. Bei welcher Frequenz beträgt der Scheinwiderstand 1 kΩ, wenn ein Kondensator von 2,2 nF und ein Wirkwiderstand von 4,7 kΩ parallel liegen?

18. Bei einer Parallelschaltung aus R und C werden bei $f = 1$ kHz folgende Messungen gemacht: $I_C = 4$ mA; $I_R = 3$ mA.
a) Zeichnen Sie das Stromdreieck und ermitteln Sie die Gesamtstromstärke zeichnerisch (1 mA $\triangleq$ 1 cm)!
b) Überprüfen Sie die zeichnerische Lösung durch eine Berechnung!
c) Berechnen Sie den Phasenverschiebungswinkel!

19. Zu einem Widerstand von 2,2 kΩ kann zur Veränderung des Frequenzganges wahlweise ein Kondensator von 100 nF oder 68 nF parallel geschaltet werden. Berechnen Sie die Scheinwiderstände für $f = 1$ kHz!

1.3.4 Leistungen in Stromkreisen mit kapazitiven Blindwiderständen und Wirkwiderständen

▶ Die Laborschaltung der Abb. 1 besitzt an 220 V/50 Hz eine Leistung von $P = 60$ W. Es fließt ein Strom von 0,5 A.
Wie groß sind U_R, U_C, S und Q?

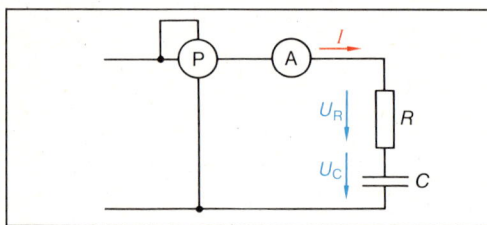

Abb. 1: Meßschaltung

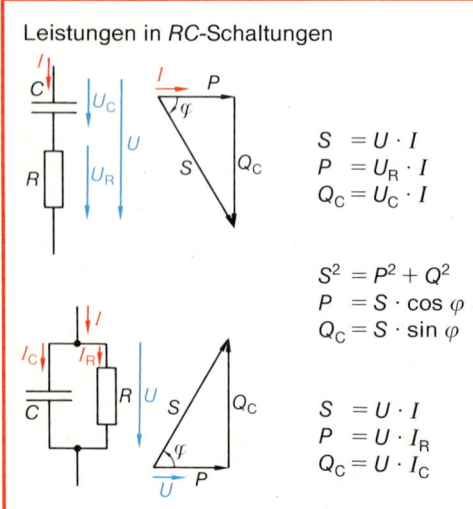

Leistungen in *RC*-Schaltungen

$$S = U \cdot I$$
$$P = U_R \cdot I$$
$$Q_C = U_C \cdot I$$

$$S^2 = P^2 + Q^2$$
$$P = S \cdot \cos \varphi$$
$$Q_C = S \cdot \sin \varphi$$

$$S = U \cdot I$$
$$P = U \cdot I_R$$
$$Q_C = U \cdot I_C$$

Beispiellösung:

Gegeben: $U = 220$ V/50 Hz; $P = 60$ W;
            $I = 0,5$ A

Gesucht: U_R, U_C, S, Q

$P = U_R \cdot I$

$U_R = \dfrac{P}{I}$; $U_R = \dfrac{60\ \text{W}}{0,5\ \text{A}}$; $\underline{U_R = 120\ \text{V}}$

$U^2 = U_R^2 + U_C^2$

$U_C = \sqrt{U^2 - U_R^2}$

$U_C = \sqrt{(220\ \text{V})^2 - (120\ \text{V})^2}$; $\underline{U_C = 184,4\ \text{V}}$

$S = U \cdot I$; $S = 220\ \text{V} \cdot 0,5\ \text{A}$; $\underline{S = 110\ \text{VA}}$

$Q = U_C \cdot I$
$Q = 184,4\ \text{V} \cdot 0,5\ \text{A}$; $\underline{Q = 92,2\ \text{var}}$

1. Wie groß muß die Kapazität eines Kondensators im 230 V/50 Hz Netz sein, damit er eine Blindleistung von 1 kvar besitzt?

2. Ein Kondensator soll in einer Schaltanlage eine Blindleistung von $Q_C = 250$ var bei einer Spannung von 230 V/50 Hz liefern. Wie groß sind Stromstärke und Kapazität des Kondensators?

3. Durch die Reihenschaltung eines 10 µF-Kondensators wird die Wirkleistung eines kleinen Heizgerätes herabgesetzt. Ohne Kondensator beträgt die Leistung 100 W bei einer Spannung von 230 V/50 Hz. Wie groß ist die Wirkleistung des Heizgerätes mit Kondensator? Der Widerstand des Heizgerätes bleibt konstant.

4. Eine Glühlampe von 115 V/60 W soll an 230 V/50 Hz betrieben werden. Berechnen Sie die Kapazität des in Reihe zu schaltenden Kondensators!

5. Parallel zu einem Wirkwiderstand von 330 Ω ist ein Kondensator von 6 µF geschaltet. Die Schaltung liegt an 230 V/50 Hz. Berechnen Sie:
a) den Blindwiderstand des Kondensators,
b) die Scheinleistung,
c) die Teil- und die Gesamtstromstärke,
d) die Wirk- und Blindleistung und
e) den Leistungsfaktor!

6. Zu einem Wirkwiderstand von 100 Ω soll ein Kondensator parallel geschaltet werden, damit sich bei Anlegen an 230 V/50 Hz eine Scheinleistung von 620 VA ergibt. Berechnen Sie
a) die Stromstärken,
b) die Wirk- und Blindleistung und
c) die Kapazität des Kondensators!

7. Bei einem Kondensator von 47 µF wurde bei 230 V/50 Hz eine Verlustleistung von 5,7 W gemessen. Berechnen Sie
a) den Verlustfaktor und
b) den Parallelwiderstand!

8. Ein verlustbehafteter Kondensator von 220 µF und einem $\tan \delta = 6 \cdot 10^{-3}$ wird an 400 V (50 Hz) betrieben.
a) Berechnen Sie den parallelen Verlustwiderstand!
b) Wie groß sind Wirk-, Blind- und Scheinleistung?

9. Zu einem 12 µF Kondensator wird eine Verlustleistung von 1,5 W angegeben. Er wird an 230 V (50 Hz) betrieben. Wie groß ist der Verlustfaktor des Kondensators?

10. Der Wirkwiderstand von 820 Ω eines Heizgerätes und ein Kondensator von 4 µF sind an 230 V und 50 Hz in Reihe geschaltet. Berechnen Sie S; P; Q!

11. Zu einer 60-W-Glühlampe, die an 230 V (50 Hz) betrieben wird, ist ein Kondensator von 4,7 µF parallel geschaltet. Berechnen Sie
a) die Stromstärken der Schaltung,
b) die Blind- und die Scheinleistung und
c) den Phasenverschiebungswinkel!

12. Eine Reihenschaltung aus einem Wirkwiderstand und einem Kondensator liegt an 230 V (50 Hz). Die Schaltung wird meßtechnisch untersucht. Dabei werden eine Stromstärke von 3,5 A und ein cos φ von 0,6 gemessen.
a) Wie groß sind die Widerstände?
b) Welche Kapazität besitzt der Kondensator?
c) Wie groß sind die einzelnen Leistungen und die Scheinleistung?

13. Zu einem 330 µF Kompensationskondensator ist ein Entladewiderstand von 1,2 MΩ parallel geschaltet. Die Spannung beträgt 400 V (50 Hz).
a) Berechnen Sie die Stromstärken!
b) Wie groß sind die Leistungen?

14. Ein Lötkolben hat bei einer Netzspannung von 230 V und 50 Hz eine Leistung von 80 W. Er soll durch einen vorgeschalteten Kondensator in seiner Leistung auf 40 W verringert werden. Berechnen Sie die Kapazität des Kondensators, die Scheinleistung und die Blindleistung!

15. Zur Verringerung der Wirkleistung in einem Wechselstromkreis wurde der Kondensator in Abb. 2 vor den Wirkwiderstand geschaltet. Die Wirkleistung ist durch diese Maßnahme von 100 W auf 40 W verringert worden. Berechnen Sie den Widerstand, die Scheinleistung und die Blindleistung!

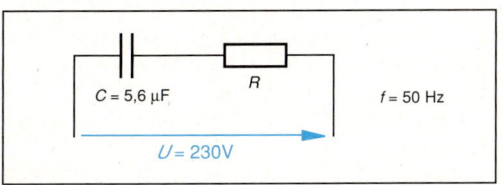

Abb. 2

1.4 RCL-Schaltungen

1.4.1 Reihenschaltung von induktiven und kapazitiven Blindwiderständen und Wirkwiderständen

▶ In der abgebildeten Hälfte der Duoschaltung (Abb. 3) werden folgende Meßwerte ermittelt: $I = 0,42$ A; $U_R = 125$ V. Es sind außerdem folgende Größen gegeben: $C = 3,4$ µF; Betriebsspannung $U = 230$ V/50 Hz.
Berechnen Sie
a) die Spannung am Kondensator,
b) die Spannung an der Drosselspule und
c) die Induktivität der Drosselspule (Wirkwiderstand vernachlässigbar)!

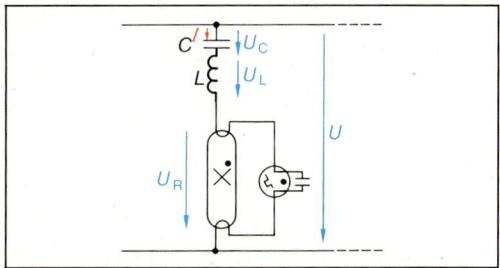

Abb. 3: Kapazitiver Teil der Duoschaltung

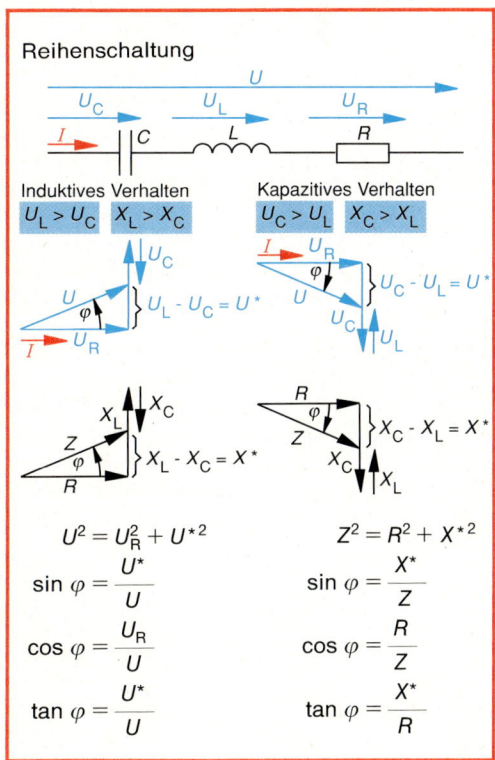

Reihenschaltung

$$U^2 = U_R^2 + U^{*2} \qquad Z^2 = R^2 + X^{*2}$$

$$\sin \varphi = \frac{U^*}{U} \qquad\qquad \sin \varphi = \frac{X^*}{Z}$$

$$\cos \varphi = \frac{U_R}{U} \qquad\qquad \cos \varphi = \frac{R}{Z}$$

$$\tan \varphi = \frac{U^*}{U} \qquad\qquad \tan \varphi = \frac{X^*}{R}$$

Beispiellösung:

Gegeben: $I = 0{,}42$ A, $U_R = 125$ V;

$\qquad\quad U = 230$ V$/50$ Hz, $C = 3{,}4$ µF

Gesucht: a) U_C, b) U_L, c) L

a) $X_C = \dfrac{1}{2\,\pi \cdot f \cdot C}$; $X_C = \dfrac{1}{2\,\pi \cdot \dfrac{50}{s} \cdot 3{,}4 \cdot 10^{-6}\,\dfrac{As}{V}}$

$\underline{X_C = 936\ \Omega}$

$U_C = I \cdot X_C$; $U_C = 0{,}42$ A $\cdot\ 936\ \dfrac{V}{A}$;

$\underline{\underline{U_C = 393\ V}}$

b) Für den kapazitiven Teil der Duoschaltung gilt: $U_C > U_L$

$U^2 = U_R^2 + (U_C - U_L)^2$

$U_C - U_L = \sqrt{U^2 - U_R^2}$

$\qquad U_L = U_C - \sqrt{U^2 - U_R^2}$

$\qquad U_L = 393$ V $- \sqrt{(230\ V)^2 - (125\ V)^2}$

$\qquad \underline{\underline{U_L = 200\ V}}$

c) $X_L = 2\,\pi \cdot f \cdot L$; $X_L = \dfrac{U_L}{I}$

$L = \dfrac{U_L}{2\,\pi \cdot f \cdot I}$; $L = \dfrac{200\ V}{2\,\pi \cdot \dfrac{50}{s} \cdot 0{,}42\ A}$

$\underline{\underline{L = 1{,}52\ H}}$

Aufgaben

1. Eine Spule mit einem Wirkwiderstand von 520 Ω und einer Induktivität von 0,7 H liegt mit einem Kondensator von 1 µF in Reihe. Die Wechselspannung hat eine Frequenz von 100 Hz. In der Zuleitung wird eine Stromstärke von 17,3 mA gemessen.
Berechnen Sie: X_C, X_L, U_R, U_C, U_L und den Phasenverschiebungswinkel zwischen Stromstärke und Gesamtspannung!

2. Wie groß muß die Kapazität eines Kondensators sein, der in Reihe mit einer Spule ($R = 500\,\Omega$ und $L = 2$ H) einen Phasenverschiebungswinkel zwischen Stromstärke und Gesamtspannung von 43° ergibt ($f = 50$ Hz)? Der Strom eilt dabei der Spannung nach.

3. Eine Spule hat eine Induktivität von 0,6 H und einen Wirkwiderstand von 48 Ω. In Reihe dazu wird ein Kondensator von 12 µF geschaltet. Die Gesamtspannung beträgt 220 V$/50$ Hz.
a) Wie groß ist die Stromstärke?
b) Wie groß sind die Spannungen an R; X_L und X_C?

4. Der Strom durch eine Spule mit $L = 0{,}8$ H und $R = 56\ \Omega$ soll durch einen in Reihe zu schaltenden Kondensator so verringert werden, daß bei der Gesamtspannung von 20 V und 50 Hz ein Strom von 0,1 A fließt. Wie groß ist die Kondensatorkapazität?

5. Eine Spule verursacht eine Phasenverschiebung von 35° (verlustbehaftete Spule). Schaltet man einen Kondensator von 1,6 µF in Reihe, wird die Phasenverschiebung auf 8° verkleinert. Wie groß sind R und L bei einer Frequenz von 50 Hz?

6. Durch eine Drosselspule fließt bei 110 V$/$50 Hz ein Strom von 1,8 A. Der Wirkwiderstand beträgt 8,3 Ω. Bei einer Reihenschaltung mit einem Kondensator sinkt die Stromstärke auf 0,5 A. Berechnen Sie die Kapazität des Kondensators und die Induktivität der verwendeten Drosselspule.

7. Durch eine Spule ($R = 58\ \Omega$ und $L = 1{,}2$ H) und einen in Reihe liegenden Kondensator von 330 µF fließt bei $f = 10$ Hz ein Strom von 180 mA. Wie groß sind die Spannungen und der Scheinwiderstand?

8. Der Wirkwiderstand einer verlustbehafteten Spule beträgt 14 Ω. Bei Anschluß an eine Wechselspannung von 100 V (50 Hz) fließt ein Strom von 2,8 A. Durch einen in Reihe zugeschalteten Kondensator sinkt der Strom auf 200 mA (kapazitiv). Wie groß sind die Kapazität und die Induktivität?

9. Durch die Reihenschaltung aus einem Kondensator und einer verlustbehafteten Spule fließt ein Strom von 0,4 A. An der Spule wird eine Spannung von 12 V und am Kondensator eine Spannung von 230 V gemessen. Berechnen Sie den Wirkwiderstand und den induktiven Blindwiderstand der Spule, wenn die Schaltung an einer Gesamtspannung von 220 V (50 Hz) liegt!

10. Ein Wirkwiderstand von 330 Ω, ein induktiver Blindwiderstand von 900 Ω und ein kapazitiver Blindwiderstand von 500 Ω liegen in Reihe an 100 V Wechselspannung (50 Hz).
a) Wie groß ist die Stromstärke?
b) Wie groß sind die Teilspannungen?
c) Wie groß ist der Phasenverschiebungswinkel?
d) Wie groß sind die Leistungen in der Schaltung?

11. Ein Netzwerk einer elektronischen Schaltung besteht aus einem Kondensator, einer Spule und einem Wirkwiderstand. Das Netzwerk soll bei $f = 1\,\text{kHz}$ einen Scheinwiderstand von $1{,}6\,\text{k}\Omega$ besitzen. In der Reihenschaltung sind $C = 39\,\text{nF}$; $L = 800\,\text{mH}$ (verlustlos angenommen) vorhanden. Wie groß muß der Widerstand R gewählt werden?

12. Zwei Spulen mit $0{,}7\,\text{H}$ und $1{,}3\,\text{H}$ sind in Reihe geschaltet. Der Verlustwiderstand der beiden Spulen beträgt zusammen $35{,}8\,\Omega$.
a) Wie groß ist die Stromstärke, wenn die Schaltung an 220 V (50 Hz) liegt?
b) Welcher Phasenverschiebungswinkel ergibt sich?
c) Wie verändern sich die Leistungen, wenn ein Kondensator von $10\,\mu\text{F}$ in Reihe geschaltet wird?

13. Eine verlustbehaftete Spule verursacht eine Phasenverschiebung von 35°. Wenn man einen Kondensator von $22\,\mu\text{F}$ in Reihe schaltet, verkleinert sich der Phasenverschiebungswinkel auf 5° (induktiv). Berechnen Sie R und L bei 50 Hz!

14. In Abb. 1 sind R, L und C in Reihe geschaltet. Die Spannungen U_1 und U_2 sollen sich wie 1:2 verhalten, $R = 50\,\Omega$; $L = 0{,}1\,\text{H}$.
a) Wie groß ist die Kapazität des Kondensators?
b) Wie groß ist die Stromstärke?

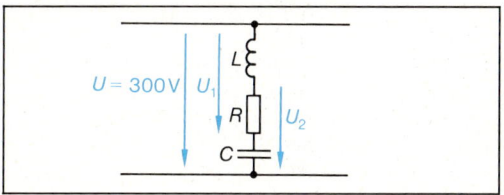

Abb. 1

15. Eine verlustbehaftete Spule liegt in Reihe mit einem Kondensator. Bei einer Stromstärke von 350 mA wird an der Spule (R und X_L) eine Spannung von 16 V gemessen. Am Kondensator liegt eine Spannung von 230 V. Die Gesamtspannung beträgt 220 V bei 50 Hz. Wie groß sind R und X_L der Spule?

16. Der Scheinwiderstand einer Spule beträgt $30\,\Omega$. Schaltet man einen Kondensator von $47\,\mu\text{F}$ in Reihe, dann erhöht sich der Scheinwiderstand auf $57\,\Omega$. Berechnen Sie den Wirkwiderstand und die Induktivität der Spule bei $f = 50\,\text{Hz}$!

1.4.2 Parallelschaltung von induktiven und kapazitiven Blindwiderständen und Wirkwiderständen

▶ Ein Wirkwiderstand von $500\,\Omega$, eine Kapazität von $4{,}7\,\mu\text{F}$ und eine Induktivität von $3\,\text{H}$ liegen parallel an einer Spannung von 220 V/ 50 Hz. Berechnen Sie
a) die Größe der Blindwiderstände,
b) den Scheinwiderstand und
c) die Einzel- und die Gesamtstromstärke!

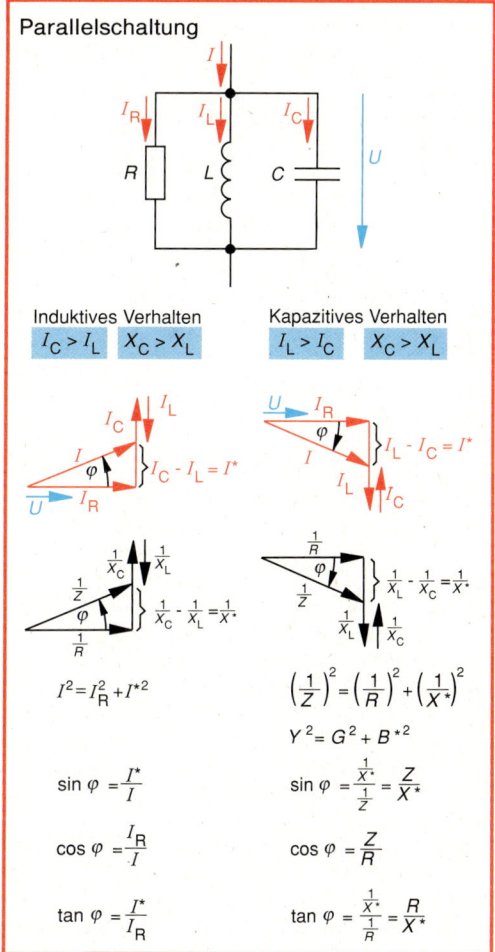

Beispiellösung:

Gegeben: $R = 500\,\Omega$, $C = 4{,}7\,\mu\text{F}$, $L = 3\,\text{H}$; $U = 220\,\text{V}/50\,\text{Hz}$

Gesucht: a) X_L, X_C,   b) Z,   c) I_R, I_C, I_L, I

a) $X_L = 2\,\pi \cdot f \cdot L$; $X_L = 2\,\pi \cdot \dfrac{50}{\text{s}} \cdot 3\,\dfrac{\text{As}}{\text{V}}$

$$\underline{X_L = 942\,\Omega}$$

$$X_C = \frac{1}{2\,\pi \cdot f \cdot C}; \quad X_C = \frac{1}{2\,\pi \cdot \frac{50}{s} \cdot 4{,}7\,\frac{As}{V} \cdot 10^{-6}}$$

$$\underline{X_C = 677\,\Omega}$$

b) $\frac{1}{Z} = \sqrt{\left(\frac{1}{R}\right)^2 + \left(\frac{1}{X_C} - \frac{1}{X_L}\right)^2};$

$\frac{1}{Z} = \sqrt{\left(\frac{1}{500\,\Omega}\right)^2 + \left(\frac{1}{677\,\Omega} - \frac{1}{942\,\Omega}\right)^2};$

$\underline{Z = 490\,\Omega}$

c) $I_R = \frac{U}{R}; \quad I_R = \frac{220\,V}{500\,\Omega}; \quad \underline{I_R = 0{,}444\,A}$

$I_C = \frac{U}{X_C}; \quad I_C = \frac{220\,V}{677\,\Omega}; \quad \underline{I_C = 0{,}325\,A}$

$I_L = \frac{U}{X_L}; \quad I_L = \frac{220\,V}{942\,\Omega}; \quad \underline{I_L = 0{,}234\,A}$

$I = \sqrt{I_R^2 + (I_C - I_L)^2}$

$I = \sqrt{(0{,}44\,A)^2 + (0{,}325\,A - 0{,}234\,A)^2};$

$\underline{I = 0{,}45\,A}$

Aufgaben

1. Über eine Parallelschaltung aus R, X_L und X_C sind folgende Größen bekannt:
$R = 200\,\Omega$; $I_R = 30\,mA$; $I_L = 100\,mA$; $I_C = 60\,mA$. Berechnen Sie U; I; X_L; X_C und Z!

2. Ein Wirkwiderstand von $300\,\Omega$, eine Induktivität von $63{,}3\,mH$ und ein Kondensator mit einer Kapazität von $1\,\mu F$ sind parallel geschaltet. Wie groß sind bei einer Frequenz von $1\,kHz$ der Scheinwiderstand und der Phasenverschiebungswinkel der Schaltung?

3. Bei einer Parallelschaltung von R, X_L und X_C sind folgende Größen gegeben: $R = 120\,\Omega$; $f = 100\,Hz$; $U = 24\,V$; $I_L = 68\,mA$ und $I_C = 50\,mA$. Berechnen Sie I; I_R; C; L; Z und φ!

4. Zwei Geräte mit induktiven Blindwiderständen liegen parallel an $500\,V/50\,Hz$.
Es sind folgende Größen gegeben:
$P_1 = 30\,kW$; $\cos\varphi_1 = 0{,}7$; $P_2 = 20\,kW$; Gesamtleistungsfaktor $\cos\varphi_g = 0{,}5$.
a) Berechnen Sie die Teilstromstärken und die Gesamtstromstärke!
b) Auf welche Werte ändern sich die Gesamtstromstärke und der Gesamtleistungsfaktor, wenn ein Kondensator von $680\,\mu F$ parallel geschaltet wird?

5. Berechnen Sie zu Abb. 1 die Parallelersatzschaltung der Spule und den Gesamtleitwert!

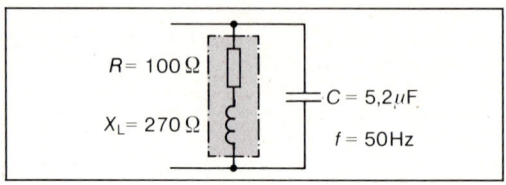

$R = 100\,\Omega$
$X_L = 270\,\Omega$
$C = 5{,}2\,\mu F$
$f = 50\,Hz$

Abb. 1

6. Wie groß sind in der Schaltung der Abb. 2
a) die Einzelstromstärken, die Gesamtstromstärke und
b) der Gesamtleitwert?

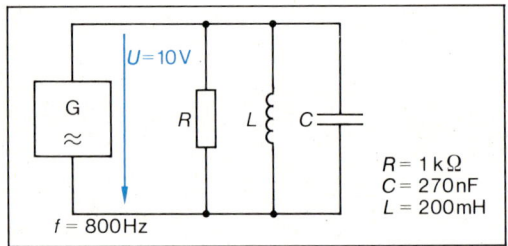

$U = 10\,V$
$G \approx$
R L C
$R = 1\,k\Omega$
$C = 270\,nF$
$L = 200\,mH$
$f = 800\,Hz$

Abb. 2

7. Eine Parallelschaltung aus R, L und C liegt an $230\,V/50\,Hz$. Der Kondensator hat eine Kapazität von $16\,\mu F$ und die Spule eine Induktivität von $1{,}2\,H$ (Wirkwiderstand vernachlässigbar). Es fließt ein Gesamtstrom von $1{,}5\,A$.
a) Wie groß sind die Teilstromstärken I_C und I_L?
b) Wie groß sind I_R und der Wirkwiderstand?
c) Welche Phasenverschiebung besteht zwischen der Gesamtspannung und Gesamtstromstärke?

8. Ein Motor wird an $230\,V/50\,Hz$ betrieben. Es fließt ein Strom von $2{,}3\,A$ bei einem $\cos\varphi = 0{,}6$. Zur Kompensation der Blindleistung wird ein Kondensator von $C = 16\,\mu F$ parallel geschaltet. Berechnen Sie
a) den Wirk- und Blindwiderstand des Motors,
b) die Gesamtstromstärke nach Zuschalten des Kondensators,
c) den resultierenden Blindwiderstand X^*,
d) den $\cos\varphi$ der Anlage!

9. Ein Wirkwiderstand von $100\,\Omega$, eine Induktivität von $0{,}4\,H$ und ein Kondensator liegen parallel. Wie groß muß die Kapazität eines Parallelkondensators sein, damit sich ein Leistungsfaktor von $0{,}8$ ergibt ($f = 50\,Hz$; $X_C < X_L$)?

10. Parallel zu einem Gerät mit induktiven Blindwiderständen liegt ein Kondensator (Abb. 3). Für Steuerungszwecke werden auf die Energieleitungen Spannungen mit 500 Hz gegeben. Berechnen Sie den resultierenden Blindwiderstand und den Scheinwiderstand!

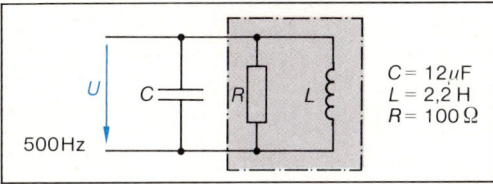

$C = 12\,\mu\text{F}$
$L = 2,2\,\text{H}$
$R = 100\,\Omega$

Abb. 3

11. Zu einem verlustbehafteten Kondensator von 22 μF mit einem $\tan \delta = 6 \cdot 10^{-3}$ bei 50 Hz liegt eine Induktivität von 0,5 H parallel. Die Schaltung wird an einer Wechselspannung von 230 V (50 Hz) betrieben.
a) Wie groß ist der parallele Verlustwiderstand des Kondensators?
b) Wie groß sind die Stromstärken?
c) Welche Leistungen sind vorhanden?

12. Der Leistungsfaktor der verlustbehafteten Spule von Abb. 4 beträgt 0,8. In die Spule fließt ein Strom von 0,5 A. Die Spannung beträgt 230 V (50 Hz). Der Kondensator hat eine Kapazität von 3,3 μF.
a) Rechnen Sie die Reihenschaltung aus R und X_L in eine Parallelschaltung um.
b) Wie groß sind die Stromstärken der Parallelschaltung?
c) Welchen Wert hat der Phasenverschiebungswinkel der Gesamtschaltung?

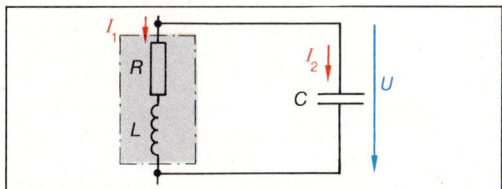

Abb. 4

13. Ein Wirkwiderstand, ein induktiver Blindwiderstand und ein kapazitiver Blindwiderstand sind parallel geschaltet. Die Schaltung liegt an einer Wechselspannung von 230 V (50 Hz). Es werden folgende Stromstärken ermittelt:
$I_\text{R} = 3{,}5\,\text{A}$; $I_\text{C} = 1{,}8\,\text{A}$ und $I_\text{L} = 0{,}5\,\text{A}$.
a) Berechnen Sie die Gesamtstromstärke!
b) Wie groß sind die Widerstände, die Induktivität und die Kapazität?
c) Wie groß sind die einzelnen Leistungen?

1.4.3 Leistungen in Stromkreisen mit Spulen, Kondensatoren und Wirkwiderständen

▶ In Reihe mit einer Leuchtstofflampe liegen eine Drosselspule und ein Kondensator. Die Wirkleistung beträgt 48 W. Bei 230 V/50 Hz fließt ein Strom von 0,25 A. Der Kondensator hat eine Kapazität von 3,6 μF. Wie groß sind S, Q^*, Q_C, Q_L und der Leistungsfaktor?

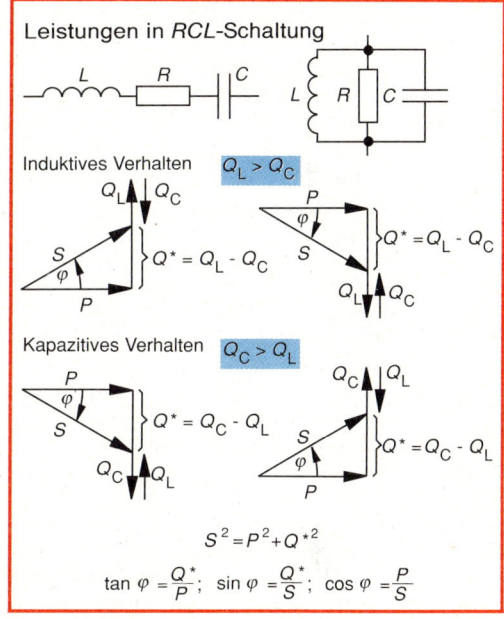

Leistungen in *RCL*-Schaltung

Induktives Verhalten $Q_\text{L} > Q_\text{C}$

$Q^* = Q_\text{L} - Q_\text{C}$

Kapazitives Verhalten $Q_\text{C} > Q_\text{L}$

$Q^* = Q_\text{C} - Q_\text{L}$

$$S^2 = P^2 + Q^{*2}$$

$$\tan \varphi = \frac{Q^*}{P}; \quad \sin \varphi = \frac{Q^*}{S}; \quad \cos \varphi = \frac{P}{S}$$

Beispiellösung:

Gegeben: $P = 48\,\text{W}$; $U = 230\,\text{V}$; $f = 50\,\text{Hz}$; $I = 0{,}25\,\text{A}$; $C = 3{,}6\,\mu\text{F}$

Gesucht: S; Q^*; Q_C; Q_L; $\cos \varphi$

$S = U \cdot I$; $S = 230\,\text{V} \cdot 0{,}25\,\text{A}$; $\underline{\underline{S = 57{,}5\,\text{VA}}}$

$S^2 = P^2 + Q^{*2}$

$Q^* = \sqrt{S^2 - P^2}$; $Q^* = \sqrt{(57{,}5\,\text{VA})^2 - (48\,\text{W})^2}$

$\underline{\underline{Q^* = 31{,}7\,\text{var}}}$

$Q_\text{C} = I^2 \cdot X_\text{C}$; $Q_\text{C} = \dfrac{I^2}{2\,\pi \cdot f \cdot C}$

$Q_\text{C} = \dfrac{(0{,}25\,\text{A})^2}{2\,\pi \cdot \frac{50}{\text{s}} \cdot 3{,}6\,\frac{\text{As}}{\text{V}} \cdot 10^{-6}}$; $\underline{\underline{Q_\text{C} = 55{,}3\,\text{var}}}$

$Q^* = Q_\text{C} - Q_\text{L}$; $Q_\text{L} = Q_\text{C} - Q^*$
$Q_\text{L} = 55{,}3\,\text{var} - 31{,}7\,\text{var}$
$\underline{\underline{Q_\text{L} = 23{,}6\,\text{var}}}$

$\cos \varphi = \dfrac{P}{S}$; $\cos \varphi = \dfrac{48\,\text{W}}{57{,}5\,\text{VA}}$; $\underline{\underline{\cos \varphi = 0{,}83}}$

Aufgaben

1. Von einer Reihenschaltung aus *R*, *L* und *C* sind folgende Größen bekannt: Gesamtspannung $U = 230\,V/50\,Hz$, Wirkleistung der Schaltung: $P = 80\,W$; Stromstärke: $I = 0,4\,A$; Kapazität: $C = 5,6\,\mu F$. Gesucht sind: S, Q_L, Q_C, Q (resultierende Blindleistung); $\cos\varphi$.

2. Ein an $230\,V/50\,Hz$ betriebenes Gerät besitzt eine Wirkleistung von 680 W. Es fließt ein Strom von 4,3 A. In der Schaltung befinden sich induktive Blindwiderstände.
a) Berechnen Sie die Scheinleistung und den Leistungsfaktor!
b) Wie groß sind Wirk- und Blindwiderstand?
c) Wie groß muß eine Kapazität sein, die die Wirkung der Induktivität kompensiert?

3. Eine Spule mit der Induktivität von 0,3 H (Wirkwiderstand vernachlässigbar), ein Wirkwiderstand von 200 Ω und ein Kondensator von 2,2 μF liegen parallel an einer Spannung von $24\,V/50\,Hz$. Berechnen Sie
a) die Stromstärken der Schaltung,
b) den Scheinwiderstand der Schaltung,
c) den Phasenverschiebungswinkel und
d) die Leistungen der Bauteile und die Scheinleistung!

4. An $230\,V/50\,Hz$ liegen drei Motoren. Es sind folgende Stromstärken vorhanden: $I_1 = 2,2\,A$; $I_2 = 3,8\,A$, $I_3 = 7,1\,A$. Die Motoren besitzen folgende Leistungsfaktoren: $\cos\varphi_1 = 0,6$; $\cos\varphi_2 = 0,8$; $\cos\varphi_3 = 0,75$. Parallel liegt ein Kondensator von 100 μF. Berechnen Sie
a) die Wirkleistungen,
b) die Einzel- und Gesamtblindleistung,
c) die Gesamtstromstärke und
d) den Gesamtleistungsfaktor!

5. Eine Leuchtstofflampenschaltung besitzt bei $230\,V/50\,Hz$ eine Wirkleistung von 55 W. Es fließt ein Strom von 0,48 A.
a) Wie groß ist der Leistungsfaktor?
b) Wie ändert sich die Gesamtstromstärke, wenn ein Kondensator von 4 μF zur Kompensation parallel geschaltet wird?

6. Zu einem Asynchronmotor mit 150 kW und einem Leistungsfaktor von 0,7 wird ein Kondensator parallel geschaltet. Die Blindleistung des Kondensators beträgt 110 kvar.
a) Wie groß ist die Scheinleistung vor und nach der Parallelschaltung?
b) Auf welchen Wert verändert sich der Leistungsfaktor durch die Parallelschaltung?

7. Ein Motor für 230 V (50 Hz) mit einer Leistung von $P_1 = 1\,kW$ besitzt einen Leistungsfaktor von 0,76. Zum Motor sind Glühlampen mit einer Leistung von insgesamt 760 W parallel geschaltet.
a) Wie groß sind die Gesamtstromstärke und der Gesamtleistungsfaktor?
b) Auf welchen Wert ändert sich die Stromstärke, wenn ein Kondensator von 33 μF parallel geschaltet wird?
c) Berechnen Sie die Leistungen für die Schaltung mit dem Kondensator!

8. Ein Schweißtransformator wird an 230 V (50 Hz) betrieben. Es fließt ein Strom von 3,1 A. Seine Blindleistung beträgt 61% der Scheinleistung. Hinzugeschaltet wird ein Kondensator. Die Anlage besitzt jetzt einen Leistungsfaktor von 0,9. Berechnen Sie die Kapazität des Kondensators!

9. Berechnen Sie zu der Schaltung von Abb. 1 die Größen Z, I, U_R, U_C, U_L, P, Q, S und den $\cos\varphi$.

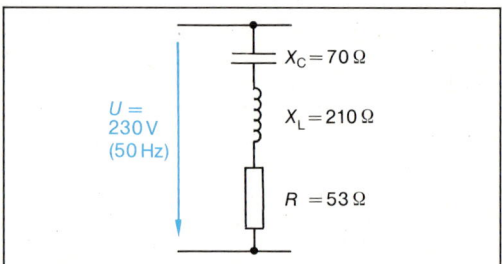

Abb. 1

10. In einer Anlage für 230 V (50 Hz) sind folgende Geräte parallel geschaltet: Glühlampen mit 150 W, Leuchtstofflampen mit 100 W und einem $\cos\varphi = 0,6$ sowie ein Wechselstrommotor mit 3,2 A und einem $\cos\varphi = 0,77$. Berechnen Sie
a) Wirk-, Blind- und Scheinleistung der Anlage!
b) die Einzelstromstärken und die Gesamtstromstärke,
c) den Leistungsfaktor und
d) die Kapazität des Kondensators, der den Leistungsfaktor auf einen Wert von 0,9 verändert!

11. Eine Reihenschaltung liegt an einer Wechselspannung von 230 V (50 Hz). Es fließt ein Strom von 7,5 A. Der Leistungsfaktor wird mit 0,8 (kapazitiv) angegeben. Berechnen Sie die Schein-, Wirk- und Blindleistung!

1.4.4 Schwingkreise

▶ Ein Reihenschwingkreis mit $R = 330\,\Omega$ und $L = 5\,H$ liegt an einer Spannung von 380 V. Induktivität und Kapazität sind so aufeinander abgestimmt, daß bei 50 Hz Resonanz herrscht.
a) Wie groß ist die Kapazität?
b) Wie groß ist die Stromstärke?
c) Welche Spannungen liegen an den Bauteilen?

Reihenschwingkreis   Parallelschwingkreis

Resonanzfrequenz f_0

Resonanz:

$$X_L = X_C; \qquad f_0 = \frac{1}{2\,\pi \cdot \sqrt{L \cdot C}};$$

Beispiellösung:

Gegeben: $R = 330\,\Omega; \quad L = 5\,H; \quad U = 380\,V;$
$\qquad\qquad f_0 = 50\,Hz$

Gesucht: a) C, b) I, c) U_R, d) U_C

a) $X_L = X_C$ $\qquad\qquad 2\,\pi \cdot f_0 \cdot L = \dfrac{1}{2\,\pi \cdot f_0 \cdot C}$

$C = \dfrac{1}{4\,\pi^2 \cdot f_0^2 \cdot L};\qquad C = \dfrac{1}{4\,\pi^2 \cdot \frac{50^2}{s^2} \cdot 5\,\frac{Vs}{A}}$

$\underline{\underline{C = 2{,}0\,\mu F}}$

b) $I = \dfrac{U}{R};\qquad I = \dfrac{380\,V}{330\,\Omega};\qquad \underline{\underline{I = 1{,}15\,A}}$

c) $\underline{\underline{U_R = 380\,V}}$

d) $U_C = I \cdot X_C;\qquad \underline{\underline{U_C = 1830\,V}};\qquad \underline{\underline{U_C = U_L}}$

Aufgaben

1. Welchen Wert muß die Induktivität eines Schwingkreises haben, wenn eine Kapazität von 16 µF eingebaut ist? Die Resonanzfrequenz liegt bei 60 Hz.

2. Berechnen Sie bei einer Reihenschaltung die Resonanzfrequenz, die Stromstärke im Resonanzfall und die Spannungen an L und C, wenn $R = 22\,\Omega; \quad L = 0{,}4\,H; \quad C = 18\,\mu F$ und $U = 110\,V$ groß sind!

3. Berechnen Sie die Resonanzfrequenz eines Parallelschwingkreises, wenn folgende Größen gegeben sind: $C = 1\,\mu F; L = 10\,H!$

4. Zwischen welchen Werten läßt sich in der Schaltung von Abb. 2 die Resonanzfrequenz verändern?

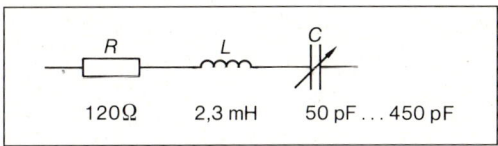

Abb. 2

5. Der Verlustwiderstand eines Parallelschwingkreises wird mit $R = 853\,\Omega$ ermittelt. Die Resonanzfrequenz liegt bei 1 kHz. Der Kondensator besitzt eine Kapazität von 3,7 nF. Die Schaltung liegt an einer Spannung von 24 V.
a) Wie groß ist die Gesamtstromstärke?
b) Wie groß ist die Induktivität?
c) Wie groß sind die Ströme durch X_L und X_C im Resonanzfall?

6. Welchen Wert muß die Kapazität eines Kondensators haben, damit er die von der Spule mit der Induktivität von $L = 4{,}3\,H$ verursachte Phasenverschiebung bei 50 Hz gerade aufhebt?

7. Eine Reihenschaltung aus $R = 50\,\Omega; L = 3\,H$ und $C = 2\,\mu F$ liegt an einer Spannung von 120 V. Wie groß sind die Stromstärken und die Scheinwiderstände bei 63 Hz; 65 Hz und 67 Hz?

8. Bei einer Reihenschaltung von $R; L$ und $C = 12\,\mu F$ $(f = 50\,Hz)$ soll bei Resonanz an L und C eine Spannung liegen, die doppelt so groß wie die Gesamtspannung ist. Wie groß sind R und L?

9. Ein Parallelschwingkreis besteht aus $L = 0{,}2\,mH$, einem parallelen Ersatzwiderstand der Spule mit $R = 5{,}7\,k\Omega$ und einem Kondensator mit $C = 220\,pF$. Es fließt bei Resonanz ein Gesamtstrom von 2,5 mA.
a) Wie groß ist die Spannung?
b) Welchen Wert besitzt die Resonanzfrequenz?

10. An einem Schwingkreis wird mit einem Oszilloskop die Periodendauer der Schwingungen mit $T = 16\,\mu s$ festgestellt. Die Schwingkreiskapazität beträgt 120 pF. Berechnen Sie die Resonanzfrequenz sowie die Induktivität der Spule!

11. In einer Hochfrequenzschaltung befindet sich eine Induktivität von 0,76 mH. Parallel liegt ein Kondensator. Wie groß ist die Kapazität, wenn der Schwingkreis bei 1,63 MHz seine Resonanzfrequenz haben soll?

12. An der Reihenschaltung mit $R = 27\ \Omega$; L und C liegt eine Spannung von 100 V (50 Hz). Es herrscht Resonanz. Am induktiven und kapazitiven Blindwiderstand wird eine Spannung von je 800 V gemessen. Am Kondensator darf jedoch nur eine Maximalspannung von 300 V liegen. Wie groß müssen die Kapazität und die Induktivität gewählt werden, wenn sich die Stromstärke nicht verringern und der Resonanzfall bestehen bleiben soll?

▶ Ein Parallelschwingkreis wird mit einem HF-Meßsender untersucht. Bei der Frequenz von 250 kHz erhält man ein Spannungsmaximum. Bei den Frequenzen 212 kHz und 288 kHz ist die Spannung auf das $1/\sqrt{2}$ fache gesunken. Ermitteln Sie mit diesen Daten die Resonanzfrequenz, die Bandbreite und die Güte!

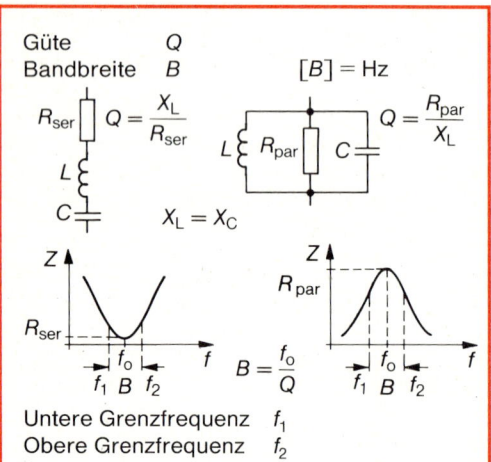

Beispiellösung:

Gegeben: $f_0 = 250$ kHz; $f_1 = 212$ kHz; $f_2 = 288$ kHz

Gesucht: f_0; B; Q

$\underline{f_0 = 250\ \text{kHz}}$ (Spannungsmaximum)

$B = f_2 - f_1$; $\underline{B = 76\ \text{kHz}}$

$B = \dfrac{f_0}{Q}$; $Q = \dfrac{f_0}{B}$; $Q = \dfrac{250\ \text{kHz}}{76\ \text{kHz}}$; $\underline{\underline{Q = 3,3}}$

Aufgaben

13. Ein Sperrkreis für die Ton-Zwischenfrequenz von 5,5 MHz eines Fernsehempfängers soll eine Bandbreite von 300 kHz besitzen. Die Schwingkreiskapazität beträgt 120 pF. Berechnen Sie die Induktivität und die Güte des Schwingkreises!

14. Die Abb. 1 zeigt das Ersatzschaltbild eines Schwingquarzes. Berechnen Sie mit Hilfe der vorgegebenen Daten die Resonanzfrequenz und die Güte?

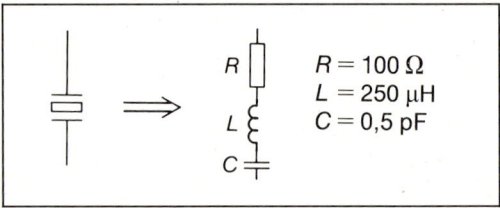

Abb. 1

15. Die Abb. 2 zeigt die Spannungsresonanzkurve eines Parallelschwingkreises. Ermitteln Sie mit den gegebenen Daten die Bandbreite, die Güte, den Resonanzwiderstand und die Induktivität, wenn die Schwingkreiskapazität 220 pF beträgt!

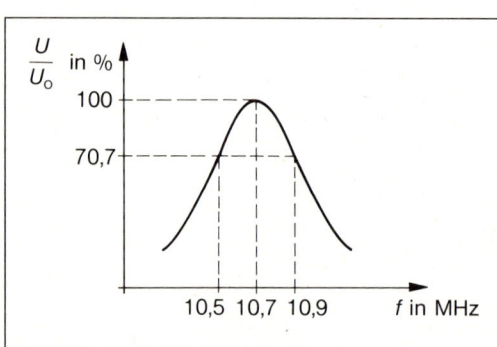

Abb. 2

16. Eine Reihenschaltung besteht aus folgenden Bauteilen:
Spule mit $L = 150\ \mu\text{H}$ und $R_\text{ser} = 50\ \Omega$,
Kondensator mit $C = 68$ pF.
a) Berechnen Sie f_0, B und Q!
b) Wie groß ist der Resonanzwiderstand?
c) Berechnen Sie die Widerstände der Schaltung bei den Grenzfrequenzen!
d) Berechnen Sie die Stromstärke bei $f = f_0$ und bei den Grenzfrequenzen, wenn die Spannung 3,5 V beträgt!

1.5 Filter

▶ In der Betriebsspannungszuführung eines elektronischen Gerätes befinden sich zwei Spulen (Abb. 3). Sie sollen hochfrequente Störungen fernhalten. Der Eingangswiderstand des Gerätes beträgt 5,3 Ω.
Berechnen Sie die Grenzfrequenz!

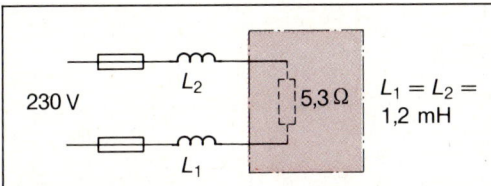

Abb. 3

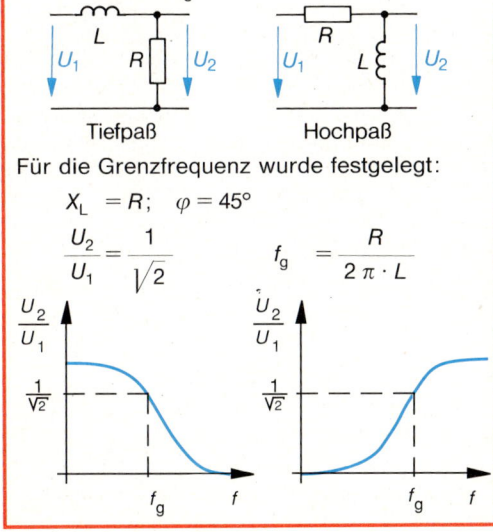

Beispiellösung:

Gegeben: $L = 1{,}2$ mH; $R = 5{,}3$ Ω
Gesucht: f_g

$$f_g = \frac{R}{2\pi \cdot L}; \quad f_g = \frac{5{,}3\ \frac{V}{A}}{2\pi \cdot 2{,}4 \cdot 10^{-3}\frac{Vs}{A}}; \quad \underline{f_g = 351\ \text{Hz}}$$

Aufgaben

1. Die Primärspule eines Ausgangsübertragers kann als Induktivität aufgefaßt werden. In Reihe dazu liegt der Innenwiderstand des Endstufentransistors mit 536 Ω. Wie groß ist die Induktivität, wenn eine Grenzfrequenz für die Endstufe von 15 kHz angegeben ist?

2. Ermitteln Sie die Grenzfrequenz eines Tiefpasses mit $L = 18$ mH und $R = 120$ Ω!

3. Die Grenzfrequenz eines Hochpasses aus $R = 8{,}2$ kΩ und L soll durch Zuschalten einer weiteren Induktivität von 5 kHz auf 15 kHz vergrößert werden.
a) Berechnen Sie die Induktivität der Schaltung mit der Grenzfrequenz von 5 kHz!
b) Zeichnen Sie die Schaltung für die Grenzfrequenz von 15 kHz!
c) Berechnen Sie den Wert der zugeschalteten Induktivität zur Erhöhung der Grenzfrequenz!

4. Wie groß muß der Widerstand R_1 in Abb. 4 sein, damit sich durch ihn eine Grenzfrequenz von 53 kHz einstellt?

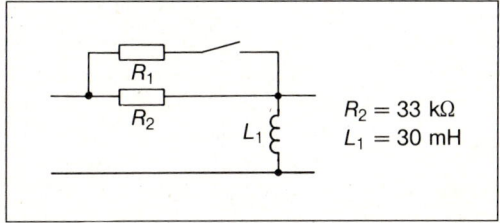

Abb. 4

5. Ein Tiefpaß mit $R = 2{,}2$ kΩ hat eine Grenzfrequenz von 500 Hz.
a) Wie groß muß die Induktivität sein?
b) Wie groß ist die Windungszahl der Spule, wenn Kernmaterial mit einem A_L-Wert von 510 µH zur Verfügung steht?

6. Gegeben ist die Schaltung in Abb. 5. Berechnen Sie die Induktivität L_2 des Tiefpasses, wenn eine Grenzfrequenz von 1,2 MHz erreicht werden soll!

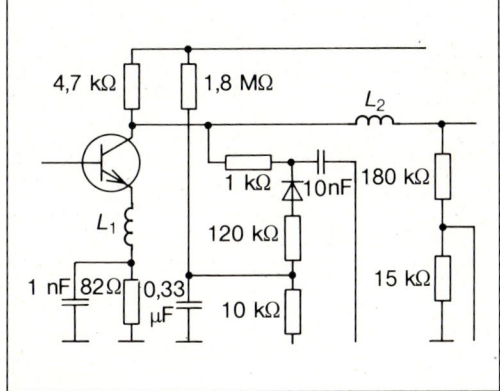

Abb. 5

▶ Der Koppelkondensator C_1 zwischen zwei Transistoren in Abb. 1 soll so dimensioniert sein, daß bei der tiefsten zu übertragenden Frequenz von 50 Hz (Grenzfrequenz f_g) die Spannung u_{BE} zwischen Basis und Emitter auf den Wert $u_e/\sqrt{2}$ gesunken ist.
Wie groß ist die Kapazität?

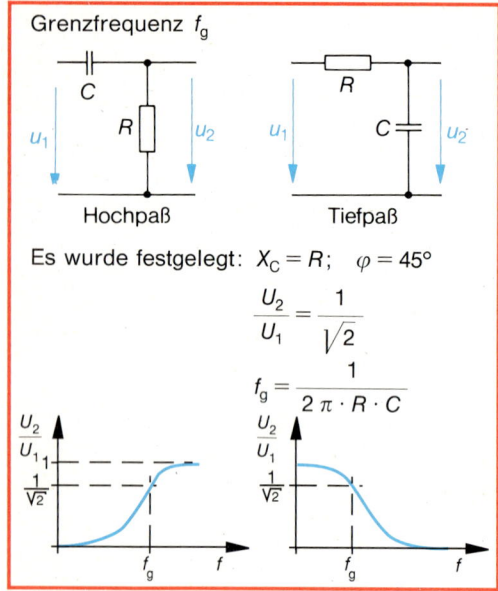

Grenzfrequenz f_g

Hochpaß   Tiefpaß

Es wurde festgelegt: $X_C = R$; $\varphi = 45°$

$$\frac{U_2}{U_1} = \frac{1}{\sqrt{2}}$$

$$f_g = \frac{1}{2\pi \cdot R \cdot C}$$

Beispiellösung:

Gegeben: $R_1 = 33\ \text{k}\Omega$; $R_2 = 2{,}7\ \text{k}\Omega$;
$\quad\quad\quad r_{BE} = 3{,}5\ \text{k}\Omega$; $f_g = 50\ \text{Hz}$

Gesucht: C

Ersatzschaltbilder

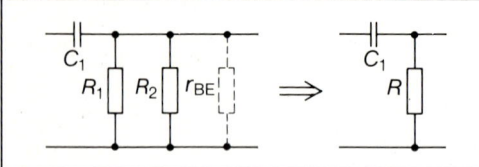

$$\frac{1}{R} = \frac{1}{R_1} + \frac{1}{R_2} + \frac{1}{r_{BE}}$$

$$\frac{1}{R} = \frac{1}{33\ \text{k}\Omega} + \frac{1}{2{,}7\ \text{k}\Omega} + \frac{1}{3{,}5\ \text{k}\Omega};\quad R = 1{,}46\ \text{k}\Omega$$

$$X_C = R;\quad \frac{1}{2\pi \cdot f \cdot C} = R$$

$$C = \frac{1}{2\pi \cdot f \cdot R};\quad C = \frac{1}{2\pi \cdot \frac{50}{s} \cdot 1{,}46 \cdot 10^3\ \frac{V}{A}}$$

$$\underline{\underline{C = 2{,}18\ \mu\text{F}}}$$

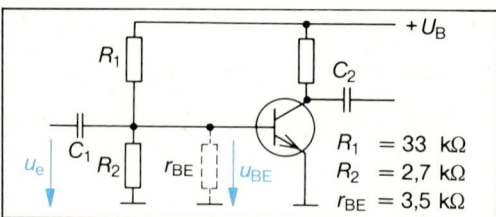

$R_1 = 33\ \text{k}\Omega$
$R_2 = 2{,}7\ \text{k}\Omega$
$r_{BE} = 3{,}5\ \text{k}\Omega$

Abb. 1

Aufgaben

7. Der normierte Kurvenverlauf der Ausgangsspannung U_2/U_1 in % soll in Abhängigkeit von der Frequenz für folgendes RC-Glied gezeichnet werden: $R = 10\ \text{k}\Omega$; $C = 0{,}22\ \mu\text{F}$. Es sind folgende Frequenzen zu wählen: $f = 10\ \text{Hz}$; 100 Hz; 1 kHz und 10 kHz (log. Achseneinteilung, Tiefpaß und Hochpaß)!

8. Durch einen Tiefpaß in einem Klangeinstellnetzwerk soll eine obere Grenzfrequenz von 15 kHz realisiert werden. Der Wirkwiderstand beträgt 8,2 kΩ. Am Ausgang des Tiefpasses sind bereits Schaltkapazitäten von 290 pF vorhanden. Berechnen Sie den Wert der zuzuschaltenden Kapazität!

9. Berechnen Sie die untere Grenzfrequenz der Schaltung von Abb. 2!

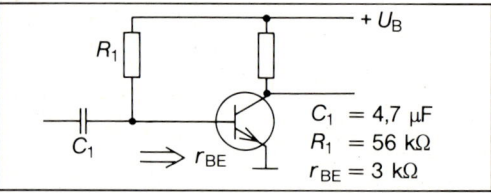

$C_1 = 4{,}7\ \mu\text{F}$
$R_1 = 56\ \text{k}\Omega$
$r_{BE} = 3\ \text{k}\Omega$

Abb. 2

10. In einem Klangeinstellnetzwerk sind die in Abb. 3 dargestellten Bauteile vorhanden.
a) Welche Grenzfrequenzen lassen sich mit dem Potentiometer einstellen?
b) Wie groß ist die Ausgangsspannung U_2, wenn sich das lineare Potentiometer in Mittelstellung befindet und eine Spannung von $U_1 = 0{,}3\ \text{V}$ mit 1 kHz anliegt?

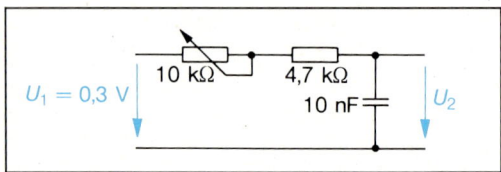

Abb. 3

2 Dreiphasenwechselstrom (Drehstrom)

2.1 Sternschaltung

▶ Die drei Heizwiderstände eines Wärmespeichers sind nach Abb. 4 an das Drehstrom-Vierleiternetz 400/230 V angeschlossen. Die Anschlußleistung des Speichers beträgt 6 kW.

a) Wie groß ist die Spannung (Strangspannung), die an jedem Heizwiderstand (Strangwiderstand) anliegt?

b) Welche Leistung (Strangleistung) besitzt jeder Heizwiderstand?

c) Wie groß sind die Stromstärken durch die Heizwiderstände (Strangströme)?

d) Welche Werte haben die Stromstärken in den Zuleitungen (Leiterströme)?

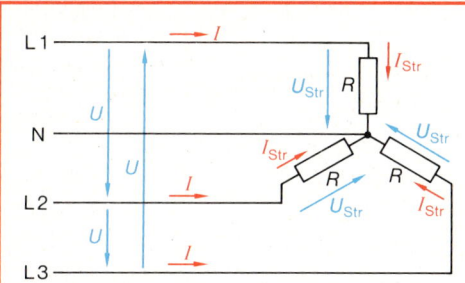

Leiterspannung U $U = \sqrt{3} \cdot U_{Str}$

Strangspannung U_{str}

Leiterstrom I $I = I_{Str}$

Strangstrom I_{Str}

Scheinleistung S $S = \sqrt{3} \cdot U \cdot I$

Wirkleistung P $P = \sqrt{3} \cdot U \cdot I \cdot \cos \varphi$

Blindleistung Q $Q = \sqrt{3} \cdot U \cdot I \cdot \sin \varphi$

$[S] = VA$

$[P] = W$

$[Q] = var$

Beispiellösung:

Gegeben: Netz 400/230 V; Sternschaltung;
   $P = 6$ kW

Gesucht: a) U_{Str}; b) P_{Str}; c) I_{Str}; d) I

a) $\underline{U_{Str} = 230\ V}$

b) $P_{Str} = \dfrac{P}{3}$; $P_{Str} = \dfrac{6000\ W}{3}$; $\underline{P_{Str} = 2000\ W}$

c) $I_{Str} = \dfrac{P_{Str}}{U_{Str}}$; $I_{Str} = \dfrac{2000\ W}{230\ V}$; $\underline{\underline{I_{Str} = 8{,}7\ A}}$

d) $I = I_{Str}$; $\underline{\underline{I = 8{,}7\ A}}$

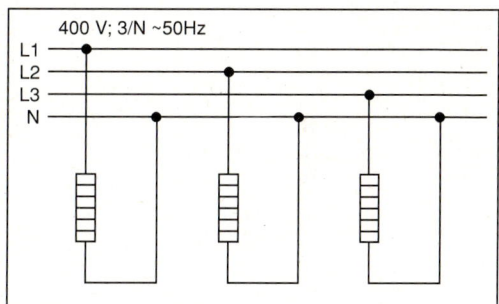

Abb. 4

Aufgaben

1. Zwischen einem Außenleiter und dem Neutralleiter eines Drehstromnetzes wird eine Spannung von 132,8 V gemessen. Wie groß sind die Leiterspannungen?

2. Bei einem Speicherofen, der in Sternschaltung an das 400/230 V-Netz angeschlossen ist, beträgt die Leiterstromstärke 6 A. Berechnen Sie die Leistung des Ofens!

3. In den Zuleitungen zu einem Heizgerät, das in Sternschaltung an das 400/230 V-Netz angeschlossen ist, wird eine Leiterstromstärke von 15,8 A gemessen. Berechnen Sie die Strangwiderstände und die Gesamtleistung des Gerätes!

4. Die drei Widerstände eines Heizofens sind in Sternschaltung an das Drehstromnetz 400/230 V angeschlossen. Jeder Widerstand hat einen Wert von 13,255 Ω.

a) Wie groß ist die Stromstärke in jedem Außenleiter?

b) Wie groß sind die Strangleistungen?

c) Wie groß ist die gesamte Nennleistung des Ofens?

d) Um wieviel Prozent ändert sich die Nennleistung, wenn die Netzspannung um 3,5% absinkt?

5. Ein Heizgerät besitzt am 400/230 V-Netz in Sternschaltung eine Leistung von 12 kW.
Berechnen Sie:
a) die Strangleistungen,
b) die Strangstromstärken,
c) die Strangwiderstände.

6. Drei Widerstände mit je 10 Ω sind in Sternschaltung an ein Drehstromnetz mit der Leiterspannung 400 V angeschlossen.
Berechnen Sie:
a) die Strangspannungen,
b) die Strangstromstärken,
c) die Strangleistungen und
d) die Gesamtleistung der Schaltung.

7. Ein Käfigläufermotor hat folgende Daten:
Y 400 V; 75 kW; 2935 $\frac{1}{min}$; $\eta = 91,5\%$; $\cos \varphi = 0,9$.
a) Wie groß ist die Wirkleistung?
b) Wie groß ist die Stromstärke in den Zuleitungen?
c) Welchen Wert hat die Blindleistung?

8. Ein Drehstrommotor hat auf seinem Leistungsschild folgende Daten: 5,5 kW; 11 A; $\cos \varphi = 0,86$; $\eta = 0,84$. Wie hoch muß die Strangspannung eines Drehstromnetzes sein, wenn der Motor in Sternschaltung angeschlossen werden soll?

9. Wie groß sind Scheinleistung, Wirkleistung, Blindleistung und Wirkungsgrad des Schleifringläufer-Motors, dessen Leistungsschild abgebildet ist, wenn er an das Drehstromnetz 400/230 V in Sternschaltung angeschlossen ist?

230 / 400	**V**	370	**W**
2,2 / 1,2	**A**	50	**Hz**
cosφ 0,65		1340	**/ min**
65 **V** 4 **A**			

10. Ein Drehstrommotor wird an das Drehstromnetz 400/230 V in Sternschaltung angeschlossen. Der Motor hat folgende Daten: 7,2 kW; $\cos \varphi = 0,8$; $\eta = 0,75$. Wie groß ist die Stromstärke in jedem Außenleiter?

11. Die Leistung eines Heizgerätes für Drehstromanschluß beträgt am 400/230 V-Netz in Sternschaltung 6 kW. (Der Neutralleiter ist angeschlossen.)
a) Welche Leistung besitzt das Gerät noch, wenn ein Heizwiderstand defekt ist?
b) Welche Leistung besitzt das Gerät noch, wenn zwei Sicherungen defekt sind?

12. Wie groß sind Schein-, Wirk- und Blindleistung des Drehstrommotors einer kleinen Standbohrmaschine, der in Sternschaltung an das Drehstromnetz 400/230 V angeschlossen ist, wenn er das dargestellte Leistungsschild besitzt?

Mot.	3 ~		50	**Hz**	**IEC**	34
MT 71	**A - 4**		**IP**	54	**Class.**	f
	0,37	**kW**		1320		**/ min**
400 **V** Y / 1,5 **A**				230 **V** △ / 2 **A**		
cosφ 0,84						

13. Wie groß ist die abgegebene Wirkleistung bei $\eta = 78\%$? (Motor in Sternschaltung)

3 ~	**Mot.**			
230 / 400 **V** △ Y			4,1 / 2,4	**A**
kW	**cos**φ	0,67		50 **Hz**
45 **V** Y		11 **A**		
	1320			**/ min**

14. Berechnen Sie die Stromstärke eines Drehstrom-Kurzschlußläufer-Motors mit der Nennleistung 7,2 kW, wenn er bei Nennbelastung am 400/230 V-Netz in Sternschaltung einen Leistungsfaktor von 0,82 und einen Wirkungsgrad von 0,86 hat.

15. Ein Drehstrommotor hat auf seinem Leistungsschild die Daten: 230/400 V △ Y; 1,9/1,1 A; 0,37 kW; 2750 $\frac{1}{min}$; $\eta = 64,7\%$; 50 Hz. Welchen Wert hat der Leistungsfaktor, wenn der Motor an das Drehstromnetz 400/230 V in Sternschaltung angeschlossen wird?

16. Ein vierpoliger Käfigläufer-Motor hat folgende Daten: Y 400 V; 1485 $\frac{1}{min}$; 118,4 A; $\cos \varphi = 0,86$; $\eta = 94,7\%$.
a) Wie groß ist die Scheinleistung?
b) Welche Nennleistung besitzt der Motor?
c) Wie groß ist die Blindleistung?

17. Der in Dänemark hergestellte Drehstrommotor für eine Fräsmaschine besitzt das dargestellte Typenschild. Bestimmen Sie für beide Drehzahlen des Motors:
a) die Scheinleistung und
b) den Wirkungsgrad.

Typ UM - 400	3 ~ **Phase**	50 **Hz**	
No. 1670	**kW** 0,18 / 0,11	**Amp.** 0,55 / 0,4	
Volt 400	**R / Min** 2660 / 1380	**cos**φ 0,76	

2.2 Dreieckschaltung

▶ Ein Drehstrommotor ist nach Abb. 1 an das Drehstromnetz 400/230 V angeschlossen. Das Leistungsschild des Motors enthält u.a. folgende Daten: 5,5 kW; 12,1 A; cos φ = 0,86. Bestimmen Sie folgende Werte:
a) die Stromstärken in den Strängen,
b) die Strangleistungen,
c) die Gesamtleistung und
d) den Wirkungsgrad.

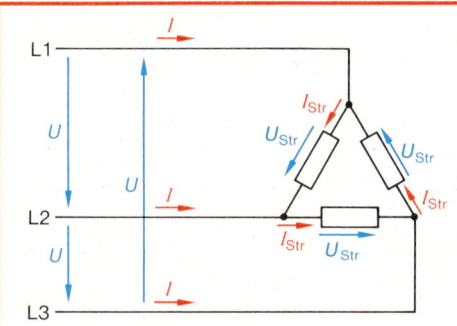

Leiterspannung	U	$U = U_{Str}$
Leiterstrom	I	$I = \sqrt{3} \cdot I_{Str}$
Scheinleistung	S	$S = \sqrt{3} \cdot U \cdot I$
Wirkleistung	P	$P = \sqrt{3} \cdot U \cdot I \cdot \cos \varphi$
Blindleistung	Q	$Q = \sqrt{3} \cdot U \cdot I \cdot \sin \varphi$

$[S]$ = VA $[P]$ = W $[Q]$ = var

Beispiellösung:

Gegeben: $U = U_{Str}$ = 400 V; P_{ab} = 5,5 kW;
I = 12,1 A; cos φ = 0,86

Gesucht: a) I_{Str};   b) P_{Str};   c) P;   d) η

a) $I_{Str} = \dfrac{I}{\sqrt{3}}$; $I_{Str} = \dfrac{12,1\,A}{\sqrt{3}}$; $\underline{\underline{I_{Str} = 6,99\,A}}$

b) $P_{Str} = U_{Str} \cdot I_{Str} \cdot \cos \varphi$
$\underline{P_{Str} = 2404,56\,W}$

P_{Str} = 400 V · 6,99 A · 0,86
$\underline{\underline{P_{Str} = 2,4\,kW}}$

$P = 3 \cdot P_{Str}$ oder $P = \sqrt{3} \cdot U \cdot I \cdot \cos \varphi$
P = 3 · 2,4 kW $P = \sqrt{3}$ · 400 V · 12,1 A · 0,86
$\underline{\underline{P = 7,2\,kW}}$ $\underline{\underline{P = 7,2\,kW}}$

d) $\eta = \dfrac{P_{ab}}{P_{zu}}$; $\eta = \dfrac{5,5\,kW}{7,2\,kW}$; $\underline{\underline{\eta = 0,764}}$

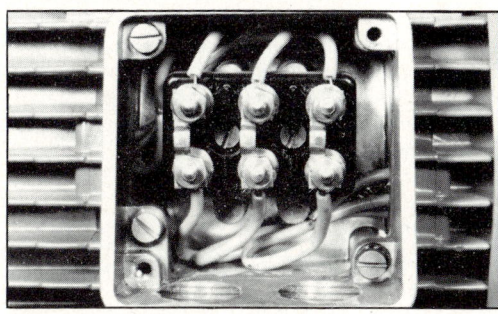
Abb. 1: Klemmbrett eines Motors

Aufgaben

1. Ein Federdruck-Bremsmotor hat folgende Daten: △ 400 V; 7,5 kW; 14 A; η = 87%.
a) Wie groß ist die Wirkleistung?
b) Bestimmen Sie den Leistungsfaktor.
c) Wie groß ist die Blindleistung?

2. Die Heizung eines Badespeichers hat eine Leistung von 7,5 kW. In den Zuleitungen der in Dreieck geschalteten Widerstände beträgt die Stromstärke jeweils 10,83 A. An welche Spannung ist der Badespeicher angeschlossen?

3. Ein Heißwasserspeicher hat drei Heizwiderstände mit je 80 Ω, die in Dreieckschaltung an das Drehstrom-Vierleiternetz 400/230 V angeschlossen sind.
a) Wie groß sind die Strangstromstärken?
b) Welche Werte haben die Leiterstromstärken?
c) Bestimmen Sie die Strangleistungen.
d) Welche Gesamtleistung hat das Gerät?
e) Auf welchen Wert ändert sich die Gesamtleistung, wenn eine Sicherung ausfällt?

4. Ein 6poliger Bremsmotor hat folgende Daten: 400 V; 5,5 kW; 960 $\frac{1}{min}$; η = 84%; cos φ = 0,76.
a) Wie groß ist die aufgenommene Scheinleistung?
b) Wie groß ist die aufgenommene Wirkleistung?
c) Wie groß ist die Blindleistung?
d) Wie groß sind die Stromstärken in den Zuleitungen und in den einzelnen Strängen?

5. Ein Wärmespeicher hat eine Nennleistung von 3 kW. Die drei Heizwiderstände liegen in Dreieckschaltung an 400/230 V.
a) Welchen Wert haben die einzelnen Strangwiderstände?
b) Wie groß sind die Stromstärken in den Zuleitungen?

▶ Die drei Heizwiderstände eines Wärmespeichers können sowohl in Stern- als auch in Dreieckschaltung an das Drehstromnetz 400/230 V angeschlossen werden. Die Widerstände haben einen Wert von je 80 Ω. Berechnen Sie:
a) Die Stromstärken in den Strängen für Stern- und Dreieckschaltung.
b) Die Leiterstromstärken für Stern- und Dreieckschaltung.
c) Die Gesamtleistung für Stern- und Dreieckschaltung.

Beispiellösung:

Gegeben: $R_{Str} = 80\ \Omega$; $U = 400$ V;   Stern- und Dreieckschaltung

Gesucht: a) $I_{Str\,Y}$ und $I_{Str\,\triangle}$;   b) I_Y und $I_\triangle$;   c) $P_{Str\,Y}$ und $P_{Str\,\triangle}$;   d) P_Y und $P_\triangle$.

Sternschaltung	**Dreieckschaltung**
a) $I_{Str} = \dfrac{U_{Str}}{R_{Str}}$	$I_{Str} = \dfrac{U_{Str}}{R_{Str}}$
$I_{Str} = \dfrac{230\text{ V}}{80\ \Omega}$	$I_{Str} = \dfrac{400\text{ V}}{80\ \Omega}$
$\underline{I_{Str} = 2{,}875\text{ A}}$	$\underline{I_{Str} = 5\text{ A}}$
b) $I = I_{Str}$	$I = \sqrt{3}\cdot I_{Str}$
$\underline{I = 2{,}875\text{ A}}$	$\underline{I = 8{,}66\text{ A}}$
c) $P_{Str} = U_{Str}\cdot I_{Str}\cdot\cos\varphi$	$P_{Str} = U_{Str}\cdot I_{Str}\cdot\cos\varphi$
$P_{Str} = 230\text{ V}\cdot 2{,}875\text{ A}\cdot 1$	$P_{Str} = 400\text{ V}\cdot 5\text{ A}\cdot 1$
$\underline{P_{Str} = 661{,}25\text{ W}}$	$\underline{P_{Str} = 2000\text{ W}}$
d) $P = 3\cdot P_{Str}$	$P = 3\cdot P_{Str}$
$\underline{P = 1983{,}75\text{ W}}$	$\underline{P = 6000\text{ W}}$

Die Abweichungen bei den einzelnen Ergebnissen ergeben sich aus der Auf- bzw. Abrundung.

Für den gleichen Verbraucher gilt:

$I_\triangle = 3\cdot I_Y$

$P_\triangle = 3\cdot P_Y$

Aufgaben

6. Ermitteln Sie aus den Angaben des Leistungsschildes die Leiterstromstärken für Stern- und Dreieckschaltung, wenn der Motor in Sternschaltung einen Wirkungsgrad von 81,2% und in Dreieckschaltung von 87,3% besitzt.

Typ	DS 1	No.	123740
Amp.	1	Volt	230 / 400
kW	0,33	n	3000
cos φ	0,82	f	50

7. Die drei Heizwiderstände eines Heißwasserspeichers haben einen Widerstand von je 36,1 Ω. Sie können sowohl in Stern- als auch in Dreieckschaltung an das Drehstromnetz 400/230 V angeschlossen werden.
a) Wie groß sind die Leiterstromstärken in Stern- und in Dreieckschaltung?
b) Wie groß sind die Leistungen der beiden Schaltungen?
c) Um wieviel Prozent ändern sich die Leiterstromstärken und die aufgenommenen Leistungen, wenn die Netzspannung um 5% steigt?

8. Die drei Heizwiderstände eines 1000-Liter-Standspeichers haben in Dreieckschaltung an dem Drehstrom-Vierleiternetz 400/230 V eine Gesamtleistung von 24 kW.
a) Wie groß ist die Leistung, wenn die Widerstände in Sternschaltung umgeschaltet werden?
b) Wie groß sind die Leiterstromstärken in Stern- und Dreieckschaltung?
c) Wie groß sind die Heizleistungen noch, wenn in Stern- und Dreieckschaltung je eine Sicherung defekt ist?
d) Auf wieviel Prozent der ursprünglichen Leistung sinkt die Leistung ab, wenn bei der Sternschaltung zwei Sicherungen ausfallen?

9. Die drei Heizwiderstände eines 30-Liter-Heißwasserspeichers besitzen in Dreieckschaltung am Drehstromnetz 400/230 V eine Gesamtleistung von 6 kW. Durch Umschaltung der Heizwiderstände kann die Gesamtleistung auf 4 kW, 3 kW und 2 kW reduziert werden.
a) Wie müssen die Widerstände für die einzelnen Leistungen geschaltet werden?
b) Welche Werte haben bei den einzelnen Schaltungen die Leiterstromstärken?

10. Drei Kondensatoren werden zu Kompensationszwecken in Dreieckschaltung an ein Drehstromnetz 400/230 V mit der Frequenz 50 Hz angeschlossen. In den Zuleitungen werden je 18,72 A gemessen. Welche Kapazität hat jeder Kondensator?

11. Ein Drehstrom-Käfigläufermotor hat die Daten: 7,5 kW; △ 400 V; cos φ = 0,84; η = 0,87.
a) Wie groß ist die Wirkleistung?
b) Welchen Wert hat die Blindleistung?
c) Wie groß sind die Leiterstromstärken in Dreieckschaltung bei Nennbetrieb?
d) Wie groß ist die Anlaufstromstärke in Sternschaltung, wenn mit dem 7fachen Wert der Nennstromstärke gerechnet wird?

12. Ein Durchlauferhitzer ist an das Drehstromnetz 400/230 V angeschlossen. Bei Dreieckschaltung werden in den drei Außenleitern je 36,5 A gemessen.
a) Wie groß sind die Strangstromstärken, die Strangwiderstände und die Strangleistungen?
b) Wie groß ist die Gesamtleistung?
c) Wie groß wird die Gesamtleistung, wenn eine Sicherung ausfällt?
d) Auf welchen Wert ändert sich die Gesamtleistung, wenn die Widerstände in Sternschaltung an das Netz angeschlossen werden?
e) Wie groß wird die Gesamtleistung, wenn in Sternschaltung eine Sicherung ausfällt?

13. Die Heizwiderstände eines Backofens können mit Hilfe eines Stern-Dreieckschalters am Drehstromnetz 400/230 V umgeschaltet werden. Jeder Widerstand hat einen Wert von 35 Ω.
a) Wie groß sind die Strangstromstärken bei beiden Schaltungen?
b) Wie groß sind die Leiterstromstärken bei beiden Schaltungen?
c) Bestimmen Sie die Strang- und Gesamtleistungen beider Schaltungen.
d) Welche Gesamtleistung ist bei beiden Schaltungen noch vorhanden, wenn ein Widerstand defekt (kein Durchgang) ist?

14. Die Heizwiderstände eines Heißwasserbereiters haben beim Anschluß in Dreieckschaltung an einem 400/230 V-Drehstromnetz eine Gesamtleistung von 12 kW.
a) Welche Werte haben die Strangwiderstände?
b) Wie groß sind die Strang- und Leiterstromstärken?
c) Wie groß wird die Gesamtleistung bei Anschluß in Sternschaltung?

15. Schaltet man die drei Heizwiderstände eines Härteofens in Dreieckschaltung an das 400/230 V-Drehstromnetz, so steigt die Leiterstromstärke um 5 A gegenüber der Leiterstromstärke bei Sternschaltung. Welchen Wert haben die Heizwiderstände?

16. Zwei Heizgeräte, deren Widerstände gleich groß sind, sind an ein Drehstromnetz in Dreieckschaltung parallel angeschlossen.
a) Steigt oder sinkt die Stromstärke in der gemeinsamen Zuleitung, wenn ein Ofen in Sternschaltung umgeschaltet wird?
b) Um wieviel Prozent der ursprünglichen Stromstärke ändert sich der Wert in der gemeinsamen Zuleitung, wenn ein Ofen in Sternschaltung umgeschaltet wird?

2.3 Unsymmetrische Belastung des Drehstromnetzes

▶ An ein Drehstrom-Vierleiternetz 400/230 V sind drei Verbraucher nach Abb. 1 angeschlossen.
a) Wie groß ist der Strom im Neutralleiter?
b) Wie groß sind die einzelnen Wirkleistungen?
c) Berechnen Sie die gesamte Wirkleistung!

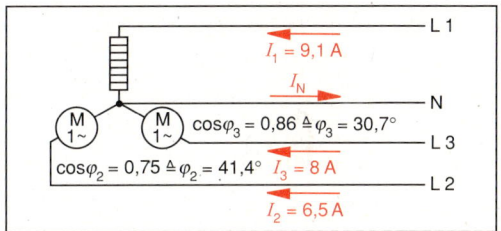

Abb. 1

Beispiellösung:

Gegeben: Werte laut Abb. 1.
Gesucht: a) I_N;   b) P_1; P_2; P_3;   c) P

a) Man zeichnet das Zeigerdiagramm der Spannungen und trägt die Strangströme mit der Phasenlage zu ihren Strangspannungen maßstabgerecht in dieses Zeigerdiagramm ein (Abb. 2). Durch geometrische Addition (Größe und Richtung beachten) der Strangstromstärken erhält man die Stromstärke im Neutralleiter (Abb. 2).

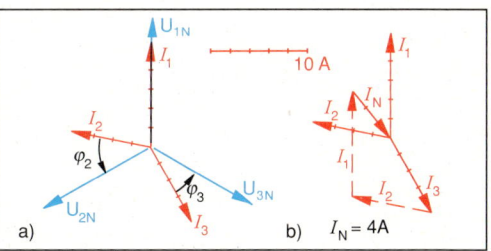

Abb. 2

b) $P_1 = U_{Str} \cdot I_{Str1} \cdot \cos \varphi_1$; $P_1 = 230\,V \cdot 9{,}1\,A \cdot 1$
$\underline{P_1 = 2093\,W}$

$P_2 = U_{Str} \cdot I_{Str2} \cdot \cos \varphi_2$; $P_2 = 230\,V \cdot 6{,}5\,A \cdot 0{,}75$
$\underline{P_2 = 1121\,W}$

$P_3 = U_{Str} \cdot I_{Str3} \cdot \cos \varphi_3$; $P_3 = 230\,V \cdot 8\,A \cdot 0{,}86$
$\underline{P_3 = 1582\,W}$

c) $P = P_1 + P_2 + P_3$; $\underline{P = 4796\,W}$

Aufgaben

1. In einem Drehstrom-Vierleiternetz 400/230 V werden in den Außenleitern folgende Stromstärken und Leistungsfaktoren gemessen:
L1: 30 A bei einem cos $\varphi_1 = 0,707$ induktiv.
L2: 25 A bei einem cos $\varphi_2 = 0,5$ induktiv.
L3: 20 A bei einem cos $\varphi_3 = 0,866$ kapazitiv.
Bestimmen Sie die Stromstärke im Neutralleiter.

2. In den Außenleitern L1 und L2 werden die Stromstärken $I_1 = 20$ A bei einem cos $\varphi_1 = 0,8$ induktiv und $I_2 = 18$ A bei einem cos $\varphi_2 = 0,5$ induktiv gemessen. Der Strom im Neutralleiter hat einen Wert von 10 A und ist mit der Spannung U_{2N} in Phase. Bestimmen Sie die Stromstärke im Außenleiter L3.

3. Gegeben ist die Schaltung nach Abb. 1.
a) Berechnen Sie die Stromstärken der einzelnen Geräte!
b) Ermitteln Sie die Leiterstromstärken in den drei Außenleitern!
c) Wie groß ist die Stromstärke im Neutralleiter?

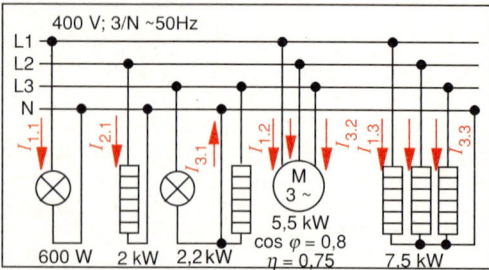

Abb. 1

4. Ein Teil der Installation eines Einfamilienhauses ist wie folgt auf das Drehstrom-Vierleiter-Netz 400/230 V aufgeteilt.
● Zwischen L1 und N: Lampen und Heizgeräte mit einer Gesamtleistung von 4,5 kW.
● Zwischen L2 und N: Lampen und Motoren (Kühlschrank usw.), die bei einer Gesamtlast von 3 kW einen cos φ von 0,88 verursachen.
● Zwischen L3 und N: Warmwassergeräte mit einem Gesamtanschlußwert von 2 kW.
● Außerdem sind die drei Heizwiderstände eines Durchlauferhitzers mit der Gesamtleistung 18 kW in Sternschaltung an das Netz angeschlossen.
a) Skizzieren Sie die Schaltung mit den angeschlossenen Verbrauchern, und kennzeichnen Sie die einzelnen Ströme.
b) Bestimmen Sie die Stromstärken in den drei Außenleitern und im Neutralleiter!

▶ In einem Versuch sind drei Widerstände nach Abb. 2 zusammengeschaltet. Die Spannungen zwischen den Außenleitern haben gleiche Werte $U_{12} = U_{23} = U_{31} = 100$ V.
a) Wie groß sind die einzelnen Strangstromstärken?
b) Wie groß sind die einzelnen Wirkleistungen?
c) Bestimmen Sie die Stromstärken in den drei Außenleitern.

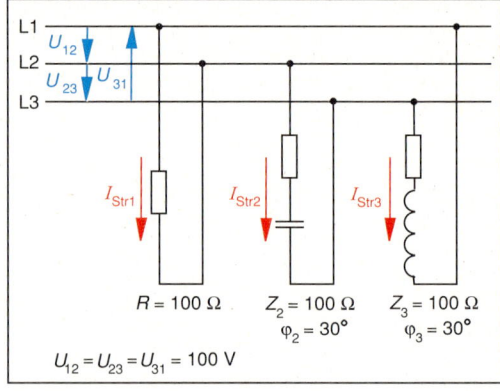

$U_{12} = U_{23} = U_{31} = 100$ V

Abb. 2

Beispiellösung:

Gegeben: Werte aus Abb. 2
Gesucht: a) I_{Str1}, I_{Str2}, I_{Str3},
b) P_{Str1}, P_{Str2}, P_{Str3},
c) I_1, I_2, I_3

a) Da die drei Widerstandswerte gleich sind, ergeben sich für die Strangstromstärken gleiche Werte:

$$I_{Str1} = I_{Str2} = I_{Str3} = \frac{U_{Str}}{Z_{Str}}; \quad I_{Str} = \frac{100\text{ V}}{100\ \Omega}$$

$$\underline{I_{Str1} = I_{Str2} = I_{Str3} = 1\text{ A}}$$

b)
$$P_{Str1} = U_{Str1} \cdot I_{Str1} \cdot \cos\varphi_1; \quad P_{Str1} = 100\text{ V} \cdot 1\text{ A} \cdot 1$$
$$\underline{P_{Str1} = 100\text{ W}}$$

$$P_{Str2} = U_{Str2} \cdot I_{Str2} \cdot \cos\varphi_2; \quad P_{Str2} = 100\text{ V} \cdot 1\text{ A} \cdot 0,866$$
$$\underline{P_{Str2} = 86,6\text{ W}}$$

$$P_{Str3} = U_{Str3} \cdot I_{Str3} \cdot \cos\varphi_3; \quad P_{Str3} = 100\text{ V} \cdot 1\text{ A} \cdot 0,866$$
$$\underline{P_{Str3} = 86,6\text{ W}}$$

c) Man zeichnet das Zeigerdiagramm der Spannungen. Unter Berücksichtigung der Phasenlage zeichnet man die drei Strangströme, I_{Str1} in Phase mit U_{12}, I_{Str2} um 30° voreilend gegenüber U_{23} (im Uhrzeigersinn gegenüber U_{23}) und I_{Str3} um 30° nacheilend gegenüber der Spannung U_{31} (Abb. 3).

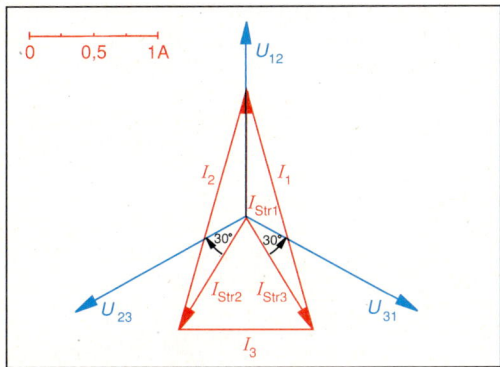

Abb. 3

I	I_{Str}	x-Wert	y-Wert
I_1	I_{Str1}, I_{Str3}	$-0,5$ A	$1,866$ A
I_2	I_{Str1}, I_{Str2}	$0,5$ A	$1,866$ A
I_3	I_{Str2}, I_{Str3}	$-1,5$ A	0 A

Den Betrag der Stromstärken in den Außenleitern erhält man mit Hilfe des Lehrsatzes des Pythagoras aus den x- und y-Werten. Es ergeben sich folgende Werte:

$$I_1 = \sqrt{(-0,5\,\text{A})^2 + (1,866\,\text{A})^2}\,; \quad \underline{\underline{I_1 = 1,93\,\text{A}}}$$

$$I_2 = \sqrt{(0,5\,\text{A})^2 + (1,866\,\text{A})^2}\,; \quad \underline{\underline{I_2 = 1,93\,\text{A}}}$$

$$I_3 = \sqrt{(-1\,\text{A})^2 + (0\,\text{A})^2}\,; \quad \underline{\underline{I_3 = 1\quad\text{A}}}$$

Dieses Lösungsverfahren kann auch zur Ermittlung der Leiterstromstärken bei Sternschaltung angewendet werden. Die x- und y-Werte der Leiterstromstärken ergeben sich aber dann aus der Summe der x- und y-Werte der beteiligten Strangstromstärken.

Die Leiterstromstärken ergeben sich aus der Differenz zweier Strangstromstärken.
Für die Leiterstromstärken ergeben sich:

$$\underline{\underline{I_1 = 1,9\,\text{A}}}\,; \qquad \underline{\underline{I_2 = 1,9\,\text{A}}}\,; \qquad \underline{\underline{I_3 = 1\,\text{A}}}$$

Zweite Lösungsmöglichkeit:

Man zeichnet die Stromstärken der Stränge in ein Koordinatensystem ein (Abb. 4). Mit Hilfe der Sinus- und Cosinusfunktionen ermittelt man die Abszissen- und Ordinaten-Werte der einzelnen Ströme (x- und y-Werte). Als Bezugsgröße für die Winkel dient dabei die positive x-Achse.

I_{Str}	φ	$x = I_{Str} \cdot \cos\varphi$	$y = I_{Str} \cdot \sin\varphi$
$I_{Str1} = 1$ A	$90°$	0 A	1 A
$I_{Str2} = 1$ A	$240°$	$-0,5$ A	$-0,866$ A
$I_{Str3} = 1$ A	$300°$	$0,5$ A	$-0,866$ A

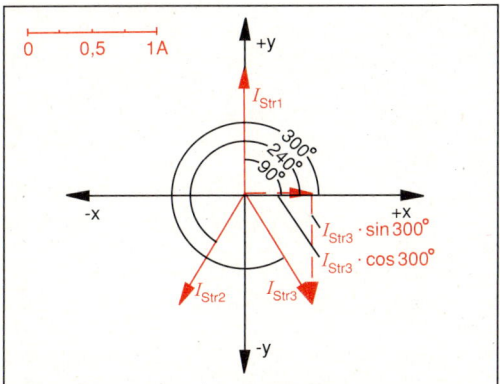

Abb. 4

Die x- und y-Werte der Leiterstromstärken ergeben sich aus der Differenz der x- und y-Werte der beteiligten Strangstromstärken.

Aufgaben

5. Ein Drehstromnetz mit einer Leiterspannung von 230 V ist mit drei Widerständen von je 57,5 Ω in Dreieckschaltung belastet.
a) Wie groß sind die Strangstromstärken?
b) Wie groß sind die Stromstärken in den Außenleitern?
c) Wie ändern sich die Strang- und Leiterstromstärken, wenn ein Außenleiter ausfällt?
d) Auf welche Werte ändern sich die Strang- und Leiterstromstärken, wenn der Widerstand zwischen L1 und L2 ausfällt?

6. An das Drehstromnetz 400/230 V sind folgende Verbraucher angeschlossen:
● Zwischen L1 und N: Ein Heizaggregat mit einer Leistung von 2 kW.
● Zwischen L2 und N: Ein Wechselstrommotor mit den Daten: $715\,\frac{1}{\text{min}}$; $\eta = 0,76$; $P_{ab} = 5,5\,\text{kW}$; $\cos\varphi = 0,74$.
● Ein Drehstrommotor mit den Daten 400 V; $960\,\frac{1}{\text{min}}$; $\eta = 83\%$; $\cos\varphi = 0,76$; $P = 5,5\,\text{kW}$.
a) Berechnen Sie die Stromstärken in den Zuleitungen zu den einzelnen Verbrauchern und die Phasenverschiebungswinkel zwischen diesen Strömen und den dazugehörenden Strangspannungen!
b) Zeichnen Sie das Zeigerdiagramm der Ströme!
c) Ermitteln Sie die Stromstärken in den drei Außenleitern und im Neutralleiter!

7. In den Außenleitern L1 und L3 werden die Stromstärken $I_1 = 20$ A bei einem cos $\varphi_1 = 0,6$ induktiv und $I_3 = 15$ A bei einem cos $\varphi_3 = 0,7$ kapazitiv gemessen. Der Strom im Neutralleiter hat einen Wert von 18 A und ist mit der Spannung U_{2N} in Phase. Bestimmen Sie die Stromstärke im Außenleiter L2!

8. Ein Drehstromnetz mit der Leiterspannung von 230 V ist mit drei Widerständen von je 55 Ω in Dreieckschaltung belastet.
a) Wie groß sind die Strangstromstärken?
b) Welche Werte haben die Leiterströme?
c) Auf welche Werte ändern sich die Strang- und Leiterstromstärken, wenn ein Außenleiter ausfällt?
d) Auf welche Werte ändern sich die Strang- und Leiterstromstärken, wenn der Widerstand zwischen L1 und L2 ausfällt?

9. Die Kochplatten und die Heizwiderstände des Backofens eines Elektro-Herdes sind folgendermaßen am Klemmstein angeschlossen:
Klemmen 1 und 4: Backofen Unterhitze   850 W
Klemmen 2 und 4: Backofen Oberhitze   650 W
Klemmen 3 und 5: Automatikplatte   1500 W
                 Normalkochplatte   1500 W
                 Normalkochplatte   1500 W
Wie groß sind die Stromstärken in den Zuleitungen (alle Verbraucher sind eingeschaltet) bei den verschiedenen Netzanschluß-Möglichkeiten, die in der Abb. 1 dargestellt sind?

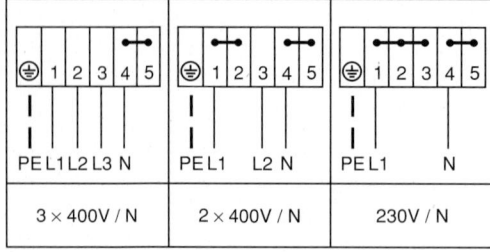

Abb. 1: Netzanschlußmöglichkeiten eines Herdes

10. An ein Drehstromnetz 400/230 V sind folgende Verbraucher angeschlossen ($f = 50$ Hz):
● Zwischen L1 und L2: Eine Reihenschaltung aus $R = 21,4$ Ω und $L = 0,1$ H.
● Zwischen L2 und L3: Ein Wirkwiderstand mit der Leistung 4 kW.
● Zwischen L3 und L1: Eine Parallelschaltung aus $R = 64$ Ω und $C = 42$ µF.
a) Skizzieren Sie die Schaltung!
b) Berechnen Sie die Strangstromstärken!
c) Bestimmen Sie die Stromstärken in den Außenleitern!

11. Die Abb. 2 zeigt die Innenschaltung, das Klemmbrett und verschiedene Netzanschluß-Möglichkeiten eines Boilers. Die Werte der drei Heizwiderstände sind gleich groß.
a) Skizzieren Sie die Schaltungen der Widerstände für die verschiedenen Anschlußmöglichkeiten!
b) Bestimmen Sie die Leistungen der drei anderen Schaltungsmöglichkeiten, wenn die Leistung des Gerätes beim Anschluß an 230 V (L1 und N) 2 kW beträgt!

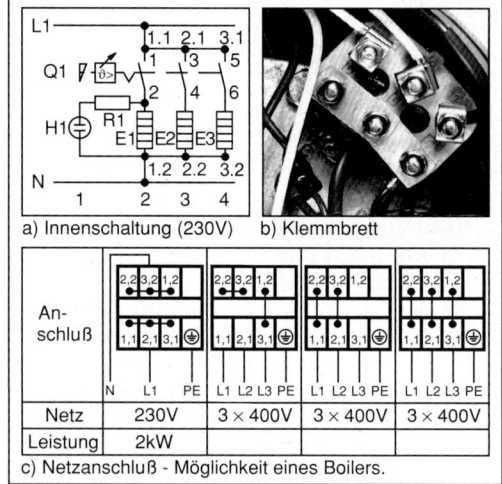

a) Innenschaltung (230V)   b) Klemmbrett

An-schluß	2,23,21,2	2,23,21,2	2,23,21,2	2,23,21,2
	1,12,13,1⏚	1,12,13,1⏚	1,12,13,1⏚	1,12,13,1⏚
	N L1 PE	L1 L2 L3 PE	L1 L2 L3 PE	L1 L2 L3 PE
Netz	230V	3 × 400V	3 × 400V	3 × 400V
Leistung	2kW			

c) Netzanschluß - Möglichkeit eines Boilers.

Abb. 2: Schaltungen eines Boilers

12. An das Drehstromnetz 400/230 V sind folgende Verbraucher angeschlossen:
● ein Drehstrommotor △ 400V; 11kW; 1460 $\frac{1}{min}$; $\eta = 89\%$; cos $\varphi = 0,88$.
● ein Härteofen mit einer Gesamtleistung von 9 kW (Dreieckschaltung).
● ein Heizgerät mit einer Gesamtleistung von 12 kW (Dreieckschaltung), bei dem der Heizwiderstand zwischen L1 und L2 defekt ist (Unterbrechung).
Bestimmen Sie:
a) Die Schein- und Wirkleistung des Motors.
b) die Strang- und Leiterstromstärken des Motors.
c) die Widerstandswerte des Härteofens.
d) Die Strang- und Leiterstromstärken des Härteofens.
e) Die Strangwiderstände des Heizgerätes.
f) Die noch vorhandene Leistung des Heizgerätes.
g) Die Strang- und Leiterstromstärken des Heizgerätes.
h) Die Leiterstromstärken in den Außenleitern der gemeinsamen Zuleitung zu den Geräten.

3 Transformatoren und Übertrager

3.1 Übersetzungsverhältnisse

▶ Die Primärwicklung eines Klingeltransformators (Abb. 3) besitzt für die Anschlußspannung $U_1 = 230$ V eine Windungszahl von 1265.
a) Wieviel Windungen muß die Sekundärwicklung erhalten, wenn die Sekundärspannung einen Wert von $U_{2.3} = 8$ V haben soll?
b) Welche Spannungen können an der Sekundärwicklung zusätzlich gemessen werden, wenn die Wicklung nach 17 Windungen noch einen Abgriff besitzt?

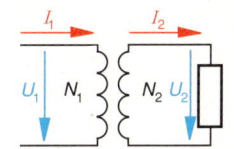

Spannungs- und Stromübersetzung		
Primärspannung	U_1	$\dfrac{N_1}{N_2} = \dfrac{U_1}{U_2}$;
Sekundärspannung	U_2	
Primärwindungszahl	N_1	$\dfrac{N_1}{N_2} = \dfrac{I_2}{I_1}$
Sekundärwindungszahl	N_2	
Windungszahl pro Volt	N^*	$[N^*] = \dfrac{1}{V}$
Primärstromstärke	I_1	
Sekundärstromstärke	I_2	
Übersetzungsverhältnis	$ü$	$ü = \dfrac{U_1}{U_2}$
Primärscheinleistung	S_1	$S_1 = U_1 \cdot I_1$
Sekundärscheinleistung	S_2	$S_2 = U_2 \cdot I_2$

Beispiellösung:

Gegeben: $U = 230$ V, $N_1 = 1265$, $U_{2.3} = 8$ V, $N_{2.1} = 17$.

Gesucht: a) N_2, b) $U_{2.1}$ und $U_{2.2}$

a) **1. Möglichkeit**

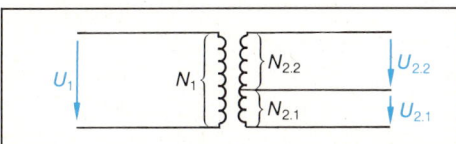

$$\frac{U_1}{U_2} = \frac{N_1}{N_2}; \quad N_2 = \frac{N_1 \cdot U_2}{U_1}; \quad N_2 = \frac{1265 \cdot 8\,V}{230\,V};$$

$$\underline{N_2 = 44}$$

2. Möglichkeit:

$$N^* = \frac{N_1}{U_1}; \quad N^* = \frac{1265}{230\,V}; \quad \underline{N^* = 5{,}5\,\frac{1}{V}}$$

$$N_2 = N^* \cdot U_2; \quad N_2 = 5{,}5\,\frac{1}{V} \cdot 8\,V; \quad \underline{N_2 = 44}$$

b) $\dfrac{U_1}{U_{2.1}} = \dfrac{N_1}{N_{2.1}}; \qquad U_{2.1} = \dfrac{U_1 \cdot N_{2.1}}{N_1};$

$$U_{2.1} = \frac{230\,V \cdot 17}{1265} \qquad \underline{U_{2.1} = 3\,V}$$

$$U_{2.2} = U_2 - U_{2.1}; \quad U_{2.2} = 8\,V - 3\,V; \quad \underline{U_{2.2} = 5\,V}$$

Aufgaben

1. Welche Sekundärspannung liefert ein Transformator, der an 230 V angeschlossen wird, wenn die Primärwicklung 700 und die Sekundärwicklung 25 Windungen besitzen?

2. Ein Transformator besitzt eine Primärwicklung mit 60 Windungen und eine Sekundärwicklung mit 1200 Windungen. Wie groß ist die Sekundärspannung, wenn die Primärwicklung an 4 V Wechselspannung angeschlossen wird?

3. Die Netzspannung 230 V soll auf 24 V heruntertransformiert werden. Die Primärwicklung besitzt 770 Windungen. Wieviel Windungen muß die Sekundärwicklung erhalten?

4. Die Primärwindungszahl eines Transformators 400/230 V beträgt 1200. Wieviel Windungen hat die Sekundärwicklung?

Abb. 3: Klingeltransformator

5. Auf der Sekundärseite eines Transformators wird eine Leerlaufspannung von 70 V gemessen. Wieviel Windungen hat die Sekundärwicklung, wenn die 500 Windungen der Primärwicklung an 230 V angeschlossen sind?

6. Ein Transformator mit dem Kern M55/21 soll eine Primärwicklung für 230 V erhalten. Für eine magnetische Flußdichte von 1,2 T sind bei diesem Kern 12,2 Windungen pro Volt erforderlich. Wie viele Windungen muß die Wicklung erhalten?

7. Für den Transformatorkern M42/15 wird eine Spannung von 0,043 V pro Windung angegeben. Für welche Spannung ist die Primärwicklung gewickelt, wenn sie eine Windungszahl von 2558 hat?

8. Die Sekundärwicklung eines Transformators soll so unterteilt werden, daß Spannungen von 3V, 5V und 8V erzeugt werden können. Bei wieviel Windungen muß jeweils ein Abgriff an der Sekundärwicklung erfolgen, wenn die Primärwicklung für 230 V ausgelegt ist und 820 Windungen besitzt?

9. Wie groß ist die Sekundärstromstärke eines Transformators, der bei einem Übersetzungsverhältnis von 5,4:1 bei Nennbelastung eine Primärstromstärke von 2,3 A besitzt?

10. Wie groß ist die Primärstromstärke eines Transformators, wenn in der Sekundärwicklung eine Stromstärke von 17 A vorhanden ist? Die Primärwicklung besitzt 1080 Windungen und die Sekundärwicklung 52 Windungen.

11. Die Primärstromstärke eines Transformators beträgt 0,45 A bei einer Anschlußspannung $U = 230$ V. Welchen Wert hat die Sekundärstromstärke bei Nennbelastung, wenn die Sekundärspannung 42 V beträgt?

12. Wie groß ist die Sekundärstromstärke in Abb. 1, wenn die Verluste vernachlässigt werden?

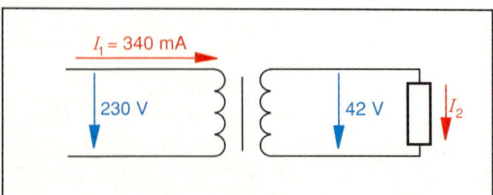

Abb. 1

13. Welchen Wert hat die Primärspannung, an die ein Transformator angeschlossen ist, wenn sich bei einem Primärstrom von 65 A sekundärseitig bei einer Spannung von 500 V eine Stromstärke von 12 A einstellt?

14. Von einem Transformator ist bekannt, daß die Sekundärwicklung für eine Spannung von 24 V ausgelegt ist. Für welche Spannung die Primärwicklung ausgelegt wurde, ist nicht bekannt. Beim Anschluß der Sekundärwicklung an eine Wechselspannung von 10 V werden an den Anschlußklemmen der Primärseite 166,67 V gemessen. An welche Spannung kann die Primärwicklung angeschlossen werden, damit auf der Sekundärseite die Nennspannung vorhanden ist?

▶ Mit Hilfe eines Übertragers soll ein dynamisches Mikrofon ($Z_1 = 500\ \Omega$) an einen Verstärker mit dem Eingangswiderstand $Z_2 = 20\ \mathrm{k\Omega}$ angeschlossen werden.
a) Welches Übersetzungsverhältnis muß der Übertrager haben?
b) Wieviel Windungen muß der Übertrager sekundärseitig erhalten, wenn für die Primärwicklung 400 Windungen vorgesehen sind?

Widerstandsübersetzung

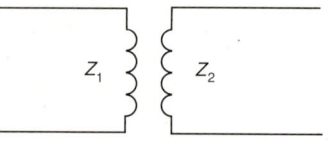

Scheinwiderstand (primär) (Impedanz) Z_1; $Z_1 = \dfrac{U_1}{I_1}$

Scheinwiderstand (sekundär) Z_2; $Z_2 = \dfrac{U_2}{I_2}$

$$\frac{Z_1}{Z_2} = \frac{U_1 \cdot I_2}{U_2 \cdot I_1}; \qquad \frac{Z_1}{Z_2} = \frac{N_1^2}{N_2^2}; \qquad ü = \sqrt{\frac{Z_1}{Z_2}}$$

Beispiellösung:
Gegeben: $Z_1 = 500\ \Omega$; $Z_2 = 20\ \mathrm{k\Omega}$; $N_1 = 400$
Gesucht: a) $ü$; b) N_2

a) $ü = \sqrt{\dfrac{Z_1}{Z_2}}$; $ü = \sqrt{\dfrac{500\ \Omega}{20\,000\ \Omega}}$; $\underline{\underline{ü = 0,158 : 1}}$

b) $ü = \dfrac{N_1}{N_2}$; $N_2 = \dfrac{N_1}{ü}$; $N_2 = \dfrac{400}{0,158}$; $\underline{\underline{N_2 = 2532}}$

Aufgaben

15. Mit einem Übertrager soll der Widerstand eines Lautsprechers $Z_2 = 4\,\Omega$ an einen Verstärker mit dem Ausgangswiderstand $Z_1 = 800\,\Omega$ angeschlossen werden. Wieviel Windungen muß der Übertrager sekundärseitig haben, wenn sich auf der Primärseite 1500 Windungen befinden?

16. Um die Leistungsverluste möglichst klein zu halten, verwendet man bei langen Lautsprecherleitungen 100 V-Verstärkerausgänge. Die Anpassung des Lautsprechers wird dann mit einem Übertrager vorgenommen. Über einen solchen Übertrager ist ein Lautsprecher mit der Impedanz $Z_2 = 4\,\Omega$ an einen Verstärker angeschlossen. Es soll eine Leistung von 25 W übertragen werden. Berechnen Sie:
a) Spannung und Stromstärke an der Lautsprecher-Spule,
b) die Stromstärke in der 100 V-Wicklung des Übertragers,
c) das Übersetzungsverhältnis des Übertragers,
d) die Primärimpedanz Z_1 des Übertragers,
e) die Primärwindungszahl des Übertragers, wenn die Sekundärwicklung 200 Windungen hat.

17. Ein Lautsprecher mit der Impedanz $Z_2 = 16\,\Omega$ ist mit einem Übertrager an den 100 V-Ausgang eines Verstärkers angeschlossen. Die Stromstärke in der Lautsprecherspule beträgt 791 mA.
a) Berechnen Sie die Lautsprecherleistung.
b) Welchen Wert hat die Primärstromstärke (die Verluste sollen nicht berücksichtigt werden)?
c) Berechnen Sie das Übersetzungsverhältnis und den Scheinwiderstand der Primärspule des Übertragers.

18. Berechnen Sie die fehlenden Werte der Schaltung in der Abb. 2.

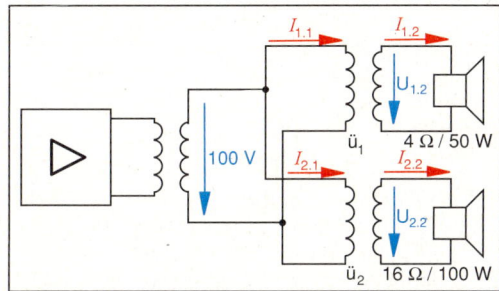

Abb. 2

3.2 Strom- und Spannungswandler

▶ An den Stromwandler, dessen Leistungsschild in der Abb. 3 dargestellt ist, ist ein Meßgerät mit dem Meßbereich 5 A angeschlossen. Das Meßgerät zeigt eine Stromstärke von 3,65 A an. Wie groß ist die Stromstärke in der Primärwicklung des Stromwandlers?

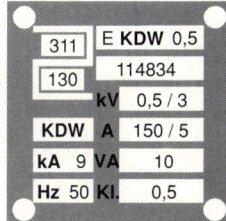

Abb. 3

Übersetzungsverhältnis *ü*

Für Stromwandler gilt abweichend von den Gesetzmäßigkeiten bei Transformatoren:

$$\ddot{u} = \frac{I_1}{I_2}$$

Beispiellösung:

Gegeben: Leistungsschild; $I_2 = 3{,}65\,\text{A}$
Gesucht: I_1

$I_1 = \ddot{u} \cdot I_2$; $\ddot{u}$ aus dem Leistungsschild: 150/5

$$I_1 = \frac{150\,\text{A} \cdot 3{,}65\,\text{A}}{5\,\text{A}}; \quad \underline{I_1 = 109{,}5\,\text{A}}$$

Aufgaben

1. An einen Meßwandler 150/5 ist ein Meßgerät mit dem Meßbereich 5 A angeschlossen. Auf der Skala wird eine Stromstärke von 2,5 A abgelesen. Wie groß ist die Stromstärke durch die Primärwicklung?

2. Ein Stromwandler hat die Beschriftung:
Primär: 15 A – 50 A – 100 A – 150 A – 200 A – 300 A – 600 A
Sekundär: 5 A
100 A: Leiter 6 × durchführen
150 A: Leiter 4 × durchführen
200 A: Leiter 3 × durchführen
300 A: Leiter 2 × durchführen
600 A: Leiter 1 × durchführen.
Wird der Leiter mit der zu messenden Stromstärke dreimal durch den Wandler durchgeführt, zeigt das angeschlossene Meßgerät – mit dem Meßbereich 5 A – eine Stromstärke von 4,68 A an. Wie groß ist die Primärstromstärke?

3. Der eingebaute Stromwandler eines Transformators hat auf seinem Leistungsschild folgende Angaben: 300 A / 1 A; 30 VA; Klasse 3. Welchen Wert zeigt das Meßgerät an, wenn primärseitig eine Stromstärke von 270 A vorhanden ist?

4. Durch die Primärwicklung eines Stromwandlers mit dem Übersetzungsverhältnis 100 A/ 5 A fließt ein Strom von 775 A. Welche Stromstärke zeigt das Strommeßgerät (Meßbereich 5 A) sekundärseitig an?

5. Die Primärseite eines Spannungswandlers ist an eine Spannung von 4,3 kV angeschlossen. Welche Spannung zeigt das sekundärseitig angeschlossene Meßgerät (Meßbereich 100 V) an, wenn das Übersetzungsverhältnis des Wandlers 5000 V / 100 V beträgt?

6. Am Meßgerät eines Spannungswandlers mit dem Übersetzungsverhältnis 1500 V / 100 V wird eine Spannung von 83 V abgelesen. Wie groß ist die Primärspannung?

7. Ein Klein-Schienenwandler (die Stromschiene wirkt als Primärwicklung) hat das Übersetzungsverhältnis 250 A/5 A. Welchen Wert zeigt das Meßgerät an, wenn die Stromschiene von 220 A durchflossen wird?

8. Ein Aufsteckstromwandler hat das Übersetzungsverhältnis 400 A/5 A. Primärseitig besteht eine Stromstärke von 350 A. Welchen Wert zeigt das sekundärseitig angeschlossene Meßgerät an?

9. Ein Durchsteckwandler hat folgende Beschriftung:

Vielfach-instrument	0,06 A	0,3 A	0,6 A	1,5 A	6 A
1 Durchsteck-windung	6 A	30 A	60 A	150 A	600 A

a) Welchen Wert zeigt ein Meßgerät mit dem Meßbereich 0,3 A an, wenn die Zuleitung 1mal durchgeführt ist, und in der Zuleitung die Stromstärke 14 A beträgt?
b) Welchen Wert zeigt das Gerät an, wenn die Zuleitung 2mal durch den Wandler geführt wird?
c) Wie oft müßte die Zuleitung durch den Wandler geführt werden, wenn ein Meßgerät mit dem Meßbereich 6 A bei einem Primärstrom von 30 A Vollausschlag haben sollte?

3.3 Kurzschlußspannung und Kurzschlußstrom

▶ Die Abb. 1 zeigt das Leistungsschild eines Drehstromtransformators. Bestimmen Sie:
a) Die Kurzschlußspannung in Volt für die Nennspannung 20 000 V und
b) den Dauerkurzschlußstrom für diese Nennspannung!

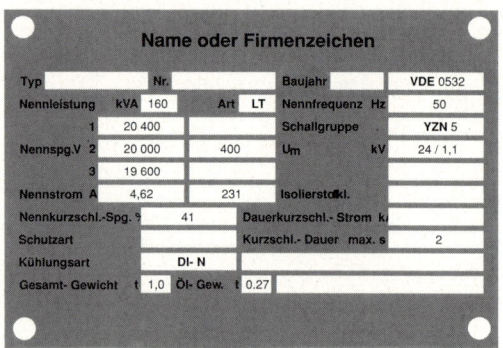

Abb. 1

$$\begin{aligned}
&\text{Kurzschlußspannung} \quad U_k \quad\quad [U_k] = V\\
&u_k = \frac{U_k \cdot 100\%}{U_1} \quad\quad\quad\quad u_k \quad\quad u_k \text{ in \%}\\
&\text{Dauerkurzschlußstrom} \; I_{kd} \quad [I_{kd}] = A\\
&I_{kd} = \frac{100\% \cdot I}{u_k}
\end{aligned}$$

Beispiellösung:
Gegeben: Siehe Leistungsschild!
$U = 20\,000$ V; $u_k = 4,1\%$; $I = 4,62$ A
Gesucht: a) U_k; b) I_{kd}

a) $U_k = \dfrac{U \cdot u_k}{100\%}$; $U_k = \dfrac{20\,000 \text{ V} \cdot 4,1\%}{100\%}$; $\underline{U_k = 820 \text{ V}}$

b) $I_{kd} = \dfrac{100\% \cdot I}{u_k}$; $I_{kd} = \dfrac{100\% \cdot 4,62 \text{ A}}{4,1\%}$

$\underline{\underline{I_{kd} = 112,68 \text{ A}}}$

Aufgaben

1. Bei einem Transformator 230 V/230 V ist die Kurzschlußspannung mit 12% angegeben. Wie groß darf die Primärspannung höchstens werden, damit in der kurzgeschlossenen Sekundärwicklung die Nennstromstärke vorhanden ist?

2. Ein Transformator hat eine Kurzschlußspannung von 30%. Für welche Anschlußspannung ist der Transformator vorgesehen, wenn bei einer Primärspannung von 114 V in der kurzgeschlossenen Sekundärwicklung die Nennstromstärke besteht?

3. Bei einem Schweißtransformator für 230 V fließt bei einer Schweißspannung von 24 V ein Schweißstrom von 90 A. Beim Zünden des Lichtbogens fließen 115 A. Wie groß ist die Kurzschlußspannung?

4. Bei der Bestimmung der Kurzschlußspannung von drei Transformatoren für die Netzspannung 230 V ergaben sich folgende Meßergebnisse:

	Nennstrom-stärke	Kurzschluß-spannung
Transform. 1	0,3 A	21 V
Transform. 2	0,5 A	220 V
Transform. 3	0,5 A	100 V

a) Geben Sie die Kurzschlußspannung in Prozent der drei Transformatoren an!
b) Wie groß kann der Dauerkurzschlußstrom bei den drei Transformatoren werden?

5. Ein defekter Transformator, der eine Kurzschlußspannung von etwa 20% hatte, soll ausgewechselt werden. Zur Verfügung steht ein anderer Transformator, der die Nenndaten 230 V/24 V und 0,2 A/2 A hat.
Bei der Messung zur Bestimmung der Kurzschlußspannung wird festgestellt, daß bei einer Primärspannung von 120 V die Nennstromstärke vorhanden ist.
Entspricht dieser Transformator dem ursprünglichen Transformator oder ist er spannungsweicher oder spannungssteifer?

6. Bei einem Drehstromtransformator soll die Kurzschlußspannung bestimmt werden. Der Transformator hat die Nenndaten:
$U_1 = 20\,000$ V; $U_2 = 235$ V; $I_1 = 1$ A; $I_2 = 85$ A. Die Kurzschlußstromstärke ist mit 21,75 A angegeben. Wie groß ist die Kurzschlußspannung in Prozent und Volt?

7. Ein Transformator für 230 V nimmt bei Belastung eine Stromstärke von 820 mA auf. Wie groß kann der Dauerkurzschlußstrom werden, wenn für den Transformator eine Kurzschlußspannung von 24% angegeben ist?

3.4 Spartransformator

▶ Die Ausgangsspannung eines Spartransformators für 230 V soll 200 V betragen. Für den Bau des Transformators wird ein Kern M74/32 (50 VA; $\eta = 0,84$) verwendet.
a) Wie groß wird die Durchgangsleistung?
b) Wie groß kann die Stromstärke durch den Verbraucher werden?
c) Wie groß wird die Stromstärke in der Zuleitung?

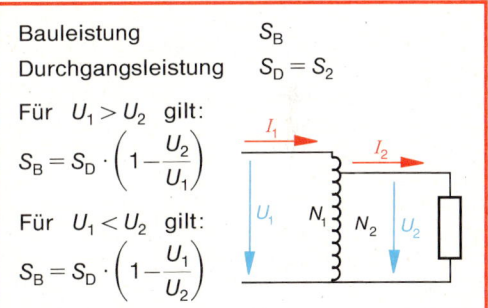

Bauleistung $\quad\quad\quad S_B$
Durchgangsleistung $\quad S_D = S_2$

Für $U_1 > U_2$ gilt:
$$S_B = S_D \cdot \left(1 - \frac{U_2}{U_1}\right)$$

Für $U_1 < U_2$ gilt:
$$S_B = S_D \cdot \left(1 - \frac{U_1}{U_2}\right)$$

Beispiellösung:

Gegeben: $S_B = 50$ VA; $\quad \eta = 0,84$; $\quad U_1 = 230$ V;
$\quad\quad\quad\quad U_2 = 200$ V;

Gesucht: a) S_D; b) I_2; c) I_1

a) $S_D = \dfrac{S_B}{1 - \dfrac{U_2}{U_1}}$; $\quad S_D = \dfrac{50\ \text{VA}}{1 - \dfrac{200\ \text{V}}{230\ \text{V}}}$; $\quad \underline{S_D = 383\ \text{VA}}$

b) $I_2 = \dfrac{S_2}{U_2}$; $\quad\quad I_2 = \dfrac{383\ \text{VA}}{200\ \text{V}}$; $\quad \underline{I_2 = 1,92\ \text{A}}$

c) $I_1 = \dfrac{S_2}{U_1 \cdot \eta}$; $\quad\quad I_1 = \dfrac{383\ \text{VA}}{230\ \text{V} \cdot 0,84}$; $\quad \underline{I_1 = 1,98\ \text{A}}$

Aufgaben

1. Die gesamte Wicklung eines Spartransformators für 230 V hat 660 Windungen. Welche Spannungen kann man nach
a) 100 Windungen,
b) 400 Windungen und
c) 600 Windungen abgreifen?

2. Ein Spartransformator 230 V/250 V soll bei einem Wirkungsgrad von 0,9 eine Durchgangsleistung von 500 VA haben.
a) Wie groß muß die Bauleistung sein?
b) Wie groß wird die Stromstärke in der Zuleitung?

3. Mit dem Transformator El 170b (Nennleistung 850 VA) soll ein Spartransformator hergestellt werden. Die Eingangsspannung soll 230 V und die Durchgangsleistung 2000 VA betragen. Der Wirkungsgrad wird mit 0,9 angenommen.
a) Wie groß darf die Ausgangsspannung werden?
b) Wie groß wird die Stromstärke in der Zuleitung?

4. Die gesamte Windungszahl eines Spartransformators beträgt 900. Er ist für eine Anschlußspannung von 110 V vorgesehen. Bei wieviel Windungen kann eine Spannung von 40 V abgegriffen werden?
Bei wieviel Windungen muß eine Spannung von 60 V angelegt werden, damit man ausgangsseitig 230 V erhält?

5. Wie groß ist die Ausgangsspannung bei einem Spartransformator, der für eine Spannung von 127 V vorgesehen ist, und bei dem die Wicklung für die Ausgangsspannung den sechsten Teil der Gesamtwicklung beträgt?

6. Mit welcher Stromstärke kann ein Spartransformator belastet werden, wenn die Gesamtwindungszahl der Wicklung 1000 und der Abgriff für die Ausgangsspannung bei 750 liegt? Die Primärstromstärke beträgt 5 A.

7. Bei der wievielten der insgesamt 1200 Windungen eines Spartransformators liegt der Abgriff für die Ausgangsspannung, wenn der Transformator eine Stromstärke von 2,5 A aufnimmt und mit 4 A belastet wird?

8. An welche Spannung kann ein Spartransformator angeschlossen werden, wenn die gesamte Wicklung eine Windungszahl von 1200 hat, und am Abgriff, der bei 327 Windungen gemacht wurde, eine Spannung von 60 V zur Verfügung stehen soll? Wie hoch wird die Spannung ausgangsseitig, wenn man bei 327 Windungen eine Spannung von 40 V anschließt?

9. Wieviel Windungen hat die Wicklung eines Spartransformators insgesamt, wenn die Anschlußspannung 400 V und die Ausgangsspannung 180 V betragen? Der Abgriff für die Ausgangsspannung ist mit 1700 gekennzeichnet.

10. Bei einem Spartransformator 230 V/170 V beträgt die Bauleistung 350 VA. Wie groß ist die Durchgangsleistung, wenn die Belastungsstromstärke 9 A beträgt?

3.5 Leistung und Wirkungsgrad von Transformatoren

▶ In den technischen Daten für Kernbleche der M-Reihe ist für den Kern M74/32 eine maximale Nennleistung von 50 VA bei einem Wirkungsgrad von 84% angegeben.
a) Wie groß kann die maximale Stromstärke in der Sekundärwicklung werden, wenn die Sekundärspannung 18 V beträgt?
b) Wie groß sind die aufgenommene und die abgegebene Wirkleistung des Transformators, wenn auf der Primär- und Sekundärseite mit einem cos φ von 0,8 gerechnet wird?
c) Wie groß ist primärseitig die Stromstärke bei einer Anschlußspannung von 110 V?

Nennleistung = abgegebene Scheinleistung $\qquad S_2$

$S_2 = U_2 \cdot I_2$

Aufgenommene Scheinleistung $\qquad S_1$

$S_1 = U_1 \cdot I_1$

Abgegebene Wirkleistung $\qquad P_2$

$P_2 = U_2 \cdot I_2 \cdot \cos \varphi_2$

Aufgenommene Wirkleistung $\qquad P_1$

$P_1 = U_1 \cdot I_1 \cdot \cos \varphi_1$
$P_1 = P_2 + P_{vFe} + P_{vCu}$

Eisenverluste $\qquad P_{vFe}$

Kupferverluste $\qquad P_{vCu}$

$P_{vCu} = R_{Cu} \cdot I^2$

Wirkungsgrad $\qquad \eta$

$\eta = \dfrac{P_2}{P_1}$

Bei Drehstromtransformatoren müssen die Leistungen noch mit dem Faktor $\sqrt{3}$ multipliziert werden.

Beispiellösung:

Gegeben: $S_2 = 50$ VA; $U_2 = 18$ V; $\eta = 0,84$;
$\cos \varphi_1 = 0,8$; $\cos \varphi_2 = 0,8$;
$U_1 = 110$ V.

Gesucht: a) I_2; b) P_1 und P_2; c) I_1.

a) $S_2 = U_2 \cdot I_2$

$I_2 = \dfrac{S_2}{U_2}$; $\qquad I_2 = \dfrac{50 \text{ VA}}{18 \text{ V}}$; $\qquad \underline{I_2 = 2,78 \text{ A}}$

b) $P_2 = S_2 \cdot \cos \varphi_2$; $P_2 = 50 \text{ VA} \cdot 0,8$; $\underline{P_2 = 40 \text{ W}}$

$P_1 = \dfrac{P_2}{\eta}$; $\quad P_1 = \dfrac{40 \text{ W}}{0,84}$; $\quad \underline{P_1 = 47,62 \text{ W}}$

c) $P_1 = U_1 \cdot I_1 \cdot \cos \varphi_1$; $I_1 = \dfrac{P_1}{U_1 \cdot \cos \varphi_1}$

$I_1 = \dfrac{47{,}62\,\text{W}}{110\,\text{V} \cdot 0{,}8}$; $\underline{I_1 = 0{,}54\,\text{A}}$

Aufgaben

1. Mit Hilfe eines Transformators 230 V / 230 V ist eine Naßschleifmaschine an das Netz angeschlossen. Die Maschine nimmt bei einer Leistung von 480 W eine Stromstärke von 2,3 A auf. Der Transformator hat dabei einen Wirkungsgrad von 82 %. Der Leistungsfaktor beträgt auf der Primärseite 0,92.
a) Wie groß ist der Leistungsfaktor auf der Sekundärseite?
b) Wie groß ist die aufgenommene Wirkleistung des Transformators?
c) Wie groß ist die Stromstärke in der Primärwicklung?

2. Für den Transformatorkern M 102b wird eine Nennleistung von 180 VA angegeben. Bei einem $\cos \varphi = 1$ beträgt der Wirkungsgrad 89 %.
a) Wie groß sind die Verluste in Watt?
b) Wie groß sind die Verluste, wenn ein Verbraucher angeschlossen wird, der sekundärseitig einen $\cos \varphi_2 = 0{,}6$ und primärseitig einen $\cos \varphi_1 = 0{,}9$ hervorruft?

3. Die Nennleistung eines Transformators 5000 V / 400 V beträgt 4 kVA. Die Leistungsfaktoren sind $\cos \varphi_1 = 0{,}85$ und $\cos \varphi_2 = 0{,}81$. Der Wirkungsgrad beträgt 93 %.
a) Wie groß ist die sekundäre Wirkleistung?
b) Wie groß ist der Leistungsverlust?
c) Wie groß sind Primär- und Sekundärstromstärken?

4. Ein Transformator wird mit 200 A bei einer Spannung von 230 V und einem Leistungsfaktor $\cos \varphi_2 = 0{,}78$ belastet. Die aufgenommene Scheinleistung beträgt bei einem $\cos \varphi_1 = 0{,}85$ 75 kVA. Wie groß ist der Wirkungsgrad?

▶ Bei einem 160 kVA-Transformator betragen die Eisenverluste $P_{vFe} = 1{,}5$ kW und die Wicklungsverluste $P_{vCu} = 5$ kW.
Der Transformator ist während des ganzen Jahres (8760 Stunden) eingeschaltet, aber nur während 1500 Stunden belastet. Bei Belastung beträgt der $\cos \varphi_2 = 0{,}86$. Bestimmen Sie den Jahreswirkungsgrad!

Jahreswirkungsgrad η_a

$\eta_a = \dfrac{W_{ab}}{W_{ab} + W_{Fe} + W_{Cu}}$

$W_{ab} = U_2 \cdot I_2 \cdot \cos \varphi_2 \cdot t_3$

Belastungsdauer t_B $[t_B] = \text{h}$

$W_{Fe} = P_{vFe} \cdot t_E$

Eisenverluste P_{vFe} $[P_{vFe}] = \text{W}$

Einschaltdauer t_E $[t_E] = \text{h}$

Kupferverluste P_{vCu} $[P_{vCu}] = \text{W}$

$W_{Cu} = P_{vCu} \cdot t_B$

Beispiellösung:

Gegeben: $P_{vFe} = 1{,}5$ kW; $P_{vCu} = 5$ kW;
$t_E = 8760$ h; $t_B = 1500$ h;
$\cos \varphi_2 = 0{,}86$.

Gesucht: η_a

$\eta_a = \dfrac{W_{ab}}{W_{ab} + W_{Fe} + W_{Cu}}$

$\eta_a = \dfrac{S_2 \cdot \cos \varphi_2 \cdot t_B}{S_2 \cdot \cos \varphi_2 \cdot t_B + P_{vFe} \cdot t_E + P_{vCu} \cdot t_B}$

$\eta_a = \dfrac{160\,\text{kVA} \cdot 0{,}86 \cdot 1500\,\text{h}}{160\,\text{kVA} \cdot 0{,}86 \cdot 1500\,\text{h} + 1{,}5\,\text{kW} \cdot 8760\,\text{h} + 5\,\text{kW} \cdot 1500\,\text{h}}$

$\underline{\eta_a = 0{,}909}$

5. Bei einem 250 kVA-Transformator betragen die Eisenverluste 2,5 kW. Der Transformator war während des ganzen Jahres nur 700 Stunden bei einem $\cos \varphi = 0{,}75$ voll belastet. Der Jahreswirkungsgrad wurde mit 0,827 ermittelt.
a) Wie hoch sind die Kupferverluste?
b) Wie groß wird der Jahreswirkungsgrad, wenn der Transformator während des ganzen Jahres voll belastet wird?
c) Wie groß wird der Wirkungsgrad, wenn er nur 100 Stunden voll belastet wird?

6. Bei einem Transformator wird der Jahreswirkungsgrad zu 80 % bestimmt. Bei Belastung nahm der Transformator bei einer Spannung von 10 kV, einem $\cos \varphi_1 = 0{,}88$ und einem Wirkungsgrad von 95 % einen Strom von 1,2 A auf. Die Eisenverluste wurden zu 0,1 kW ermittelt. Der Transformator war insgesamt 200 Tage voll belastet. Wie hoch sind die Kupferverluste des Transformators?

3.6 Drehstromtransformatoren

▶ Ein Drehstromtransformator Dy 5 mit 20 kV/0,4 kV hat auf der Oberspannungsseite 4500 Windungen.
a) Skizzieren Sie die Zeigerdiagramme für die Ober- und Unterspannungen!
b) Wieviel Windungen muß die Unterspannungsseite haben?

Tabelle 3–1: Übersetzungsverhältnis bei verschiedenen Schaltgruppen

Schalt-gruppe	Über-setzungs-ver-hältnis ü	Zeigerbild	
		OS	US
Y y 0	$\dfrac{N_1}{N_2}$	1V, 1U, 1W	2V, 2U, 2W
Y y 6	$\dfrac{N_1}{N_2}$	1V, 1U, 1W	2W, 2U, 2V
D d 0	$\dfrac{N_1}{N_2}$	1V, 1U, 1W	2V, 2U, 2W
D d 6	$\dfrac{N_1}{N_2}$	1V, 1U, 1W	2W, 2U, 2V
D y 5	$\dfrac{N_1}{\sqrt{3}\,N_2}$	1V, 1U, 1W	2U, 2W, 2V
D y 11	$\dfrac{N_1}{\sqrt{3}\,N_2}$	1V, 1U, 1W	2V, 2W, 2U
Y d 5	$\dfrac{\sqrt{3}\,N_1}{N_2}$	1V, 1U, 1W	2U, 2W, 2V
Y d 11	$\dfrac{\sqrt{3}\,N_1}{N_2}$	1V, 1U, 1W	2V, 2W, 2U
Y z 5	$\dfrac{2 N_1}{\sqrt{3}\,N_2}$	1V, 1U, 1W	2U, 2W, 2V
Y z 11	$\dfrac{2 N_1}{\sqrt{3}\,N_2}$	1V, 1U, 1W	2V, 2W, 2U

Beispiellösung:

Gegeben: $U_1 = 20$ kV; $U_2 = 0,4$ kV; $N_1 = 4500$; Schaltgruppe Dy 5

Gesucht: a) Zeigerdiagramm für Ober- und Unterspannungen; b) N_2

a)

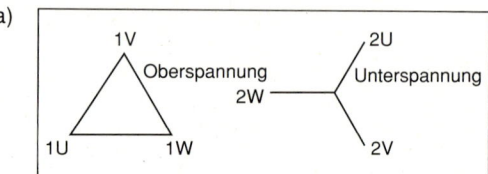

b) Für Dy 5 gilt: $\dfrac{U_1}{U_2} = \dfrac{N_1}{\sqrt{3} \cdot N_2}$

$N_2 = \dfrac{N_1 \cdot U_2}{U_1 \cdot \sqrt{3}}$; $N_2 = \dfrac{4500 \cdot 0,4 \text{ kV}}{20 \text{ kV} \cdot \sqrt{3}}$; $\underline{\underline{N_2 = 52}}$

Aufgaben

1. Ein Drehstromtransformator 6000/500 V wird bei einem Leistungsfaktor von 0,82 mit 380 kW voll belastet. Die Oberspannungsseite ist in Dreieck und die Unterspannungsseite in Stern geschaltet.
a) Wie wird die Schaltgruppe des Transformators bezeichnet?
b) Berechnen Sie die Strang- und Leiterströme auf der Ober- und Unterspannungsseite.
c) Berechnen Sie die Nennleistung des Transformators.

2. Ein Drehstromtransformator der Schaltgruppe Dy 5 hat bei einem Wirkungsgrad von 92% und einem Leistungsfaktor von 0,9 eine Nennleistung von 10 kVA. Wie groß sind die Ströme in den Ober- und Unterspannungswicklungen, wenn die Spannung auf der Eingangsseite 400 V beträgt und die Unterspannungswicklung für 231 V und 133,5 V umgeschaltet werden kann?

3. Ein Drehstromtransformator mit der Schaltgruppe Yy0 ist für die Spannungen 10000/400 V bestimmt.
a) Wie viele Windungen hat jeder Strang der Oberspannungswicklung, wenn auf der Unterspannungsseite 150 Windungen je Strang vorhanden sind?
b) Wie hoch werden die Strangspannungen auf der Unterspannungsseite, wenn der Transformator in die Schaltgruppe Yd5 umgeschaltet wird?

4. Einem Transformatorleistungsschild werden folgende Werte entnommen: Schaltgruppe Yz 5; Nennspannungen:

(1) 20 500 V,   (2) 20 000 V,   (3) 19 500 V.

a) Skizzieren Sie die Zeigerdiagramme für die Ober- und Unterspannungen!

b) Um wieviel Prozent weichen die Oberspannungen 1 und 3 von der Nennspannung 2 ab?

c) Wie viele Windungen müssen auf der Oberspannungsseite jeweils dazu- bzw. abgeschaltet werden, wenn die Wicklung auf der Unterspannungsseite für 400 V eine Windungszahl von 67 besitzt?

5. Ein Drehstromtransformator Dy 5 hat die Nennspannungen 15 kV/400 V/231 V und eine Leistung von 10 kVA. Der Wirkungsgrad beträgt 96 %. Die Anzahl der Windungen auf der Oberspannungsseite kann durch Zu- bzw. Abschalten von Windungen um $\pm 4\%$ der Windungszahl für 15 kV geändert werden.

a) Skizzieren Sie die Zeigerdiagramme für die Ober- und Unterspannungen!

b) Wie viele Windungen hat die Oberspannungsseite für die Nennspannung 15 kV, wenn für die Unterspannung von 231 V eine Wicklung mit 35 Windungen vorhanden ist?

c) Wie groß ist die aufgenommene Leistung des Transformators?

d) Wie groß sind die Leiterstromstärken auf der Ober- und Unterspannungsseite, wenn der Transformator voll belastet wird, und der $\cos \varphi$ auf beiden Seiten 0,87 beträgt?

6. Bei einem Drehstromtransformator der Schaltgruppe Dy 5 und den Spannungen 20 000 V/400 V besteht durch Zu- bzw. Abschalten von Windungen die Möglichkeit, die Windungszahl der Oberspannungswicklung um $+4\%$ bzw. -4% zu verändern. Wie viele Windungen haben die Wicklungen der Oberspannungsseite für die drei Schaltmöglichkeiten, wenn die Windungszahl auf jeder Unterspannungswicklung 48 ist?

7. Ein Drehstromtransformator mit der Schaltgruppe Yd 5 ist für eine Eingangsspannung von 20 kV vorgesehen. Die Spannung auf der Ausgangsseite soll 231 V betragen. Wie viele Windungen müssen auf der Oberspannungsseite dazu- bzw. abgeschaltet werden können, wenn sich die Spannung auf der Eingangsseite um $+800$ V bzw. -800 V ändern kann? Die Wicklungen der Unterspannungsseite haben je 60 Windungen.

3.7 Parallelschaltung von Drehstromtransformatoren

▶ Zwei 60 kVA-Drehstromtransformatoren werden parallel geschaltet ($u_{k1} = 4,1\%$, $u_{k2} = 5,6\%$).

a) Welche Leistung (Übertragungsleistung) überträgt der Transformator mit der Kurzschlußspannung 5,6 %, wenn der andere Transformator seine volle Leistung überträgt?

b) Welche Leistung muß jeder Transformator übertragen, wenn eine Gesamtleistung von 120 kVA übertragen werden soll?

Übertragungsleistungen der einzelnen $\ddot{U}_T$
Transformatoren bei Parallelschaltung

$$\frac{\ddot{U}_{T1}}{\ddot{U}_{T2}} = \frac{S_{2T1} \cdot u_{k2}}{S_{2T2} \cdot u_{k1}}$$

Gesamte Übertragungsleistung S_{ges}

$$S_{ges} = \ddot{U}_{T1} + \ddot{U}_{T2}$$

Gemeinsame Kurzschlußspannung u_{kges}

$$u_{kges} = \frac{\ddot{U}_{T1} + \ddot{U}_{T2}}{\dfrac{\ddot{U}_{T1}}{u_{k1}} + \dfrac{\ddot{U}_{T2}}{u_{k2}}}$$

Beispiellösung:

Gegeben: T_1: $S_2 = 60$ kVA; $u_{k1} = 4,1\%$
       T_2: $S_2 = 60$ kVA; $u_{k2} = 5,6\%$.

Gesucht: a) $\ddot{U}_{T2}$; b) $\ddot{U}_{T1}$ und $\ddot{U}_{T2}$.

a) $\dfrac{\ddot{U}_{T1}}{\ddot{U}_{T2}} = \dfrac{S_{2T1} \cdot u_{k2}}{S_{2T2} \cdot u_{k1}}$; $S_{2T1} = S_{2T2}$

$\dfrac{\ddot{U}_{T1}}{\ddot{U}_{T2}} = \dfrac{u_{k2}}{u_{k1}}$; $\ddot{U}_{T2} = \dfrac{\ddot{U}_{T1} \cdot u_{k1}}{u_{k2}}$

$\ddot{U}_{T2} = \dfrac{60 \text{ kVA} \cdot 4,1\%}{5,6\%}$; $\underline{\ddot{U}_{T2} = 43,92 \text{ kVA}}$

b) $\dfrac{\ddot{U}_{T1}}{\ddot{U}_{T2}} = \dfrac{u_{k2}}{u_{k1}}$; $\dfrac{S_{ges} - \ddot{U}_{T2}}{\ddot{U}_{T2}} = \dfrac{u_{k2}}{u_{k1}}$

$S_{ges} - \ddot{U}_{T2} = \dfrac{u_{k2} \cdot \ddot{U}_{T2}}{u_{k1}}$; $S_{ges} = \dfrac{u_{k2} \cdot \ddot{U}_{T2}}{u_{k1}} + \ddot{U}_{T2}$

$S_{ges} = \dfrac{u_{k2} \cdot \ddot{U}_{T2}}{u_{k1}} + \dfrac{u_{k1} \cdot \ddot{U}_{T2}}{u_{k1}}$

$S_{ges} = \dfrac{\ddot{U}_{T2}(u_{k2} + u_{k1})}{u_{k1}}$; $\ddot{U}_{T2} = \dfrac{S_{ges} \cdot u_{k1}}{u_{k1} + u_{k2}}$

$\ddot{U}_{T2} = \dfrac{120 \text{ kVA} \cdot 4,1\%}{4,1\% + 5,6\%}$; $\underline{\ddot{U}_{T2} = 50,72 \text{ kVA}}$

$\ddot{U}_{T1} = S_{ges} - \ddot{U}_{T2}$; $\ddot{U}_{T1} = 120 \text{ kVA} - 50,72 \text{ kVA}$

$\underline{\ddot{U}_{T1} = 69,28 \text{ kVA}}$ (Überlastung)

Aufgaben

1. Abb. 1 zeigt Daten zweier Drehstromtransformatoren.

Nennleistg. kVA	18000
Nennspg. V	10400 / 23400
Nennstrom A	100 / 444
Kurzschl.-Spg. %	6,2
Schaltgruppe	YyO

Transformator 1

Nennleistg. kVA	30000
Nennspg. V	10400 / 23400
Nennstrom A	167 / 740
Kurzschl.-Spg. %	10,3
Schaltgruppe	YyO

Transformator 2

Abb. 1

a) Wie groß sind die Strangspannungen sekundärseitig?
b) Wie groß sind die Strangstromstärken sekundärseitig bei symmetrischer Belastung?
c) Welche Leistung muß jeder Transformator bei Parallelschaltung übertragen, wenn eine Gesamtleistung von 42 MVA übertragen werden soll?

2. Zwei Drehstromtransformatoren sollen parallel geschaltet werden. Den Leistungsschildern werden folgende Daten entnommen:
T1: 160 kVA; 20000/400 V; 4,6/219 A; $u_{k1} = 4,1\%$.
T2; 250 kVA; 20000/400 V; 7,1/350 A; $u_{k2} = 3,8\%$.
a) Berechnen Sie das Verhältnis der Übertragungsleistungen der beiden Transformatoren!
b) Welche Leistung überträgt der Transformator T1, wenn T2 mit 250 kVA belastet wird?
c) Wie groß ist in diesem Fall der Wert der gemeinsamen Kurzschlußspannung?

3. Ein Drehstromtransformator hat bei einer Nennleistung von 1600 kVA eine Primärspannung von 30000 V und eine Sekundärspannung von 400 V. Die Kurzschlußspannung beträgt 6%.
a) Wie groß sind die Stromstärken primär- und sekundärseitig, wenn mit einem Wirkungsgrad von 90% und auf beiden Seiten mit cos $\varphi = 1$ gerechnet wird?
b) Wie hoch kann der Kurzschlußstrom werden?

4. Zwei Drehstromtransformatoren werden parallel geschaltet. Der erste Transformator hat eine Nennleistung von 140 kVA und eine Kurzschlußspannung von 5,4%. Er überträgt eine Leistung von 90 kVA. Der zweite Transformator hat eine Nennleistung von 60 kVA und eine Kurzschlußspannung von 7,6%.
a) Wie groß kann die von dem zweiten Transformator übertragene Leistung werden?
b) Wie groß ist die gemeinsame übertragene Leistung?

5. Wie groß muß die Nennleistung eines Transformators mit der Kurzschlußspannung 4,8% mindestens sein, wenn er eine Leistung von 120 kVA übertragen soll? Dabei soll er mit einem zweiten Transformator parallel geschaltet werden, der eine Nennleistung von 85 kVA und eine Kurzschlußspannung von 3,4% hat. Dieser überträgt eine Leistung von 70 kVA.

6. Welchen Wert sollte die Kurzschlußspannung eines Transformators mit der Nennleistung 40 kVA haben, wenn er 38 kVA übertragen soll, während ein zweiter parallel geschalteter Transformator mit der Nennleistung 30 kVA und der Kurzschlußspannung 3,5% eine Leistung von 20 kVA überträgt?

7. Eine Leistung von 160 kVA soll durch zwei parallel geschaltete Transformatoren übertragen werden. In welchem Verhältnis müssen sich die Kurzschlußspannungen verhalten, wenn von dem einen Transformator mit der Scheinleistung 90 kVA eine Leistung von 70 kVA übertragen werden soll? Die Nennleistung des zweiten Transformators beträgt 90 kVA.

8. Die Nennleistungen zweier parallel geschalteter Transformatoren verhalten sich wie 1:0,6. Der Transformator mit der Kurzschlußspannung 3,5% überträgt 30 kVA, während der andere 40 kVA überträgt. Wie groß ist die Kurzschlußspannung des anderen Transformators?

9. Wie groß ist die Nennleistung eines Transformators mit der Kurzschlußspannung 4,7%, wenn er parallel zu einem zweiten Transformator (Nennleistung 60 kVA und Kurzschlußspannung 3,8%) geschaltet wird? Die übertragenen Leistungen verhalten sich wie 3:2.

10. Mit den in Abb. 2 dargestellten Transformatoren soll eine Gesamtleistung von 350 kVA übertragen werden. Berechnen Sie:
a) Die von jedem Transformator zu übertragende Leistung!
b) Die gemeinsame Kurzschlußspannung!

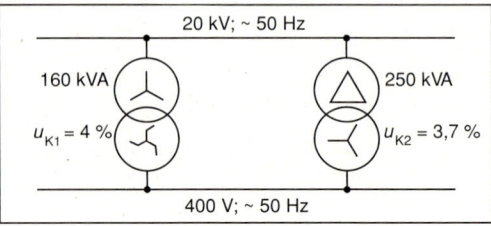

Abb. 2

4 Umlaufende elektrische Maschinen

4.1 Mechanische Grundlagen

4.1.1 Drehzahl, Drehmoment, mechanische Leistung

▶ Ein Elektromotor soll eine Maschine über einen Riementrieb antreiben. Der Durchmesser der Riemenscheibe ist 200 mm. Die Riemenzugkraft soll 250 N betragen. Der Motor hat dabei eine Drehzahl von 975 $\frac{1}{\text{min}}$.

a) Wie groß muß das vom Motor abgegebene Drehmoment sein?

b) Welche Leistung hat der Motor an der Riemenscheibe?

Abb. 3: Maschinenmeßplatz

Drehzahl, Umdrehungsfrequenz n $\qquad [n] = \dfrac{1}{\text{s}}; \quad [n] = \dfrac{1}{\text{min}}$

$$\frac{1}{\text{s}} = \text{s}^{-1}; \quad \frac{1}{\text{min}} = \text{min}^{-1}$$

Drehmoment M $\qquad\qquad [M] = \text{Nm}$

$M = F \cdot s$

Mechanische Leistung P $\quad [P] = \text{kW}$

$P = 2 \cdot \pi \cdot n \cdot M$

$P = \dfrac{n \cdot M}{9549} \quad$ für $\quad \begin{array}{l} P \text{ in kW} \\ M \text{ in Nm} \end{array} \quad n \text{ in } \dfrac{1}{\text{min}}$

Aufgaben

1. Mit einer Wirbelstrombremse wird das Drehmoment eines Motors bestimmt. Der Hebelarm ist 235 mm lang. An der Waage werden 45 N angezeigt.

a) Wie groß ist das Drehmoment?

b) Wie groß ist die Leistung, wenn die Drehzahl mit $n = 1450 \frac{1}{\text{min}}$ gemessen wird?

2. In Abb. 4 ist eine Drehzahl-Drehmomentenkurve dargestellt. Wie groß ist die Leistung

a) bei $n = 1400 \frac{1}{\text{min}}$ und

b) bei $M = 0{,}25$ Nm?

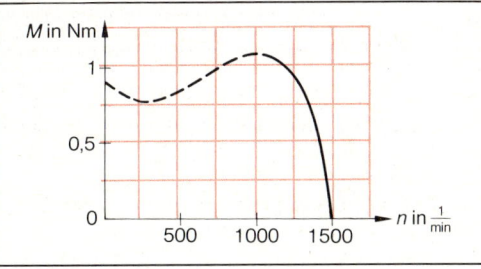

Abb. 4

Beispiellösung:

Gegeben: $F = 250$ N, $d = 200$ mm, $n = 975 \frac{1}{\text{min}}$

Gesucht: a) M; b) P

a) $M = F \cdot s; \quad s = \dfrac{d}{2} \qquad M = F \cdot \dfrac{d}{2}$

$M = 250 \text{ N} \cdot \dfrac{200}{2} \text{ mm}$

$\underline{\underline{M = 25 \text{ Nm}}}$

b) $P = \dfrac{n \cdot M}{9549}; \quad P \text{ in kW}; \quad M \text{ in Nm}; \quad n \text{ in } \dfrac{1}{\text{min}}$

$P = \dfrac{975 \cdot 25}{9549} \text{ kW}$

$\underline{\underline{P = 2{,}55 \text{ kW}}}$

3. Welche Leistung muß ein Motor mit $n = 1900 \frac{1}{\text{min}}$ abgeben, wenn er ein Drehmoment von 25 Nm erzeugen soll?

4. Mit einer Magnetpulverbremse wurde das Drehmoment eines Motors mit $M = 3{,}75$ Nm bei einer Drehzahl von $n = 1750 \frac{1}{\text{min}}$ gemessen. Wie groß ist die Leistung?

5. Welche Leistung muß ein Motor abgeben, wenn er bei einer Drehzahl von 2870 $\frac{1}{\text{min}}$ ein Drehmoment von 54 Nm erzeugen soll?

6. Wie groß ist die Leistung eines Motors mit $n = 935 \text{ min}^{-1}$, wenn bei der Abbremsung an der Waage eine Kraft von 245 N bei einem Hebelarm von 475 mm gemessen wird?

7. Mit einer Pendelmaschine wird das Drehmoment einer Maschine mit 44 Nm bestimmt. Die Drehzahl wird mit 2845 $\frac{1}{\text{min}}$ gemessen. Wie groß ist die Leistung?

8. Mit einer Pendelmaschine wird das Drehmoment eines Motors bestimmt. Bei einem Hebelarm von 75 cm wird eine Kraft von 25 N gemessen.
a) Wie groß ist das Drehmoment?
b) Wie groß ist die Leistung, wenn eine Drehzahl von 2850 $\frac{1}{\text{min}}$ gemessen wird?

9. Ein Elektromotor (Leistungsschild Abb. 1) soll eine Maschine über eine Riemenscheibe mit dem Durchmesser 250 mm antreiben. Wie groß ist die Riemenzugkraft des Motors bei Nennleistung?

Hersteller					
Typ					
	3 ~ **Mot.**	**Nr.**			
Y		400 **V**		5,9	**A**
	2,5 **kW**	S1	**cos** φ 0,8		
		1425	/**min**	50	**Hz**
Lfr. Y		240	**V**	6,6	**A**
Isol.-Kl. B / F	**IP** 33			35	**kg**
DIN VDE 0530 T 1, 12.84					

Abb. 1

10. Welches Drehmoment hat ein 2,2 kW-Motor mit den Nenndaten 400 V, 5 A, 1430 min⁻¹? Welchen Durchmesser muß seine Riemenscheibe haben, wenn eine Riemenzugkraft von 85 N benötigt wird?

11. Welches Drehmoment hat eine 750 W-Maschine bei einer Drehzahl von 980 $\frac{1}{\text{min}}$?

12. Auf dem Leistungsschild eines 7,5 kW Motors ist eine Nenndrehzahl von 2895 $\frac{1}{\text{min}}$ angegeben. Wie groß ist das entsprechende Nenndrehmoment?

4.1.2 Leistungsübertragung

▶ Ein 3 kW-Motor mit der Nenndrehzahl 1440 $\frac{1}{\text{min}}$ treibt über einen Riementrieb eine Bohrspindel an. Die Motorriemenscheibe hat einen Durchmesser von 120 mm.
a) Wie groß ist die Spindeldrehzahl und das Drehmoment an der Spindel, wenn deren Riemenscheibe einen Durchmesser von 320 mm hat?
b) Wie groß ist die Umfangsgeschwindigkeit eines Bohrers mit einem Durchmesser von 12 mm?

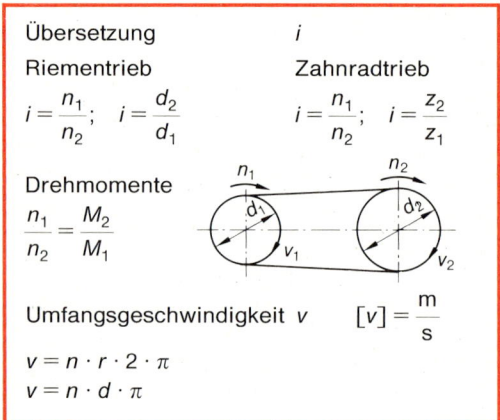

Übersetzung i

Riementrieb   Zahnradtrieb

$i = \dfrac{n_1}{n_2};\quad i = \dfrac{d_2}{d_1}$ $i = \dfrac{n_1}{n_2};\quad i = \dfrac{z_2}{z_1}$

Drehmomente

$\dfrac{n_1}{n_2} = \dfrac{M_2}{M_1}$

Umfangsgeschwindigkeit v $[v] = \dfrac{\text{m}}{\text{s}}$

$v = n \cdot r \cdot 2 \cdot \pi$
$v = n \cdot d \cdot \pi$

Beispiellösung:

Gegeben: $P = 3$ kW $d_1 = 120$ mm

         $n_1 = 1440 \dfrac{1}{\text{min}};$ $d_2 = 320$ mm

                           $d_3 = 12$ mm

Gesucht: a) n_2; M_2;   b) v

a) $\dfrac{n_2}{n_1} = \dfrac{d_1}{d_2};$ $n_2 = n_1 \dfrac{d_1}{d_2}$

$n_2 = 1440 \dfrac{120 \text{ mm}}{\text{min } 320 \text{ mm}};$ $\underline{\underline{n_2 = 540 \dfrac{1}{\text{min}}}}$

$\dfrac{n_1}{n_2} = \dfrac{M_2}{M_1}$ $P = \dfrac{n \cdot M}{9549}$

$M_2 = M_1 \cdot \dfrac{n_1}{n_2}$ $M_1 = \dfrac{P \cdot 9549}{n}$

$M_2 = 20 \text{ Nm} \cdot \dfrac{1440 \frac{1}{\text{min}}}{540 \frac{1}{\text{min}}};$ $M_1 = \dfrac{3 \cdot 9549}{1440} \text{ Nm}$

$\underline{\underline{M_2 = 53,3 \text{ Nm}}}$ $M_1 = 20 \text{ Nm}$

b) $v = n \cdot d \cdot \pi;$ $v = 540 \dfrac{1}{\text{min}} \cdot 12 \text{ mm} \cdot \pi$

$\underline{\underline{v = 0,34 \dfrac{\text{m}}{\text{s}}}}$

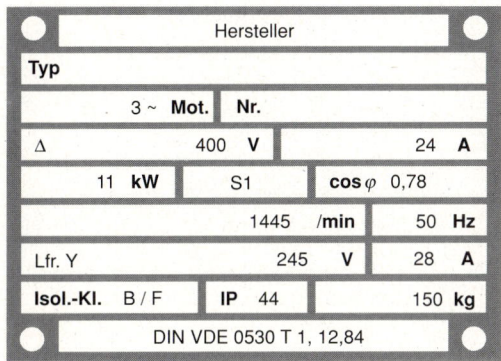

Hersteller					
Typ					
	3 ~ **Mot.**	**Nr.**			
Δ		400 **V**		24	**A**
11 **kW**		S1	**cos** φ 0,78		
			1445	/min	50 **Hz**
Lfr. Y			245 **V**	28	**A**
Isol.-Kl. B / F	**IP** 44			150	**kg**
DIN VDE 0530 T 1, 12,84					

Abb. 2

Aufgaben

1. Ein Elektromotor mit $n_1 = 2850 \frac{1}{min}$ treibt eine Maschine über Zahnräder ($z_1 = 12$, $z_2 = 36$) an. Wie groß ist die Drehzahl der Maschine?

2. Eine Waschmaschine benötigt zum Schleudern eine Drehzahl von $900 \frac{1}{min}$. Der Antriebsmotor hat eine Drehzahl von $1485 \frac{1}{min}$ und seine Riemenscheibe einen Durchmesser von 80 mm. Welchen Durchmesser muß die zweite Riemenscheibe haben?

3. Welche Umfangsgeschwindigkeit hat die Trommel einer Wäscheschleuder mit einem Durchmesser von 480 mm? Die Drehzahl ist $1100 \frac{1}{min}$.

4. Ein 18 mm-Bohrer soll eine Umfangsgeschwindigkeit von $20 \frac{m}{min}$ haben. Die Bohrspindel wird von einem Motor mit $n = 1445 \frac{1}{min}$ über einen Riementrieb angetrieben. Die Motorriemenscheibe hat einen Durchmesser von 110 mm.
a) Wie groß muß der Durchmesser der Riemenscheibe der Bohrspindel sein?
b) Wie groß ist die Drehzahl der Spindel?
c) Wie groß ist die Motorleistung bei einem Drehmoment von 4,5 Nm?

5. Ein Motor hat folgende Nenndaten: 400 V; 50 Hz; 3 kW; $955 \frac{1}{min}$; 7,6 A.
a) Welches Nenndrehmoment hat der Motor?
b) Welches Drehmoment wird bei einem Übersetzungsverhältnis von 1:2,5 auf die andere Maschine übertragen?
c) Welche Drehzahl hat dann die angetriebene Maschine?
d) Wieviel Zähne muß das zweite Zahnrad haben, wenn das erste 30 Zähne hat?

4.2 Drehstrom-Asynchronmotoren

▶ Abb. 2 zeigt das Leistungsschild eines vierpoligen Drehstrom-Asynchronmotors.
a) Wie groß sind die Schlupfdrehzahl und der Schlupf in %?
b) Wie groß ist der Wirkungsgrad?
c) Wie groß ist der Anlaufstrom bei $I_A = 4 \cdot I_N$?
d) Bestimmen Sie den Anlasserkennwert (Volllastanlauf)!

Drehfelddrehzahl $\qquad n_f$

$$n_f = \frac{f}{p}$$

Schlupfdrehzahl $\qquad n_s$
$$n_s = n_f - n$$

Schlupf $\qquad s$
$$s = \frac{n_f - n}{n_f}; \quad s_\% = \frac{n_f - n}{n_f} \, 100\%$$

Abgegebene Leistung $\qquad P_{ab}$
$$P = U \cdot I \cdot \sqrt{3} \cdot \cos \varphi \cdot \eta$$

Wirkungsgrad $\qquad \eta$
$$\eta = \frac{P_{ab}}{P_{zu}}$$

Berechnung der Anlasserwiderstände nach DIN VDE 0660 Teil 301 und DIN 46062:

Läufernennstrom $\qquad I_{er}$

Läuferstillstandsspannung $\qquad U_{er}$

Läuferstrom, vor Kurzschließen
einer Widerstandsstufe $\qquad I_1$

Läuferstrom, nach Kurzschließen
einer Widerstandsstufe $\qquad I_2$

Mittlerer Anlaßstrom $\qquad I_m$

Läuferimpedanz $\qquad Z_r$

Anlaßschwere $\qquad k$

Anlasserkennwert $\qquad R_a$

$$I_m = \frac{1}{2}(I_1 + I_2)$$

$$k = \frac{I_m}{I_{er}}$$

$$Z_r = \frac{U_{er}}{\sqrt{3} \, I_{er}}$$

$$R_a \approx 1,4 \, \frac{Z_r}{k}$$

Beispiellösung:

Gegeben: $n = 1445 \frac{1}{\text{min}}$, $k = 1,4$, $p = 2$,

$P = 11$ kW, $I_N = 24$ A, $U = 400$ V,

$f = 50$ Hz, $\cos \varphi = 0,78$,

$U_{er} = 245$ V, $I_{er} = 28$ A, $I_A = 4 \cdot I_N$

Gesucht: a) n_s, $s_\%$, b) η, c) I_A, d) R_a

a) $n_s = n_f - n$

$n_s = 1500 \frac{1}{\text{min}} - 1445 \frac{1}{\text{min}}$; $n_s = 55 \frac{1}{\text{min}}$

$n_f = \frac{f}{p}$; $n_f = \frac{50 \cdot 60 \frac{1}{\text{min}}}{2}$;

$n_f = 1500 \frac{1}{\text{min}}$

$s_\% = \frac{n_f - n}{n_f} \cdot 100\%$;

$\underline{s_\% = 3,67\%}$

b) $P = U \cdot I \cdot \sqrt{3} \cdot \cos \varphi \cdot \eta$

$\eta = \frac{P}{U \cdot I \cdot \sqrt{3} \cdot \cos \varphi}$

$\eta = \frac{11000 \text{ W}}{400 \text{ V} \cdot 24 \text{ A} \cdot \sqrt{3} \cdot 0,78}$

$\eta = 0,848$ $\underline{\eta = 84,8\%}$

c) $I_A = 4 \cdot I_N$

$I_A = 4 \cdot 24$ A

$\underline{I_A = 96 \text{ A}}$

d) $Z = \frac{U_{er}}{\sqrt{3} \cdot I_{er}}$; $Z = \frac{245 \text{ V}}{\sqrt{3} \cdot 28 \text{ A}}$; $Z = 5,05 \Omega$

$R_a \approx 1,4 \frac{Z_r}{k}$; $R_a \approx 1,4 \frac{5,05 \Omega}{1,4}$; $R_a \approx 5,05 \Omega$

Normwert: $\underline{R_a = 5 \Omega}$

Tab. 4.1: Kennwerte für Anlasser

k	Art des Anlaufs				
0,7	Halblastanlauf				
1,4	Vollastanlauf				
2,0	Schweranlauf				
Genormte Anlasserkennwerte R_a in Ω					
0,4	0,5	0,63	0,8	1	1,25
1,6	2	2,5	3,2	4	5
6,3	8	10	12,5	16	

Aufgaben

1. Ein vierpoliger Drehstrom-Asynchronmotor hat einen Schlupf von 4,5%. Errechnen Sie die Drehzahl bei einer Frequenz von 50 Hz!

2. Die Drehzahl eines sechspoligen Drehstrom-Asynchronmotors ($f = 50$ Hz) ist bei Leerlauf $980 \frac{1}{\text{min}}$ und bei Nennlast $915 \frac{1}{\text{min}}$. Berechnen Sie jeweils die Schlupfdrehzahl und den Schlupf!

3. Ein Drehstrom-Asynchronmotor hat die Nennwerte 400 V, 15 A, 7,5 kW, $\cos \varphi = 0,91$, 2835 min^{-1}.
a) Wie groß ist der Wirkungsgrad?
b) Wie groß ist der Schlupf in %?
c) Welche Schein- und Blindleistung hat der Motor?
d) Wie groß ist der Anlaufstrom bei $I_A = 4,8 \cdot I_N$?
e) Wie groß ist der Anlaufstrom, wenn der Motor über einen Stern-Dreieck-Schalter angelassen wird?

Nenn-leistung in kW	Typ	Nenn-drehzahl in 1/min	Nenn-strom bei 400 V in A	Anzugs-zu Nennstrom I_A / I_N	Anzugs-zu Nennmoment M_A / M_N	Anzugs-moment M_A in Ncm	Nenn-moment M_N in Ncm	Kipp-moment M_K in Ncm	Wir-kungs-grad η in %
3000 1/min – 50 Hz									
0,9	D 130 C 50/2	2820	2,4	5,1	2,65	820	304	910	67
1.2	D 130 C 63/2	2820	2,95	6,3	2,95	1200	405	1250	76
1,5	D 130 C 71/2	2820	3,35	6,55	3,1	1580	510	1670	77
1,85	D 130 C 80/2	2820	4,1	6,8	3,15	1975	627	2180	77
2,2	D 130 C 90/2	2820	4,83	7	3,2	2880	745	2600	77
1500 1/min – 50 Hz									
0,5	D 117 M 50/4	1380	1,65	4,3	2,0	680	346	700	55
0,6	D 117 M 63/4	1380	1,85	4,4	2,0	850	415	840	58
0,72	D 117 M 71/4	1390	2,1	4,5	2,1	1030	495	1100	61
0,85	D 117 M 80/4	1400	2,3	4,9	2,2	1250	580	1300	65
1,0	D 117 M 90/4	1400	2,5	5,6	2,1	1400	682	1500	71

Abb. 1: Auszug aus einem Katalog für Drehstrom-Asynchronmotoren

4. Die Abb. 1 zeigt Daten von Drehstrom-Asynchronmotoren. Berechnen Sie
a) den Schlupf in %,
b) den Anlaufstrom und
c) den Leistungsfaktor!

5. Ein Drehstrom-Asynchronmotor hat folgendes Leistungsschild (Abb. 2):

Hersteller				
Typ				
	Mot.	**Nr.**		
Δ		400 **V**	5,9	**A**
2,5 **kW**		S1	**cos** φ 0,8	
		1425 /min	50 **Hz**	
Lfr. Y		240 **V**	6,6	**A**
Isol.-Kl. B / F	**IP** 33		35 **kg**	
DIN VDE 0530 T 1, 12.84				

Abb. 2

a) Wie groß ist der Wirkungsgrad?
b) Wie groß sind die Schein- und die Blindleistung?
c) Wie groß ist der Schlupf in %?
d) Wie groß ist der Anlaufstrom bei $I_A = 2,5 \cdot I_N$?
e) Bestimmen Sie den Anlasserkennwert bei Halblastanlauf!

6. Ein Schleifringläufermotor hat an 400 V, 50 Hz folgende Belastungskennlinien (Abb. 3):

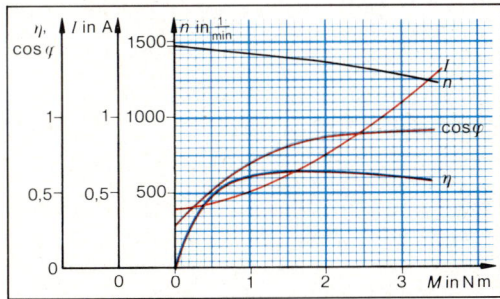

Abb. 3

a) Wie groß sind die Nennleistung, der Nennstrom, der Leistungsfaktor und die Nenndrehzahl bei dem Nenndrehmoment von 1,5 Nm?
b) Wie groß sind die Schlupfdrehzahl und der Schlupf?
c) Wie groß sind die Schein- und die Blindleistung?

4.3 Wechselstrommotoren

▶ Ein vierpoliger Kondensatormotor hat die Nenndaten: $P = 1,5$ kW; $U = 230$ V; $f = 50$ Hz; $I = 13,5$ A; cos φ = 0,68; $n = 1420 \frac{1}{min}$.
a) Wie groß muß die Kapazität des Anlauf- und die des Betriebskondensators sein?
b) Welchen Wirkungsgrad hat der Motor?
c) Wie groß ist der Schlupf?

Kondensatormotor
$Q_{CB} = 1$ kvar pro kW Motorleistung
$Q_C = U^2 \cdot \omega \cdot C$
$C_A = 3 \cdot C_B$

Abgegebene Leistung
$P = U \cdot I \cdot \cos \varphi \cdot \eta$

Drehstrommotoren an Wechselspannung
(Steinmetzschaltung)

Netzspannung in V	230	400
C_B in µF pro kW Motorleistung	70	20

$C_A = 2 \cdot C_B$

Beispiellösung:

Gegeben: $P = 1,5$ kW; $U = 230$ V; $f = 50$ Hz; $I = 13,5$ A; cos φ = 0,68; $n = 1420 \frac{1}{min}$; $p = 2$

Gesucht: a) C_A; C_B; b) η; c) $s_\%$

a) $Q_C = U^2 \cdot \omega \cdot C$; $\qquad Q_C = 1,5$ kW $\dfrac{1 \text{ kvar}}{\text{kW}}$

$C_B = \dfrac{Q_C}{U^2 \cdot \omega}$; $\qquad Q_C = 1,5$ kvar

$C_B = \dfrac{1500 \text{ var}}{(230 \text{ V})^2 \cdot 2 \cdot \pi \cdot 50 \text{ Hz}}$

$C_B = 90,3$ µF $\qquad C_A = 3 \cdot C_B$
gewählt: $\qquad\qquad C_A = 3 \cdot 100$ µF
$\underline{C_B = 100 \text{ µF}} \qquad \underline{C_A = 300 \text{ µF}}$

b) $P = U \cdot I \cdot \cos \varphi \cdot \eta$

$\eta = \dfrac{P}{U \cdot I \cdot \cos \varphi}$; $\quad \eta = \dfrac{1500 \text{ W}}{230 \text{ V} \cdot 13,5 \text{ A} \cdot 0,68}$

$\underline{\eta = 0,71} \qquad\qquad \underline{\eta = 71\%}$

c) $s = \dfrac{n_f - n}{n_f} \cdot 100\%$ $\qquad n_f = \dfrac{f}{p}$;

$s = \dfrac{1500 \frac{1}{min} - 1420 \frac{1}{min}}{1500 \frac{1}{min}} \cdot 100\%$; $\quad n_f = \dfrac{50 \cdot 60}{2 \text{ min}}$;

$\underline{s = 5,33\%}$; $\qquad\qquad n_f = 1500 \frac{1}{min}$

Aufgaben

1. Welchen Wirkungsgrad hat ein Universalmotor mit folgenden Nenndaten:
$P = 500$ W; $U = 230$ V; $I = 4,7$ A; $\cos \varphi = 0,68$?

2. In dem Prospekt eines Universalmotors stehen folgende Angaben: $8000 \frac{1}{\min}$; 230 V; 50 Hz; 0,5 A; $M_N = 0,045$ Nm; $I_A / I_N = 4,2$.
a) Wie groß ist der Anlaufstrom?
b) Welche Nennleistung hat der Motor?
c) Berechnen Sie den Leistungsfaktor bei einem angegebenen Wirkungsgrad von 54%!

3. Ein Kondensatormotor hat folgendes Leistungsschild (Abb. 1):

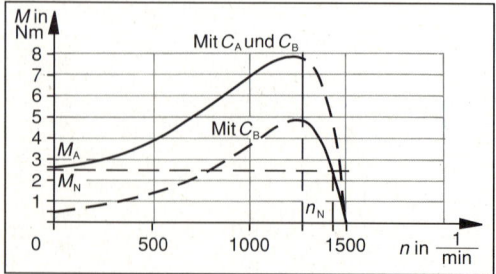

Hersteller			
Typ			
1 ~ **Mot.**	**Nr.**		
230 **V**		3,6 **A**	
0,5 **kW**	S1	$\cos \varphi$ 0,95	
2790 /min	50 **Hz**		
V	**A**		
Isol.-Kl. B	IP 44	8 **kg**	
DIN VDE 0530 T 1, 12.84			

Abb. 1

a) Welchen Wirkungsgrad hat der Motor?
b) Wie groß muß die Kapazität des Betriebskondensators sein?
c) Welche Polzahl hat der Motor?
d) Wie groß ist der Schlupf?
e) Wie groß ist das Nenndrehmoment?
f) Wie groß ist das Anlaufdrehmoment bei $M_A = 0,46 \, M_N$?

4. Die Abb. 2 zeigt die Hochlaufkennlinien eines Kondensatormotors. Berechnen Sie die Nennleistung und den Schlupf des Motors!

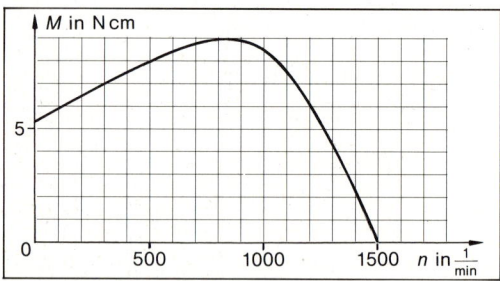

Abb. 2

5. Ein Einphasen-Wechselstrommotor hat das Leistungsschild der Abb. 3:

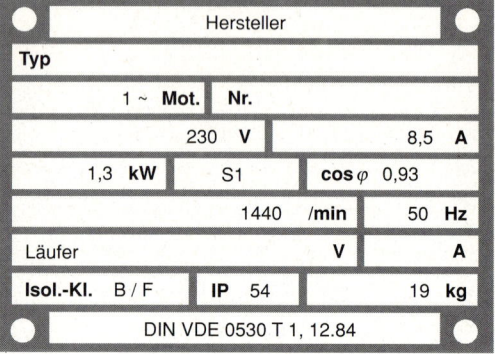

Hersteller			
Typ			
1 ~ **Mot.**	**Nr.**		
230 **V**		8,5 **A**	
1,3 **kW**	S1	$\cos \varphi$ 0,93	
1440 /min	50 **Hz**		
Läufer	**V**	**A**	
Isol.-Kl. B / F	IP 54	19 **kg**	
DIN VDE 0530 T 1, 12.84			

Abb. 3

a) Welche Kapazitäten müssen Anlauf- und Betriebskondensator haben?
b) Welches Anlaufdrehmoment hat der Motor bei $M_A / M_N = 1,4$?
c) Wie groß ist der Anlaufstrom bei $I_A / I_N = 4$?
d) Wie groß ist der Schlupf?
e) Welchen Wirkungsgrad hat der Motor?

6. Ein Einphasen-Kondensatormotor hat folgende Nenndaten: $P_{zu} = 30$ W; $P_{ab} = 7$ W; 230 V; 50 Hz; $\cos \varphi = 0,54$; $1200 \frac{1}{\min}$ und die Kennlinie der Abb. 4.

a) Wie groß sind Anlauf- und Kippdrehmoment?
b) Berechnen Sie den Wirkungsgrad!
c) Berechnen Sie die Kapazität des Betriebskondensators!
d) Wie groß ist der Nennstrom?
e) Welchen Schlupf hat der Motor?
f) Welche Drehzahl hat der Motor bei dem Drehmoment 3 Ncm?

7. Ein Drehstrommotor mit $P = 1,2$ kW; $U = 230$ V / 400 V; $I = 4,6$ A / 2,7 A soll an 230 V angeschlossen werden.
a) Wie groß muß die Kapazität des Anlauf-

kondensators und die des Betriebskondensators sein?

b) Wie groß ist die Leistung des Motors, wenn seine Leistung von $P = 1,2$ kW um 20% sinkt?

8. Ein Wechselstrommotor mit Widerstandshilfsphase hat die Nenndaten 550 W; 230 V; 50 Hz; 1380 min^{-1}; 4,2 A; cos $\varphi = 0,73$.

a) Wie groß ist der Wirkungsgrad?

b) Wieviel Pole hat der Motor?

c) Berechnen Sie den Schlupf in %!

9. Für einen Spaltpolmotor werden folgende Werte angegeben: 230 V; 50 Hz; 11 W; 2650 min^{-1};   cos $\varphi = 0,35$; $P_{zu} = 55$ W; $M_A = 4,4$ Ncm.

a) Berechnen Sie die Größe des Nennstromes!

b) Wie groß ist das Verhältnis $M_A : M_N$?

c) Welchen Wirkungsgrad hat der Motor?

d) Wieviel Pole hat der Motor und wie groß ist der Schlupf in %?

10. Die Abb. 5 zeigt die Kennlinien eines Motors aus einem Prospekt für gewerbliche Waschmaschinen-Motoren. Der Motor hat für den Waschvorgang eine Drehstromwicklung mit den Nennwerten: 400 V; 50 Hz; 0,95 A; 700 min^{-1}; cos $\varphi = 0,45$. Die Universalmotorwicklung für den Schleudervorgang hat die Nennwerte: 230 V; 50 Hz; 10000 min^{-1}; cos $\varphi = 0,8$.

a) Berechnen Sie die Nennleistungen.

b) Wie groß sind die Nennwirkungsgrade?

c) Wie groß ist beim Waschvorgang das Verhältnis $M_A : M_N$?

d) Welchen Schlupf in % hat der Motor beim Waschvorgang im Nennbetrieb?

e) Wieviel Pole hat die Drehstromwicklung?

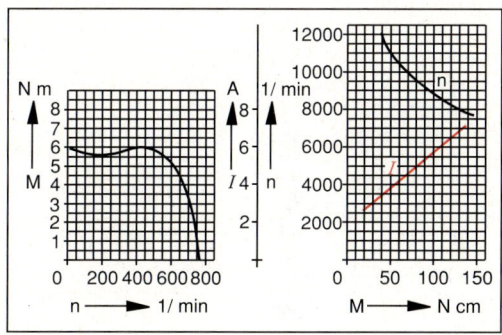

Abb. 5

11. Ein Wäscheschleudermotor in Spaltpolausführung hat die Kennwerte: 230 V; 2,2 A; 50 Hz; 1350 min^{-1}; 55 W; $P_{zu} = 230$ W. Berechnen Sie den Wirkungsgrad und den Leistungsfaktor!

4.4 Synchronmaschinen

▶ Eine zweipolige Drehstrom-Synchronmaschine ($S = 15$ kVA) arbeitet als Generator. Bei einer Drehzahl von 3000 $\frac{1}{min}$ und einer Belastung von 20 A mit cos $\varphi = 0,75$ ist die Klemmenspannung 400 V.

a) Wie groß ist dann die Leerlaufspannung, wenn $R_i = 1,2\ \Omega$ und $X_{L,i} = 5\ \Omega$?

b) Berechnen Sie die Größe des Nennstromes!

c) Wie groß ist der Wirkungsgrad, wenn der Antriebsmotor dann eine Leistung von 11,5 kW hat und die Erregerleistung 750 W beträgt?

d) Wie groß ist die Frequenz der erzeugten Wechselspannung?

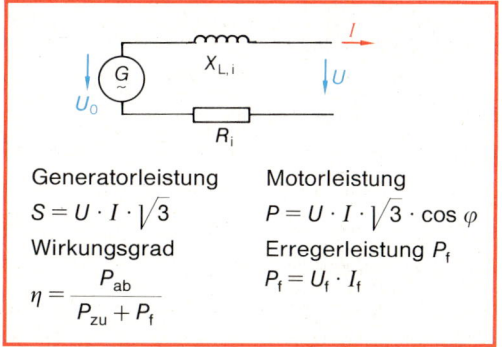

Generatorleistung	Motorleistung
$S = U \cdot I \cdot \sqrt{3}$	$P = U \cdot I \cdot \sqrt{3} \cdot \cos \varphi$
Wirkungsgrad	Erregerleistung P_f
$\eta = \dfrac{P_{ab}}{P_{zu} + P_f}$	$P_f = U_f \cdot I_f$

Beispiellösung:

Gegeben: $S = 15$ kVA; $U = 400$ V; $I = 20$ A;
$n = 3000\ \frac{1}{min}$; $p = 1$;   cos $\varphi = 0,75$;
$R_i = 1,2\ \Omega$; $X_{L,i} = 5\ \Omega$;
$P_{auf} = 11,5$ kW; $P_f = 750$ W

Gesucht: a) U_0;   b) I_N;   c) η;   d) f

a)

$U_{R,i} = I \cdot R_i$
$U_{R,i} = 20$ A $\cdot$ 1,2 Ω
$U_{R,i} = 24$ V
$U_{L,i} = I \cdot X_{L,i}$
$U_{L,i} = 20$ A $\cdot$ 5 Ω
$U_{L,i} = 100$ V
cos $\varphi = 0,75$
$\varphi = 41°$

$U_0 = 4,9$ cm $\cdot \dfrac{100\ V}{cm}$

$\underline{U_0 = 490\ V}$

b) $S = U \cdot I \cdot \sqrt{3}$

$I_N = \dfrac{S}{U \cdot \sqrt{3}}$; $I_N = \dfrac{15000\ VA}{400\ V \cdot \sqrt{3}}$; $\underline{I_N = 21,7\ A}$

c) $\eta = \dfrac{P_{ab}}{P_{zu} + P_f}$; $\quad P_{ab} = U \cdot I \cdot \sqrt{3} \cdot \cos \varphi$

$\qquad\qquad\qquad P_{ab} = 400\ V \cdot 20\ A \cdot \sqrt{3} \cdot 0,75$

$\qquad\qquad\qquad P_{ab} = 10392\ W$

$\eta = \dfrac{10392\ W}{11500\ W + 750\ W}$

$\underline{\eta = 0,848}$ $\qquad\qquad \underline{\eta = 84,8\%}$

d) $f = n \cdot p$; $\qquad f = 3000\ \dfrac{1}{min} \cdot 1$

$\underline{f = 50\ Hz}$

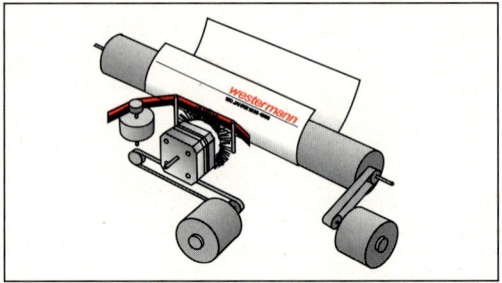

Abb. 2: Farbbandantrieb einer Schreibmaschine

Aufgaben

1. Welche Drehzahlen kann ein Synchrongenerator haben ($p \leq 25$), der einen Drehstrom mit der Frequenz 50 Hz erzeugen soll?

2. Welche Leistung hat ein Drehstrom-Synchrongenerator für 400 V, der mit 4 kW bei einem $\cos \varphi = 0,8$ belastet wird?

3. Die Abb. 1 zeigt die V-Kurven eines Drehstrom-Synchronmotors mit $n = 1500 \frac{1}{min}$ an 400 V; 50 Hz.
a) Wie groß ist der Strom, den ein Motor bei einem Erregerstrom von 4 A und einem Drehmoment von 1,6 Nm aufnimmt?
b) Welche Leistung gibt der Motor ab?
c) Welchen Wirkungsgrad hat er dabei ($U_f = 50$ V)?
d) Wie viele Pole hat der Motor?

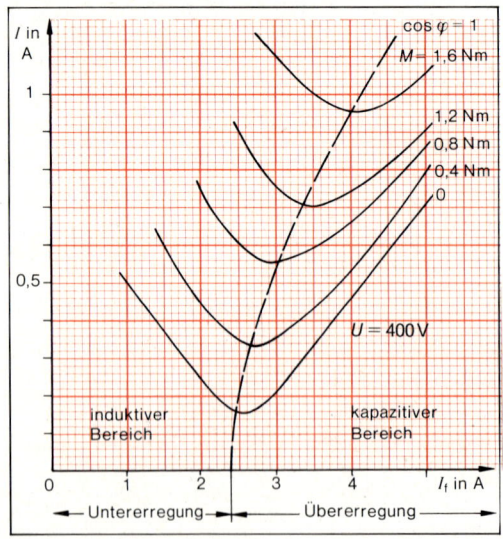

Abb. 1

4. Ein vierpoliger Drehstrom-Synchrongenerator ($S = 10$ kVA; $U = 400$ V; $n = 500 \frac{1}{min}$) hat bei der Belastung von 10 A und dem $\cos \varphi = 0,8$ eine Klemmenspannung von 400 V. Er hat einen Innenwiderstand mit einem Wirkanteil von $2,4\ \Omega$ und einem induktiven Anteil von $10,5\ \Omega$.
a) Wie groß ist die Leerlaufspannung?
b) Wie groß ist die Leistungsaufnahme bei der angegebenen Belastung?
c) Welcher maximale Belastungsstrom darf fließen?
d) Wie groß ist die Frequenz?

5. Ein Drehstrom-Synchronmotor wird an 400 V mit 4 kW belastet. Er hat einen Wirkungsgrad von 0,84, und er wird als Phasenschiebermotor im kapazitiven Bereich mit einem Leistungsfaktor von 0,6 betrieben.
a) Wie groß ist die Stromstärke?
b) Welche Blindleistung gibt er ab?

6. Der Synchron-Kleinmotor in einem Zeitrelais hat folgende Nenndaten: 230 V; 50 Hz; 375 min^{-1}; $P_{zu} = 1,45$ W; $M_A = 0,116$ Ncm; $M_N = 0,234$ Ncm; $\cos \varphi = 0,45$.
a) Wie groß ist der Nennstrom?
b) Wie viele Pole hat der Motor?
c) Wie groß ist sein Wirkungsgrad?
d) In welchem Verhältnis stehen Anlaufdrehmoment und Nenndrehmoment zueinander?

7. Der Motor eines Regelventiles wird mit 24 V, 50 Hz betrieben. Auf seinem Leistungsschild sind noch folgende zusätzliche Angaben: 250 min^{-1}; $P_{zu} = 8$ W; $M_N = 10$ Ncm; $M_A = 9$ Ncm; $\cos \varphi = 0,56$.
a) Welche Leistung gibt der Motor an der Welle bei Nennbetrieb ab?
b) Wie groß sind die Leistungsverluste im Motor bei Nennbetrieb?
c) Berechnen Sie den Wirkungsgrad!
d) Wie groß sind Nennstrom und Polpaarzahl?

▶ Das Farbband einer Schreibmaschine wird durch einen Schrittmotor weitertransportiert (Abb. 2). Der Motor hat einen Schrittwinkel von 15° bei einer Schrittzahl von 24 und bei 2 Wicklungssträngen. Das Drehmoment wird über eine Scheibe mit $d = 8$ mm auf das Farbband übertragen.

a) Wie viele Pole hat der Motor?

b) Mit welcher Geschwindigkeit wird das Farbband bei einer Steuerfrequenz von 1,2 kHz transportiert?

c) Wie viele Schritte sind notwendig, um das Band pro Zeichen 3 mm zu transportieren?

d) Wie lange dauert der Transport pro Zeichen?

Schrittzahl	z
Schrittwinkel	α
$\alpha = \dfrac{360°}{z}$ $\alpha = \dfrac{360°}{2 \cdot m \cdot p}$	
Strangzahl	m
Polpaarzahl	p
Schrittfrequenz	f_z
Steuerfrequenz	f_s
Drehzahl	n $n = \dfrac{f_z}{z}$

Beispiellösung:

Gegeben: $\alpha = 15°$; $z = 24$; $m = 2$; $d = 8$ mm; $f_s = 1,2$ kHz; $s_Z = 3$ mm.

Gesucht: a) $2p$; b) v; c) z_Z; d) t_Z

a) $\alpha = \dfrac{360°}{2 \cdot \quad \cdot m}$; $2p = \dfrac{360°}{m \cdot \alpha}$

$2p = \dfrac{360°}{2 \cdot 15°}$ $\underline{\underline{2p = 12}}$

b) $v = d \cdot \pi \cdot n$; $n = \dfrac{f_z}{z}$; $f_s = f_z$

$v = d \cdot \pi \cdot \dfrac{f_s}{z}$

$v = 8 \text{ mm} \cdot \pi \cdot \dfrac{1,2 \text{ kHz}}{24}$ $\underline{\underline{v = 1,25 \dfrac{m}{s}}}$

c) $s_S = \dfrac{U}{z}$; $s_S = \dfrac{d \cdot \pi}{z}$; $s_S = \dfrac{8 \text{ mm} \cdot \pi}{24}$

$s_S = 1,04$ mm

$z_S = \dfrac{s_Z}{s_S}$; $z_Z = \dfrac{3 \text{ mm}}{1 \text{ mm}}$; $\underline{\underline{z_Z = 3 \text{ Schritte}}}$

d) $t_z = 3 \cdot T$; $T = \dfrac{1}{f_s}$

$t_z = 3 \cdot \dfrac{1}{f_s}$; $t_z = 3 \cdot \dfrac{1}{1,2 \text{ kHz}}$; $\underline{\underline{t_z = 2,5 \text{ ms}}}$

Aufgaben

8. Das Typenrad einer Speicherschreibmaschine soll von einem Schrittmotor angetrieben werden. Er wird dabei im Reversierbetrieb über einen Verstellwinkel des Typenrades von maximal 180° im Start-Stop-Betrieb betrieben. Die Schreibmaschine soll ca. 100 Zeichen bei einer Schreibgeschwindigkeit von 50 Zeichen pro Sekunde schreiben.

a) Wie groß muß der Schrittwinkel des Motors sein?

b) Wieviel Schritte muß der Motor für ein Zeichen maximal machen?

c) Mit welcher Steuerfrequenz muß bei der obigen mittleren Schreibgeschwindigkeit gearbeitet werden?

9. Der Wagen eines Typendruckers wird durch einen Schrittmotor mit dem Schrittwinkel 7,5° und der Schrittzahl 48 angetrieben. Beim Wagenvorlauf wird mit einer Schrittfrequenz von 700 Hz und beim Wagenrücklauf mit der Schrittfrequenz 1,25 kHz gearbeitet. Der Motor treibt über eine Riemenscheibe mit $d = 24$ mm den Riemen mit dem daran befestigten Wagen an.

a) Wieviel Pole hat der Schrittmotor, wenn er zwei Wicklungsstränge besitzt?

b) Welche Drehzahl hat der Motor beim Wagenvorlauf und beim Wagenrücklauf?

c) Mit welcher mittleren Geschwindigkeit bewegt sich der Wagen beim Vorlauf und beim Rücklauf?

10. Ein Fahrtenschreiber hat als Antrieb einen Schrittmotor. Der Motor macht bei einer Umdrehung 100 Schritte und hat eine zweiphasige Wicklung.

a) Berechnen Sie den Schrittwinkel!

b) Wie viele Pole hat der Motor?

c) Welche Drehzahl hat der Motor bei einer Schrittfrequenz von 500 Hz?

d) Wie groß ist die Steuerfrequenz bei der Drehzahl 180 min^{-1}?

11. Ein Lochstreifenleser hat als Antrieb einen Schrittmotor. Der Motor hat eine zweiphasige Wicklung und 20 Pole.

a) Wie groß ist sein Schrittwinkel?

b) Berechnen Sie die Schrittzahl?

c) Wie groß ist die Drehzahl bei einer Steuerfrequenz von 150 Hz?

d) Mit welcher Frequenz muß der Motor angetrieben werden, damit die Drehzahl 150 min^{-1} beträgt?

4.5 Gleichstrommaschinen

4.5.1 Gleichstromgeneratoren

▶ Eine Gleichstrommaschine (2 kW) arbeitet als Nebenschlußgenerator. Bei einer Drehzahl von 1800 $\frac{1}{\text{min}}$ ist ihre Leerlaufspannung 230 V. Weiterhin sind $R_a = 1{,}7\,\Omega$; $R_w = 0{,}9\,\Omega$ und $R_f = 500\,\Omega$. Der Generator wird mit $I_N = 10\,\text{A}$ belastet. Dabei ist der Bürstenspannungsfall 3 V.
a) Wie groß ist der Innenwiderstand des Generators?
b) Welche Klemmenspannung hat der Generator?
c) Wie groß ist der Strom, der in der Feldwicklung und in der Ankerwicklung fließt?
d) Wie groß ist der Wirkungsgrad, wenn die Reibungsverluste 1,25% der Nennleistung betragen?

Leerlaufspannung	U_0
Klemmenspannung	U
Innerer Spannungsfall	U_i
Bürstenspannungsfall	U_B
Ankerstrom	I_a
Feldstrom	I_f
Widerstand der Ankerwicklung	R_a
Widerstand der Feldwicklung	R_f
Widerstand der Wendepolwicklung	R_w
Widerstand der Kompensationswickl.	R_k
Innenwiderstand der Maschine	R_i
$U = U_0 - U_i - U_B$ $U_i = I_a \cdot R_i$	
Wirkungsgrad	η
$\eta = \dfrac{P_{ab}}{P_{zu}}$ $\eta = \dfrac{P_{ab}}{P_{ab} + P_v}$	
Gesamtverluste	P_v

Beispiellösung:

Gegeben: $U_0 = 230\,\text{V}$; $I = 10\,\text{A}$; $U_B = 3\,\text{V}$;
$\qquad\qquad R_a = 1{,}7\,\Omega$; $R_w = 0{,}9\,\Omega$; $R_f = 500\,\Omega$

Gesucht: a) R_i;   b) U;   c) I_f, I_a;   d) η

a) $R_i = R_a + R_w$; $R_i = 1{,}7\,\Omega + 0{,}9\,\Omega$; $\underline{R_i = 2{,}6\,\Omega}$

b) $U = U_0 - U_i - U_B$ $\qquad\qquad U_i = I_a \cdot R_i$

$U = U_0 - \left(I + \dfrac{U}{R_f}\right) \cdot R_i - U_B$ $\qquad I_a = I + I_f$

$U = \dfrac{U_0 - I \cdot R_i - U_B}{1 + \dfrac{R_i}{R_f}}$ $\qquad\qquad I_f = \dfrac{U}{R_f}$

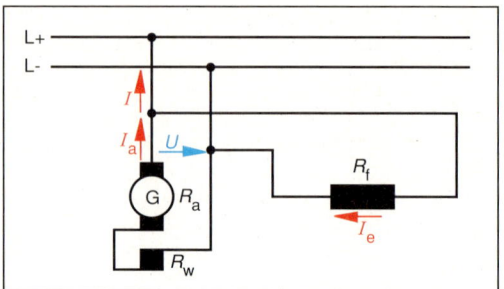

Abb. 1: Stromlaufplan der Maschine als Lösungshilfe

$U = \dfrac{230\,\text{V} - 10\,\text{A} \cdot 2{,}6\,\Omega - 3\,\text{V}}{1 + \dfrac{2{,}6\,\Omega}{500\,\Omega}}$ $\qquad \underline{U = 200\,\text{V}}$

c) $I_f = \dfrac{U}{R_f}$ $\qquad\qquad I_a = I + I_f$

$\qquad\qquad\qquad\qquad I_a = 10\,\text{A} + 0{,}4\,\text{A}$

$I_f = \dfrac{200\,\text{V}}{500\,\Omega}$ $\qquad\qquad \underline{I_a = 10{,}4\,\text{A}}$

$\underline{I_f = 0{,}4\,\text{A}}$

d) $P_v = I_a^2 \cdot R_i + U_B \cdot I_a + \dfrac{U^2}{R_f} + 0{,}0125 \cdot P_N$

$P_v = (10{,}4\,\text{A})^2 \cdot 2{,}6\,\Omega + 3\,\text{V} \cdot 10{,}4\,\text{A}$

$\quad + \dfrac{(200\,\text{V})^2}{500\,\Omega} + 0{,}0125 \cdot 2000\,\text{W}$ $\quad P_v = 417\,\text{W}$

$\eta = \dfrac{P_{ab}}{P_{ab} + P_v}$ $\qquad\qquad \eta = \dfrac{2000\,\text{W}}{2000\,\text{W} + 417\,\text{W}}$

$\underline{\eta = 0{,}827}$ $\qquad\qquad \underline{\eta = 82{,}7\%}$

Aufgaben

1. Wie groß sind die Klemmenspannung, der Ankerstrom und der innere Spannungsfall eines fremderregten Gleichstromgenerators mit $U_0 = 250\,\text{V}$; $R_a = 1{,}2\,\Omega$; $R_w = 0{,}65\,\Omega$; $U_B = 1{,}5\,\text{V}$ je Bürste, bei einer Belastungs von 25 A?

2. Ein fremderregter Generator hat folgende Nenndaten: $U_{ON} = 325\,\text{V}$; $R_a = 450\,\text{m}\Omega$; $R_w = 55\,\text{m}\Omega$; $R_k = 12{,}5\,\text{m}\Omega$; $U_B = 2{,}5\,\text{V}$; $I_N = 45\,\text{A}$; $R_f = 525\,\Omega$; $U_f = 200\,\text{V}$.
a) Wie groß ist die Nennspannung?
b) Welche Leistung muß die Antriebsmaschine aufbringen, wenn die Reibungsverluste 2% der Nennleistung betragen?
c) Welchen Wirkungsgrad hat die Maschine bei Nennleistung?

3. Die Abb. 2 zeigt die Belastungskennlinien eines fremderregten Gleichstromgenerators ($U_B = 2\,V$; $I_N = 2\,A$; $P_f = 25\,W$; $P_{v,\text{mech}} = 2\%$ von P).
a) Wie groß ist die Leerlaufspannung?
b) Wie groß ist der innere Spannungsfall?
c) Welchen Wert hat der innere Widerstand des Generators?
d) Wie groß ist der Wirkungsgrad?

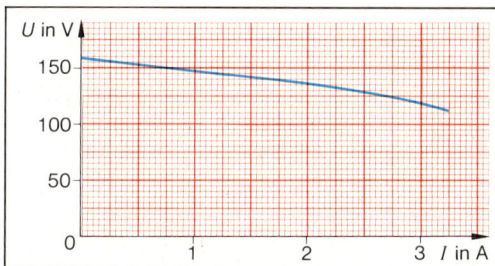

Abb. 2

4. Ein Reihenschlußgenerator hat bei einer Belastung von 1,5 kW eine Klemmenspannung von 70 V. Die Wicklungen haben folgende Widerstände: $R_a = 0,8\,\Omega$; $R_f = 0,3\,\Omega$. Wie groß sind bei $U_B = 2,5\,V$
a) der Ankerstrom,
b) der innere Spannungsfall und
c) die Leerlaufspannung?
d) Wie groß ist der Wirkungsgrad, wenn die Reibungsverluste 1,5% der Nennleistung betragen?

5. Ein Gleichstromgenerator hat das nachfolgende Leistungsschild (Abb. 3). Der Generator wird als Nebenschlußgenerator geschaltet.
a) Wie groß ist der abgegebene Nennstrom?
b) Welche Nennleistung gibt der Generator ab?
c) Welche Erregerleistung benötigt er?

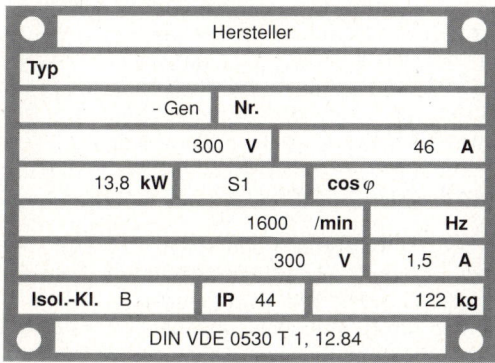

Abb. 3

d) Wie groß ist der Widerstand der Feldwicklung?
e) Wie groß ist die Nennleerlaufspannung bei $R_a = 705\,m\Omega$ und $U_B = 2\,V$?

6. Ein Nebenschlußgenerator hat die Nenndaten 50 kW; 220 V; 227 A; 2500 $\frac{1}{\text{min}}$; $R_a = 0,15\,\Omega$; $U_B = 1,25\,V$ je Bürste; $I_f = 2,5\,A$; $R_w = 0,05\,\Omega$. Wie groß sind bei Nennlast
a) der Ankerstrom,
b) der innere Spannungsfall,
c) die Leerlaufspannung und
d) der Widerstand der Feldwicklung?
e) Wie groß ist der Wirkungsgrad unter Vernachlässigung der Reibungsverluste?

7. Ein Doppelschlußgenerator mit den Nenndaten 50 kW; 400 V; 125 A; 1570 min⁻¹; $U_B = 2,5\,V$; $R_a = 75\,m\Omega$; $R_{f,\text{ser}} = 45\,m\Omega$; $I_f = 5\,A$; $R_w = 25\,m\Omega$; $R_K = 35\,m\Omega$. Berechnen Sie:
a) die Größe des Ankerstromes,
b) den inneren Spannungsfall,
c) die Leerlaufspannung,
d) den Widerstand der Nebenschlußwicklung,
e) die Spannungsfälle an den Wicklungen und
f) den Wirkungsgrad unter Vernachlässigung der Reibungsverluste!

8. Abb. 4 zeigt die Leerlaufkennlinien einer Gleichstrommaschine mit $R_a = 0,75\,\Omega$ und $R_f = 83\,\Omega$.

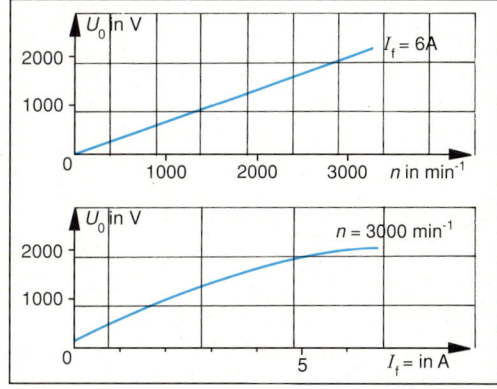

Abb. 4

a) Mit welcher Drehzahl muß der Generator angetrieben werden, damit bei $U_f = 500\,V$ $U_0 = 1000\,V$ ist?
b) Wie groß muß bei $n = 3000\,\text{min}^{-1}$ und $U_0 = 1500\,V$ die Spannung an der Feldwicklung sein?
c) Wie groß ist die Klemmspannung der Maschine bei $I = 50\,A$; $I_f = 4\,A$; $n = 3000\,\text{min}^{-1}$?

4.5.2 Gleichstrommotoren

▶ Ein Gleichstrom-Doppelschlußmotor mit $R_{f,ser} = 0,5\,\Omega$; $R_{f,par} = 420\,\Omega$; $R_a = 1,2\,\Omega$; $U_B = 2\,V$ und $R_w = 0,3\,\Omega$ wird an 220 V angeschlossen. Bei der Nenndrehzahl 1800 $\frac{1}{min}$ erzeugt er im Anker eine Gegenspannung von 190 V.
a) Wie groß ist der Strom, der in der Nebenschlußwicklung fließt?
b) Wie groß ist der Ankerstrom bei Nennbetrieb?
c) Wie groß ist der Strom, den der Motor bei Nennlast aufnimmt?
d) Wie groß ist der Anlaufstrom?
e) Wie groß sind die abgegebene Leistung und der Wirkungsgrad, wenn die Reibungsverluste 50 W betragen?

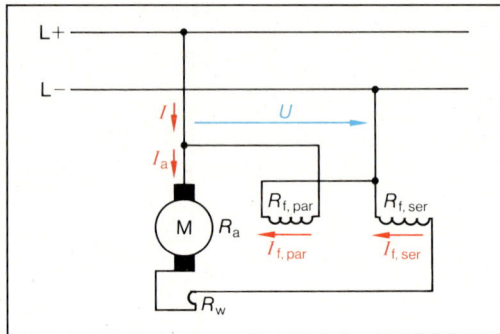

Abb. 1: Stromlaufplan des Doppelschlußmotors

e) $P_{ab} = P_{zu} - P_v$

$$P_{ab} = U \cdot I - \left[I_a^2 \cdot R_i + \frac{U^2}{R_{f,par}} + U_B \cdot I_a + P_{v,mech} \right]$$

$\underline{P_{ab} = 2,6\,kW}$

$\eta = \frac{P_{ab}}{P_{zu}}$; $\qquad \eta = \frac{2,6\,kW}{3,19\,kW}$; $\qquad \underline{\eta = 0,815}$

$\qquad\qquad\qquad\qquad\qquad\qquad\qquad \underline{\eta = 81,5\%}$

Gegenspannung	U_0
Anlaufstrom	I_A
Anlaufdrehmoment	M_A
$U = U_0 + U_i + U_B$	
$U_i = I_a \cdot R_i$	
Abgegebene Leistung	P_{ab}
$P_{ab} = P_{zu} - P_v$	
Wirkungsgrad	η
$\eta = \dfrac{P_{ab}}{P_{zu}}$; $\qquad \eta = \dfrac{P_{zu} - P_v}{P_{zu}}$	

Beispiellösung:

Gegeben: $U = 220\,V$; $\quad U_0 = 190\,V$; $\quad U_B = 2\,V$;
$\qquad\qquad R_{f,ser} = 0,5\,\Omega$; $\quad R_{f,par} = 420\,\Omega$;
$\qquad\qquad R_w = 0,3\,\Omega$; $\quad R_a = 1,2\,\Omega$; $\quad P_{v,R} = 50\,W$

Gesucht: a) $I_{f,par}$; b) I_a; c) I; d) I_A; e) P_{ab}; η

a) $I_{f,par} = \dfrac{U}{R_{f,par}}$; $\quad I_{f,par} = \dfrac{220\,V}{420\,\Omega}$; $\quad \underline{I_{f,par} = 0,524\,A}$

b) $U = U_0 + I_a \cdot R_i + U_B$
$\quad R_i = R_a + R_{f,ser} + R_w \qquad R_i = 2\,\Omega$

$\quad I_a = \dfrac{U - U_0 - U_B}{R_i} \qquad \underline{I_a = 14\,A}$

c) $I = I_a + I_{f,par}$; $\quad I = 14\,A + 0,524\,A$; $\quad \underline{I = 14,5\,A}$

d) $I_A = \dfrac{U - U_B}{R_i} + I_{f,par} \qquad\qquad I_A \approx \dfrac{U}{R_i}$

$\quad I_A = \dfrac{220\,V - 2\,V}{2\,\Omega} + 0,524\,A \qquad I_a \approx \dfrac{220\,V}{2\,\Omega}$

$\quad \underline{I_A = 109,5\,A} \qquad\qquad\qquad \underline{I_a \approx 110\,A}$

Aufgaben

1. Ein Gleichstrommotor mit den Nenndaten 4 kW; 200 V; 24 A; $U_f = 180\,V$; $I_f = 1,5\,A$; 1950 $\frac{1}{min}$ wird als fremderregter Motor betrieben. Der Ankerwiderstand wurde gemessen mit 1,7 Ω. Der Bürstenspannungsfall beträgt 2,5 V.
a) Wie groß ist der Anlaufstrom?
b) Wie groß ist der Nennstrom?
c) Wie groß ist bei Nennbetrieb die Gegenspannung?
d) Welchen Widerstand hat die Feldwicklung?
e) Welchen Wirkungsgrad und welches Nenndrehmoment hat die Maschine? (Die Reibungsverluste werden vernachlässigt.)

2. Ein Reihenschlußmotor mit $U_B = 2\,V$; $R_a = 1,4\,\Omega$ und $R_f = 0,9\,\Omega$ nimmt an 220 V einen Strom von 15 A auf.
a) Wie groß ist die Gegenspannung?
b) Welchen Wert hat der Anlaufstrom?
c) Wie groß ist der Spannungsfall an der Ankerwicklung und der Feldwicklung?
d) Wie groß ist der Wirkungsgrad, wenn die Reibungsverluste vernachlässigt werden?

3. Die Betriebskennlinien eines Reihenschlußmotors mit $R_a = 2,4\,\Omega$; $R_f = 1,5\,\Omega$ bei $U_B = 2,75\,V$ an 220 V sind in Abb. 2 dargestellt.
a) Wie groß sind die abgegebene und die aufgenommene Leistung bei $M_N = 1,25\,Nm$?
b) Wie groß ist das Verhältnis I_A / I_N?

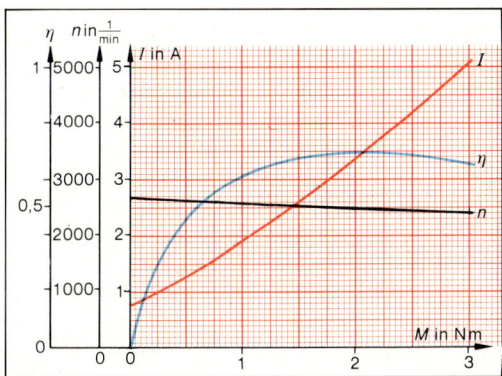

Abb. 2

4. Ein Nebenschlußmotor hat die Nennwerte 6 kW; 200 V; 37,5 A; $I_f = 1,5$ A; 3150 min^{-1}; $U_B = 1,5$ V.
a) Welchen Widerstand haben Anker- und Feldwicklung?
b) Wie groß ist der Ankerstrom?
c) Welchen Wirkungsgrad hat der Motor?

5. Ein Gleichstrom-Nebenschlußmotor hat folgendes Leistungsschild (Abb. 3):

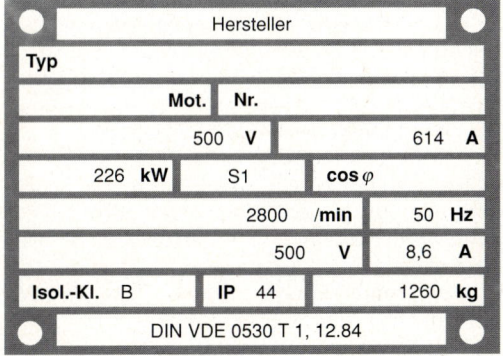

Hersteller				
Typ				
	Mot.	Nr.		
	500 **V**		614 **A**	
226 **kW**	S1		cos φ	
	2800 **/min**		50 **Hz**	
	500 **V**		8,6 **A**	
Isol.-Kl. B	**IP** 44		1260 **kg**	
DIN VDE 0530 T 1, 12.84				

Abb. 3

a) Welchen Wirkungsgrad hat die Maschine?
b) Welches Nenndrehmoment gibt die Maschine ab?
c) Welchen Widerstand hat die Feldwicklung?
d) Wie groß sind die Verluste in der Ankerwicklung, wenn die Reibungsverluste 2% der Nennleistung betragen?
e) Welchen Widerstand hat die Ankerwicklung?
f) Wie groß ist der Anlaufstrom?

6. Ein Gleichstrommotor hat nachfolgende Nennwerte 10,6 kW; 440 V; 29 A; $I_f = 1$ A. Wie groß sind Wirkungsgrad, Ankerstrom, Anlaufstrom und der Widerstand der Feldwicklung?

7. Bei Anschluß an 110 V beträgt der Nennstrom eines Nebenschlußmotors 2,5 A.
a) Wie groß sind bei $R_f = 440\ \Omega$; $R_a = 1,9\ \Omega$ und $U_B = 1,5$ V je Bürste der Ankerstrom, der Feldstrom, die Gegenspannung und der Anlaufstrom?
b) Welchen Wirkungsgrad hat der Motor unter Vernachlässigung der Reibungsverluste?
c) Wie groß ist sein Drehmoment bei der Nenndrehzahl 1880 $\frac{1}{min}$?

8. Ein Doppelschlußmotor hat folgende Nenndaten:
5 kW; 500 V; 12,5 A; 1750 $\frac{1}{min}$; $U_f = 500$ V; $I_f = 0,8$ A; $R_a = 2,4\ \Omega$; $R_{f,ser} = 1,2\ \Omega$; $R_w = 1,5\ \Omega$; $U_B = 2,5$ V; $M_n = 320$ Nm.
a) Wie groß sind bei Nennbetrieb die Gegenspannung, der Ankerstrom und der Strom in den Feldwicklungen?
b) Wie groß ist der Anlaufstrom?
c) Wie groß sind bei Nennbetrieb der Wirkungsgrad, die mechanischen Verluste und die Nenndrehzahl?

9. Die Abb. 4 zeigt das Leistungsschild eines Doppelschlußmotor mit $R_a = 450$ mΩ; $R_{f,ser} = 75$ mΩ; $R_w = 250$ mΩ:

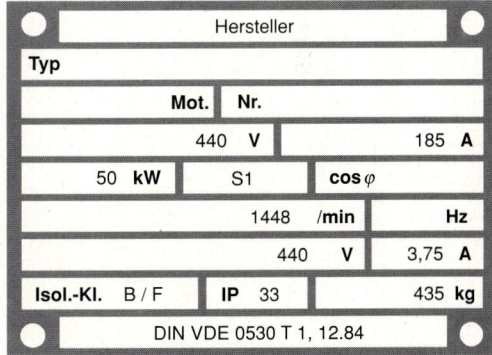

Hersteller				
Typ				
	Mot.	Nr.		
	440 **V**		185 **A**	
50 **kW**	S1		cos φ	
	1448 **/min**		**Hz**	
	440 **V**		3,75 **A**	
Isol.-Kl. B / F	**IP** 33		435 **kg**	
DIN VDE 0530 T 1, 12.84				

Abb. 4: Leistungsschild eines Doppelschlußmotors

a) Wie groß ist der Wirkungsgrad der Maschine?
b) Berechnen Sie die Verlustleistung!
c) Wie groß sind die Reibungsverluste?
d) Berechnen Sie den Widerstand der Nebenschlußfeldwicklung!
e) Wie groß ist der Anlaufstrom?
f) Wie groß ist das Nenndrehmoment?

10. Ein Scheibenläufermotor hat folgende Nennwerte: 24 V; 2,2 A; 33 W; 3500 $\frac{1}{min}$.
a) Welchen Wirkungsgrad hat der Motor?
b) Welches Drehmoment gibt der Motor ab?

4.5.3 Anlasser, Feldsteller

▶ Ein Gleichstrom-Nebenschlußmotor nimmt beim Anschluß an 200 V einen Strom mit der Stromstärke 4 A auf. Die Feldwicklung hat einen Widerstand von 350 Ω, die Ankerwicklung einen Widerstand von 1,6 Ω und die Wendepolwicklung einen Widerstand von 0,9 Ω. Der Bürstenspannungsfall ist 2 V. Der Motor soll über einen Feldstellanlasser angelassen werden. Dabei soll die Größe des Anlaufstromes auf das Zweifache der Größe des Netzstromes begrenzt werden und die Größe des Feldstromes in dem Bereich $I_{f,St} = 0,5 \cdot I_f \ldots 1 \cdot I_f$ steuerbar sein! Welchen Widerstand müssen das Anlaßteil und das Feldstellteil haben?

Feldsteller

Widerstand des Feldstellers $\quad R_{St}$

Feldstrom mit zugeschaltetem
Feldsteller $\qquad\qquad\qquad\quad I_{f,St}$

$$R_{St} = \frac{U}{I_{f,st}} - R_f$$

Anlasser

Widerstand des Anlassers $\quad R_{Anl}$

Anlaufstrom mit zugeschaltetem
Anlasser $\qquad\qquad\qquad\quad I_{A,Anl}$

$$R_{Anl} = \frac{U}{I_{A,Anl}} - R_i{}^{1)}$$

Beispiellösung:

Gegeben: $U = 200$ V; $\quad I_N = 4$ A; $\quad U_B = 2$ V;
$\qquad\quad R_f = 350\ \Omega$; $\ R_a = 1,6\ \Omega$; $\ R_w = 0,9\ \Omega$;
$\qquad\quad I_A = 2 \cdot I_N$; $\ I_{f,St} = 0,5 \cdot I_f \ldots 1 \cdot I_f$
Gesucht: a) R_{Anl}; b) R_{St}

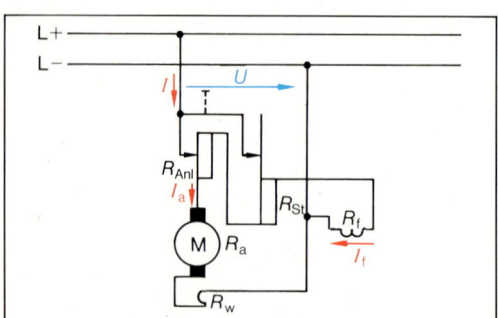

---

¹ U_a und R_f können bei dem Nebenschlußmotor hier vernachlässigt werden!

a) $R_{Anl} = \dfrac{U}{I_{A,Anl}} - R_i$ $\qquad\qquad$ $I_{A,Anl} = 2 \cdot I$
$\qquad\qquad\qquad\qquad\qquad\qquad\qquad$ $R_i = R_a + R_w$

$\quad R_{Anl} = \dfrac{U}{2 \cdot I_N} - R_a - R_w$ $\qquad$ $\underline{R_{Anl} = 22,5\ \Omega}$

b) $R_{St} = \dfrac{U}{I_{f,St}} - R_f$; $\quad I_{f,St} = 0,5 \cdot I_f$; $\quad I_f = \dfrac{U}{R_f}$

$\quad R_{St} = \dfrac{U}{0,5 \cdot I_f} - R_f$ $\qquad\qquad\qquad$ $I_f = 571$ mA

$\quad \underline{R_{St} = 350\ \Omega}$

Aufgaben

1. Der Anlaufstrom eines Reihenschlußmotors soll durch einen Anlasser auf $1,5 \cdot I_N$ begrenzt werden. Der Motor mit $R_a = 1,4\ \Omega$ und $R_f = 0,9\ \Omega$ nimmt an 220 V 15 A auf. Welchen Widerstand muß der Anlasser haben?

2. Wie groß ist der Anlaufstrom eines Nebenschlußmotors, der über einen Anlasser mit 27 Ω angelassen wird? Die Nenndaten sind $U = 220$ V; $R_a = 1,2\ \Omega$; $R_w = 0,3\ \Omega$; $R_f = 420\ \Omega$; und $U_B = 2,5$ V.

3. Die Größe eines Feldstromes eines Nebenschlußgenerators soll durch einen Feldsteller auf 70% von I_f verringerbar sein. Die Nenndaten sind 250 V; 5 kW und $I_f = 1,2$ A. Welchen Widerstand muß der Feldsteller haben?

4. Ein fremderregter Generator mit $P = 2$ kW und $U = 220$ V hat eine Feldspannung von 150 V bei einem Feldstrom der Größe 250 mA. Der Feldstrom soll durch einen Feldsteller auf $0,4 \cdot I_f$ verändert werden können. Welchen Widerstand muß der Feldsteller haben?

5. Um wieviel % wird die Größe des Feldstromes eines Nebenschlußgenerators verringert, wenn ein Feldsteller mit $R_{St} = 400\ \Omega$ zugeschaltet wird? Der Feldstrom hat eine Größe von 0,4 A bei der Nennspannung 200 V.

6. Die Nenndaten eines Doppelschlußmotors sind 5 kW; 500 V; 12,5 A; $I_f = 0,8$ A; $R_a = 2,4\ \Omega$; $R_{f,ser} = 1,2\ \Omega$; $R_w = 1,5\ \Omega$; $U_B = 2,5$ V.
a) Wie groß muß der Widerstand des Anlaßteiles eines Feldstellanlassers sein, wenn die Größe des Anlaufstromes auf $2,5 \cdot I_N$ begrenzt werden soll?
b) Welchen Widerstand muß das Feldstellteil haben, wenn die Größe des Feldstromes um 50% verringerbar sein soll?

5 Schutzmaßnahmen

5.1 Schutzmaßnahmen im TN-Netz

▶ In einer elektrischen Anlage (400/230 V, 50 Hz) im TN-Netz kommt es zu einem Erdschluß. Der betreffende Stromkreis ist in der Stromkreisverteilung (Abb. 1) mit einer 16 A Leitungsschutz-Sicherung abgesichert.

a) Geben Sie den Abschaltstrom an, wenn mit einer Abschaltung bei $t \leq 0{,}2$ s gerechnet wird (vgl. Abb. 1, S. 68)!

b) Wie groß ist die Stromstärke bei Kurzschluß, wenn eine Schleifenimpedanz von $1{,}4\,\Omega$ vorliegt? Löst das Schutzorgan aus?

c) Ab welcher Schleifenimpedanz wäre die Abschaltung nach 0,2 s nicht mehr gewährleistet?

Abb. 1: Zählerplatz und Verteilung

Bestimmung der Schleifenimpedanz

Spannung zwischen Außenleiter und Erde	U_0
Spannungsfall an R_1	U_1
Kurzschlußstrom	I_K

$$I_K = \frac{U_0}{Z_S}$$

| Schleifenimpedanz | Z_S |

$$Z_S = \frac{U_0 - U_1}{I}$$

Beispiellösung:

Gegeben: $U_0 = 230$ V; $I_N = 16$ A; $Z_{S1} = 1{,}4\,\Omega$

Gesucht: a) I_a; b) I_K; c) Z_{S2}

a) Laut Abb. 1, S. 68: $\underline{I_a = 148\ A}$

b) $I_K = \frac{U_0}{Z_{S1}}$; $\quad I_K = \frac{230\ V}{1{,}4\,\Omega}$; $\quad \underline{I_K = 164{,}3\ A}$

Das Überstrom-Schutzorgan löst aus!

c) $Z_{S2} = \frac{U_0}{I_a}$; $\quad Z_{S2} = \frac{230\ V}{148\ A}$; $\quad \underline{Z_{S2} \geq 1{,}55\,\Omega}$

Aufgaben

1. Durch Messung nach Abb. 2 wurden in zwei elektrischen Anlagen die Schleifenimpedanzen $3{,}3\,\Omega$ und $1{,}1\,\Omega$ ermittelt.

a) Wie groß wird jeweils die Stromstärke bei Kurzschluß und einer Spannung von 230 V?

b) Kann in den Anlagen zur Absicherung eine 16 A-Leitungsschutz-Sicherung bei einer Auslösezeit $t \leq 0{,}2$ s verwendet werden?

2. Der Stromkreis in einer elektrischen Anlage (400/230 V, 50 Hz) wird mit einer 20 A-Leitungsschutz-Sicherung abgesichert. Die Schleifenimpedanz der Anlage beträgt $1{,}22\,\Omega$.

a) Bestimmen Sie die Größen I_K und I_A!

b) Beurteilen Sie die Funktionsfähigkeit der Anlage im Kurzschlußfall, wenn die Auslösung innerhalb $t \leq 0{,}2$ s erfolgen soll!

3. In einer Verbraucheranlage im TN-C-S-Netz werden mit Meßgeräten nach dem Schaltbild in Abb. 2 folgende Werte gemessen:

a) $U_0 = 228$ V (Schalter offen),

b) $U_1 = 202$ V, $I = 16$ A (Schalter geschlossen).

Bestimmen Sie die Schleifenimpedanz und die Stromstärke bei Kurzschluß!

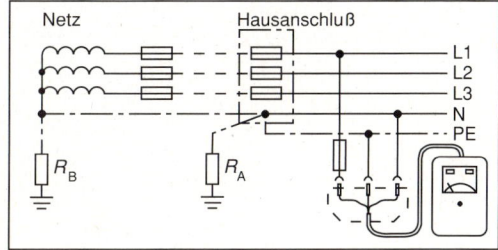

Abb. 2: Meßschaltung zur Schleifenimpedanz

4. Bei Belastung eines Verbraucherstromkreises mit 14 A sinkt die Netzspannung
a) von 230 V auf 226 V,
b) von 230 V auf 218 V.
Berechnen Sie jeweils die Schleifenimpedanz und die Kurzschlußstromstärke der Anlage!

5. In elektrischen Anlagen (400/230 V, 50 Hz) werden folgende Schleifenimpedanzen direkt gemessen:
a) 0,5 Ω;   b) 1,5 Ω;   c) 1,7 Ω;   d) 2,2 Ω.
Beurteilen Sie den Einsatz von Leitungsschutz-Sicherungen mit den Nennstromstärken 20 A und 25 A im TN-C-S-Netz bei $t \leq 0,2$ s Auslösezeit!

6. Wie groß darf die Schleifenimpedanz in einer elektrischen Anlage ($U_0 = 230$ V) im TN-C-S-Netz sein, damit eine Auslösung ($t \leq 0,2$ s) der 16 A-Leitungsschutz-Sicherung erfolgt?

7. Wie groß ist die Schleifenimpedanz Z_S, wenn durch Messung folgende Werte ermittelt werden: $U_0 = 230$ V; $U_1 = 208$ V; $I = 14$ A?

8. Bei einer Messung in zwei elektrischen Anlagen werden die Schleifenimpedanzen 0,6 Ω und 1,3 Ω ermittelt.
a) Wie groß sind die Kurzschlußstromstärken bei einer Netzspannung von 230 V?
b) Kann in den Anlagen zur Absicherung eine Leitungsschutz-Sicherung mit der Nennstromstärke 35 A verwendet werden, wenn die Auslösezeit $t \leq 0,2$ s betragen soll?

9. Zwei Stromkreise sind mit Leitungsschutz-Sicherungen von 10 A und 20 A abgesichert. Ermitteln Sie aus Abb. 1 den möglichen Abschaltstrom bei $t \leq 0,2$ s!

10. Wie groß darf die Schleifenimpedanz im TN-Netz ($U_0 = 230$ V) höchstens sein, damit die Auslösung bei $t \leq 0,2$ s folgender Leitungsschutz-Sicherungen erfolgt:
a) 4 A;   b) 10 A;   c) 20 A;
d) 35 A;   e) 63 A;   f) 100 A?
Verwenden Sie zur Lösung die Auslösekennlinien nach Abb. 1!

11. Für Leitungsschutz-Schalter nach DIN VDE 0641 mit Charakteristik L beträgt der Abschaltstrom $I_a = 5 \cdot I_n$.
a) Berechnen Sie für die Nennstromstärken 4 A, 6 A, 10 A, 16 A, 20 A, 25 A, 32 A, 35 A und 40 A die Mindestwerte für die Schleifenimpedanzen ($U_0 = 230$ V)!
b) Stellen Sie eine Wertetabelle mit den Größen I_n, I_a und Z_s auf!

12. Um sich einen Überblick über die höchstzulässigen Schleifenimpedanzen in elektrischen Anlagen zu verschaffen, ist eine Tabelle anzufertigen. Für die Leitungsschutz-Sicherungen mit den genormten Nennstromstärken von 16 A bis 100 A sind mittels der Zeit-Strom-Bereiche nach Abb. 1 die entsprechenden Auslösestromstärken zu bestimmen und zwar für die Auslösezeiten
a) 0,2 s   und   b) 5 s.

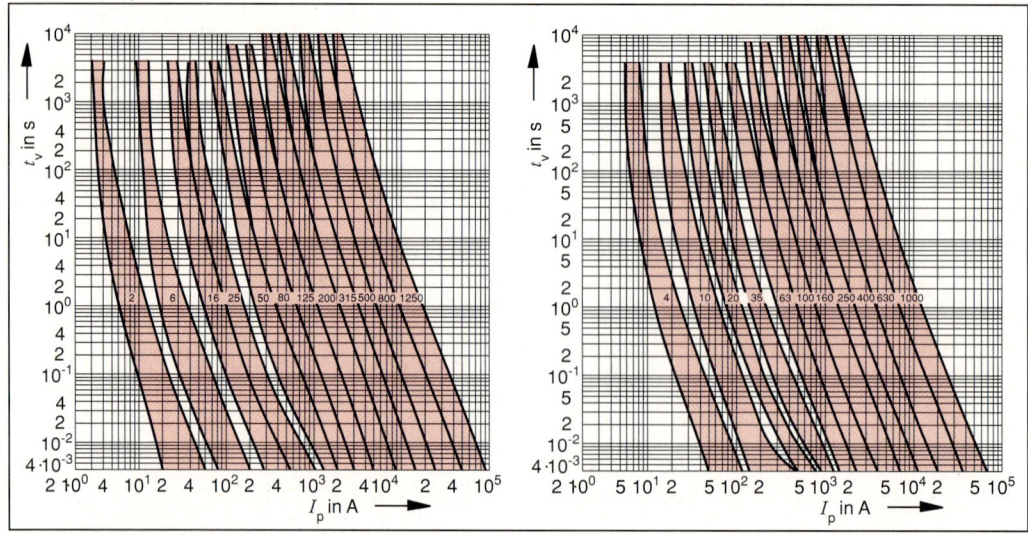

Abb. 1: Zeit-Strom-Bereiche für Leitungsschutz-Sicherungen (Betriebsklasse gL) nach DIN VDE 0636 T 31

▶ Nach der Meßschaltung (vgl. folgende Abbildung) soll der Widerstand von isolierenden Fußböden (früher Standortwiderstand) mit Hilfe eines hochohmigen Meßgerätes ($R_i = 10\,k\Omega$) bestimmt werden. Die Spannungsmessungen ergeben folgende Werte:
$U_0 = 228\,V$ und $U_1 = 12\,V$.
Bestimmen Sie den Widerstand des isolierenden Fußbodens R_{St}!

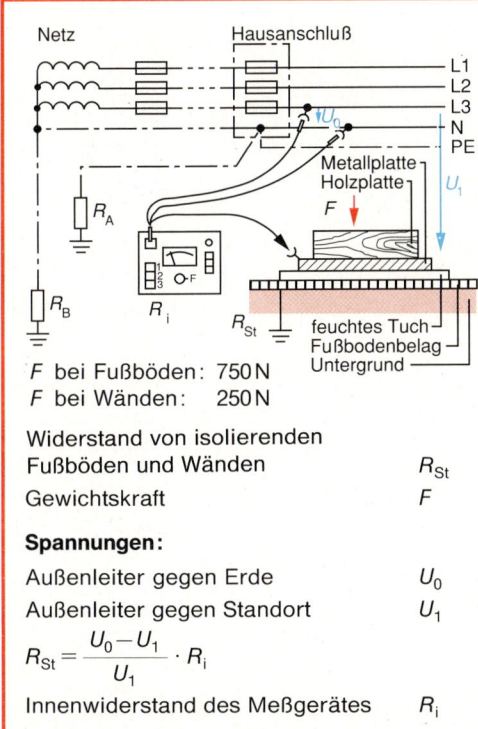

F bei Fußböden: 750 N
F bei Wänden: 250 N

Widerstand von isolierenden Fußböden und Wänden	R_{St}
Gewichtskraft	F

Spannungen:

Außenleiter gegen Erde	U_0
Außenleiter gegen Standort	U_1

$$R_{St} = \frac{U_0 - U_1}{U_1} \cdot R_i$$

Innenwiderstand des Meßgerätes	R_i

Beispiellösung:

Gegeben: $U_0 = 228\,V$; $U_1 = 12\,V$; $R_i = 10\,k\Omega$
Gesucht: R_{St}

$$R_{St} = \frac{U_0 - U_1}{U_1} \cdot R_i; \quad R_{St} = \frac{228\,V - 12\,V}{12\,V} \cdot 10\,k\Omega$$

$$\underline{\underline{R_{St} = 180\,k\Omega}}$$

Aufgaben

13. Wie groß ist der Widerstand eines isolierenden Fußbodens, wenn aufgrund einer Messung die Spannung zwischen Außenleiter und Fußboden auf den Wert 17,6 V absinkt? Der Innenwiderstand des Meßgeräts beträgt 5 kΩ, die Netzspannung 230 V!

14. Wie groß ist der Widerstand eines isolierenden Fußbodens, wenn bei der Messung die Spannung zwischen Außenleiter und Fußboden auf 10% der Netzspannung ($U_0 = 226\,V$) absinkt? Der Innenwiderstand des Meßgeräts beträgt 5 kΩ!

15. Welche Spannung müßte ein hochohmiges Spannungsmeßgerät ($R_i = 6\,k\Omega$) anzeigen, wenn bei der Netzspannung $U_0 = 230\,V$ der Widerstand des isolierenden Fußbodens 36 kΩ beträgt?

16. Der Widerstand des isolierenden PVC-Fußbodens in Unterrichtsräumen und Laboratorien soll mindestens 50 kΩ betragen. Bei einer Netzspannung von 230 V wird mit einem Meßgerät ($R_i = 5\,k\Omega$) diese Angabe überprüft. Welcher Spannungswert für U_1 zwischen Außenleiter und Standort muß mindestens erreicht werden?

17. In welchem Verhältnis stehen der Innenwiderstand des Spannungsmeßgeräts zum Widerstand des isolierenden Fußbodens, wenn zwischen Außenleiter und Fußboden eine Spannung von
a) $U_1 = 5\,V$, b) $U_1 = 10\,V$ und c) $U_1 = 20\,V$
gemessen wird (Netzspannung $U_0 = 230\,V$)?

18. Der Widerstand eines isolierenden Fußbodens ist laut DIN VDE 0100 T 600 unter Berücksichtigung der genormten Netzspannung gegen Erde zu ermitteln. Die Netzspannung beträgt 230 V, zur Verfügung steht ein Isolationsmeßgerät mit dem Kennwiderstand 13 kΩ/V. Bei der Messung erfolgt eine Anzeige nach Abb. 2.
a) Bestimmen Sie zunächst den Innenwiderstand!
b) Ermitteln Sie mit Hilfe des angezeigten Wertes für U_1 den Widerstand des isolierenden Fußbodens!

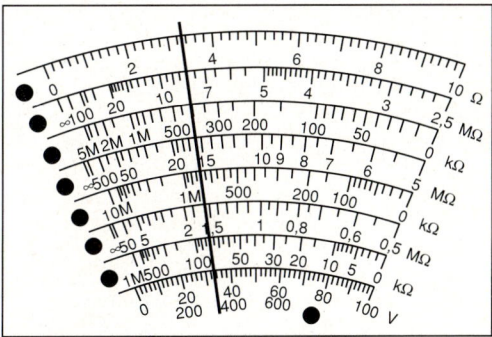

Abb. 2: Messung zur Bestimmung von R_{St}

5.2 Fehlerstrom-Schutzeinrichtung im TT-Netz

▶ Der Erdungswiderstand einer elektrischen Anlage im TT-Netz beträgt 160 Ω.
a) Wie groß ist der Fehlerstrom bei der zulässigen Berührungsspannung von 50 V?
b) Welcher FI-Schutzschalter ist auszuwählen?

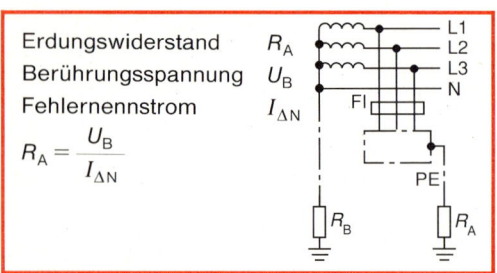

Erdungswiderstand	R_A
Berührungsspannung	U_B
Fehlernennstrom	$I_{\Delta N}$

$$R_A = \frac{U_B}{I_{\Delta N}}$$

Beispiellösung:

Gegeben: $R_A = 160\,\Omega$; $U_B = 50\,V$

Gesucht: a) $I_{\Delta N}$; b) FI-Schutzschalter

a) $I_{\Delta N} = \dfrac{U_B}{R_A}$; $I_{\Delta N} = \dfrac{50\,V}{160\,\Omega}$; $\underline{\underline{I_{\Delta N} = 0{,}3125\,A}}$

b) Gewählt: FI-Schutzschalter mit $\underline{\underline{I_{\Delta N} = 0{,}3\,A}}$

Aufgaben

1. In einem TT-Netz beträgt der Erdungswiderstand der elektrischen Anlage 46 Ω.
a) Wie groß wird bei der höchstzulässigen Berührungsspannung von 50 V bzw. 25 V der mögliche Fehlerstrom?
b) Wählen Sie genormte FI-Schutzschalter!

2. Ein Baustromverteiler besitzt eine FI-Schutzeinrichtung. Der Nennfehlerstrom beträgt 0,5 A, der Erdungswiderstand wurde mit 40 Ω ermittelt. Überprüfen Sie, ob die höchstzulässige Berührungsspannung überschritten wird!

3. Eine elektrische Anlage in einer landwirtschaftlichen Betriebsstätte wird mit einer FI-Schutzeinrichtung ($I_{\Delta N} = 0{,}3\,A$) ausgestattet. Wie groß ist der Erdungswiderstand maximal?

4. In einer elektrischen Anlage ist durch Aderbruch der Schutzleiter unterbrochen. Beim Überbrücken der Fehlerspannung betragen $R_K = 1500\,\Omega$ und $R_{St} = 500\,\Omega$. Überprüfen Sie, ob in der Anlage ($U_0 = 230\,V$) der FI-Schutzschalter nach Abb. 1 im Fehlerfall bei einer Berührungsspannung von 210 V auslöst!

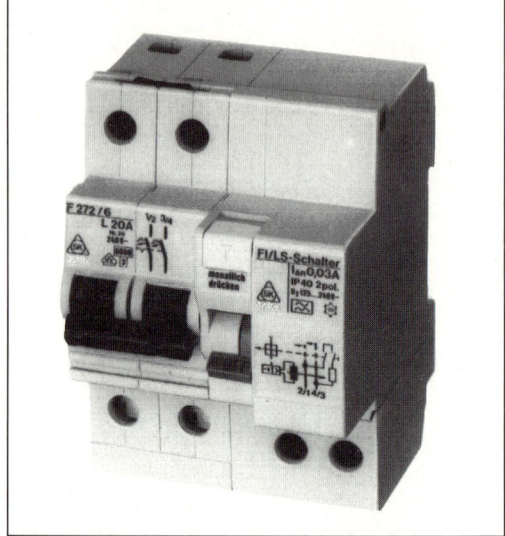

Abb. 1: FI-Schutzschalter mit Leitungsschutz-Schalter

5. Ein FI-Sicherungsautomat hat eine Fehlerstromauslösung von 10 mA bzw. 30 mA. Wie hoch kann die maximale Berührungsspannung werden, wenn ein relativ hoher Erdungswiderstand von 1,5 kΩ vorliegt?

6. In einer elektrischen Anlage mit einem FI-Schutzschalter ($I_{\Delta N} = 1\,A$) steigt im Fehlerfall die Berührungsspannung U_B in nichtzulässiger Weise auf 85 V an. Der Erdungswiderstand der Anlage beträgt 120 Ω.
a) Wie groß ist der Fehlerstrom?
b) Welchen Nennfehlerstrom müßte der FI-Schutzschalter haben, damit die Anlage vorschriftsmäßig abgeschaltet wird?

7. Die höchstzulässigen Berührungsspannungen betragen 25 V und 50 V. Der Erdungswiderstand der Anlage ist mit $R_A = 54\,\Omega$ angegeben.
a) Wie groß sind die möglichen Fehlerströme?
b) Welche genormten FI-Schutzschalter müssen gewählt werden?
c) Wie groß können die Berührungsspannungen bei diesen FI-Schutzschaltern höchstens werden?

8. In Abb. 2 ist der Teil eines Datenblattes aus einem Firmenprospekt dargestellt. Es sollen die maximalen Erdungswiderstände bei den Berührungsspannungen
a) 50 V   und   b) 25 V
berechnet werden.
Legen Sie zu den Werten eine Tabelle an!

Ausführung	Art.-Nr.	Bestell-Nr.
Einbau-Fehlerstrom-Schutzschalter		
4polig, 230/400 V ~	Klemmbefestigung für Tragschiene	
(pulsstromsensitiv)	nach EN 50022	
Kurzschlußfestigkeit 6000 A	2-, 3- und 4poliger Anschluß möglich	
in Reihe mit Sicherung gl 63 A	Normausschnitt: Höhe: 45 mm	
stoßstromfest bis 250 A	Breite: 70 mm	
(Impulsform 8/20		
nach VDE 0432 T2)	Bauhöhe: 68 mm	
I_N 25 A $I_{\Delta N}$ 0,03 A	3125-0-4657	3125-0-4657
I_N 25 A $I_{\Delta N}$ 0,3 A	3125-0-4632	3125-0-4632
I_N 25 A $I_{\Delta N}$ 0,5 A	3125-0-4640	3125-0-4640
I_N 40 A $I_{\Delta N}$ 0,03 A	3140-0-4664	3140-0-4664
I_N 40 A $I_{\Delta N}$ 0,3 A	3140-0-4649	3140-0-4649
I_N 40 A $I_{\Delta N}$ 0,5 A	3140-0-4656	3140-0-4656
I_N 63 A $I_{\Delta N}$ 0,03 A	3163-0-4625	3163-0-4625
I_N 63 A $I_{\Delta N}$ 0,3 A	3163-0-4609	3163-0-4609
I_N 63 A $I_{\Delta N}$ 0,5 A	3163-0-4617	3163-0-4617

Abb. 2: Kenndaten aus Firmenprospekt

9. Ein FI-Schutzschalter mit dem Nennfehlerstrom nach Abb. 3 befindet sich in Anlagen mit folgenden Erdungswiderständen:
a) 500 Ω; b) 800 Ω; c) 1,2 kΩ; d) 1,5 kΩ.
Wie groß kann die Berührungsspannung maximal werden?

10. Überprüfen Sie die Betriebssicherheit der elektrischen Anlage mit einem FI-Schutzschalter ($I_{\Delta N}$ = 0,3 A) und dem Erdungswiderstand von 90 Ω unter den Kriterien »Schutz von Menschen« und »Schutz von Nutztieren«!

11. Der Erdungswiderstand (R_A = 600 Ω) wird durch einen zusätzlichen Banderder auf 40% herabgesetzt. Um welchen Wert ändert sich die Berührungsspannung bei $I_{\Delta N}$ = 0,03 A?

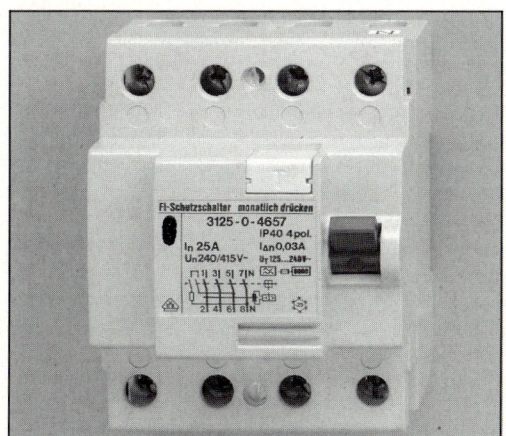

Abb. 3: Fehlerstrom-Schutzschalter

5.3 Erdungswiderstand

▶ Der Erdungswiderstand (Ausbreitungswiderstand) einer elektrischen Anlage soll über die Strom- und Spannungs-Messung bestimmt werden. Mittels eines Vorwiderstandes R_V wird bei einer Stromstärke von 0,6 A eine Spannung von 18 V gemessen.
Bestimmen Sie den Erdungswiderstand R_A!

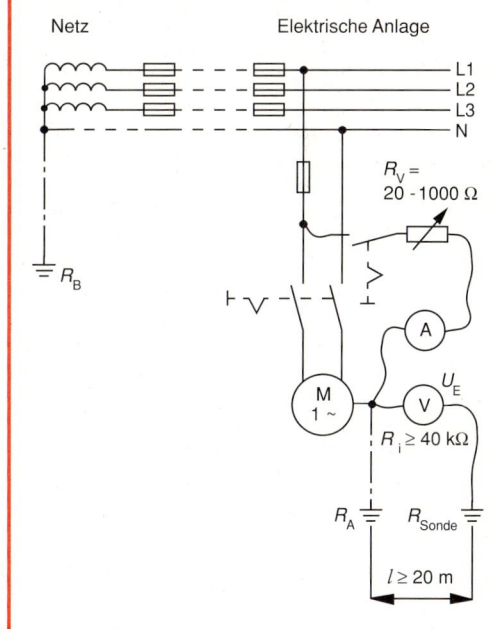

Bestimmung des Erdungswiderstandes
(Strom- und Spannungs-Messung)
Erdungswiderstand R_A

$$R_A = \frac{U_E}{I}$$

Beispiellösung:

Gegeben: U_E = 18 V; I = 0,6 A
Gesucht: R_A

$$R_A = \frac{U_E}{I}; \quad R_A = \frac{18\,V}{0,6\,A}; \quad \underline{\underline{R_A = 30\,\Omega}}$$

Aufgaben

1. Wie groß ist jeweils der Erdungswiderstand R_A, wenn mit der Strom- und Spannungs-Messung folgende Werte gemessen werden:
a) I = 0,5 A; U_E = 22 V; b) I = 1,2 A; U_E = 30 V?

2. Welche Werte werden für die Spannung angezeigt, wenn bei einer jeweils eingestellten Stromstärke von 250 mA der Erdungswiderstand (Banderder) folgende Werte hat:
a) $20\,\Omega$; b) $10\,\Omega$; c) $5\,\Omega$; d) $3\,\Omega$?

3. Bei welcher Fehlerspannung muß der FI-Schutzschalter ($I_{\Delta N} = 0,3\,\mathrm{A}$) spätestens abschalten, wenn der maximale Erdungswiderstand $80\,\Omega$ beträgt?

4. Wie groß dürfen die Erdungswiderstände bei der FI-Schutzeinrichtung höchstens sein, wenn die Fehlernennströme
a) $0,03\,\mathrm{A}$; b) $0,3\,\mathrm{A}$; c) $0,5\,\mathrm{A}$
betragen, und die Anlage bei einer Fehlerspannung von $U_F \leq 40\,\mathrm{V}$ abschalten soll?

5. Bestimmen Sie den maximalen Erdungswiderstand bei einer Fehlerspannung
a) $25\,\mathrm{V}$ und b) $50\,\mathrm{V}$
für einen FI-Schutzschalter mit den Werten $I_N = 63\,\mathrm{A}$, $U_N = 400\,\mathrm{V}$ und $I_{\Delta N} = 30\,\mathrm{mA}$!

6. Bestimmen Sie den Erdungswiderstand R_A, wenn durch eine Strom- und Spannungs-Messung folgende Werte ermittelt wurden:
a) $I = 0,8\,\mathrm{A}$, $U_E = 24\,\mathrm{V}$;
b) $I = 125\,\mathrm{mA}$, $U_E = 6,5\,\mathrm{V}$;
c) $I = 450\,\mathrm{mA}$, $U_E = 16\,\mathrm{V}$;
d) $I = 1,4\,\mathrm{A}$, $U_E = 20\,\mathrm{V}$.

7. In verschiedenen elektrischen Anlagen wurden nach dem Dreileiterverfahren (Abb. 1) folgende Erdungswiderstände ermittelt:
a) $R_A = 12,3\,\Omega$; b) $R_A = 24\,\Omega$;   c) $R_A = 45\,\Omega$;
d) $R_A = 75\,\Omega$;   e) $R_A = 90\,\Omega$;   f) $R_A = 120\,\Omega$.
Welche Fehlerströme treten jeweils bei einer Fehlerspannung von $25\,\mathrm{V}$ auf?

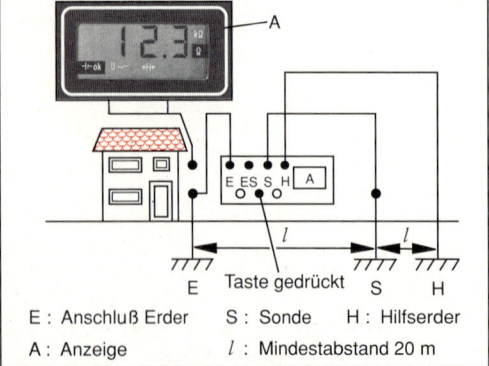

Abb. 1: Bestimmung des Erdungswiderstandes nach dem Dreileiterverfahren

E : Anschluß Erder   S : Sonde   H : Hilfserder
A : Anzeige l : Mindestabstand 20 m

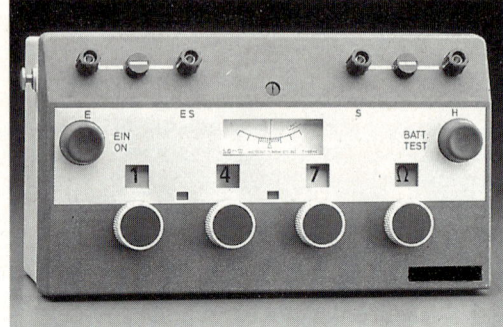

Abb. 2: Erdungsmesser

8. Eine Anlage hat einen Erder mit einem Erdungswiderstand von $R_{A1} = 240\,\Omega$. Zur Verbesserung der Erdung wird ein zweiter Erder mit $R_{A2} = 120\,\Omega$ gesetzt. Bei welcher Fehlerspannung muß der FI-Schutzschalter abschalten, wenn
a) $I_{\Delta N} = 0,3\,\mathrm{A}$ und   b) $I_{\Delta N} = 0,5\,\mathrm{A}$ betragen?

9. In zwei elektrischen Anlagen soll mittels FI-Schutzeinrichtung
a) $I_{\Delta N} = 0,3\,\mathrm{A}$ und   b) $I_{\Delta N} = 0,5\,\mathrm{A}$
jeweils bei einer Fehlerspannung von etwa 20 V eine Abschaltung erfolgen. Der vorhandene Erder mit dem Erdungswiderstand $R_{A1} = 215\,\Omega$ reicht nicht aus und soll verbessert werden. Bestimmen Sie den Erdungswiderstand des zweiten Erders!

10. In steinigem Boden ($\varrho = 3000\,\Omega\mathrm{m}$) beträgt bei einem Banderder von 10 m Länge der Erdungswiderstand ca. $600\,\Omega$. Bei Erweiterung werden zusätzlich 20 m Bandstahl verlegt.
a) Bestimmen Sie den neuen Erdungswiderstand!
b) Wie groß wird dann bei einer Kontrollmessung die Spannung U_E bei $I = 0,08\,\mathrm{A}$?

11. Wie groß kann die maximale Fehlerspannung bei einem Erdungswiderstand von $95\,\Omega$ und dem Einsatz folgender FI-Schutzschalter werden:
a) $I_{\Delta N} = 0,03\,\mathrm{A}$;   b) $I_{\Delta N} = 0,3\,\mathrm{A}$;
c) $I_{\Delta N} = 0,5\,\mathrm{A}$;   d) $I_{\Delta N} = 1,0\,\mathrm{A}$?

12. Bei der Bestimmung des Erdungswiderstandes nach der Strom- und Spannungs-Messung (siehe Schaltung, S. 71) sind folgende Werte bekannt:
$U_0 = 230\,\mathrm{V}$; $I = 575\,\mathrm{mA}$; $U_E = 22,5\,\mathrm{V}$.
Bestimmen Sie den Wert des eingestellten Vorwiderstandes R_V und die Größe von R_A!

Elektrische Anlagen

6.1 Leitungen in Wechselstromanlagen

▶ Ein Wechselstrommotor mit dem Leistungsschild nach Abb. 3 wird über eine NYM-Leitung ($l = 44\,\text{m}$) bei Verlegung im Elektroinstallationskanal auf dem Fußboden an das Netz fest angeschlossen. Der Spannungsfall soll 3% der Netzspannung nicht überschreiten.

a) Bestimmen Sie die Verlegeart (Gruppe) und den Leiterquerschnitt nach der Tabelle 6.1 (S. 74)!

b) Kontrollieren Sie den Spannungsfall!

c) Welche Leitungsschutzsicherung muß gewählt werden? (Siehe Tabelle 6.1.)

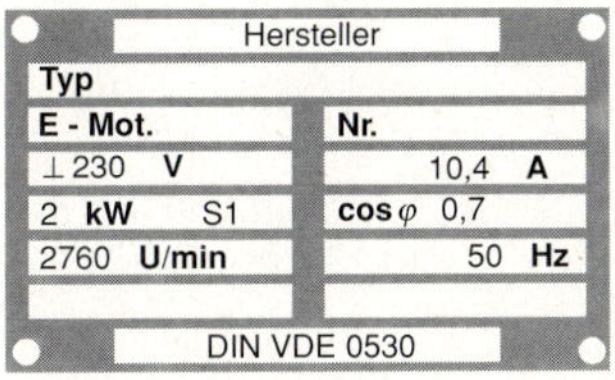

Hersteller		
Typ		
E - Mot.		**Nr.**
⊥ 230 **V**		10,4 **A**
2 **kW**	**S1**	**cos** φ 0,7
2760 **U/min**		50 **Hz**
	DIN VDE 0530	

Abb. 3:
Leistungsschild –
Wechselstrommotor

Leiterquerschnitt q

Spannungsfall $\Delta U, \Delta u$ $[\Delta u] = \%$

einfache
Leiterlänge l

$$\Delta U = \frac{2 \cdot l \cdot I \cdot \cos \varphi}{\varkappa \cdot q}$$

$$\Delta U = \frac{2 \cdot l \cdot P}{\varkappa \cdot U \cdot q}$$

Spannung in der
Verteilung U_1

Spannung am
Verbraucher U_2

Verlustleistung P_V

$$P_V = \frac{2 \cdot l \cdot I^2}{\varkappa \cdot q}$$

$$P_V = \frac{2 \cdot l}{\varkappa \cdot q} \cdot \left(\frac{P}{U \cdot \cos \varphi}\right)^2$$

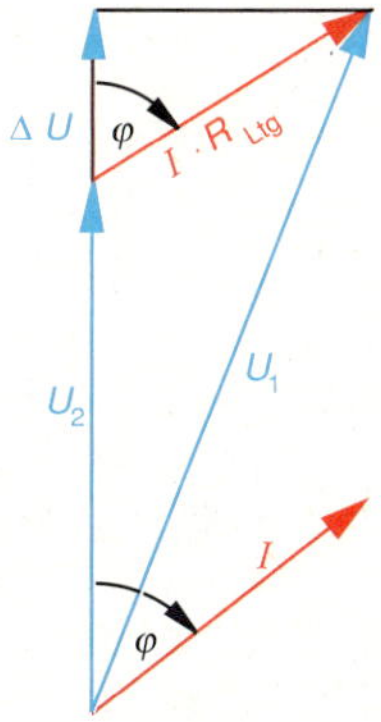

$U_1 \approx U_2 + \Delta U$

$\Delta U \approx I \cdot R_{Ltg} \cdot \cos \varphi$, da Installationsleitungen als induktivitäts- und kapazitätsfrei angenommen werden können. Der Blindwiderstand der Leitung bzw. des Kabels kann gegenüber R_{Ltg} vernachlässigt werden.

Beispiellösung:

Gegeben: $U = 230\,\text{V}$; $I = 10,4\,\text{A}$; $\cos \varphi = 0,7$;
$l = 44\,\text{m}$; $\varkappa = 56\,\frac{\text{MS}}{\text{m}}$; $\Delta u \leq 3\%$
$\Delta U \leq 6,9\,\text{V}$

Gesucht: a) Verlegeart und q_{Tab}; b) ΔU; q_{Norm};
c) I_n der Sicherung

a) Verlegeart nach <u>Gruppe B2</u>; <u>$q_{Tab} = 1,5\,\text{mm}^2$</u>

b) $\Delta U = \dfrac{2 \cdot l \cdot I \cdot \cos \varphi}{\varkappa \cdot q}$

$\Delta U = \dfrac{2 \cdot 44\,\text{m} \cdot 10,4\,\text{A} \cdot 0,7}{56\,\frac{\text{MS}}{\text{m}} \cdot 1,5\,\text{mm}^2}$; $\Delta U = 7,63\,\text{V} \geq 6,9\,\text{V}$

$\Delta U = \dfrac{2 \cdot 44\,\text{m} \cdot 10,4\,\text{A} \cdot 0,7}{56\,\frac{\text{MS}}{\text{m}} \cdot 2,5\,\text{mm}^2}$; <u>$\Delta U = 4,58\,\text{V} \leq 6,9\,\text{V}$</u>

Gewählter Leiterquerschnitt: <u>$q_{Norm} = 2,5\,\text{mm}^2$</u>

c) Nennstrom der Sicherung laut Tab. 6.1
<u>$I_n = 20\,\text{A}$</u>

Aufgaben

1. Über eine 30 m lange Kupferleitung (NYM, Elektroinstallationskanal auf der Wand) wird ein Wechselstrommotor an 230 V fest angeschlossen. Der Motor hat bei einem Leistungsfaktor von 0,75 eine Stromstärke von 11 A. Der zulässige Spannungsfall beträgt 3%.

a) Bestimmen Sie die Verlegeart und den Leiterquerschnitt aufgrund der Belastbarkeit!

b) Wie groß ist der Spannungsfall in V́ und %?

c) Geben Sie den Leiterquerschnitt und die Nennstromstärke der Sicherung an!

d) Wie groß ist der Leistungsverlust in W und %?

2. Eine 60 m lange Kupferleitung (NYM, Elektroinstallationsrohr auf der Wand) soll bei 230 V, 50 Hz eine Stromstärke von 9 A bei einem Leistungsfaktor von 0,76 übertragen.

a) Bestimmen Sie die Verlegeart und den -Leiterquerschnitt nach Tab. 6.1!

b) Wie groß ist der Spannungsfall in V und %?

c) Welcher Leiterquerschnitt muß gewählt werden, damit ein Spannungsfall von 3% nicht überschritten wird?

d) Bestimmen Sie die Verlustleistung in W und % für den gewählten Leiterquerschnitt!

e) Welche Leitungsschutz-Sicherung ist aufgrund der Belastung zu wählen?

Tab. 6.1: Belastbarkeit von Leitungen für feste Verlegung (DIN VDE 0298 T.4, Tab. 3) und Zuordnung von Leitungsschutz-Sicherungen gL (DIN VDE 0636) mit Isolierwerkstoff PVC (zulässige Betriebstemperatur 70 °C) für Dauerbetrieb bei Umgebungstemperatur von 30 °C (Auszug)

Kabel- und Leitungsart	NYM, NYBUY, NYIF, H07V-U, H07V-R, H07V-K (Auswahl)							
Verlegeart (Gruppe)	A — in wärmedämmenden Wänden		B1 — auf oder in Wänden oder unter Putz		B2		C	
			in Elektroinstallationsrohren (E-R) oder -kanälen (E-K)				direkt verlegt	
	Aderleitungen (E-R)		Aderleitungen (E-R) a.d.W.[1]		Mehradrige Leitung (E-R) a.d.W., a.d.F.[1]		Mehradrige Leitung a.d.W., a.d.F.[1]	
	Mehradrige Leitung (E-R)		Aderleitungen (E-K) a.d.W.[1]		Mehradrige Leitung (E-K) a.d.W., a.d.F.[1]		Einadrige Mantelleitungen, a.d.W.[1]	
	Mehradrige Leitung i.d.W.[1]		Aderleitungen, einadrige Mantelleitungen, mehradrige Leitung (E-R) i.M.[1]				Mehradrige Leitung Stegleitung i.d.W., u.P.[1]	
Aderzahl	2	3	2	3	2	3	2	3
Nennquerschnitt (Cu) in mm²	I_z I_n		I_z I_n		I_z I_n		I_z I_n	

zulässige Betriebs- und Nennstromstärke in A

Nennquerschnitt (Cu) in mm²	I_z	I_n	I_z	I_n	I_z	I_n	I_z	I_n	I_z	I_n	I_z	I_n	I_z	I_n	I_z	I_n
1,5	15,5	16	13	10	17,5	16	15,5	16	15,5	16	14	10	19,5	20	17,5	16
2,5	19,5	20	18	16	24	20	21	20	21	20	19	16	26	25	24	20
4	26	25	24	20	32	25	28	25	28	25	26	25	35	35	32	25
6	34	25	31	25	41	40	36	35	37	35	33	25	46	40	41	40
10	46	40	42	40	57	50	50	50	50	50	46	40	63	63	57	50
16	61	50	56	50	76	63	68	63	68	63	61	50	85	80	76	63
25	80	80	73	63	101	100	89	80	90	80	77	63	112	100	96	80
35	99	80	89	80	125	125	111	100	110	100	95	80	138	125	119	100
50	119	100	108	100	151	150	134	125	–	–	–	–	–	–	–	–

[1] a.d.W. ≙ auf der Wand;
i.d.W. ≙ in der Wand;
a.d.F. ≙ auf dem Fußboden;
i.M. ≙ im Mauerwerk;
u.P. ≙ unter Putz

Tab. 6.2: Umrechnungsfaktoren für abweichende Umgebungstemperaturen (nach DIN VDE 0298 T.4, Tab. 10), Isolierwerkstoff PVC (zulässige Betriebstemperatur 70 °C)

Umgebungstemperatur ϑ in °C	10	15	20	25	30	35	40	45	50	55	60
Umrechnungsfaktor n	1,22	1,17	1,12	1,06	1,0	0,94	0,87	0,79	0,71	0,61	0,5

3. Vorübergehend soll ein Elektrogerät mit der Leistung von 2 kW (cos φ = 1) über eine Verlängerungsleitung aus Kupfer an 230 V angeschlossen werden. Der Spannungsfall soll 3 % nicht überschreiten. Wie lang darf die Verlängerungsleitung maximal sein, wenn der Leiterquerschnitt
a) 1,5 mm² bzw. b) 2,5 mm² beträgt?

4. Über eine Anschlußleitung von 75 m Länge aus Kupfer soll eine Leistung von 2,4 kW bei einem Leistungsfaktor von 0,81 zu elektrischen Verbrauchern übertragen werden. Die Netzspannung beträgt 230 V, der Leiterquerschnitt 6 mm².
a) Wie groß ist der Leistungsverlust in Watt und Prozent?
b) Berechnen Sie den Spannungsfall in Volt und Prozent?
c) Wie ändert sich die Verlustleistung P_V, wenn bei gleichem Leistungsfaktor nur die halbe Leistung übertragen werden soll?
d) Welche Leitungsschutz-Sicherung ist bei Leitungsverlegung nach Gruppe B2 zu wählen?

5. Von der Verteilung einer Wechselstromanlage ist eine Kupferleitung (Aderleitung) in Elektroinstallationsrohr auf der Wand zu einem 23 m entfernten Heizgerät mit der Leistung 3 kW zu verlegen. Die Spannung beträgt 230 V, der Spannungsfall soll 3 % nicht überschreiten.
a) Welche Verlegeart liegt vor und welcher Querschnitt ist aufgrund der Belastbarkeit zu wählen?
b) Überprüfen Sie den Leiterquerschnitt nach dem zulässigen Spannungsfall!
c) Bestimmen Sie den tatsächlichen Spannungsfall in Volt und Prozent!
d) Wie groß ist die Verlustleistung in Watt und Prozent?

6. Wie groß darf die Entfernung zwischen dem Aufstellungsort eines Elektrogerätes (cos φ = 1) und der Verteilung maximal sein, wenn folgende Werte gegeben sind:
Cu-Leitung mit q = 2,5 mm², I = 18,5 A, U = 230 V, $\Delta u \leq 3 \%$?

7. Die übertragbare Leistung der Anlage aus Aufgabe 6 wird durch eine 4 mm²-Cu-Leitung (Verlegeart C) erweitert. Welche Leistung kann maximal übertragen werden?

8. Ein Wechselstrommotor mit dem Leistungsschild nach Abb. 3, S. 73, soll über eine 20 m lange Aderleitung (Cu, 2,5 mm²) im Elektroinstallationskanal an die Verteilung angeschlossen werden.
a) Überprüfen Sie, ob der Spannungsfall Δu unter 3 % liegt!
b) Welche Größen ändern sich, wenn ein weiterer Wechselstrommotor mit den gleichen Nennwerten (Abb. 3, S. 73) an dieselbe Leitung zugeschaltet wird?
c) Bestimmen Sie die Werte der sich ändernden Größen!

9. Von einer Verteilung soll über die Kupferleitung (l = 31 m) mit q = 4 mm² (Verlegeart C) eine Leistung übertragen werden. Die Netzspannung beträgt 230 V, der Leistungsfaktor ist 1.
a) Welche Leistung kann übertragen werden?
b) Wie groß ist der Spannungsfall in Volt und Prozent?
c) Welche Leistung kann übertragen werden, wenn der Spannungsfall maximal 3 % betragen darf?
d) Wie groß darf die Leitungslänge sein, wenn die unter a) berechnete Leistung übertragen werden soll?

10. In verschiedenen elektrischen Anlagen mit der Nennspannung 230 V sind Leitungen (Cu) nach den Verlegearten A, B1, B2 und C verlegt. Der Leistungsfaktor beträgt 1. Es liegen jeweils die Belastungsstromstärken von 23 A vor.
a) Wählen Sie aufgrund der Belastung (Tab. 6.1) die entsprechenden Leiterquerschnitte und Leitungsschutz-Sicherungen aus!
b) Welche Leitungslängen müssen eingehalten werden, damit der Spannungsfall 3 % nicht übersteigt?
c) Stellen Sie alle Werte in einer Tabelle zusammen!

6.2 Verzweigte Wechselstromanlagen

▶ In einer elektrischen Anlage mit unterschiedlichen Verbrauchern (Abb. 1) ist die Hauptleitung (Cu) als mehradrige Leitung im Elektroinstallationskanal auf der Wand verlegt.
a) Bestimmen Sie den mittleren Leistungsfaktor!
b) Wie groß ist die Gesamtstromstärke in der Hauptleitung bis zur ersten Abzweigung?
c) Bestimmen Sie den Leiterquerschnitt der Hauptleitung, wenn alle Verbraucher gleichzeitig eingeschaltet sind und der Spannungsfall 0,5 % nicht überschreiten darf!
d) Wählen Sie die entsprechende Leitungsschutz-Sicherung aus!

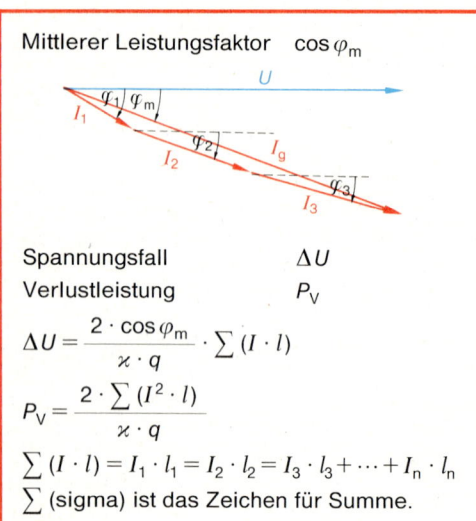

Mittlerer Leistungsfaktor $\cos\varphi_m$

Spannungsfall ΔU
Verlustleistung P_V

$$\Delta U = \frac{2 \cdot \cos\varphi_m}{\varkappa \cdot q} \cdot \sum (I \cdot l)$$

$$P_V = \frac{2 \cdot \sum (I^2 \cdot l)}{\varkappa \cdot q}$$

$$\sum (I \cdot l) = I_1 \cdot l_1 = I_2 \cdot l_2 = I_3 \cdot l_3 + \cdots + I_n \cdot l_n$$

$\sum$ (sigma) ist das Zeichen für Summe.

Beispiellösung:

Gegeben: $l_1 = 10\,\text{m}$; $l_2 = 20\,\text{m}$; $l_3 = 25\,\text{m}$;
            $I_1 = 9\,\text{A}$; $I_2 = 12\,\text{A}$; $I_3 = 5\,\text{A}$;
            $\cos\varphi_1 = 0,7$; $\cos\varphi_2 = 0,8$; $\cos\varphi_3 = 1$;
            $U = 230\,\text{V}$; $\Delta u \leq 0,5\,\%$; $\varkappa = 56\,\frac{\text{MS}}{\text{m}}$

Gesucht: a) $\cos\varphi_m$;   b) I_g;   c) q_{Norm};   d) I_n

a) und b) Zeichnerische Lösung:

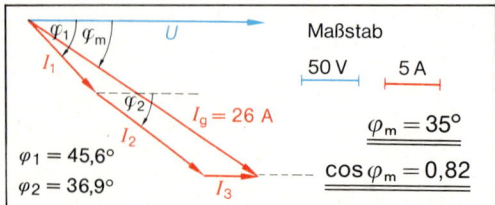

Maßstab
50 V   5 A

$I_g = 26\,\text{A}$

$\varphi_m = 35°$

$\varphi_1 = 45,6°$
$\varphi_2 = 36,9°$

$\cos\varphi_m = 0,82$

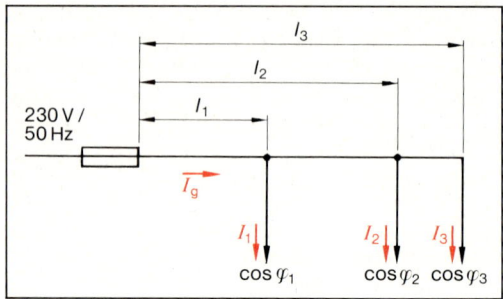

Abb. 1: Verzweigte Wechselstromanlage

c) $\Delta U = \dfrac{\Delta u \cdot U}{100\,\%}$; $\Delta U = 1,15\,\text{V}$

$\sum (I \cdot l) = I_1 \cdot l_1 + I_2 \cdot l_2 + I_3 \cdot l_3$
$\sum (I \cdot l) = 9\,\text{A} \cdot 10\,\text{m} + 12\,\text{A} \cdot 20\,\text{m} + 5\,\text{A} \cdot 25\,\text{m}$
$\sum (I \cdot l) = 455\,\text{Am}$

$q = \dfrac{2 \cdot \cos\varphi_m}{\varkappa \cdot \Delta U} \cdot \sum (I \cdot l)$

$q = \dfrac{2 \cdot 0,82}{56\,\frac{\text{MS}}{\text{m}} \cdot 1,15\,\text{V}} \cdot 455\,\text{Am}$; $q = 11,6\,\text{mm}^2$

Gewählter Leiterquerschnitt: $q_{\text{Norm}} = 16\,\text{mm}^2$

d) Laut Tabelle 6.1: $I_n = 63\,\text{A}$

Aufgaben

1. In der elektrischen Anlage nach Abb. 2 sind über Abzweigleitungen verschiedene elektrische Verbraucher angeschlossen. Die Hauptleitung (Cu) wird als mehradrige Leitung im Elektroinstallationsrohr auf der Wand verlegt.
a) Wie groß ist die Stromstärke in den jeweiligen Abschnitten der Hauptleitung?
b) Bestimmen Sie den Leiterquerschnitt aufgrund der Belastbarkeit! Der Spannungsfall soll 3 % nicht überschreiten. Führen Sie eine Kontrollrechnung durch!
c) Welche Nennstromstärke hat die Sicherung?

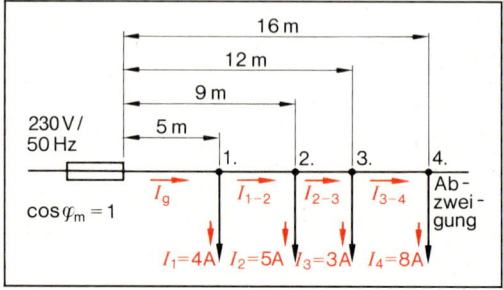

Abb. 2: Wechselstromanlage mit Abzweigungen

2. In Abb. 3 ist eine verzweigte Wechselstromanlage dargestellt. Der mittlere Leistungsfaktor beträgt 1. Folgende Größen sollen bestimmt werden:
a) Leiterquerschnitt der Hauptleitung unter Benutzung der Tabelle 6.1 (S. 74),
b) Spannungsfall in Volt und Prozent beim gewählten Leiterquerschnitt,
c) Überprüfung des gewählten Leiterquerschnitts von a), wenn der zulässige Spannungsfall 3% nicht überschreiten darf,
d) Leistungsverlust in Watt und Prozent auf der Hauptleitung.

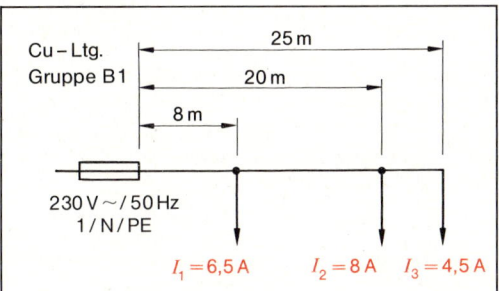

Abb. 3: Wechselstromanlage mit unterschiedlicher Last

3. Über 5 Abzweigleitungen der elektrischen Anlage nach Abb. 4 werden die angeschlossenen induktiven Verbraucher versorgt. Bei der Berechnung soll davon ausgegangen werden, daß alle Verbraucher gleichzeitig eingeschaltet sind.
a) Bestimmen Sie zeichnerisch den mittleren Leistungsfaktor der Anlage!
Zeichnen Sie das Zeigerdiagramm nach dem Maßstab: 50 V ≙ 1 cm; 2 A ≙ 1 cm!
b) Wie groß ist die Gesamtstromstärke in der Hauptleitung bis zur ersten Abzweigung?
c) Bestimmen Sie den Leiterquerschnitt der Zuleitung aus Kupfer, wenn der Spannungsfall 3% nicht überschreiten darf!
d) Welche Sicherung ist zu wählen?

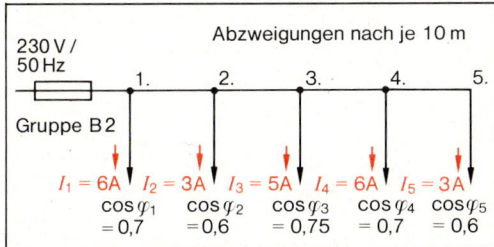

Abb. 4

4. Drei Wechselstrommotoren mit einer Stromaufnahme von je 7,8 A und einem Leistungsfaktor von je 0,7 werden in der elektrischen Anlage nach Abb. 5 gleichzeitig betrieben. Der Spannungsfall soll 3% nicht überschreiten.
a) Bestimmen Sie den Leiterquerschnitt aufgrund der Belastbarkeit!
b) Überprüfen Sie den zulässigen Spannungsfall in Volt und Prozent!
c) Wie groß ist der Nennstrom der Leitungsschutz-Sicherung?

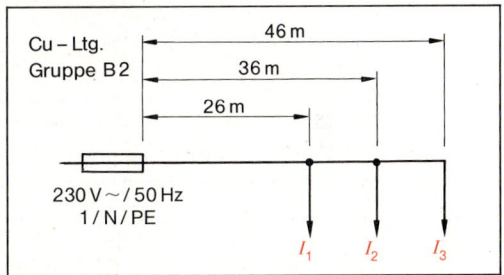

Abb. 5: Wechselstromanlage mit induktiver Last

5. In der elektrischen Anlage nach Abb. 6 sollen verschiedene elektrische Verbraucher gleichzeitig betrieben werden. Für die Hauptleitung (NYM), die im Elektroinstallationsrohr in einer wärmedämmenden Wand verlegt ist, ist folgendes durchzuführen:
a) Zeichnerische Bestimmung des mittleren Leistungsfaktors!
b) Bestimmung der Gesamtstromstärke für den Abschnitt in der Hauptleitung bis zur 1. Abzweigung!
c) Wahl des Leiterquerschnitts aufgrund der Belastbarkeit!
d) Spannungsfall in Volt und Prozent von der Netzspannung!
e) Reicht der Leiterquerschnitt aus, wenn 3% Spannungsfall nicht überschritten werden dürfen?

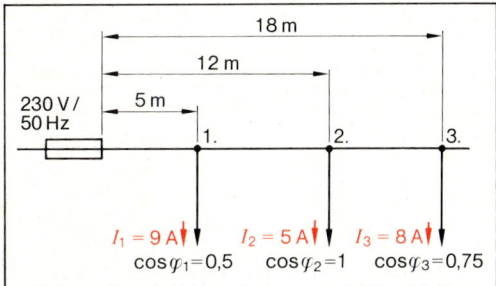

Abb. 6: Wechselstromanlage mit ohmscher und induktiver Last

6.3 Leitungen in Drehstromanlagen

▶ Ein Drehstrommotor in einem landwirtschaftlichen Betrieb hat eine Nennleistung von 7,5 kW und wird über die Zuleitung (NYM) nach Abb. 1 an das Netz 400/230 V angeschlossen. Der Wirkungsgrad beträgt 0,87, sein Leistungsfaktor 0,88. Der Spannungsfall ist $\Delta u \leq 3\%$.
a) Bestimmen Sie den Leiterquerschnitt! (Elektroinstallationsrohr auf der Wand)
b) Wie groß ist der Spannungsfall in Volt? (Kontrollrechnung!, Normquerschnitt?)

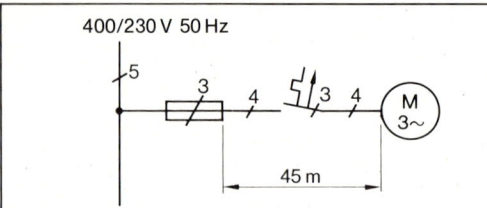

400/230 V 50 Hz

45 m

Abb. 1

Leiterquerschnitt q
Spannungsfall ΔU

$$\Delta U = \frac{\sqrt{3} \cdot l \cdot I \cdot \cos\varphi}{\varkappa \cdot q}; \qquad \Delta U = \frac{l \cdot P}{\varkappa \cdot U \cdot q}$$

Verzweigte Drehstromanlagen

$$\Delta U = \frac{\sqrt{3} \cdot \cos\varphi_{\mathrm{m}} \cdot \sum (I \cdot l)}{\varkappa \cdot q}$$

Verlustleistung P_{V}

$$P_{\mathrm{V}} = \frac{3 \cdot I^2 \cdot l}{\varkappa \cdot q}; \qquad P_{\mathrm{V}} = \frac{l}{\varkappa \cdot q} \cdot \left(\frac{P}{U \cdot \cos\varphi}\right)^2$$

Der **Gleichzeitigkeitsfaktor** gibt das Verhältnis der Anschlußleistung im Betrieb zur installierten Leistung an.

Beispiellösung:

Gegeben: $P_2 = 7,5$ kW; $U_{\mathrm{N}} = 400$ V; $\eta = 0,87$;
$\cos\varphi = 0,88$; $l = 45$ m; $\Delta u \leq 3\%$;
$\varkappa = 56 \frac{MS}{m}$; $\Delta U \leq 12$ V;

Gesucht: a) q_{Tab}; b) ΔU; q_{Norm}; Δu;

a) $I = \dfrac{P_2}{\sqrt{3} \cdot U \cdot \cos\varphi \cdot \eta}$; $I = \dfrac{7500\,\mathrm{W}}{\sqrt{3} \cdot 400\,\mathrm{V} \cdot 0,88 \cdot 0,87}$;

$\underline{I = 14,14\,\mathrm{A}}$

Leiterquerschnitt laut Tab. 6.1 (S. 74):
$\underline{q_{\mathrm{Tab}} = 2,5\,\mathrm{mm}^2}$

---

b) $\Delta U = \dfrac{\sqrt{3} \cdot l \cdot I \cdot \cos\varphi}{\varkappa \cdot q}$;

$\Delta U = \dfrac{\sqrt{3} \cdot 45\,\mathrm{m} \cdot 14,14\,\mathrm{A} \cdot 0,88}{56\frac{MS}{m} \cdot 2,5\,\mathrm{mm}^2}$;

$\underline{\underline{\Delta U = 6,9\,\mathrm{V}}}$

Kontrollrechnung:

$\Delta u = \dfrac{\Delta U}{U} \cdot 100\%$; $\Delta u = \dfrac{6,9\,\mathrm{V}}{400\,\mathrm{V}} \cdot 100\%$

$\underline{\Delta u = 1,73\% \leq 3\%}$; $\underline{q_{\mathrm{Norm}} = 2,5\,\mathrm{mm}^2}$

Aufgaben

1. Ein Drehstrommotor für 400/230 V mit einer Nennleistung von 10 kW, einem Wirkungsgrad von 90,5% und einem Leistungsfaktor von 0,8 soll über eine 68 m lange Zuleitung aus Kupfer (Aderleitung im Elektroinstallationsrohr auf der Wand) an das Drehstromnetz angeschlossen werden. Der Spannungsfall soll 3% der Netzspannung nicht überschreiten.
a) Bestimmen Sie den Leiterquerschnitt aufgrund der Belastung!
b) Berechnen Sie den Spannungsfall in Volt und Prozent! Reicht der unter a) gewählte Leiterquerschnitt aus?
c) Wie groß ist beim verlegten Leiterquerschnitt der Leistungsverlust in Watt und Prozent?

2. In einem Haushalt soll ein elektrischer Durchlauferhitzer nachinstalliert werden. Das Gerät hat eine Leistungsaufnahme von 21 kW und wird über eine 53 m lange Kupferleitung (Verlegeart C) an das Drehstromnetz 400/230 V angeschlossen. Der Spannungsfall ist $\Delta u \leq 3\%$.
a) Welcher Leiterquerschnitt ist nach der Belastbarkeit zu wählen?
b) Wie groß ist der Spannungsfall in Volt und Prozent? Reicht der Leiterquerschnitt aus?
c) Führen Sie eine Kontrollrechnung durch!

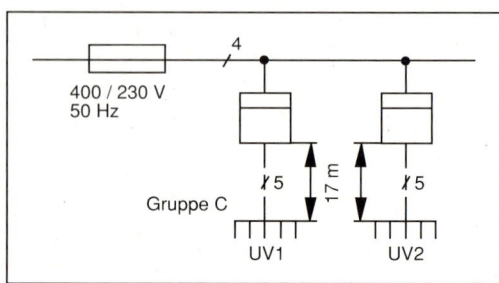

400 / 230 V
50 Hz

4

Gruppe C

17 m

ϟ 5   ϟ 5

UV1   UV2

Abb. 2: Übersichtsschaltplan (Ausschnitt)

3. In Abb. 2 ist der Ausschnitt eines Übersichtschaltplanes für ein Wohnhaus dargestellt. Die installierte Leistung beträgt:
Wohnung 1 (Unterverteilung 1) 42 kW
Wohnung 2 (Unterverteilung 2) 65 kW.
Für den Gleichzeitigkeitsfaktor wird 0,4 angegeben, der Leistungsfaktor hat den Wert 1. Der Spannungsfall Δu soll 3 % nicht überschreiten.
a) Bestimmen Sie den Leiterquerschnitt für die Hauptleitung vom Zähler zur Unterverteilung aus der Tabelle 6.1 (S. 74)!
b) Überprüfen Sie den zulässigen Spannungsfall und korrigieren Sie eventuell die entsprechende Größe!

4. Im Übersichtschaltplan nach Abb. 3 befinden sich Stromkreise mit Drehstromverbrauchern. Der Spannungsfall soll 3 % nicht überschreiten, der Leistungsfaktor beträgt 1.
a) Berechnen Sie für die Stromkreise 1 und 4 die maximale Leitungslänge zwischen Verteilung und Elektrogerät!
b) Wie groß sind dann beim verlegten Leiterquerschnitt die jeweiligen Leistungsverluste bei Vollast?

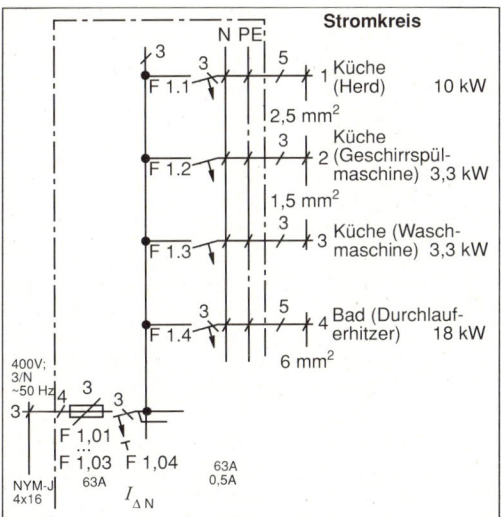

Abb. 3: Übersichtschaltplan (Ausschnitt)

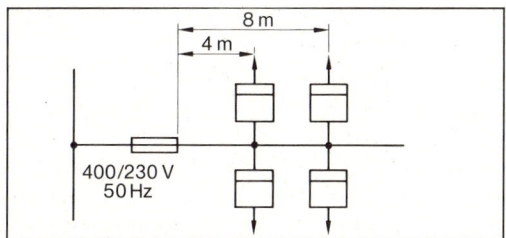

Abb. 4: Energieverteilung in einem Wohnhaus

▶ In einem Wohnhaus sind insgesamt 4 Wohnungen mit je 30 kW installierter Leistung nach Abb. 4 vorhanden. Die Steigleitung (Cu) ist als Mantelleitung im Elektroinstallationsrohr im Mauerwerk verlegt.
a) Berechnen Sie die Teilstromstärken und die Gesamtstromstärke bei dem Leistungsfaktor 1!
b) Welcher Querschnitt ist zu wählen, damit der Spannungsfall 0,5 % der Netzspannung nicht übersteigt? (Gleichzeitigkeitsfaktor 0,4.)

Beispiellösung:

Gegeben: $P_{1-4} = 30\,kW$; $U_N = 400/230\,V$; $\cos\varphi = 1$
$l_1 = 4\,m$; $l_2 = 8\,m$; $\Delta u \leq 0,5\,\%$;
Gleichzeitigkeitsfaktor 0,4

Gesucht: a) I_{1-4}; I_g; b) q_{Norm}; Δu;

a) $I = \dfrac{P}{\sqrt{3} \cdot U \cdot \cos\varphi}$

$I = \dfrac{30\,000\,W}{\sqrt{3} \cdot 400\,V \cdot 1}$; $\underline{I_{1-4} = 43,3\,A}$

$I_g = 4 \cdot I_{1-4} \cdot 0,4$; $I_g = 4 \cdot 43,3\,A \cdot 0,4$;
$\underline{I_g = 69,28\,A}$

b) Gewählter Leiterquerschnitt: $\underline{q_{Norm} = 25\,mm^2}$

$\Delta U = \dfrac{\sqrt{3} \cdot \cos\varphi_m}{\varkappa \cdot q} \cdot \sum(I \cdot l) \cdot 0,4$

$\sum(I \cdot l) = 2 \cdot I_{1-4} \cdot l_1 + 2 \cdot I_{1-4} \cdot l_2$
$\sum(I \cdot l) = 2 \cdot 43,3 \cdot 4\,m + 2 \cdot 43,3 \cdot 8\,m$;
$\sum(I \cdot l) = 1039,2\,Am$

$\Delta U = \dfrac{\sqrt{3} \cdot 1}{56\,\frac{MS}{m} \cdot 25\,mm^2} \cdot 1039,2\,Am \cdot 0,4$;

$U = 0,5\,V$; $\Delta u = \dfrac{\Delta U}{U} \cdot 100\,\%$; $\Delta u = \dfrac{0,5\,V}{400\,V} \cdot 100\,\%$;

$\underline{\Delta u = 0,13\,\%}$

Beim gewählten Leiterquerschnitt ist $\Delta u \leq 0,5\,\%$.

Aufgaben

5. In der elektrischen Anlage nach Abb. 1 (S. 80) ist die Hauptleitung (Cu) als Aderleitung im Elektroinstallationsrohr auf der Wand verlegt. An drei Abzweigungen sind Drehstrommotoren angeschlossen. (Spannungsfall $\Delta u \leq 3\,\%$.)
a) Berechnen Sie die Teilstromstärken!
b) Wie groß sind mittlerer Leistungsfaktor und Gesamtstromstärke? (Zeichnerische Lösung).
c) Wie groß muß der Leiterquerschnitt sein, wenn der Gleichzeitigkeitsfaktor 1 ist?
d) Kontrollieren Sie den Spannungsfall Δu!

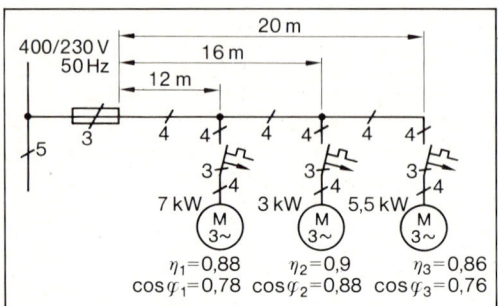

Abb. 1: Drehstromnetz

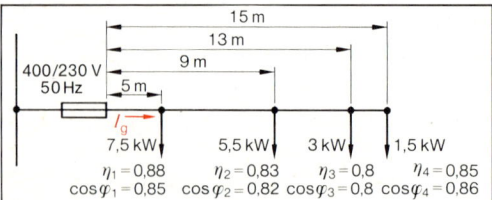

Abb. 2: Drehstrommotoren am Netz

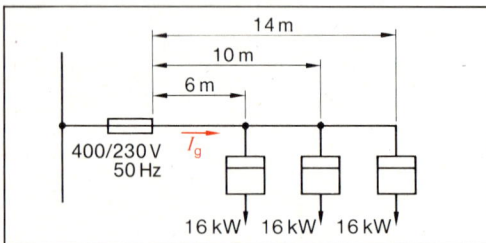

Abb. 3: Energieverteilung im Wohnhaus

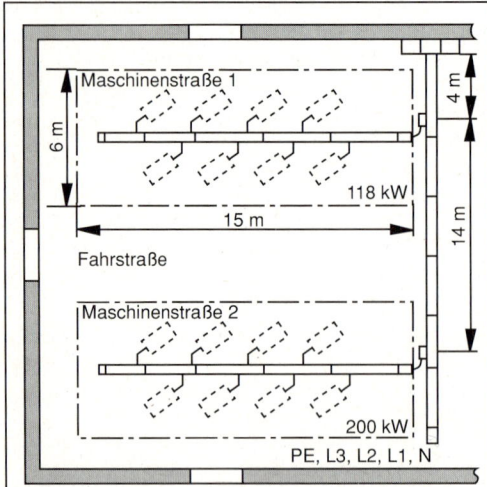

Abb. 4: Teil einer Maschinenhalle
mit zwei Maschinenstraßen

6. In einem Betrieb liegen über die Hauptleitung (Cu, mehradrige Leitung im Elektroinstallationsrohr auf der Wand) die in Abb. 2 dargestellten Drehstrommotoren am Netz.
a) Berechnen Sie die Teilstromstärken in den Abzweigleitungen! (Gleichzeitigkeitsfaktor 1.)
b) Wie groß sind der mittlere Leistungsfaktor und die Gesamtstromstärke? (Zeichnerische Lösung.)
c) Welcher Leiterquerschnitt muß gewählt werden?
d) Berechnen Sie für den gewählten Leiterquerschnitt den Spannungsfall in Volt!

7. In einer Steigeleitung (Cu, mehradrige Leitung im Elektroinstallationsrohr im Mauerwerk) darf der Spannungsfall maximal 0,5 % betragen. Der Gleichzeitigkeitsfaktor für die in Abb. 3 dargestellte Anlage hat den Wert 0,6, der Leistungsfaktor beträgt 1.
a) Bestimmen Sie die Gesamtstromstärke in der Hauptleitung bei symmetrischer Belastung!
b) Berechnen Sie den Leiterquerschnitt, wenn der oben angegebene Spannungsfall zugrunde gelegt wird!
c) Welcher Normquerschnitt muß gewählt werden?

8. In Abb. 4 ist der Installationsplan einer Schienenverteileranlage in einer Fabrik dargestellt. Die Einspeisung erfolgt von einer Seite mit der Spannung 400/230 V, 50 Hz. Der Gleichzeitigkeitsfaktor beträgt 0,6, der mittlere Leistungsfaktor ist 0,8 je Maschinenstraße.
a) Berechnen Sie die Teilstromstärken und die Gesamtstromstärke I_g, wenn eine symmetrische Belastung vorliegt!
b) Entnehmen Sie aus Tab. 6.3 die jeweiligen Schienenquerschnitte für die Außenleiter!
c) Wie groß ist der Spannungsfall auf der Sammelschiene?

Tab. 6.3: Belastungsstromstärken im stahlblechgekapselten Schienensystem (Auszug)

Schienensystem		BD 1-100	BD 1-200	BD 1-400
Nennstromstärke in A		140	250	400
Schienenmaterial		Cu	Cu	Cu
Schienenquerschnitte für				
L1, L2, L3	in mm²	9 × 3	10 × 6	12 × 12
N	in mm²	9 × 3	9 × 3	12 × 6
PE	in mm²	16 × 1,6	16 × 1,6	10 × 6

6.4 Ringleitungen

▶ Über eine Ringleitung sind drei Drehstromverbraucher gleichzeitig eingeschaltet. Der Spannungsfall in der Hauptleitung (Cu, Aderleitungen im Elektroinstallationskanal auf der Wand) soll 3% nicht überschreiten ($\cos \varphi_m = 1$).

a) Berechnen Sie die Gesamtstromstärke und die von Punkt A aus eingespeiste Stromstärke!
b) Bestimmen Sie den Leiterquerschnitt und kontrollieren Sie den Spannungsfall!

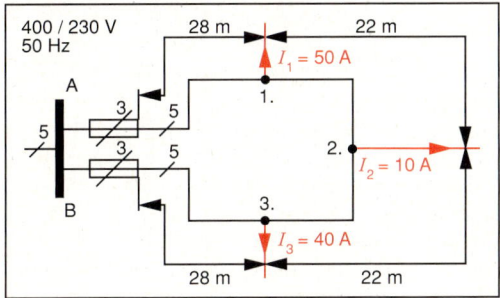

Abb. 5: Ringleitung in einer Fabrikhalle

Lastpunkt Nr. 2 mit 2 zufließenden Teilstromstärken I_{A2} und I_{B2} und abfließender Laststromstärke I_2.

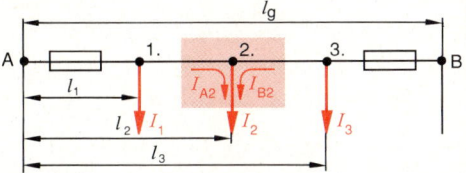

Bei gleichem Querschnitt und Spannungsfall links und rechts des Lastpunktes Nr. 2 gilt:

$$\sum (I \cdot l)_{links} = \sum (I \cdot l)_{rechts}$$
$$I_1 \cdot l_1 + I_{A2} \cdot l_2 = I_{B2} \cdot (l_g - l_2) + I_3 \cdot (l_g - l_3)$$
$$I_{A2} + I_{B2} = I_2;$$
$$I_{B2} + I_3 = I_B; \quad I_{A2} + I_1 = I_A$$
$$I_B \cdot l_g = I_1 \cdot l_1 + I_2 \cdot l_2 + I_3 \cdot l_3$$

Stromstärke I_B von Punkt A aus:
$$I_B = \frac{\sum (I \cdot l)}{l_g}$$
$$I_B = I_1 + I_2 + I_3 - I_A$$

Stromstärke I_A von Punkt B aus:
$$I_A = \frac{\sum (I \cdot l)}{l_g}$$
$$I_A = I_1 + I_2 + I_3 - I_B$$

Beispiellösung:

Gegeben: $I_1 = 50\,A$; $I_2 = 10\,A$; $I_3 = 40\,A$; $\varkappa = 56\frac{MS}{m}$
$\quad l_1 = 28\,m$; $l_2 = 50\,m$; $l_3 = 72\,m$; $l_g = 100\,m$
$\quad U = 400\,V$; $\cos \varphi = 1$; $\Delta u \le 3\%$;

Gesucht: a) I_g; I_A; b) q_{Norm}; Δu;

a) $I_g = I_1 + I_2 + I_3$; $\quad I_g = 50\,A + 10\,A + 40\,A$;
$\quad \underline{I_g = 100\,A}$

$$I_B = \frac{\sum (I \cdot l)}{I_g}$$

$$I_B = \frac{50\,A \cdot 28\,m + 10\,A \cdot 50\,m + 40\,A \cdot 72\,m}{100\,m}$$

$$I_B = 47,8\,A$$
$$I_A = I_g - I_B; \quad I_A = 100\,A - 47,8\,A; \quad \underline{I_A = 52,2\,A}$$

Laststromstärke im Lastpunkt Nr. 2:
$$I_{A2} = 2,2\,A \quad \text{und} \quad I_{B2} = 7,8\,A$$

b) Leiterquerschnitt laut Tab. 6.1: $\underline{q_{Norm} = 16\,mm^2}$

$$\Delta U = \frac{\sqrt{3} \cdot \sum (I \cdot l) \cdot \cos \varphi_m}{\varkappa \cdot q}$$

$$\Delta U = \frac{\sqrt{3} \cdot (I_1 \cdot l_1 + I_{A2} \cdot l_2) \cdot \cos \varphi_m}{\varkappa \cdot q}$$

$$\Delta U = \frac{\sqrt{3} \cdot (50\,A \cdot 28\,m + 2,2\,A \cdot 50\,m) \cdot 1}{56\frac{MS}{m} \cdot 16\,mm^2}$$

$$\Delta U = 2,92\,V$$

$$\Delta u = \frac{\Delta U}{U} \cdot 100\%; \quad \Delta u = \frac{2,92\,V}{400\,V} \cdot 100\%$$

$$\underline{\Delta u = 0,73\% \le 3\%}$$

Aufgaben

1. In Abb. 6 ist eine elektrische Anlage dargestellt, deren Verbraucherstellen über eine Ringleitung versorgt werden. Der Spannungsfall in der Mantelleitung (Cu, Gruppe C) ist $\Delta u \le 3\%$.

a) Bestimmen Sie die Teilstromstärken und die Gesamtstromstärke (Gleichzeitigkeitsfaktor 1)!
b) Wie groß ist die Einspeisestromstärke I_B von Punkt A aus berechnet?
c) Wie groß sind die Teilstromstärken im Lastpunkt (4. Abzweigung)?
d) Bestimmen Sie den Leiterquerschnitt und führen Sie eine Kontrollrechnung durch!

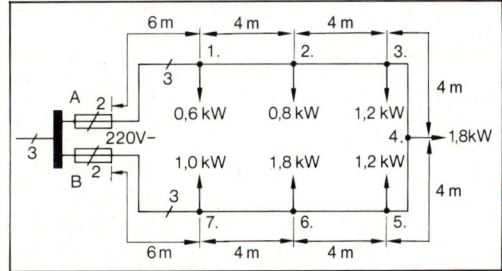

Abb. 6: Ringleitung in Gleichspannungsanlage

2. Nach Abb. 1 sollen in einer Werkstatt sechs gleich große Wechselstrommotoren über eine Ringleitung (Cu, mehradrige Leitung im Elektroinstallationskanal auf dem Fußboden) gleichzeitig angeschlossen werden ($\Delta u \leq 3\%$).
a) Wie groß sind die Teilstromstärken und die Gesamtstromstärke?
b) Wie groß ist die Einspeisestromstärke I_B von Punkt A aus berechnet?
c) Bestimmen Sie die Teilstromstärken im Lastpunkt!
d) Wie groß ist der Leiterquerschnitt aufgrund der Belastung? Kontrollieren Sie Δu!

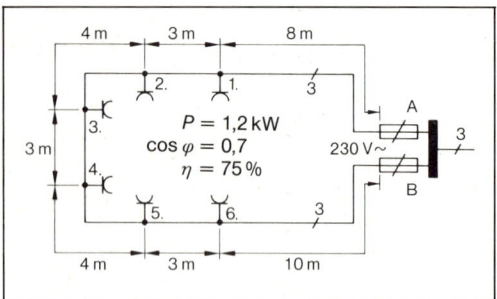

Abb. 1: Ringleitung in Wechselspannungsanlage

3. In einer Industrieanlage nach Abb. 2 sind fünf gleich große Drehstrommotoren über eine Ringleitung (Cu, mehradrige Leitung im Elektroinstallationskanal auf der Wand) angeschlossen. Der Gleichzeitigkeitsfaktor ist 1.
a) Wie groß sind die Einzelstromstärken und die Gesamtstromstärke?
b) Berechnen Sie die Einspeisestromstärke I_B von Punkt A aus!
c) Wie groß sind die Teilstromstärken im Lastpunkt?
d) Bestimmen Sie den Leiterquerschnitt!

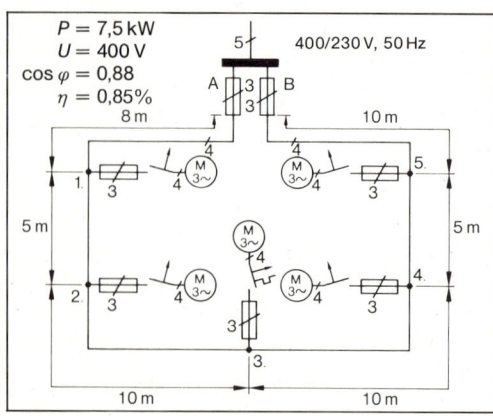

Abb. 2: Ringleitung im Drehstromnetz

6.5 Strombelastbarkeit isolierter Leitungen bei erhöhter Umgebungstemperatur

▶ Eine 24 m lange, kunststoffisolierte Kupferleitung (Aderleitung im Elektroinstallationsrohr im Mauerwerk) soll zu einem Drehstrommotor mit folgenden Nenndaten verlegt werden:
$P = 7,5\,\text{kW}$; $\cos\varphi = 0,85$; $\eta = 86\%$.
Die Leitung verläuft durch einen Betriebsraum mit einer Temperatur von 48°C. Der Spannungsfall soll $\Delta u \leq 3\%$ betragen (400/230 V, 50 Hz).
a) Bestimmen Sie den Leiterquerschnitt mit Hilfe der Tabellen 6.1 und 6.2 (S. 74 u. 75)! Kontrollrechnung!
b) Wie groß ist der Spannungsfall in Volt und Prozent beim gewählten Querschnitt?

Strombelastbarkeit bei höherer
Umgebungstemperatur I_{zul}

Umrechnungsfaktor
(laut Tab. 6.2, S. 75) n

$I_{zul} = n \cdot I_{Tab}$

Beispiellösung:

Gegeben: $U = 400\,\text{V}$; $l = 24\,\text{m}$; $\Delta u \leq 3\%$;
$\vartheta = 48°C$; $P = 7,5\,\text{kW}$; $\cos\varphi = 0,85$;
$\eta = 86\%$; $n = 0,79$; $\varkappa = 56\,\frac{\text{MS}}{\text{m}}$

Gesucht: a) q_{Norm}; b) ΔU; Δu

a) $I = \dfrac{P}{\sqrt{3} \cdot U \cdot \cos\varphi \cdot \eta}$

$I = \dfrac{7500\,\text{W}}{\sqrt{3} \cdot 400\,\text{V} \cdot 0,85 \cdot 0,86}$; $I = 14,8\,\text{A}$

Leiterquerschnitt: $q_{Tab} = 1,5\,\text{mm}^2$
Strombelastbarkeit: $I_{Tab} = 15,5\,\text{A}$

Kontrollrechnung:

$I_{zul} = n \cdot I_{Tab}$; $I_{zul} = 0,79 \cdot 15,5\,\text{A}$; $I_{zul} = 12,25\,\text{A}$
Leiterquerschnitt reicht nicht aus, deshalb:
$\underline{q_{Norm} = 2,5\,\text{mm}^2}$

Strombelastbarkeit: $I_{Tab} = 21\,\text{A}$
$I_{zul} = 0,79 \cdot 21\,\text{A}$; $I_{zul} = 16,6\,\text{A}$
Gewählter Leiterquerschnitt reicht aus!

b) $\Delta U = \dfrac{\sqrt{3} \cdot l \cdot I \cdot \cos\varphi}{\varkappa \cdot q}$

$\Delta U = \dfrac{\sqrt{3} \cdot 24\,\text{m} \cdot 14,8\,\text{A} \cdot 0,85}{56\,\frac{\text{MS}}{\text{m}} \cdot 2,5\,\text{mm}^2}$; $\underline{\Delta U = 3,74\,\text{V}}$;

$\underline{\Delta u = 0,94\% \leq 3\%}$

Aufgaben

1. Eine 36 m lange Zuleitung (Cu, mehradrige Leitung im Elektroinstallationsrohr auf der Wand) zu einem Wechselstrommotor ist Umgebungstemperaturen von 36 °C bzw. 52 °C ausgesetzt. Die Leitung ist kunststoffisoliert, der Spannungsfall beträgt $\Delta u \leq 3\%$. Die Angaben zum Motor lauten:
$P = 1,4$ kW; $U = 230$ V; $\cos\varphi = 0,72$; $\eta = 70\%$.
a) Bestimmen Sie den Leiterquerschnitt nach der Belastbarkeit und kontrollieren Sie ΔU!
b) Reicht der Leiterquerschnitt bei den Umgebungstemperaturen von 36 °C bzw. 52 °C aus?

2. Die Zuleitung (Cu, mehradrige Leitung im Elektroinstallationsrohr im Mauerwerk) zu einem Drehstrommotor ist kunststoffisoliert und hat eine Länge von 32 m. Die Raumtemperatur kann maximal 54 °C betragen. Die Nenndaten des Motors lauten: $P = 11$ kW; $U = 400$ V; $\eta = 89\%$; $\cos\varphi = 0,83$; $\Delta u \leq 3\%$!
a) Bestimmen Sie den Leiterquerschnitt nach Tab. 6.1 (S. 74) und kontrollieren Sie ΔU!
b) Reicht der gewählte Leiterquerschnitt bei der Umgebungstemperatur von 54 °C aus?
c) Führen Sie eine Kontrollrechnung durch!

3. Die kunststoffisolierte Kupferleitung zu einem Drehstrommotor ist 42 m lang und als mehradrige Leitung direkt unter Putz verlegt. Sie ist einer Raumtemperatur von 58 °C ausgesetzt! Der Spannungsfall ist $\Delta u \leq 3\%$. Die Nenndaten des Drehstrommotors lauten: $P = 15$ kW; $U = 400$ V; $\cos\varphi = 0,85$; $\eta = 89\%$.
a) Bestimmen Sie den Leiterquerschnitt nach der Belastbarkeit und kontrollieren Sie ΔU!
b) Bestimmen Sie den Leiterquerschnitt für eine erhöhte Temperatur von 58 °C! Kontrolle!

4. Welche Leistung kann maximal im Drehstromnetz 400/230 V, 50 Hz über eine Kupferleitung mit Kunststoffisolierung und dem Leiterquerschnitt 4 mm^2 übertragen werden, wenn die Leitertemperatur maximal 55 °C beträgt (Verlegung nach Gruppe C)? Der Spannungsfall bleibt wegen der Kürze der Leitung unberücksichtigt. Der mittlere Leistungsfaktor ist 0,9.

5. In einer elektrischen Anlage (400/230 V, 50 Hz) sind Kupferleitungen mit PVC-Isolierung nach Gruppe B2 verlegt. Erstellen Sie für die Leiterquerschnitte 4 mm^2, 6 mm^2 und 10 mm^2 eine Tabelle der zulässigen Strombelastbarkeit in A. Verwenden Sie Tab. 6.1 und 6.2 (S. 74 und 75)!

6.6 Einzelkompensation

▶ Eine Leuchtstofflampe (Abb. 3) hat einschließlich Vorschaltgerät eine Leistung von 30 W. Die Stromstärke beträgt 0,37 A. Der Leistungsfaktor soll durch Parallelkompensation auf $\cos\varphi_2 = 0,95$ verbessert werden.
a) Berechnen Sie den Leistungsfaktor $\cos\varphi_1$ der unkompensierten Lampe!
b) Wie groß ist die zu kompensierende Blindleistung?
c) Berechnen Sie die Kapazität des Kondensators! Wählen Sie einen genormten Kondensator nach Tab. 6.4 (S. 84) aus!
d) Wie groß werden dann Leistungsfaktor und Betriebsstromstärke nach der Kompensation?

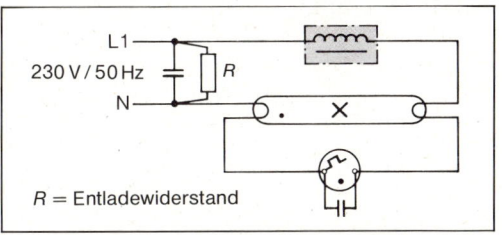

R = Entladewiderstand

Abb. 3: Parallelkompensation der Leuchtstofflampe

Kapazitive Blindleistung Q_C $[Q_C] = $ var
                                       $[Q_C] = $ kvar
$Q_C = P \cdot (\tan\varphi_1 - \tan\varphi_2)$

Parallelkompensation

$C = \dfrac{Q_C}{U^2 \cdot \omega}$

Reihenkompensation
für die Duoschaltung mit kapazitivem Zweig

$C = \dfrac{I^2}{Q_C \cdot \omega}$

$Q_C = 2 \cdot Q_L$

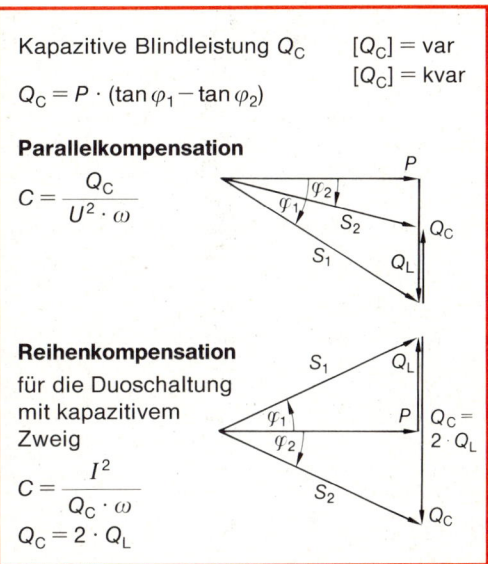

Beispiellösung:

Gegeben: $U = 230$ V; $f = 50$ Hz; $P = 30$ W;
               $I_1 = 0,37$ A; $\cos\varphi_2 = 0,95$

Gesucht: a) $\cos\varphi_1$; b) Q_C; c) C; C_{Norm};
              d) $\cos\varphi_2'$; I_2'

a) $\cos\varphi_1 = \dfrac{P}{U \cdot I}$; $\cos\varphi_1 = \dfrac{30\,\text{W}}{230\,\text{V} \cdot 0,37\,\text{A}}$;

    $\underline{\underline{\cos\varphi_1 = 0,3525}}$

b) $Q_C = P \cdot (\tan\varphi_1 - \tan\varphi_2)$;

    $Q_C = 30\,\text{W} \cdot (2,655 - 0,329)$; $\underline{\underline{Q_C = 69,78\,\text{var}}}$

c) $C = \dfrac{Q_C}{U^2 \cdot \omega}$; $C = \dfrac{69,78\,\text{var}}{(230\,\text{V})^2 \cdot 2 \cdot \pi \cdot 50\frac{1}{\text{s}}}$;

    $\underline{\underline{C = 4,2\,\mu\text{F}}}$;

    Laut Tab. 6.4: $\underline{\underline{C_{\text{Norm}} = 4,5\,\mu\text{F}}}$

d) $Q_C' = C_{\text{Norm}} \cdot U^2 \cdot \omega$;

    $Q_C' = 4,5\,\mu\text{F} \cdot (230\,\text{V})^2 \cdot 2 \cdot \pi \cdot 50\frac{1}{\text{s}}$

    $Q_C' = 74,79\,\text{var}$

    $\tan\varphi_2' = \dfrac{P \cdot \tan\varphi_1 - Q_C'}{P}$

    $\tan\varphi_2' = \dfrac{30\,\text{W} \cdot 2,655 - 74,79\,\text{var}}{30\,\text{W}}$;

    $\tan\varphi_2' = 0,162$; $\cos\varphi_2' = 0,987$

    $I_2' = \dfrac{P}{U \cdot \cos\varphi_2'}$; $I_2' = \dfrac{30\,\text{W}}{230\,\text{V} \cdot 0,987}$;

    $\underline{\underline{I_2' = 0,132\,\text{A}}}$

Aufgaben

1. Eine Leuchtstofflampe hat an 230 V/50 Hz eine Leistung einschließlich Vorschaltgerät von 55 W. Die Betriebsstromstärke beträgt 0,43 A. Der Leistungsfaktor soll durch Parallelkompensation auf mindestens 0,95 verbessert werden.
a) Wie groß ist der Leistungsfaktor $\cos\varphi_1$?
b) Berechnen Sie die zu kompensierende Blindleistung!
c) Welche Kapazität hat der Kondensator? Wählen Sie einen genormten Kondensator (Tab. 6.4)!
d) Wie groß sind dann Leistungsfaktor und Stromstärke?

Tab. 6.4: Kondensatoren zum Betrieb von Entladungslampen

Parallelkompensation: 230 V/50 Hz; bis 1,5 kvar								
Nennkapazität	2	2,5	3	3,5	4	4,5	5	6	7
C_N in µF, ±10%	8	9	10	12	13,5	16	18	20	25

Parallelkompensation: 400 V/50 Hz					
C_N in µF, ±10%	12	14	16	18	20	25

Reihenkompensation: 420 V/50 Hz; bis 1,5 kvar			
C_N in µF, ±4%	3,6	4,4	5,7	

2. Eine Natriumdampf-Hochdrucklampe (70 W) wird an 230 V/50 Hz betrieben (Abb. 1). Mit dem Vorschaltgerät betragen die Leistung 83 W und die Stromstärke 1 A.
a) Bestimmen Sie die Kapazität des Kompensationskondensators für einen Leistungsfaktor von mindestens 0,95! Wählen Sie einen Kondensator laut Herstellerangabe (Tab. 6.5)!
b) Wie groß werden dann Leistungsfaktor und Betriebsstromstärke?

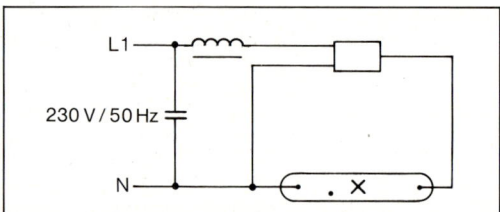

Abb. 1: Natriumdampf-Hochdrucklampe mit Drosselspule und Zündgerät

3. Das Datenblatt eines Lampenherstellers weist unter anderen Daten von Natriumdampf-Hochdrucklampen mit sehr hoher Lichtausbeute aus (Tab. 6.5). Berechnen Sie jeweils die Größe des Kompensationskondensators (Parallelkompensation, 230 V/50 Hz), wenn auf mindestens $\cos\varphi_2 = 0,9$ kompensiert werden soll! Wählen Sie einen Kondensator aus!

4. Der Wechselstrommotor nach Abb. 2 hat an der Spannung 230 V/50 Hz eine Leistung von 1,8 kW. Sein Leistungsfaktor beträgt 0,76.
a) Wie groß wird bei Parallelkompensation auf $\cos\varphi_2 = 0,9$ die kapazitive Blindleistung?
b) Welche Kapazität müßte der Kondensator haben? Wählen Sie einen Kondensator mit einer genormten Größe aus (Tab. 6.6)!
c) Berechnen Sie mit der genormten Kondensatorgröße den genauen Wert für $\cos\varphi_2$!

Tab. 6.5: Natriumdampf-Hochdrucklampen
(Auszug aus einem Datenblatt)

Bezeichnung	I in A	P mit Vorschaltgerät in W	Lichtausbeute in lm/W
NAV E 100 SUPER	1,2	115	95
NAV E 150 SUPER	1,8	170	103
NAV E 250 SUPER	3,0	275	120
NAV E 400 SUPER	4,4	450	129
Kompensationskondensatoren 50 Hz, C in µF	10	12	18	20	25	26	36	40	45

Abb. 2: Einzelkompensation am Wechselstrommotor

5. Zwei Leuchtstofflampen L 58 W/32 werden in Duoschaltung (Abb. 3) betrieben ($\cos \varphi_2 = 1$). Die Leistung je Drosselspule beträgt 13 W, die Betriebsstromstärke jeder Lampe 0,67 A.
a) Bestimmen Sie die Blindleistung im induktiven und kapazitiven Zweig!
b) Welche Kapazität hat der Kondensator? Wählen Sie aus der Tabelle einen Kondensator mit einem genormten Wert aus!
c) Bestimmen Sie zeichnerisch mittels Zeigerdiagramm die Gesamtstromstärke!

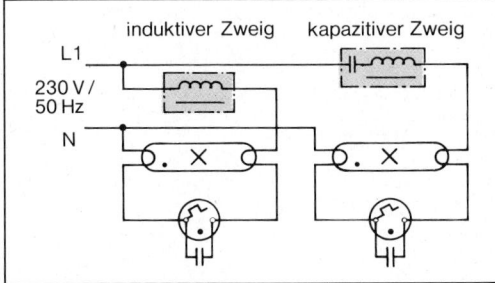

Abb. 3: Duoschaltung

6. Eine Vitrine wird durch zwei Leuchtstofflampen in Tandemschaltung (230 V/50 Hz) ausgeleuchtet. Die Gesamtleistung der Lampen einschließlich Vorschaltgerät beträgt 26 W. Der Leistungsfaktor soll von 0,31 auf den Wert von mindestens 0,95 verbessert werden.
a) Berechnen Sie die Kapazität des Kondensators für Parallelkompensation!
b) Verwenden Sie einen Kondensator mit einem genormten Wert (Tab. 6.4) und berechnen Sie den genauen Leistungsfaktor.

7. Zwei Leuchtstofflampen mit einer Leistung von je 65 W werden in Duoschaltung (Abb. 3) betrieben. Die Betriebsstromstärke beträgt je Lampe 0,67 A, die Gesamtleistung mit Vorschaltgerät je Zweig 78 W. Der Leistungsfaktor der Duoschaltung soll 1 betragen.
a) Wie groß sind Leistungsfaktor und Blindleistung eines jeden Zweiges?
b) Wie groß muß die zu kompensierende Blindleistung sein?
c) Welche Kapazität muß der Kondensator haben?
d) Wählen Sie aus der Tabelle 6.4 einen genormten Kondensatorwert aus!

8. Auf dem Leistungsschild des Wechselstrommotors in Abb. 2 sind folgende Nennwerte angegeben:
$U = 230\,V$; $f = 50\,Hz$; $P = 1,6\,kW$; $\cos \varphi_1 = 0,8$;
$\eta = 85\%$.
a) Bestimmen Sie die zu kompensierende Blindleistung, wenn der Leistungsfaktor $\cos \varphi_2$ mindestens 0,9 betragen soll!
b) Wie groß ist die Kapazität des Kondensators bei Parallelkompensation?
Wählen Sie einen genormten Kondensatorwert nach Tab. 6.6 aus!
c) Berechnen Sie die Stromstärke vor und nach der Kompensation!

Tab. 6.6: Motor-Kondensatoren nach DIN 48501 (Auszug)

U_N in V	125	220	240	260	280	320	360	400	450	480
C_N	0,1	0,2	0,3	0,4	0,5	0,6	0,8	0,9	1	1,2
in µF	1,4	1,6	1,8	2	2,5	3	3,5	4	4,5	5
	6	7	8	9	10	12	14	16	18	20
	25	30	35	40	45	50	60	70	80	90
	100									

9. Zu drei Standardtypen von Leuchtstofflampen, die an 230 V/50 Hz betrieben werden sollen, sind die Werte aus einem Datenblatt (Tab. 6.7, S. 86) bekannt.
a) Wie groß ist jeweils der Leistungsfaktor $\cos \varphi_1$?
b) Welche Kapazität hat jeweils der Kondensator bei Parallelkompensation und einem Leistungsfaktor von mindestens 0,9?
Wählen Sie genormte Kondensatorwerte laut Tab. 6.4!
c) Berechnen Sie mit den genormten Werten für jede Lampe den Leistungsfaktor und die Betriebsstromstärke!

Tab. 6.7: Standardtypen von Leuchtstofflampen (Auszug aus einem Datenblatt)

L-Lampe P in W	I_N in A (KVG-Betrieb[1])	P mit Vorschaltgerät in W	Leuchtdichte in cd/cm² (Typ LF25)
15	0,33	25	0,75
30	0,365	40	0,9
40	0,43	50	0,6

10. In einem Versorgungsnetz mit Tonfrequenz-Rundsteuerung ist die Reihenkompensation vorgeschrieben. Zwei Leuchtstofflampen in Duoschaltung haben an 230 V/50 Hz jeweils die Betriebsstromstärke 0,43 A und eine Leistung mit Vorschaltgerät von 46 W. Die Anlage soll auf $\cos\varphi_2 = 1$ kompensiert werden.
a) Welche Kapazität hat der Kondensator? Wählen Sie einen genormten Wert (Tab. 6.4)!
b) Bestimmen Sie zeichnerisch mittels Zeigerdiagramm die Gesamtstromstärke!

▶ Das Leistungsschild eines Drehstrommotors enthält u. a. folgende Angaben: 22 kW; 400 V; 50 Hz; 45 A; Leistungsfaktor 0,85. Zur Kompensation sollen 3 Kondensatoren nach Abb. 1 zugeschaltet werden, so daß die Kondensator-Nennleistung dem in Tab. 6.8 der VDEW[2] angegebenen Wert entspricht.
a) Berechnen Sie die Wirkleistung des Motors!
b) Wie groß ist die zur Kompensation benötigte Kondensator-Blindleistung?
c) Welche Blindleistung und Kapazität hat der Kondensator? Wählen Sie einen genormten Kondensatorwert laut Tab. 6.6 (S. 85) aus!
d) Berechnen Sie den Leistungsfaktor nach der Kompensation mit den genormten Kondensatorwerten!
e) Wie groß ist die Stromstärke nach der Kompensation?

Beispiellösung:

Gegeben: $P_2 = 22$ kW; $U = 400$ V; $f = 50$ Hz; $I_1 = 45$ A; $\cos\varphi_1 = 0,85$;

Gesucht: a) P_1;   b) Q_C;   c) Q_{C1}; C; C_{Norm}; d) $\cos\varphi_2$;   e) I_2;

a) $P_1 = \sqrt{3} \cdot U \cdot I_1 \cdot \cos\varphi_1$;

$P_1 = \sqrt{3} \cdot 400\,\text{V} \cdot 45\,\text{A} \cdot 0,85$; $\underline{P_1 = 26,5\,\text{kW}}$

b) $\underline{Q_C = 10\,\text{kvar}}$ (laut Tab. 6.8)

---

[1] KVG = Konventionelles Vorschaltgerät

[2] Vereinigung Deutscher Elektrizitätswerke, Herausgeber der TAB

c) $Q_{C1} = \dfrac{Q_C}{3}$; $Q_{C1} = \dfrac{10\,\text{kvar}}{3}$; $\underline{Q_{C1} = 3,333\,\text{kvar}}$

$C = \dfrac{Q_{C1}}{U^2 \cdot \omega}$; $C = \dfrac{3333\,\text{var}}{(400\,\text{V})^2 \cdot 2 \cdot \pi \cdot 50\,\frac{1}{\text{s}}}$;

$\underline{C = 66,3\,\mu F}$

Laut Tab. 6.6: $\underline{C_{Norm} = 70\,\mu F}$

d) $Q_{C1}' = C \cdot U^2 \cdot \omega$;

$Q_{C1}' = 70\,\mu F \cdot (400\,\text{V})^2 \cdot 2 \cdot \pi \cdot 50\,\frac{1}{\text{s}}$;

$Q_{C1}' = 3518,6\,\text{var}$; $Q_C' = 10,6\,\text{kvar}$

$Q_C' = P \cdot (\tan\varphi_1 - \tan\varphi_2)$;

$\tan\varphi_2 = \dfrac{P \cdot \tan\varphi_1 - Q_C'}{P}$

$\tan\varphi_2 = \dfrac{26,5\,\text{kW} \cdot 0,6197 - 10,6\,\text{kvar}}{26,5\,\text{kW}}$

$\tan\varphi_2 = 0,2197$; $\underline{\cos\varphi_2 = 0,9767}$

e) $I_2 = \dfrac{P_1}{\sqrt{3} \cdot U \cdot \cos\varphi_2}$; $P_2 = \dfrac{26500\,\text{W}}{\sqrt{3} \cdot 400\,\text{V} \cdot 0,9767}$

$\underline{I_2 = 39,2\,\text{A}}$

Aufgaben

11. Ein Drehstrommmotor soll kompensiert werden (Abb. 1). Das Leistungsschild weist folgende Angaben auf:
16 kW; 400 V; 50 Hz; 28 A; Leistungsfaktor 0,87.
a) Welche Wirkleistung hat der Motor?
b) Wie groß ist die zur Kompensation benötigte Kondensator-Blindleistung?
c) Welche Blindleistung und Kapazität hat der Kondensator? Wählen Sie einen genormten Kondensatorwert laut Tab. 6.6 aus!
d) Berechnen Sie den Leistungsfaktor nach der Kompensation mit den genormten Kondensatorwerten!
e) Wie groß ist die Stromstärke nach der Kompensation?

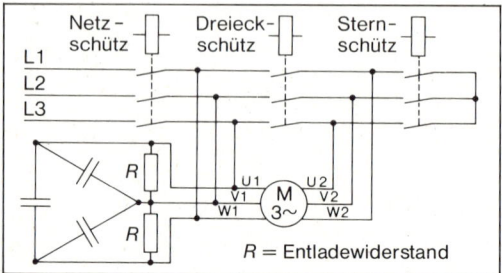

Abb. 1: Blindleistungskompensation beim Drehstrommotor

12. Die Drehstrommotoren mit den Nennleistungen a) 30 kW; b) 22 kW; c) 4 kW sollen je einzeln kompensiert werden. Die Kondensatoren werden jeweils in Dreieckschaltung mit dem Drehstrommotor an 400/230 V, 50 Hz geschaltet. Bestimmen Sie jeweils die Kondensatorleistung (Tab. 6.8) und die Kapazität eines Kondensators! Wählen Sie genormte Kondensatoren (Tab. 6.6) aus!

13. Ein Drehstromtransformator hat die Nennleistung 160 kVA und die Nennspannung 10/0,4 kV, 50 Hz. Die Blindleistung des Transformators soll durch sekundärseitig zuzuschaltende Kondensatoren in Dreieckschaltung kompensiert werden. Bestimmen Sie
a) die Kondensatorleistung der Kondensatoren (Tab. 6.9),
b) die Kapazität eines Kondensators!

14. Die Größe der Wirkleistung in kW bei Transformatoren hängt u. a. von der Scheinleistung und dem Leistungsfaktor ab. So beträgt z. B. bei einem Leistungsfaktor von 0,6 die Wirkleistung 150 kW, bei 0,9 schon 225 kW.
a) Zeichnen Sie das Leistungsdreieck und ermitteln Sie die Scheinleistung!
b) Wie groß ist nach Tab. 6.9 die Kondensatorleistung zur Blindleistungskompensation bei einem Drehstromtransformator 10/04 kV, 50 Hz?
c) Berechnen Sie die Kapazität der Leistungskondensatoren, wenn diese in Dreieckschaltung an 0,4 kV betrieben werden!

15. Um wieviel Prozent sinkt die Stromstärke eines Drehstrommotors bei gleicher Nennleistung und konstanter Netzspannung, wenn der Leistungsfaktor durch Blindleistungskompensation von 0,74 auf 0,94 verbessert wird?

16. Ein Drehstrommotor soll kompensiert werden. Das Leistungsschild weist folgende Angaben auf:
400 V; 50 Hz; 18,5 kW; Leistungsfaktor 0,86; 36 A
a) Berechnen Sie die Wirkleistung!
b) Wie groß ist die benötigte Kondensator-Nennleistung (Tab. 6.8)?
c) Bestimmen Sie die Blindleistung und Kapazität eines Kondensators!
d) Wie groß ist der Leistungsfaktor $\cos \varphi_2$?
e) Berechnen Sie die Stromstärke nach der Kompensation!
f) Berechnen Sie die Größen Q_C, $\cos \varphi_2$ und I_2, wenn Kondensatoren mit genormten Werten (Tab. 6.6, S. 85) verwendet werden!

17. Schweißtransformatoren werden mit 50% der Transformator-Scheinleistung primärseitig kompensiert. Berechnen Sie für einen Transformator (230 V, 50 Hz) mit der Stromstärke 16 A
a) die zu kompensierende Blindleistung und
b) die Kapazität des parallel geschalteten Leistungskondensators!

18. Die Stromstärke eines Drehstrommotors verringert sich bei Blindleistungskompensation um 24%. Bestimmen Sie $\cos \varphi_2$, wenn $\cos \varphi_1$ den Wert 0,73 hat!

19. Die Blindleistung eines Drehstrommotors mit den Angaben 400 V △, 50 Hz, 45 kW, $\cos \varphi_1$ = 0,86 und η = 91% soll kompensiert werden.
a) Wie groß muß die Blindleistung der Kondensatoren sein? (Tab. 6.8).
b) Bestimmen Sie die Kapazität!
c) Wie groß sind Leistungsfaktor und Stromstärke nach der Kompensation?
d) Um wieviel Prozent verringert sich die Stromstärke nach der Kompensation?

Tab. 6.8: Einzelkompensation von Motoren (VDEW)

Motornennleistung in kW	Kondensator-Nennleistung, in kvar
1,0 … 3,9	ca. 55% von P_N
4,0 … 4,9	2
5,0 … 5,9	3
6,0 … 7,9	3
8,0 … 10,9	4
11,0 … 13,9	5
14,0 … 17,9	6
18,0 … 21,9	7,5
22,0 … 29,9	10
ab 30,0	ca 40% von P_N

Tab. 6.9: Zuordnung der Kondensatoren zu Transformatoren (VDEW)

Trafo-Nennleistung in kVA	Kondensatorleistung in kvar bei den Trafo-Primärspannungen		
	5 … 10 kV	15 … 20 kV	25 … 30 kV
25	2	3	3
50	4	5	6
75	5	6	7,5
100	6	7,5	10
160	10	10	15
250	15	15	20
315	15	20	25
400	20	20	30
630	30	30	40

6.7 Gruppen- und Zentralkompensation

▶ In einer Fabrikhalle werden 30 Leuchtstofflampen mit je 65 W auf die drei Phasen des Drehstromnetzes 400/230 V, 50 Hz verteilt. Die Verlustleistung je Vorschaltgerät beträgt 13 W, die Stromaufnahme je Lampe 0,63 A. Durch Anwendung der Gruppenkompensation soll der Leistungsfaktor auf mindestens 0,9 verbessert werden.

a) Berechnen Sie die zu kompensierende Blindleistung und die Kapazität eines Kondensators?
b) Wählen Sie nach Tab. 6.4, S. 84, einen genormten Kondensator aus!
c) Wie groß werden dann Blindleistung Q_C und Leistungsfaktor $\cos \varphi_2$?

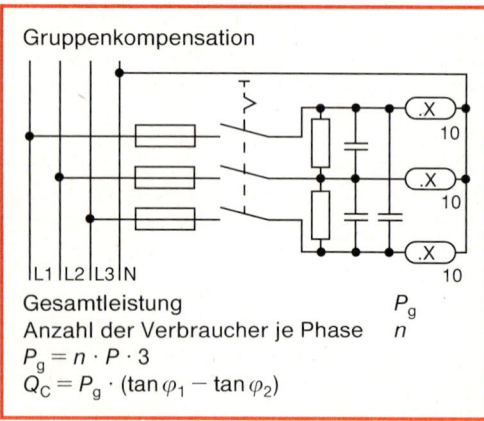

Gruppenkompensation

L1 L2 L3 N

Gesamtleistung P_g
Anzahl der Verbraucher je Phase n
$P_g = n \cdot P \cdot 3$
$Q_C = P_g \cdot (\tan \varphi_1 - \tan \varphi_2)$

Beispiellösung:

Gegeben: $U = 400/230$ V; $f = 50$ Hz;
$\quad\quad\quad\quad P_L = 65$ W; $I_L = 0,63$ A;
$\quad\quad\quad\quad P_V = 13$ W; $n = 10$; $\cos \varphi_2 = 0,9$;

Gesucht: a) Q_C; Q_{C1}; C; b) C_{Norm};
$\quad\quad\quad\quad$ c) Q_{C1}; $\cos \varphi_2$;

a) $\cos \varphi_1 = \dfrac{P_L + P_V}{U \cdot I_L}$; $\cos \varphi_1 = \dfrac{78\,W}{230\,V \cdot 0,63\,A}$;

$\cos \varphi_1 = 0,538$
$\tan \varphi_1 = 1,566$
$P_g = n \cdot (P_L + P_V) \cdot 3$; $P_g = 10 \cdot 78\,W \cdot 3$;
$P_g = 2340$ W
$Q_C = P_g \cdot (\tan \varphi_1 - \tan \varphi_2)$
$Q_C = 2340\,W \cdot (1,566 - 0,484)$; $Q_C = 2532$ var

$Q_{C1} = \dfrac{Q_C}{3}$; $Q_{C1} = \dfrac{2532\,var}{3}$; $Q_{C1} = 844$ var

$C = \dfrac{Q_{C1}}{U^2 \cdot \omega}$; $C = \dfrac{844\,var}{(400\,V)^2 \cdot 2 \cdot \pi \cdot 50\frac{1}{s}}$;

$C = 16,8\,\mu F$

b) Laut Tab. 6.4: $C_{Norm} = 18\,\mu F$

c) $Q_{C1}' = C \cdot U^2 \cdot \omega$;
$Q_{C1} = 18\,\mu F \cdot (400\,V)^2 \cdot 2 \cdot \pi \cdot 50\frac{1}{s}$;
$Q_{C1}' = 905$ var

$\tan \varphi_2 = \dfrac{P_g \cdot \tan \varphi_1 - 3 \cdot Q_{C1}}{P_g}$;

$\tan \varphi_2 = \dfrac{2340\,W \cdot 1,566 - 2715\,var}{2340\,W}$;

$\tan \varphi_2 = 0,406$; $\cos \varphi_2' = 0,927$

Aufgaben

1. Ein Fabrikhalle soll durch drei Lichtbänder, die aus je 15 Leuchtstofflampen bestehen, beleuchtet werden. Die Lichtbänder werden auf das Drehstromnetz 400/230 V, 50 Hz verteilt. Für jede Lampe einschließlich Vorschaltgerät gilt: Betriebsspannung 230 V; Leistung 50 W; Stromstärke 0,43 A.

Die Leuchtstofflampen sollen durch in Dreieck geschaltete Kondensatoren auf den Leistungsfaktor von mindestens 0,9 kompensiert werden.
a) Wie groß sind die zu kompensierende Blindleistung und die Kapazität eines Kondensators?
b) Wählen Sie nach Tab. 6.4, S. 84, genormte Kondensatorwerte und berechnen Sie für diese die Blindleistung!
c) Führen Sie eine Kontrollrechnung zum Leistungsfaktor durch!

2. Drei Lichtbänder in einer Halle bestehen aus jeweils 8 Leuchtstofflampen. Sie werden auf das Drehstromnetz 400/230 V, 50 Hz gleichmäßig verteilt. Zu jeder Lampe mit Vorschaltgerät gelten die Angaben: $U = 230$ V; $f = 50$ Hz; $P = 71$ W; $I = 0,67$ A. Die Leuchtstofflampen sollen durch Kondensatoren auf mindestens 0,9 kompensiert werden.
a) Wie groß ist die zu kompensierende Blindleistung?
b) Berechnen Sie die Kapazität der Kondensatoren und wählen Sie einen genormten Wert aus Tab. 6.4 (S. 84)!
c) Berechnen Sie mit diesen Werten die Blindleistung und den genauen Leistungsfaktor nach der Kompensation!
d) Wie groß ist die Leiterstromstärke vor und nach der Kompensation?

3. Zwei Wechselstrommotoren eines Transportbandes werden an 230 V/50 Hz betrieben. Mittels Gruppenkondensation soll der Leistungsfaktor auf 0,95 verbessert werden. Die Leistungsschilder der Motoren tragen u. a. folgende Angaben:
Motor 1: 230 V; 50 Hz; 7,3 A; $\cos \varphi_1 = 0,65$
Motor 2: 230 V; 50 Hz; 9 A; $\cos \varphi_2 = 0,78$
a) Bestimmen Sie zeichnerisch den mittleren Leistungsfaktor und die Gesamtstromstärke!
b) Berechnen Sie die zu kompensierende Blindleistung und den Kondensator bei Parallelkompensation!

4. Durch die Blindleistungskompensation kann bei gleicher Scheinleistung eine größere Wirkleistung übertragen werden (siehe Abb. 1). Bei einem Leistungsfaktor von 0,6 beträgt aufgrund der Darstellung im Diagramm der induktive Blindleistungsanteil der Anlage 80%, der Wirkleistungsanteil 60% der Scheinleistung.
a) Wie groß werden die beiden Anteile, wenn bei gleicher Scheinleistung die Anlage auf 0,9 kompensiert wird?
b) Berechnen Sie die einzelnen Leistungen, wenn die Scheinleistung der Anlage 100 kVA beträgt!
c) Wie hoch ist die prozentuale Steigerung der übertragbaren Wirkleistung bei gleicher Scheinleistung?
d) Wie groß muß die Kondensatorleistung sein?
e) Ermitteln Sie mittels Tab. 6.10 die Nennleistung des Großphasenschiebers!
f) Wie groß ist die Nennkapazität pro Phase bei △-Schaltung im Netz 400/230 V, 50 Hz?

5. Eine regelbare Anlage für Zentralkompensation hat eine Nennleistung von 20 kvar. Die Netzspannung beträgt 400/230 V, 50 Hz.
a) Welche Wirkleistung liegt vor, wenn der Leistungsfaktor von 0,66 auf 0,95 angehoben werden soll?
b) Wie hoch ist die monatliche Wirkarbeit bei 180 Betriebsstunden?

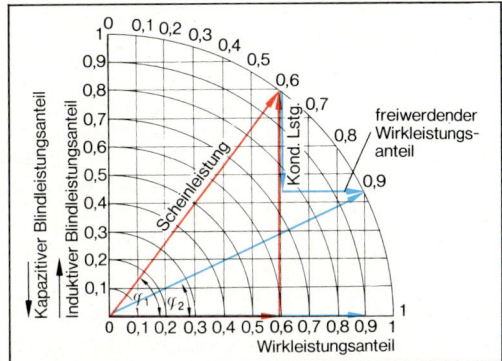

Abb. 1: Leistungsdiagramm zur Kompensation von Blindleistung

6. In einer elektrischen Anlage wird die monatliche Wirkarbeit (150 Betriebsstunden) mit 18000 kWh und die Blindarbeit mit 24000 kvarh gemessen.
a) Wie groß sind Wirk- und Blindleistung?
b) Berechnen Sie die Scheinleistung!
c) Bestimmen Sie mit Hilfe des Leistungsdiagramms den Leistungsfaktor $\cos \varphi_1$!
d) Berechnen Sie den Leistungsfaktor!
e) Bei gleicher Scheinleistung wird auf $\cos \varphi_2 = 0,95$ kompensiert. Ermitteln Sie mit dem Leistungsdiagramm die frei werdende Wirkleistung!

7. Eine elektrische Anlage für 400/230 V, 50 Hz soll mit einem Großphasenschieber zur Zentralkompensation ausgestattet werden. Bei 160 Betriebsstunden im Montat wird für diesen Zeitraum eine Wirkarbeit von 11200 kWh gemessen. Der Leistungsfaktor soll von 0,7 auf 0,95 verbessert werden?
a) Welche Kondensatorregeleinheit (Nennleistung) ist nach Tab. 6.10 zu wählen?
b) Berechnen Sie die Kapazität eines Kondensators bei Dreieckschaltung?
c) Welche Kapazität ist laut Tab. 6.10 für die ermittelte Regeleinheit vorgesehen?

Tab. 6.10: Werteangaben eines Herstellers für Großphasenschieber (Auszug)
Leistungskondensatoren-Großphasenschieber 13,2 bis 50 kvar

Nennleistung in kvar	13,2	16,7	20	25	33,3	40	50

Nennstrom
  in △-Schaltung in A
  in E-Schaltung in A
	19
	32
		24
		41,5
			29
			50
				36
				62,5
					48
					83
						57,5
						100
							72
							125

Nennkapazität/Phase bei △-Schaltung in µF	86	110	132	167	223	226	333
Nennkapazität bei E-Schaltung in µF	257	330	396	501	665	798	999

6.8 Kosten der elektrischen Arbeit

▶ Für die Nutzung der elektrischen Energie erhält der Eigentümer die Rechnung nach Abb. 1. Die elektrische Arbeit wird mit einem Doppeltarifzähler (Hoch- und Nieder-Tarif) gemessen. Lesen Sie aus der Rechnung mit Hilfe der Tab. 6.11 heraus:
a) Kosten für Energie,
b) Grundpreise (Sie enthalten den Verrechnungspreis für einen Eintarifzähler. Bei zusätzlichen oder anderen Meßeinrichtungen gelten die Verrechnungspreise laut Tab. 6.11).
c) Ausgleichsabgabe (Diese Abgabe dient der Sicherung der Elektrizitätsversorgung bei Förderung des Steinkohleeinsatzes in Kraftwerken.),
d) Arbeitskosten (ohne Mehrwertsteuer).

Gesamtkosten	K	K in DM
Energiekosten	K_V	
Grundpreis	K_G	
Ausgleichsabgabe	K_A	
$K = K_V + K_G + K_A$		
Niedertarif	NT	
Hochtarif	HT	

Beispiellösung:

Gegeben: Rechnungsauszug;
Tabelle des EVU;

Gesucht: a) K_V; b) K_G; c) K_A; d) K

a) K_{V1} für HT: 1946 kWh $\cdot$ 0,178 $\frac{DM}{kWh}$ = 346,38 DM

   K_{V2} für NT: 3143 kWh $\cdot$ 0,095 $\frac{DM}{kWh}$ = 298,58 DM

b) K_{G1} für HT: Grundpreis   165,00 DM
   K_{G2} für NT: Differenzbetrag   6,00 DM
   K_{G3} für Schaltgerät: 28,80 DM

c) K_{A1}: $(K_{V1} + K_{G1}) \cdot 7{,}5\%$
   $(346{,}38\,DM + 165{,}00\,DM) \cdot 0{,}075 =$ 38,35 DM
   K_{A2}: $(K_{V2} + K_{G2}) \cdot 7{,}5\%$
   $(298{,}58\,DM + 6{,}00\,DM) \cdot 0{,}075 =$ 22,84 DM
   K_{A3}: $K_{G3} \cdot 7{,}5\%$
   $28{,}80 \cdot 0{,}075$ = 2,16 DM
d) $K = \Sigma K_V + \Sigma K_G + \Sigma K_A$ K = 908,11 DM

Aufgaben

1. Für ein Haus fallen pro Jahr 2540 kWh im HT-Bereich und 4250 kWh im NT-Bereich an. Berechnen Sie wie in der Beispielaufgabe K_V, K_G, K_A und K. Stellen Sie die einzelnen Positionen übersichtlich dar!

2. In einem landwirtschaftlichen Betrieb wird mit dem Eintarifzähler in einem Verrechnungszeitraum eine elektrische Arbeit von 12750 kWh gemessen. Berechnen Sie die entsprechenden Einzelkosten und die Gesamtenergiekosten! (Kostenaufstellung wie Beispiellösung).

3. Monatlich fallen in einem Betrieb durchschnittlich 1850 kWh an. Die elektrische Arbeit wird mit einem Eintarifzähler gemessen.
a) Bestimmen Sie die jährliche Energiemenge!
b) Wie hoch sind die Kosten K_V, K_G und K_A?
c) Errechnen Sie die Gesamtenergiekosten K!

4. Der Energiebedarf in einem Einfamilienhaus soll ermittelt, und die Kosten sollen errechnet werden, wenn folgendes abgelesen wird:
NT: alt 38997 kWh und neu 44097 kWh.
HT: alt 16501 kWh und neu 20469 kWh.
a) Berechnen Sie die Energie für den NT- und HT-Bereich!
b) Ermitteln Sie die Kosten K_V, K_G, K_A und K!
c) Auf der Grundlage der berechneten Gesamtkosten sollen die monatlichen Abschlagszahlungen (11 Monate) bis zur nächsten Endabrechnung berechnet werden!

BESTPREISABRECHNUNG (erfolgt für Strom und Gas automatisch nach dem für Sie günstigsten Tarif)

Verbrauch kWh/m³	⊕ Preis je kWh/m³ Pf ⊖	Verbrauchsbetrag DM	⊕	Grundpreis DM	für Anz. Tage	⊕ Ausgleichsabgabe Strom %	DM 4)	⊖	Netto-Betrag DM	⊕	%	Mehrwertsteuer DM	⊖	Brutto-Betrag DM
1946	178	34638		16500	365	75	3835		54973		140	7696		62669
3143	95	29858		600	365	75	2284		32742		140	4584		37326
	* STROM			2880	365	75	216		3096		140	433		3529
									90811			12713		103524

Abb. 1: Rechnungsauszug

5. In einem Einfamilienhaus wird für zwei Haushalte die elektrische Arbeit mit einem Eintarifzähler gemessen. Im Verrechnungszeitraum eines Jahres fallen insgesamt 6980 kWh zur Verrechnung an. Stellen Sie einen Kostenplan wie im Beispiel auf und berechnen Sie die Gesamtenergiekosten.

Tab. 6.11: Allgemeine Tarife für die Versorgung mit Elektrizität (Auszug)
EVU-Energieversorgung Weser-Ems Oldenburg

Grundpreistarife für den Haushaltsbedarf				
		Jahresabnahme kWh	Grundpreis DM je Jahr	Arbeitspreis Pf je kWh
H0		bis 352	48,–	51,0
H1	über	352 bis 3900	165,–	17,8
H2	über	3900 bis 7800	282,–	14,8
H3	über	7800	48,–	17,8

Wird über einen Zähler mehr als ein Haushalt versorgt, so erhöht sich der Grundpreis für jeden weiteren Haushalt je Abrechnungsjahr im Tarif H1 um 117,–DM und im Tarif H2 um 234,–DM; der Tarif H3 gilt bei einer Jahresabnahme von mehr als 7800 kWh je Haushalt.

Grundpreistarife für den Gesamtbedarf landwirtschaftlicher Betriebe				
		Jahresabnahme kWh	Grundpreis DM je Jahr	Arbeitspreis Pf je kWh
L0		bis 500	48,–	51,0
L1	über	500 bis 1500	193,–	22,0
L2	über	1500 bis 5000	208,–	21,0
L3	über	5000 bis 10000	258,–	20,0
L4	über	10000 bis 35000	408,–	18,5
L5	über	35000	653,–	17,8

Grundpreistarife für den gewerblichen, beruflichen und sonstigen Bedarf				
		Jahresabnahme kWh	Grundpreis DM je Jahr	Arbeitspreis Pf je kWh
G0		bis 500	48,–	51,0
G1	über	500 bis 1500	163,–	28,0
G2	über	1500 bis 5000	193,–	26,0
G3	über	5000 bis 10000	293,–	24,0
G4	über	10000 bis 35000	543,–	21,5
G5	über	35000	1838,–	17,8

Sondertarif (NT): 9,5 Pf je kWh
Ausgleichsabgabe: 7,5%

Verrechnungspreise

Eintarifzähler	DM je Jahr	48,—
Zweitarifzähler	DM je Jahr	54,—
Maximumzähler	DM je Jahr	96,—
Schaltgerät (Schaltuhr, Rundsteuerempfänger, Relais o. ä.)	DM je Jahr	28,80

6.9 Wärmebedarf in Verbraucheranlagen

▶ Ein 300-Liter-Standspeicher (Abb. 2) ist am Netz 400/230 V, 50 Hz angeschlossen (Heizwiderstände in Dreieckschaltung). Das Wasser (10 °C) wird auf 60 °C aufgeheizt ($\eta = 99\%$).
a) Wie groß ist die elektrische Arbeit?
b) Wie groß ist die Aufheizzeit in h und min?

Elektrische Arbeit W $\quad\quad [W] = Ws$

Spezifische Wärmekapazität c

$c = 4{,}19\ \dfrac{kJ}{kg \cdot K}$ (Wasser)

$W = \dfrac{m \cdot c \cdot \Delta T}{\eta}$

Aufheizzeit t $\quad\quad t = \dfrac{W}{P}$

Beispiellösung:

Gegeben: $m = 300\ kg$; $P = 6\ kW$; $\eta = 0{,}99$
$\vartheta_K = 10\,°C$; $\vartheta_W = 60\,°C$;

Gesucht: a) W; b) t

a) $W = \dfrac{m \cdot c \cdot (\vartheta_W - \vartheta_K)}{\eta}$

$W = \dfrac{300\ kg \cdot 4{,}19\ \dfrac{kJ}{kg \cdot K} \cdot (60\,°C - 10\,°C)}{0{,}99}$

$W = 63\,484{,}8\ kWs$;

$\underline{W = 17{,}63\ kWh}$

b) $t = \dfrac{W}{P}$; $\quad t = \dfrac{17{,}63\ kWh}{6\ kW}$;

$t = 2{,}94\ h$;

$\underline{t = 2\ h\ 56{,}4\ min}$

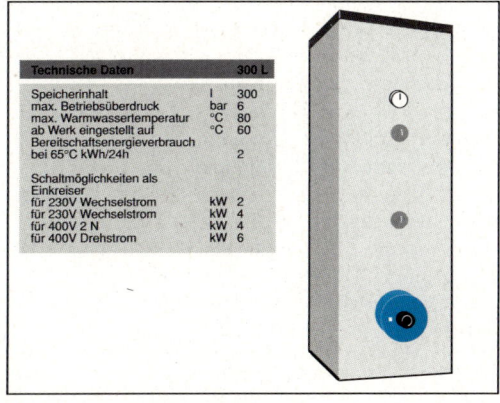

Technische Daten		300 L
Speicherinhalt	l	300
max. Betriebsüberdruck	bar	6
max. Warmwassertemperatur	°C	80
ab Werk eingestellt auf	°C	60
Bereitschaftsenergieverbrauch bei 65 °C kWh/24h		2
Schaltmöglichkeiten als Einkreiser		
für 230V Wechselstrom	kW	2
für 230V Wechselstrom	kW	4
für 400V 2 N	kW	4
für 400V Drehstrom	kW	6

Abb. 2: 300-Liter-Standspeicher

Aufgaben

1. Bei einem Verbraucher liegt ein Warmwasserbedarf ($\vartheta_W = 60\,°C$) von 200 l vor. Die Nennleistung des Heißwasserspeichers beträgt 4 kW, sein Wirkungsgrad 0,99. Die Temperatur des Kaltwassers ist 12 °C.
a) Berechnen Sie die elektrische Arbeit!
b) Wie groß ist die Aufheizzeit?

2. Zur Warmwasserversorgung größerer Verbrauchereinheiten werden Elektro-Heißwasserbereiter installiert. Berechnen Sie die Aufheizzeiten, wenn folgende Geräte bei einem Wirkungsgrad von 95 % von 10 °C auf 60 °C aufgeheizt werden sollen:
a) Inhalt 400 l; Anschlußwert 9 kW;
b) Inhalt 600 l; Anschlußwert 7,5 kW;
c) Inhalt 1000 l; Anschlußwert 12 kW!

3. Für Durchlauferhitzer mit folgenden Anschlußwerten
a) 18 kW,   b) 21 kW,   c) 24 kW
soll die Warmwasserleistung in Liter/Minute für eine Temperatur von 37 °C bestimmt werden. Die Temperatur des Kalwassers beträgt 10 °C. Der Wirkungsgrad aller Geräte kann mit 0,99 angenommen werden. Berechnen Sie die Größe Masse/Zeit in $\frac{kg}{min}$ bzw. $\frac{l}{min}$!

4. In einer Verbraucheranlage liegt ein Warmwasserbedarf von 300 l vor. Die Nennleistung des Heißwasserspeichers beträgt 9 kW, sein Wirkungsgrad 99 %. Das Kaltwasser hat eine Temperatur von 10 °C.
a) Auf welche Temperatur ist das Wasser aufgeheizt, wenn mit dem Zähler 12,5 kWh gemessen werden?
b) Wie groß ist die Aufheizzeit?
c) Berechnen Sie die elektrische Arbeit und die Aufheizzeit, wenn das Wasser auf 60 °C aufgeheizt werden soll!

5. Berechnen Sie die Aufheizzeiten (von 10 °C auf 60 °C) in Minuten für folgende Heißwasserspeicher (Tab. 6.12) in geschlossener Ausführung und einem Wirkungsgrad von 99 %.
Stellen Sie die Größen Nenninhalt, Nennleistung, elektrische Arbeit und Aufheizzeit in einer Tabelle zusammen.

Tab. 6.12: Geschlossene Warmwasserspeicher (Auszug aus Datenblatt)

Nenninhalt in l	5	10	30	50	80	100
Nennleistung in kW	2	2	4	4	6	6

6. Ein 21 kW-Durchlauferhitzer soll folgende Warmwassertemperaturen erreichen:
55 °C,   50 °C,   45 °C,   40 °C   und   36 °C.
Die Wassereinlauftemperatur beträgt 6 °C.
Bestimmen Sie mit Hilfe der Kennlinie aus dem Diagramm (Abb. 1) die jeweilige Durchflußmenge in $\frac{l}{min}$!
Legen Sie eine Tabelle mit den Werten für Nennleistung, Warmwassertemperatur und Durchflußmenge an!

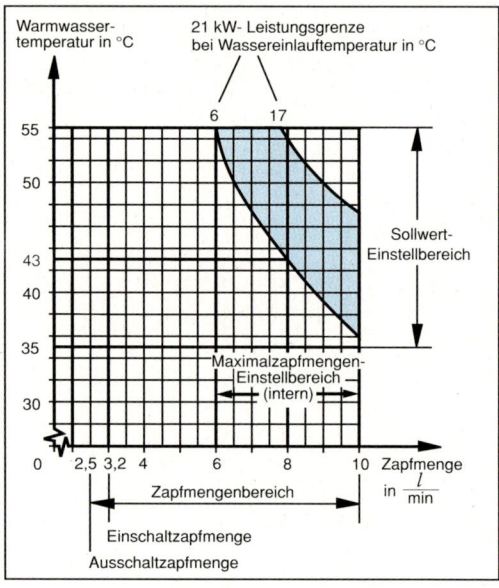

Abb. 1: Warmwassertemperatur in Abhängigkeit von der Zapfmenge eines Durchlauferhitzers

7. Aus dem Datenblatt eines Geräteherstellers sind in Tab. 6.13 einige Werte aufgelistet. Berechnen Sie die Aufheizzeit, wenn die Warmwassertemperatur 80 °C betragen soll. Die Wassereinlauftemperatur beträgt 10 °C, der Wirkungsgrad 96 %. Stellen Sie die errechneten Werte mit den gegebenen Werten in einer Tabelle zusammen!

Tab. 6.13: Geschlossene Warmwasser-Standspeicher (Auszug aus Datenblatt)

Nenninhalt in l	Nennleistung je nach Schaltung der Heizwiderstände in kW	
	a)	b)
50	2	4
80	4	6
100	4	6
200	3	6
400	3	6

6.10 Licht- und Beleuchtungstechnik

▶ Ein Büroraum 8,40 m · 8,40 m soll mit einlampigen Rasterleuchten beleuchtet werden. Der Beleuchtungswirkungsgrad wurde bereits mit $\eta_{Bel} = 0,47$ ermittelt. Wieviel Leuchten müssen installiert werden, damit die nach DIN 5035 erforderliche Beleuchtungsstärke erreicht wird? Die verwendeten Leuchtstofflampen 65 W Lumilux weiß haben einen Lichtstrom von 5400 lm.

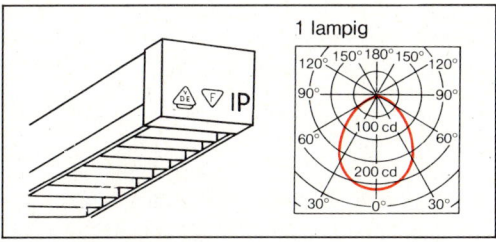

Abb. 1: Rasterleuchte mit Lichtstärke-Verteilungskurve

Beleuchtungsstärke E $\quad [E] = \dfrac{lm}{m^2}$

$E = \dfrac{\Phi}{A}$ $\quad [E] = lx; \; 1\,lx = \dfrac{1\,lm}{m^2}$

Lichtausbeute η $\quad [\eta] = \dfrac{lm}{W}$

$\eta = \dfrac{\Phi}{P}$

Leuchtenzahl n nach dem Wirkungsgradverfahren

$n = \dfrac{1,25^* \cdot E \cdot A}{\Phi_L \cdot \eta_{Bel}}$; Lichtstrom einer Lampe: Φ_L

Beleuchtungswirkungsgrad $\quad\quad\quad \eta_{Bel}$

$\eta_{Bel} = \eta_R \cdot \eta_L$

Raumwirkungsgrad $\quad\quad\quad\quad\quad \eta_R$

Leuchtenwirkungsgrad $\quad\quad\quad\quad \eta_L$

Raumfaktor $\quad\quad\quad\quad\quad\quad\quad\quad k$

$k = \dfrac{a \cdot b}{h \cdot (a + b)}$

Tab. 6.14: Nennbeleuchtungsstärken DIN 5053

Raumart; bzw. Tätigkeit	E_N in lx
Verkehrswege für Personen, Lagerräume	50
Verkehrswege für Personen und Fahrz., Umkleideräume	100
Grobe u. mittlere Maschinenarbeiten, Sitzungsräume	300
Feine Maschinenarbeiten, Montage von kleinen Motoren, Büroräume	500
Feinmechanik, Farbprüfung	1000
Montage feinster Teile, Elektronische Bauteile	1500

* 1,25: Faktor für Neuanlagen

Beispiellösung:

Gegeben: $A = 8,40\,m \cdot 8,40\,m$; $\eta_{Bel} = 0,47$;
$\quad\quad\quad\quad \Phi_L = 5400\,lm$
$\quad\quad\quad\quad$ Verwendungszweck des Raumes

Gesucht: Anzahl n der Leuchten

$n = \dfrac{1,25 \cdot E \cdot A}{\Phi_L \cdot \eta_{Bel}}$

E wird aus der Tabelle mit 500 lx ermittelt.

$n = \dfrac{1,25 \cdot 500\,\frac{lm}{m^2} \cdot 8,40^2\,m^2}{5400\,lm \cdot 0,47}$;

$\underline{n = 17,37}$

Installiert werden 18 Leuchten, die in 3 Lichtbänder aufgeteilt werden.

Aufgaben

1. Ein Lichtstrom von 12000 lm trifft eine Fläche von 16 m² annähernd gleichmäßig. Welche Beleuchtungsstärke wird erzielt?

2. Auf einer Tischfläche 1,20 m · 0,75 m wird eine annähernd gleichmäßige Beleuchtungsstärke von 250 lx gemessen. Wie groß ist der auf die Tischfläche auftreffende Lichtstrom?

3. Ein Büroraum 35 m² wird durch 6 Leuchtstofflampen mit einem Lichtstrom von 4800 lm je Lampe beleuchtet. Der Beleuchtungswirkungsgrad beträgt 0,55. Wie groß ist die Beleuchtungsstärke?

4. Ein Verkaufsraum mit einer Grundfläche von 80 m² wird durch 18 Glühlampen 200 W mit einem Lichtstrom von je 3150 lm beleuchtet. Mit einem Beleuchtungsstärkemesser wird eine mittlere Beleuchtungsstärke von 350 lx 0,85 m über dem Fußboden ermittelt.
a) Wie groß ist der Beleuchtungswirkungsgrad?
b) Nennen Sie Möglichkeiten, wie der Beleuchtungswirkungsgrad verbessert werden kann!

5. Ein Hausflur 8 m · 1,20 m wird mit 4 Glühlampen, Lichtstrom je Lampe 430 lm, beleuchtet. Der Beleuchtungswirkungsgrad ist 0,45. Wird die nach DIN 5035 erforderliche Beleuchtungsstärke erreicht?

6. Auf einer Ausstellungsfläche soll eine annähernd gleichmäßige Beleuchtungsstärke von 500 lx erreicht werden. Wie groß muß der auf die Fläche von 15,00 m · 25,00 m auftreffende Lichtstrom sein?

7. Ein Werkstattraum, 45 m², wird durch 12 Leuchtstofflampen mit einem Lichtstrom von 3000 lm je Lampe beleuchtet. Der Beleuchtungswirkungsgrad beträgt 0,6. Wie groß ist die Beleuchtungsstärke?

8. Ein Unterrichtsraum mit einer Grundfläche von 70 m² wird mit Leuchtstofflampen L 58 W Lumilux weiß $\Phi = 5400$ lm beleuchtet. Installiert sind 24 Leuchten. Mit einem Beleuchtungsstärkenmesser wird eine mittlere Beleuchtungsstärke von 1080 lx in Tischhöhe gemessen. Wie groß ist der Beleuchtungswirkungsgrad?

9. Berechnen Sie die Lichtausbeute folgender Lampen:
a) Glühlampe 25 W; $\Phi = $ 230 lm
b) Glühlampe 100 W; $\Phi = $ 1380 lm
c) Leuchtstofflampe 58 W (mit Vorschaltgerät 68 W); $\Phi = $ 4800 lm
d) Quecksilberdampf-Hochdrucklampe HQL 1000 W; $\Phi = $ 55000 lm
e) Natriumdampflampen
NA 35 W; $\Phi = $ 4800 lm
NA 180 W; $\Phi = $ 33000 lm
Welche Erkenntnisse können Sie aus dem Vergleich der Ergebnisse entnehmen?

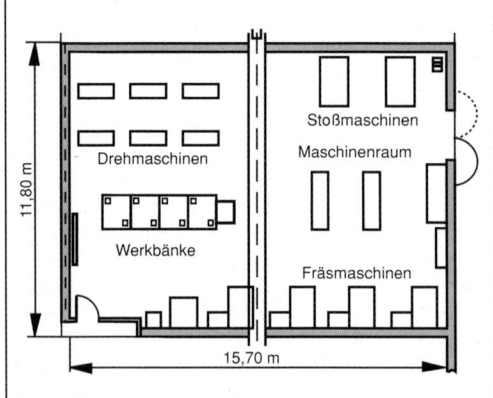

Abb. 1

10. Ein Maschinenraum Abb. 1 für grobe und mittlere Maschinenarbeiten wird mit 32 Leuchtstofflampen mit einem Lichtstrom von 3000 lm je Lampe beleuchtet. Der Beleuchtungswirkungsgrad ist 0,55. Prüfen Sie, ob die nach DIN 5035 erforderliche Beleuchtungsstärke erreicht wird!

11. In einem Verkaufsraum besteht die Beleuchtungsanlage aus 40 Reflektorleuchten, die in die Decke eingelassen und mit 60 W Glühlampen bestückt sind. $\Phi_L = 730$ lm
Rechnen Sie nach, wie groß die Beleuchtungsstärke in Höhe der Verkaufstische ist, wenn mit einem Beleuchtungswirkungsgrad von 0,5 gerechnet werden kann und die Raumfläche 60 m² beträgt.
Um Energiekosten einzusparen und größere Installationskosten zu vermeiden, werden die Glühlampen durch energiesparende Leuchtstofflampen mit Schraubsockel E 27 ersetzt. Die Lampen haben 20 Watt Leistungsaufnahme und einen Lichtstrom von 1200 lm.
Berechnen Sie die Einsparung der Energiekosten und die Steigerung der Beleuchtungsstärke in Prozent!

12. Nach DIN 5035 wird für die Neuinstallation eines Montageraums eine Beleuchtungsstärke von 1500 lx gefordert. Die Raumabmessungen betragen 15 m Länge und 7 m Breite. Installiert werden sollen Rasterleuchten, die mit je zwei Leuchtstofflampen von 58 W, Lichtstrom pro Lampe 4800 lm, bestückt sind. Für die verwendeten Leuchten und den vorgegebenen Raum wurde ein Beleuchtungswirkungsgrad von 0,6 ermittelt.
Berechnen Sie die Anzahl der notwendigen Leuchten!

13. In einem Montageraum 75 m² werden elektronische Bauteile zusammengesetzt. Der Raum wird mit 36 Leuchtstofflampen L 58 W $\Phi_L = $ 4800 lm beleuchtet. Der Beleuchtungswirkungsgrad ist 0,65. Prüfen Sie, ob die nach DIN 5035 erforderliche Beleuchtungsstärke erreicht wird.

14. Ein Ausstellungsraum soll mit Reflektorleuchten ausgestattet werden, die mit 200 W Glühlampen bestückt sind. Die Raumabmessungen betragen 10,00 m · 12,00 m. Wieviel Leuchten müssen installiert werden, wenn eine mittlere Beleuchtungsstärke von 250 lx gefordert wird und der Beleuchtungswirkungsgrad mit 0,53 ermittelt wurde?
(Glühlampe 200 W; $\Phi = 3150$ lm)

▶ Ein Maschinenraum für grobe und mittlere Maschinenarbeiten soll mit 1lampigen Rasterleuchten beleuchtet werden. Folgende Daten sind bekannt: Abmessungen des Raumes: 8 m · 12 m; Leuchtenhöhe über der Meßebene (Arbeitshöhe): 2,50 m; Wände aus Sichtbeton hell; Schallschluckdecke weiß; Fußboden aus Holzpflaster, dunkel; Maschinen mittelgrau; keine Fenster, Tageslicht über Oberlichter in der Decke.
Verwendet werden Leuchtstofflampen L 58 W der Lichtfarbe hellweiß; $\Phi_L = 4800\,lm$. Die Anzahl der benötigten Leuchten ist zu bestimmen!

Beispiellösung:

Gegeben: $A = 8\,m \cdot 12\,m$; $h = 2,50\,m$
                Verwendungszweck des Raumes
                Farbgestaltung des Raumes
                Verwendete Leuchten und Lampen

Gesucht: n

$$n = \frac{1,25 \cdot E \cdot A}{\Phi_L \cdot \eta_{Bel}};$$

$\eta_{Bel} = \eta_L \cdot \eta_R$

E wird aus der Tabelle 6.14, S. 93 mit 250 lx ermittelt.

Raumfaktor $K = \dfrac{a \cdot b}{h \cdot (a + b)}$;

$K = \dfrac{8\,m \cdot 12\,m}{2,5\,m\,(8\,m + 12\,m)}$;

$K = 1,92$; $K \approx 2,0$

Aus der Tabelle 6.17, S. 96 werden folgende Reflexionsgrade entnommen: $\varrho_{Decke} = 0,7$; $\varrho_{Wände} = 0,5$; $\varrho_{Nutz} = 0,2$ (Werte gemittelt).

Aus den Angaben eines Leuchtenherstellers (Tabellen 6.15 und 6.16) werden $\eta_L = 0,7$ und $\eta_R = 0,88$ ermittelt.

$$n = \frac{1,24 \cdot 250\,\frac{lm}{m^2} \cdot 96\,m^2}{4800\,lm \cdot 0,88 \cdot 0,7};$$

$\underline{\underline{n = 10,14}}$

Installiert werden 10 Leuchten.

Aufgaben

15. In einem Arbeitsraum werden elektrische Montagearbeiten an kleineren Motoren und Geräten ausgeführt. Der Raum soll mit den gleichen Rasterleuchten wie in der Beispielaufgabe ausgestattet werden. Über den Arbeitsraum werden folgende Angaben gemacht: Länge des Raumes 8 m; Breite des Raumes 4 m; Höhe des Raumes 3,80 m; Höhe der Arbeitstische 0,85 m; Abstand der Leuchten von der Decke 0,75 m. Die Decke des Raumes ist hellgelb, die Wände sind olivgrün gestrichen. Der Fußboden ist dunkelgrau ausgelegt, die Tische haben einen dunkelgrünen Belag. Verwendet werden Leuchtstofflampen L 58 W Lichtfarbe hellweiß mit $\Phi = 4800\,lm$. Die Anzahl der benötigten Leuchten ist zu bestimmen!

Tab. 6.15: Leuchtenwirkungsgrad η_L

Lichtstärkeverteilungskurve

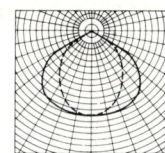

	1 × L 36 W	1 × L 58 W
	0,72	0,70

Tab. 6.16: Raumwirkungsgrade η_R von einlampigen Leuchten für Deckenmontage

Decke	0,7	0,5	0,3
Wand	0,5	0,3	0,1
Nutzfläche	0,2	0,1	0,1
Raumindex k	η_R	η_R	η_R
0,6	0,47	0,38	0,33
1,0	0,66	0,56	0,51
2,0	0,88	0,78	0,73
3,0	0,97	0,87	0,83
5,0	1,05	0,94	0,90

16. Ein Unterrichtsraum 8,00 m · 8,00 m soll mit einlampigen Rasterleuchten ausgestattet werden. Für die Rasterleuchten gelten die Daten der Tabelle 6.18, S. 96. Die Leuchten werden 2,20 m über den Tischflächen montiert. Die Decke des Raumes ist weiß, die Wände sind hellgelb gestrichen. Der Fußboden ist mit einem mittelgrauen Teppich ausgelegt, die Tische haben einen hellgrauen Kunstoffbelag. Verwendet werden Leuchtstofflampen L 58 W Lumilux weiß mit $\Phi = 5400\,lm$. Gefordert wird eine Beleuchtungsstärke von 500 lx. Die Anzahl der benötigten Leuchten ist zu bestimmen.

17. Ein Büroraum (8,00 m · 9,00 m) soll mit einlampigen Rasterleuchten nach der Abb. 1 S. 93 beleuchtet werden. Für diese Rasterleuchten wird vom Hersteller die Tabelle 6.18, S. 96 angegeben. Die Lampen hängen 2,00 m über den Arbeitstischen. Die Decke ist weiß, die Wände sind aus hellem Eichenpaneel, die Arbeitstische beige; der Fußboden ist mit olivgrünem Teppichboden ausgelegt. Verwendet werden Leuchtstofflampen 58 W, $\Phi = 4800\,lm$.

a) Die Anzahl der benötigten Leuchten ist zu bestimmen!

b) Wie groß ist der Anschlußwert des Raumes, wenn eine Leuchtstofflampe mit Vorschaltgerät 68 W aufnimmt?

c) Wie groß wäre die Leistungsaufnahme, wenn statt der verwendeten Leuchtstofflampen Glühlampen 200 W ($\Phi = 3150\,\mathrm{lm}$) verwendet würden? Die Veränderung des Wirkungsgrades soll unberücksichtigt bleiben.

d) Wie groß ist die Energieeinsparung in kWh in einem Monat (22 Arbeitstage; tägl. Brenndauer 10 Std.) bei der Verwendung von Leuchtstofflampen?

Tab. 6.17: Reflexion verschiedener Farben und Materialien

Farbe	ϱ in %	Material	ϱ in %
weiß	70–80	Lack, weiß	80–85
hellgelb	55–65	Zeichenkarton	70–75
hellgrau	40–45	Ahorn, Birke	50–60
beige, olivgrün	25–35	Beton, hell	30–50
mittelgrau	20–25	Eiche, hell	30–40
dunkelgrün	10–15	Ziegel, Beton, dunkel	15–25
dunkelgrau	10–15	Nußbaum	15–20
schwarz	4	Klarglas	6–10

Tab. 6.18: Beleuchtungswirkungsgrad η_{Bel}

Decke	ϱ_{D}	**0,7**	0,7	0,5	0,5
Wände	ϱ_{W}	**0,5**	0,3	0,3	0,3
Nutzebene	ϱ_{Nutz}	**0,3**	0,3	0,3	0,1
Raum-index k	0.6 1lampig	0,24	0,20	0,19	0,19
	0.6 2lampig	0,28	0,24	0,23	0,23
	1 1lampig	0,34	0,29	0,29	0,28
	1 2lampig	0,40	0,35	0,34	0,32
	2 1lampig	0,47	0,43	0,41	0,39
	2 2lampig	0,52	0,48	0,46	0,43
	3 1lampig	0,53	0,50	0,48	0,44
	3 2lampig	0,58	0,55	0,52	0,48
	5 1lampig	0,58	0,55	0,52	0,48
	5 2lampig	0,62	0,60	0,57	0,52

18. In einem Konstruktionsbüro wurden 40 Deckenleuchten installiert, für die vom Hersteller beigefügtes Diagramm (Abb. 1) angegeben wurde. Die mittlere Beleuchtungsstärke soll 1000 lx betragen. Rechnen Sie nach, ob dieser

Wert erreicht wird! Für den Raum liegen folgende weitere Daten vor:

Grundfläche 8,50 m · 8,50 m; Leuchtenhöhe über der Arbeitsfläche 2,70 m; die Decke ist weiß, die Wände sind aus hellem Beton. Zu berücksichtigen ist, daß eine Wand als Fensterfläche ausgebildet ist und keine Vorhänge angebracht sind. Arbeitsflächen und Fußboden sind olivgrün. Verwendet werden Leuchtstofflampen 58 W mit $\Phi_{\mathrm{L}} = 5400\,\mathrm{lm}$.

19. Ein Vortragssaal 18,00 m · 15,00 m soll mit einlampigen Rasterleuchten ausgestattet werden. Für diese Leuchten gelten die Daten der Tabellen 6.15 und 6.16, S. 95. Die Leuchten werden an der Decke montiert, die Raumhöhe beträgt 4,50 m. Über den Raum liegen folgende Angaben vor: Die Decke des Raumes ist hellgelb gestrichen, die Wände sind mit hellem Holz vertäfelt. Der Fußboden ist mit einem dunkelgrünen Teppich ausgelegt. Verwendet werden Leuchtstofflampen 58 W mit $\Phi_{\mathrm{L}} = 5400\,\mathrm{lm}$. Wieviel Leuchten sind zu installieren, wenn eine Beleuchtungsstärke von 500 lx gefordert wird?

20. In einem Lagerraum sind 12 der gleichen Leuchten wie in Aufgabe 18 installiert. Sie sind bestückt mit Leuchtstofflampen 65 W; $\Phi_{\mathrm{L}} = 4800\,\mathrm{lm}$. Der Raum wird wie folgt beschrieben: Grundfläche 20,00 m · 25,00 m; Höhe der Leuchten über der Meßebene 3,00 m. Der Raum ist stark verschmutzt, so daß für die Decke und die Wände ein Reflexionsgrad von 0,3 angenommen werden kann. Der Fußboden ist dunkelgrau. Berechnen Sie die Beleuchtungsstärke!

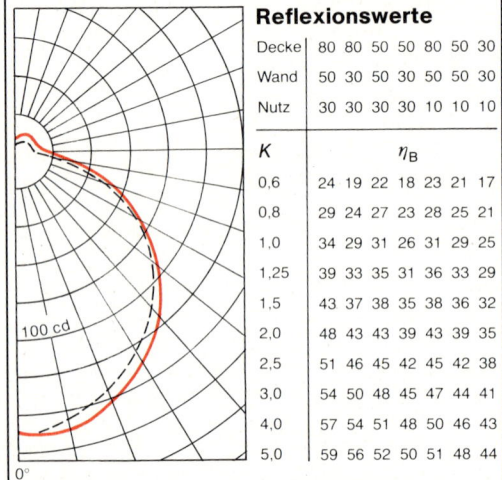

Reflexionswerte

Decke	80	80	50	50	80	50	30
Wand	50	30	50	30	50	50	30
Nutz	30	30	30	30	10	10	10

K	η_{B}						
0,6	24	19	22	18	23	21	17
0,8	29	24	27	23	28	25	21
1,0	34	29	31	26	31	29	25
1,25	39	33	35	31	36	33	29
1,5	43	37	38	35	38	36	32
2,0	48	43	43	39	43	39	35
2,5	51	46	45	42	45	42	38
3,0	54	50	48	45	47	44	41
4,0	57	54	51	48	50	46	43
5,0	59	56	52	50	51	48	44

Abb. 1

6.11 Kommunikationstechnik

6.11.1 Dämpfungs- und Übertragungsfaktoren

▶ Bei einer Übertragungsstrecke wird bei einer Eingangsspannung von 0,4 mV eine Ausgangsspannung von 50 µV gemessen. Wie groß ist der Spannungsdämpfungsfaktor?

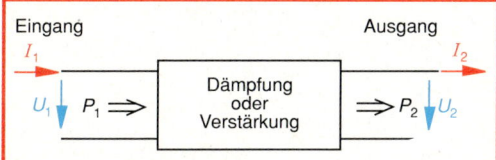

Eingang   Ausgang

Dämpfungsfaktor D

$$D_I = \frac{I_1}{I_2}; \qquad D_U = \frac{U_1}{U_2}; \qquad D_P = \frac{P_1}{P_2}$$

Übertragungsfaktor, Verstärkungsfaktor T

$$T_I = \frac{I_2}{I_1}; \qquad T_U = \frac{U_2}{U_1}; \qquad T_P = \frac{P_2}{P_1}$$

Für eine Reihenschaltung gilt:

$$T_{ges} = T_1 \cdot T_2 \cdots T_n = \frac{1}{D_1} \cdot \frac{1}{D_2} \cdots \frac{1}{D_n}$$

Beispiellösung:

Gegeben: $U_1 = 0,4\,mV$; $\qquad U_2 = 50\,µV$

Gesucht: D_U

$$D_U = \frac{U_1}{U_2}; \qquad D_U = \frac{0,4\,mV}{0,05\,mV}; \qquad \underline{\underline{D_U = 8}}$$

Aufgaben

1. Eine Antennenleitung wird mit 5 mV gespeist. Leitungsverluste bewirken einen Spannungsfall von 500 µV. Wie groß ist der Dämpfungsfaktor der Leitung?

2. Die Spannung am Ausgang eines Kopfhörerverstärkers soll 2 V betragen. Wie groß ist sein Verstärkungsfaktor, wenn dazu am Eingang 5 mV liegen müssen?

3. Ein *LC*-Schwingkreis hat bei seiner Resonanzfrequenz einen Spannungsdämpfungsfaktor von 400. Wie groß darf die anliegende Spannung einer Störfrequenz maximal werden, ohne daß das kritische Störspannungsniveau von 2 µV im Gerät überschritten wird?

6.11.2 Dämpfungs- und Übertragungsmaße

▶ Ein zweistufiger Verstärker weist eine Spannungsverstärkung von 1000 auf. Wie groß sind a) Dämpfungsmaß und b) Verstärkungsmaß?

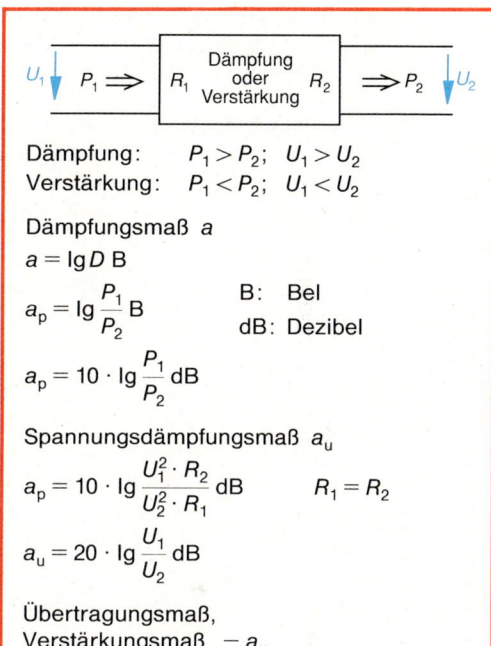

Dämpfung: $P_1 > P_2$; $\;U_1 > U_2$
Verstärkung: $P_1 < P_2$; $\;U_1 < U_2$

Dämpfungsmaß a

$a = \lg D$ B

$$a_p = \lg \frac{P_1}{P_2}\,B \qquad\qquad \text{B: Bel}$$
$$\text{dB: Dezibel}$$

$$a_p = 10 \cdot \lg \frac{P_1}{P_2}\,dB$$

Spannungsdämpfungsmaß a_u

$$a_p = 10 \cdot \lg \frac{U_1^2 \cdot R_2}{U_2^2 \cdot R_1}\,dB \qquad R_1 = R_2$$

$$a_u = 20 \cdot \lg \frac{U_1}{U_2}\,dB$$

Übertragungsmaß, Verstärkungsmaß $-a_u$

$$-a_u = 20 \cdot \lg \frac{U_2}{U_1}\,dB$$

Beispiellösung

Gegeben: $T = 1000$

Gesucht: a) a_u; b) $-a_u$

a) $a_u = 20 \cdot \lg \frac{1}{1000}$

$\underline{\underline{a_u = -60\,dB}}$

b) $-a_u = 20 \lg \frac{U_2}{U_1}\,dB$

$-a_u = 20 \lg 1000$

$\underline{\underline{-a_u = 60\,dB}}$

Eingabe	Anzeige
1000	*1000*
lg	*3*
×	*3*
20	*20*
=	*60*

Aufgaben

1. An einer Leitung werden am Eingang 150 mV und am Ausgang 60 mV gemessen. Ermitteln Sie das Spannungsdämpfungsmaß!

2. Am Ausgang einer Leitung liegen 150 mV bei einer Eingangsspannung von 0,6 V. Wie groß ist das Spannungsdämpfungsmaß in dB?

3. Die Spannung am Ausgang eines RC-Gliedes reduziert sich bei einer bestimmten Frequenz auf $\frac{1}{\sqrt{2}}$ des Wertes der Eingangsspannung. Welches Spannungsdämpfungsmaß in dB liegt vor?

4. Der Verstärkungsfaktor eines Operationsverstärkers beträgt 22440. Welches Verstärkungsmaß ergibt sich daraus?

5. Eine Verstärkerstufe besitzt drei Hochpässe, die jeweils niederfrequente Spannungsanteile des Signals um den Faktor $\sqrt{2}$ dämpfen. Wie groß ist das so verursachte Gesamtdämpfungsmaß?

6. Der Dämpfungsfaktor einer elektronischen Schaltung für Rauschspannungen beträgt 2540. Wie groß ist das Rauschabstandsmaß in dB?

7. Ein Sperrkreis soll eine Störspannung so dämpfen, daß diese auf 1‰ ihres ursprünglichen Wertes reduziert wird. Welches Dämpfungsmaß muß der Kreis besitzten?

▶ Ein Verstärker hat ein Spannungsverstärkungsmaß von 26 dB. Wie groß ist die Ausgangsspannung bei 25 mV Eingangsspannung?

Beispiellösung:

Gegeben: $-a_u = 26$ dB; $U_1 = 0,025$ V
Gesucht: U_2

$-a_u = 20 \cdot \lg \frac{U_2}{U_1}$

$\frac{-a_u}{20} = \lg \frac{U_2}{U_1}$;

$\frac{U_2}{U_1} = 10^{\frac{-a_u}{20}}$

$U_2 = U_1 \cdot 10^{\frac{-a_u}{20}}$

$U_2 = 0,025 \text{ V} \cdot 10^{\frac{26}{20}}$

$U_2 = 0,025 \text{ V} \cdot 10^{1,3}$

$U_2 = 0,025 \text{ V} \cdot 19,9526$

$\underline{U_2 = 0,5 \text{ V}}$

Eingabe	Anzeige
26	26
÷	26
20	20
=	1.3
STO	1.3
10	10
yˣ	10
RCL	1.3
=	19.9526
×	19.9526
0,025	0.025
=	0.4988

Überschlagsberechnung:

26 dB $= 20$ dB $+ 6$ dB; 20 dB $\hat{=} 10$; 6 dB $\hat{=} 2$
Man rechnet: $10 \cdot 2 = 20$;
Man erhält: 26 dB $\hat{=} 20$
Die Verstärkung ist damit 20fach.
$U_2 = 20 \cdot u_1$ $\underline{U_2 = 0,5 \text{ V}}$

Aufgaben

8. Ein Verstärker hat ein Spannungsverstärkungsmaß von 46 dB. Wie groß darf die Eingangsspannung maximal werden, wenn die Stufe bei einer Ausgangsspannung von 1,55 V voll ausgesteuert ist? Ermitteln Sie den Wert durch eine Berechnung und überschlägig!

9. Der Rauschabstand bei einer magnetischen Tonaufzeichnung beträgt 69 dB. Welches Spannungsverhältnis U_{Nutz} zu U_{Rausch} liegt vor?

10. Der Transistor BC 107 C hat bei einem Stromverstärkungsmaß von 33 dB einen Kollektorstrom von 750 mA. Welchen Wert hat der entsprechende Basisstrom?

▶ Ein Übertragungskanal mit aktiven und passiven Vierpolen besitzt folgende Verstärkungs- und Dämpfungsmaße: $-a_1 = 5$ dB; $a_2 = 12$ dB; $-a_3 = 10$ dB; $a_4 = 12$ dB; $-a_5 = 16$ dB. Welcher Wert in dB ergibt sich für den Ausgang?

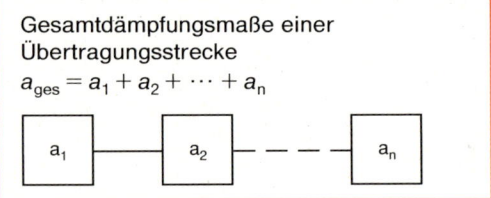

Gesamtdämpfungsmaße einer Übertragungsstrecke
$a_{\text{ges}} = a_1 + a_2 + \cdots + a_n$

Beispiellösung:

Gegeben: $-a_1 = 5$ dB; $a_2 = 12$ dB; $-a_3 = 10$ dB;
               $a_4 = 12$ dB; $-a_5 = 16$ dB
Gesucht: a_{ges}

$a_{\text{ges}} = -5 \text{ dB} + 12 \text{ dB} - 10 \text{ dB} + 12 \text{ dB} - 16 \text{ dB}$

$\underline{a_{\text{ges}} = -7 \text{ dB}}$

Aufgaben

11. In einer Antennenanlage haben Weiche, Verstärker, Verteiler und Anschlußdose die Dämpfungsmaße 9 dB; -40 dB; 4 dB und 1,5 dB. Welches Gesamtdämpfungsmaß liegt vor?

12. Auf einer Übertragungsstrecke werden folgende Werte in dB gemessen: $-9,2$; $-2,7$; $+3,5$; $-10,2$; $+1,7$; $-3,7$ und 17,8.
Wie groß ist das gesamte Verstärkungsmaß auf der Übertragungsstrecke und welches Dämpfungsmaß verbleibt?

6.11.3. Relativer Pegel

▶ In Abb. 1 ist das Anlagenbeispiel eines Netzes zur Verteilung von Satellitensignalen in einem Doppelhaus zu sehen. Am Ausgang des Umsetzers wird ein relativer Pegel von 80 dBµV gemessen.
Die Stufen und die Leitungen verfügen über folgende Dämpfungen:
Leitung 10 dB / 20 m; Fernspeise-Stromversorgung $a_F = 1 dB$; Verteiler $a_V = 5 dB$; Anschlußdose $a_A = 1 dB$.
a) Wie groß ist der an der Enddose zur Verfügung stehende relative Pegel in dBµV?
b) Wie groß ist die Spannung am Ausgang des Umsetzers?

Relativer Pegel L_u (bezogen auf 1 µV an 75 Ω)

$$L_u = 20 \cdot \lg \frac{U_x}{1\,µV}\ dBµV \quad (R_L = 75\,Ω)$$

Beispiellösung:

Gegeben: Anfangspegel $L_{u1} = 80\,dBµV$;
Leitungsdämpfung 10 dB/20 m;
$a_F = 1 dB$; $a_V = 5 dB$; $a_A = 1 dB$;
$l = 17\,m$

Gesucht: a) L_{u2}; b) U_1

a) $a_{ges} = \dfrac{10\,dB}{20\,m} \cdot 17\,m + a_F + a_V + a_A$

$a_{ges} = 8{,}5\,dB + 1\,dB + 5\,dB + 1\,dB$

$a_{ges} = 15{,}5\,dB \qquad \Delta L_u = 15{,}5\,dB\ µV$

$L_{u2} = L_{u1} - \Delta L_u$

$L_{u2} = 80\,dBµV - 15{,}5\,dB\ µV$

$\underline{\underline{L_{u2} = 64{,}5\,dBµV}}$

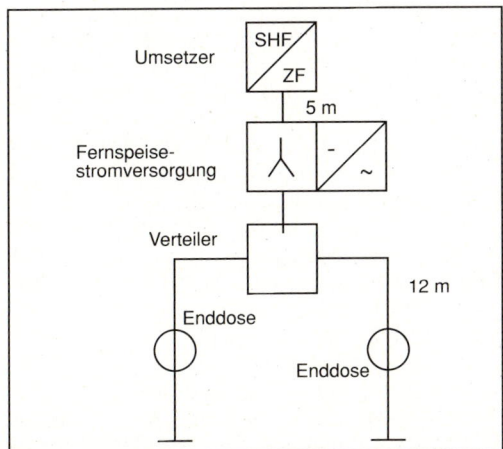

Abb. 1

b) $L_{u1} = 20 \cdot \lg \dfrac{U_1}{1\,µV}\ dBµV$

$\dfrac{80\,dBµV}{20\,dBµV} = \lg \dfrac{U_1}{1\,µV}; \qquad 4 = \lg \dfrac{U_1}{1\,µV}$

$\dfrac{U_1}{1\,µV} = 10^4; \qquad U_1 = 10^4 \cdot 10^{-6}\,V$

$\underline{U_1 = 10^{-2}\,V}$

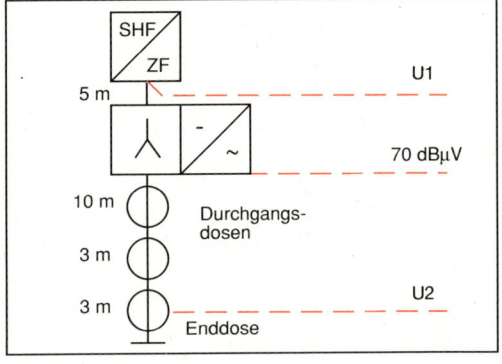

Abb. 2

Aufgaben

1. Ein Kreuzdipol liefert eine Spannung von 0,15 mV. Berechnen Sie den relativen Pegel in dBµV!

2. Eine Hochfrequenzstufe liefert bereits bei einer Eingangsspannung von 20 µV eine rauschfreie Ausgangsspannung von 10 mV. Berechnen Sie die relativen Ein- und Ausgangspegel in dBµV!

3. Ein Antennen-Verstärker liefert bei einer Eingangsspannung von 0,4 mV eine Ausgangsspannung von 18 mV (gemessen an 75 Ω). Berechnen Sie die Pegelwerte L_{u1} und L_{u2} und aus dem relativen Pegel das Verstärkungsmaß!

4. Für UKW-Antennenanlagen gelten an den Empfängereingängen die Mindestpegel 50 dBµV und die Maximalpegel 80 dBµV. Welchen Spannungswerten entsprechen diese Angaben?

5. Die Antennenanlage von Abb. 2 besitzt folgende Dämpfungsmaße:
Kabeldämpfung 10 dB/20 m; Durchgangsdämpfungsmaß in der Dosen 2 dB; Fernspeise-Stromversorgung 1,5 dB.
Berechnen Sie das Gesamtdämpfungsmaß der Anlage sowie die in der Abb. angegebenen relativen Pegel L_{u1} und L_{u2}!

6.11.4 Mechanische Festigkeit von Antennen

▶ Ein Standrohr wird wie in Abb. 1 als Träger für die Antennen einer Gemeinschafts-Antennen-Anlage benutzt. Es besteht aus zwei Steckmasten (2 × 2 m) mit einer Gesamtlänge von 3,85 m und einem zulässigen Nutzmoment von 510 Nm (laut Hersteller). Berechnen Sie die Summe der Lastmomente an dem Rohr und überprüfen Sie die Festigkeit der Steckmaste!

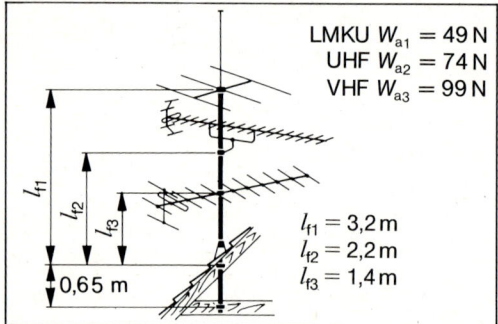

LMKU $W_{a1} = 49\,N$
UHF $W_{a2} = 74\,N$
VHF $W_{a3} = 99\,N$

$l_{f1} = 3,2\,m$
$l_{f2} = 2,2\,m$
$l_{f3} = 1,4\,m$

0,65 m

Abb. 1: Windlasten und Einspannlängen bei einem Antennenstandrohr

---

Berechnung der Festigkeit eines Standrohrs

l_{f1}; l_{f2}; l_{f3}, ... freie Länge zwischen Befestigungsort der Antenne und oberer Rohrbefestigung;

W_a Windlast einer Antenne in N für Gebäudehöhen bis 20 m. Bei Höhen über 20 m liegt die Windlast 1,375mal höher.

M_a Lastmoment der Antenne in Nm

$M_a = l_f \cdot W_a$

M_s Summe der Lastmomente

$M_s = M_{a1} + M_{a2} + M_{a3} + \ldots M_{an}$

M_z Zulässiges Nutzmoment des Standrohrs in Nm (aus Katalog)

Bedingung $M_s \leq M_z$

l_e Einspannlänge $\geq \frac{1}{6}$ von
l_g Gesamtlänge

Beispiellösung:

Gegeben: $l_1 = 3,2\,m$; $l_2 = 2,2\,m$; $l_3 = 1,4\,m$;
$\qquad\quad W_{a1} = 49\,N$; $W_{a2} = 74\,N$; $W_{a3} = 99\,N$
Gesucht: M_s

$M_a = l_f \cdot W_a$

LMKU: $M_{a1} = 3,2\,m \cdot 49\,N$; $M_{a1} = 157\,Nm$

UHF: $\quad M_{a2} = 2,2\,m \cdot 86\,N$; $M_{a2} = 189\,Nm$

VHF: $\quad M_{a3} = 1,4\,m \cdot 99\,N$; $M_{a3} = 139\,Nm$

$M_s = M_{a1} + M_{a2} + M_{a3}$

$\underline{M_s = 485\,Nm}$

Das zulässige Nutzmoment von 510 Nm wird nicht überschritten.

Aufgaben

1. Berechnen Sie das auftretende Lastmoment am Standrohr der Anlage von Abb. 2! Die Höhe des Hauses beträgt 24 m. Die verwendeten Streckrohre (2 × 2 m) haben ein zulässiges Nutzmoment von 510 Nm.

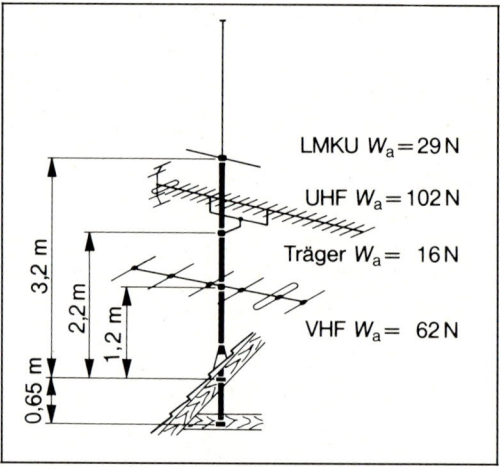

LMKU $W_a = 29\,N$

UHF $W_a = 102\,N$

Träger $W_a = 16\,N$

VHF $W_a = 62\,N$

3,2 m
2,2 m
1,2 m
0,65 m

Abb. 2: Antenne für LMKU, VHF und UHV

2. Eine 6-Element-UKW-Antenne mit einer Windlast von 105 N wird ganz oben an einem Standrohr mit 3,2 m freier Länge l_f angebracht. Das zulässige Nutzmoment des Rohres beträgt 510 Nm.
a) Berechnen Sie das auftretende Lastmoment!
b) Um wieviel Prozent ist es niedriger als das zulässige Nutzmoment des Mastes?

3. Wenn eine Antenne 2,9 m über der oberen Rohrbefestigung angebracht wird, entsteht ein Lastmoment von 380 Nm. Wie groß ist dabei die Windlast der Antenne?

4. Eine Zwei-Ebenen-Yagi-Antenne für den Bereich III weist eine Windlast von 154 N auf. Welches Lastmoment hat die Antenne bei $l_g = 1,3\,m$?

7 Leistungselektronik

7.1 Gleichrichterschaltungen

▶ Berechnen Sie für das Gleichrichtergerät in Abb. 3 das Übersetzungsverhältnis ü des Transformators und die ideelle primärseitige Scheinleistung S_{Li}! Ermitteln Sie die periodische Spitzensperrspannung U_{RRM} für die Dioden, wenn mit Netzspannungsschwankungen von ± 10% gerechnet werden muß!

Ventilseitige Leerlaufspannung	U_{v0}
Ideelle Gleichspannung	U_{di}
Ventilseitiger Leiterstrom	I_v
Gleichstrom (arithm. Mittelwert)	I_d
Ideelle Scheitelsperrspannung	U_{im}
Ideelle primärseitige Scheinleistung des Transformators	S_{Li}
Zweigstrom	$I_{p\,mittel}$
Periodische Spitzensperrspannung der Gleichrichterdioden	U_{RRM}
Spannungswelligkeit	w_U

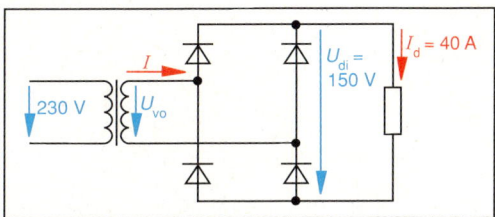

Abb. 3: Gleichrichtergerät

Beispiellösung:

Gegeben: $U_{di} = 150\,V$; $I_d = 40\,A$; $U_1 = 230\,V$;
$\triangle U_1 = \pm 10\%$

Gesucht: $ü$; S_{Li}; U_{RRM}

● Berechnung von $ü$

$$\frac{U_{di}}{U_{v0}} = 0,9 \quad \text{(aus Tabelle 7.1)}$$

$$U_{v0} = \frac{U_{di}}{0,9}; \quad U_{v0} = \frac{150\,V}{0,9}; \quad \underline{U_{v0} = 167\,V}$$

$$U_{v0} = U_2; \quad ü = \frac{U_1}{U_2}; \quad ü = \frac{230\,V}{167\,V}; \quad \underline{\underline{ü = 1,38}}$$

Tab. 7.1: Kennwerte von Gleichrichterschaltungen

Schaltung	Be-zeichnung	Kenn-zeichen	Puls-zahl p	$\dfrac{U_{di}}{U_{v0}}$	$\dfrac{I_v}{I_d}$	$\dfrac{U_{im}}{U_{di}}$	$\dfrac{S_{Li}}{U_{di} \cdot I_d}$	$\dfrac{I_{p\,mittel}}{I_d}$	w_u
	Einpuls-Mittelpunkt-schaltung	M1U	1	0,45	1,57	3,14 6,28[1]	3,49	1	1,21
	Zweipuls-Mittelpunkt-schaltung	M2U	2	0,45	0,785	3,14 3,14[1]	1,23	0,5	0,48
	Dreipuls-Mittelpunkt-schaltung	M3U	3	0,675	0,588	2,09	1,23	0,333	0,18
	Zweipuls-Brücken-schaltung	B2U	2	0,9	1,11	1,57 1,57[1]	1,23	0,5	0,48
	Sechspuls-Brücken-schaltung	B6U	6	1,35	0,82	1,05	1,06	0,333	0,04

[1] Mit Ladekondensator

● Berechnung von S_{Li}

$$\frac{S_{Li}}{U_{di} \cdot I_d} = 1,23 \quad \text{(aus Tabelle 7.1)}$$

$$S_{Li} = 1,23 \cdot U_{di} \cdot I_d$$

$$S_{Li} = 1,23 \cdot 150\,V \cdot 40\,A$$

$$\underline{S_{Li} = 7,38\,kVA}$$

● Berechnung von U_{RRM}

$$\frac{U_{im}}{U_{di}} = 1,57 \quad \text{(aus Tabelle 7.1)}$$

$$U_{im} = 1,57 \cdot U_{di} \qquad U_{di} = 0,9 \cdot U_{v0}$$

Im ungünstigsten Fall steigen U_1 und U_{v0} um 10%:

$$U_{di\,10\%} = 0,9 \cdot U_{v0} \cdot 1,1$$

$$U_{di\,10\%} = 0,9 \cdot 167\,V \cdot 1,1$$

$$U_{di\,10\%} = 165\,V$$

$$U_{im} = 1,57 \cdot 165\,V \qquad \underline{U_{im} = 259\,V}$$

Weil die ideale Scheitelsperrspannung 259 V beträgt, muß U_{RRM} mindestens genauso groß sein.

Aufgaben

1. Für den Betrieb eines elektrolytischen Bades zur Oberflächenveredelung (Galvanostegie) wird Gleichstrom mit einer Stromstärke von 160 A bei einer Spannung von 4 V benötigt. Die erforderliche Leistung soll dem 230 V-Netz entnommen werden. Berechnen Sie das Übersetzungsverhältnis des erforderlichen Transformators, seine primärseitige Scheinleistung und die maximale Scheitelsperrspannung, die an den Dioden anliegt, wenn eine Zweipuls-Brückenschaltung B2U verwendet wird!

2. Die Drehstromlichtmaschine in einem Kraftfahrzeug liefert eine Gleichspannung von 14 V. Die maximale Stromstärke beträgt ca. 27 A.
a) Ermitteln Sie die ventilseitige Leerlaufspannung U_{v0} der Lichtmaschine, wenn die Brückenschaltung B6U angewendet wird!
b) Welche Werte erreichen U_{im} und $I_{p\,mittel}$?

3. Ein Drehstromtransformator 380 V wurde für eine Scheinleistung von 4,3 kVA ausgelegt. An diesen Transformator soll eine Gleichrichterschaltung angeschlossen werden, die bei U_{di} = 200 V einen Strom I_d = 20 A liefert.
a) Welche Schaltung ist zu wählen?
b) Wie groß muß N_1 des Transformators sein, wenn bei Schaltung Yy0 die Windungszahl N_2 = 470 ist?

4. Bei der Gewinnung von Aluminium durch Schmelzflußelektrolyse wird eine Gleichspannung von 6 V bei einer Stromstärke von 100 kA je Ofen benötigt.
a) Welches Übersetzungsverhältnis muß der Gleichrichtertransformator (Schaltung Yy0) aufweisen, wenn die Drehstrom-Gleichrichtung mit der Sechspuls-Brückenschaltung B6U erfolgt und die Netzspannung 10 kV beträgt?
b) Welches Übersetzungsverhältnis ist erforderlich, wenn mit Spannungsverlusten von 1,5 V in der Schaltung gerechnet werden muß?
c) Welchen Wert haben die Zweigströme $I_{p\,mittel}$?

5. In einer Dreipuls-Mittelpunktschaltung M3U ist eine Gleichrichterdiode zu ersetzen. Wie groß muß U_{RRM} der Ersatzdiode mindestens sein, wenn die ideale Gleichspannung der Schaltung 55 V beträgt?

6. Nach der Reparatur eines Gleichrichergerätes mit den Daten: Schaltung B6U; S_{Li} = 22,26 kVA; U_{di} = 300 V wird nach Inbetriebnahme die ersetzte Gleichrichterdiode (U_{RRM} = 345 V; I_F = 20 A) zerstört.
Weshalb kam es zum Ausfall der Diode?

7. In einer Zweipuls-Brückenschaltung B2U muß eine Gleichrichterdiode ersetzt werden. Die Schaltung liefert eine Spannung U_{di} = 70 V. Die primärseitige Scheinleistung des Transformators S_{Li} erreicht einen Wert von 6 kVA. Für welchen Strom $I_{p\,mittel}$ muß die Diode bemessen werden?

8. Für den Bau eines Gleichrichtergerätes stehen Dioden mit U_{RRM} = 300 V und I_F = 60 A zur Verfügung. Dem Gerät soll eine Spannung U_{di} = 250 V bei einer Stromstärke von 70 A entnommen werden.
Für welche Schaltung muß man sich entscheiden, wenn für jede der möglichen Schaltungen (M1U, M2U, M3U, B2U und B6U) ein geeigneter Transformator vorhanden ist?

9. An einen Drehstromtransformator mit der Scheinleistung S_{Li} = 6 kVA werden nacheinander die Schaltungen M3U und B6U angeschlossen.
a) Berechnen Sie die Gleichstromleistungen, die den Schaltungen entnommen werden können!
b) Wie groß ist der Unterschied der Gleichstromleistungen in %?
c) Wie groß werden die Zweigströme $I_{p\,mittel}$ bei den beiden Schaltungen M3U und B6U, wenn U_{di} = 60 V beträgt?

Glättung und Siebung

▶ Ermitteln Sie die Spannungswelligkeit w_u der Ausgangsspannung in Abb. 1! Wie groß ist die Stromwelligkeit w_I bei Belastung mit einem Wirkwiderstand?

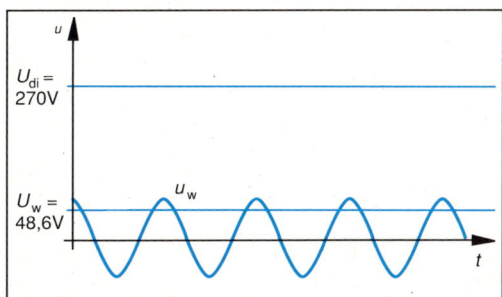

Abb. 1

Welligkeit

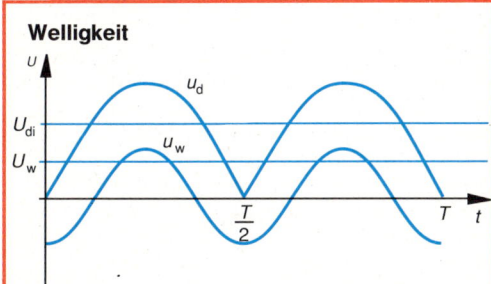

Maße für die überlagerten Wechselgrößen

Welligkeit w

Spannungswelligkeit (vgl. Tab. 7.1) w_u

$$w_u = \frac{U_w}{U_{di}}$$

Überlagerte Wechselspannung, „Brummspannung" U_w

Stromwelligkeit w_I

$$w_I = \frac{I_w}{I_d}$$

Bei Belastung mit Wirkwiderstand gilt

$$w_u = w_I$$

Beispiellösung:

Gegeben: $U_{di} = 270\,V$, $U_w = 48,6\,V$ (aus Abb. 1)
Gesucht: w_I

$$w_u = \frac{U_w}{U_{di}}; \quad w_u = \frac{48,6\,V}{270\,V}$$

$$\underline{w_u = 0,18}$$

Bei Belastung der Gleichrichterschaltung mit einem Wirkwiderstand ist $w_I = w_u$.

$$\underline{\underline{w_I = 0,18}}$$

---

10. Die Netzspannung von 230 V soll mit der Schaltung M1U gleichgerichtet werden.
a) Welche Brummspannung U_w ergibt sich?
b) Welchen Scheitelwert hat die Brummspannung?

11. Am Ausgang einer Netzgleichrichter-Schaltung ergibt sich U_{di} zu 207 V. Der Scheitelwert der Brummspannung beträgt 140,5 V.
a) Wie groß ist U_w?
b) Mit welchen Gleichrichterschaltungen könnte die Netzspannung gleichgerichtet worden sein?

12. Am Ausgang einer Gleichrichterschaltung betragen $U_{di} = 540\,V$ und $U_w = 21,6\,V$.
a) Wie groß ist w_u?
b) Welche Schaltung wird verwendet?
c) Welche Stromwelligkeit ergibt sich bei Belastung mit einem Wirkwiderstand?

13. Am Ausgang einer Gleichrichterschaltung wird eine überlagerte Wechselspannung von $U_w = 125\,V$ gemessen.
a) Wie groß ist die Spannungswelligkeit, wenn U_{di} zu 103,5 V ermittelt wurde?
b) Welche Gleichrichterschaltung wird verwendet, wenn $U_{v0} = 230\,V$ beträgt?

14. Wie groß sind in einer Sechspuls-Brückenschaltung B6U, die direkt aus dem 400/230 V-Netz gespeist werden
a) die Spannungswelligkeit,
b) die ideelle Leerlaufgleichspannung U_{di},
c) der Scheitelwert der Brummspannung U_w
d) und der Effektivwert der Brummspannung?

15. Gegeben ist die Schaltung in Abb. 2.
a) Ermitteln Sie U_{di}!
b) Welchen Wert hat U_w?
c) Welche Gleich- und Wechselstromleistungen ergeben sich am Lastwiderstand, wenn Verluste in der Schaltung unberücksichtigt bleiben?
d) Welche Gesamtleistung ergibt sich am Lastwiderstand?

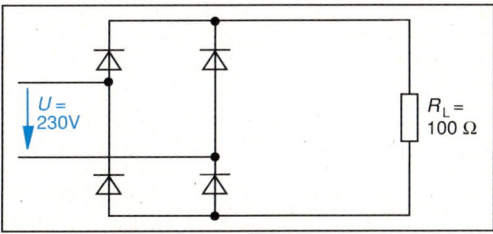

Abb. 2

▶ Der Ausgangsstrom einer Gleichrichterschaltung B2U soll mit Hilfe einer Drosselspule (Glättungsdrossel) geglättet werden. Die Stromwelligkeit w_I darf den Wert 0,1 nicht überschreiten.

a) Welchen Wert muß die Induktivität der Glättungsdrossel erhalten, wenn die Gleichrichterschaltung mit einem Widerstand von $5\,\Omega$ belastet wird?

b) Welchen Wert muß die Kapazität eines Glättungskondensators erhalten, wenn der Schaltung ein Strom von 1,5 A entnommen werden soll und die Brummspannung 2 V nicht überschreiten darf?

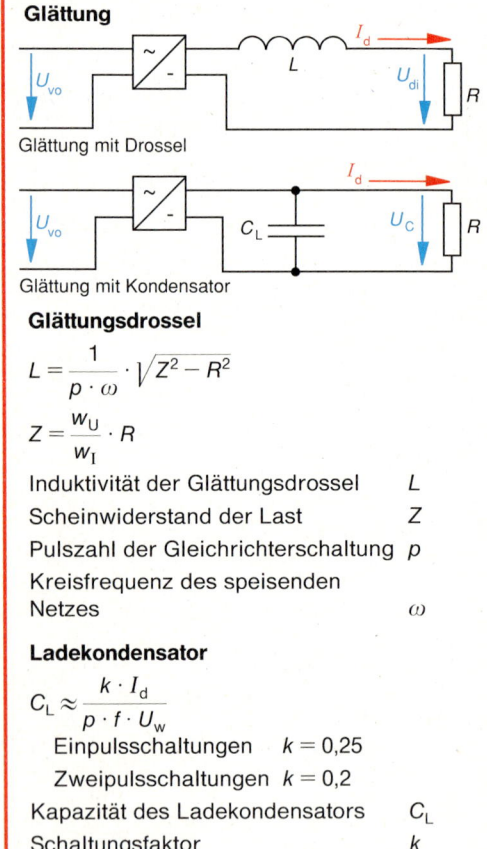

Glättung

Glättung mit Drossel

Glättung mit Kondensator

Glättungsdrossel

$$L = \frac{1}{p \cdot \omega} \cdot \sqrt{Z^2 - R^2}$$

$$Z = \frac{w_U}{w_I} \cdot R$$

Induktivität der Glättungsdrossel	L
Scheinwiderstand der Last	Z
Pulszahl der Gleichrichterschaltung	p
Kreisfrequenz des speisenden Netzes	ω

Ladekondensator

$$C_L \approx \frac{k \cdot I_d}{p \cdot f \cdot U_w}$$

Einpulsschaltungen	$k = 0,25$
Zweipulsschaltungen	$k = 0,2$
Kapazität des Ladekondensators	C_L
Schaltungsfaktor	k
Laststrom	I_d
Zulässige Brummspannung	U_w

Beispiellösung:

Gegeben: Schaltung B2U; $p = 2$; $f = 50\,\text{Hz}$;

$w_{UB2U} = 0,48$; $w_{I\,max} = 0,1$; $R = 5\,\Omega$;

$I_d = 1,5\,\text{A}$; $U_w = 2\,\text{V}$;

Gesucht: a) L; b) C_L;

a) $Z = \dfrac{w_U}{w_{I\,max}} \cdot R$; $\quad Z = \dfrac{0,48 \cdot 5\,\Omega}{0,1}$; $\quad \underline{Z = 24\,\Omega}$

$L = \dfrac{1}{p \cdot \omega} \cdot \sqrt{Z^2 - R^2}$;

$L = \dfrac{1\,\text{s}}{2 \cdot 2\,\pi \cdot 50} \cdot \sqrt{(24\,\Omega)^2 - (5\,\Omega)^2}$; $\quad \underline{L = 37,36\,\text{mH}}$

b) $C_L \approx \dfrac{k \cdot I_d}{p \cdot f \cdot U_w}$; $\quad C_L \approx \dfrac{0,2 \cdot 1,5\,\text{A}}{2 \cdot 50\frac{1}{\text{s}} \cdot 2\,\text{V}}$

$\underline{C_L \approx 1500\,\mu\text{F}}$

Aufgaben[1]

16. Die Schaltung B6U wird mit einem Widerstand von $1\,\Omega$ belastet. Die Stromwelligkeit soll durch eine Glättungsdrossel auf $w_I = 0,01$ herabgesetzt werden ($f_{Netz} = 50\,\text{Hz}$).

a) Wie groß ist die Pulszahl der Gleichrichterschaltung?

b) Welchen Wert muß die Induktivität der Glättungsdrossel aufweisen?

c) Welche Induktivität wäre erforderlich, wenn eine Einpuls-Mittelpunktschaltung M1U Verwendung fände ($w_I = 0,01$)?

17. Eine Sechspuls-Brückenschaltung wird mit einem Widerstand von $150\,\Omega$ belastet ($f_{Netz} = 50\,\text{Hz}$). Die Stromwelligkeit soll durch eine Glättungsdrossel auf den Wert 0,01 herabgesetzt werden.

a) Welche Induktivität muß die Glättungsdrossel aufweisen?

b) Wie groß müßte die Induktivität bei Verwendung der Schaltung M3U werden?

c) Welche Folgerungen ergeben sich für die Praxis aus den Ergebnissen zu a) und b)?

18. In einer Gleichrichterschaltung B2U beträgt der Scheinwiderstand Z der Last $240\,\Omega$.

Wie groß ist der Lastwiderstand R, wenn die Stromwelligkeit w_I den Wert 0,015 nicht überschreitet?

19. Ein Verbraucher wird durch eine Gleichrichterschaltung mit Energie versorgt. Der Scheinwiderstand Z aus Glättungsdrossel und Verbraucher beträgt $90,75\,\Omega$. Der Verbraucherwiderstand hat $3\,\Omega$. Aus welcher Gleichrichterschaltung wird der Verbraucher versorgt, wenn die Stromwelligkeit $w_I = 0,04$ beträgt?

---

[1] Fehlende Informationen sind Tab. 7.1 zu entnehmen.

20. Gegeben ist die Schaltung in Abb. 1. Aus welchen Gleichrichterschaltungen könnte der Verbraucher gespeist werden?

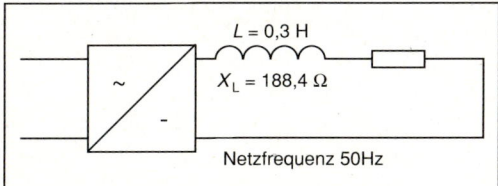

$L = 0,3\,H$
$X_L = 188,4\,\Omega$

Netzfrequenz 50Hz

Abb. 1

21. Gegeben ist die Schaltung in Abb. 2.
a) Welche Gleichrichterschaltung befindet sich in dem Gleichrichtergerät?
b) Welche Stromwelligkeit stellt sich im Verbraucher ein?

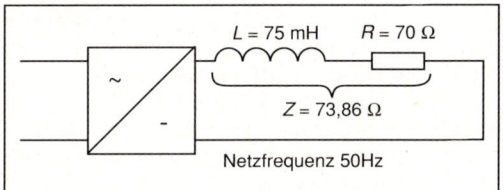

$L = 75\,mH$ $R = 70\,\Omega$
$Z = 73,86\,\Omega$

Netzfrequenz 50Hz

Abb. 2

22. Gegeben ist die Schaltung in Abb. 3.
a) Welche Gleichrichterschaltung befindet sich in dem Gleichrichtergerät?
b) Welche Spannungswelligkeit ergibt sich?
c) Wie groß ist die Stromwelligkeit?

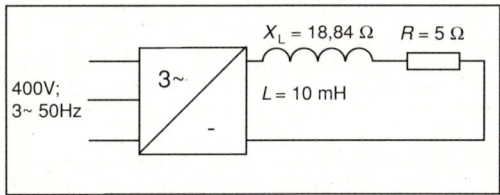

400V;
3~ 50Hz
$X_L = 18,84\,\Omega$ $R = 5\,\Omega$
$L = 10\,mH$

Abb. 3

23. In einer Gleichrichterschaltung B2U, die direkt an das Netz mit 230V/50Hz angeschlossen ist, soll die Brummspannung U_w durch einen Ladekondensator C_L auf einen Wert von 40V herabgesetzt werden.
a) Wie groß wird I_d, bei einem Lastwiderstand von 100Ω ohne Berücksichtigung von Spannungsverlusten in der Schaltung?
b) Welchen Wert muß C_L erhalten?
c) Welche Leistung wird im Lastwiderstand umgesetzt?
d) Welchen Wert müßte der Ladekondensator erhalten, wenn der Lastwiderstand auf 50Ω verringert würde und U_w gleichbleiben soll?

▶ Die Ausgangsspannung einer Zweipuls-Mittelpunktschaltung B2U soll mit Hilfe eines RC-Siebglieds geglättet werden. U_{w1} beträgt 1,2V und U_{w2} hat den Wert 0,01V. Berechnen Sie
a) den Siebfaktor s und
b) die erforderliche Kapazität des Siebkondensators, wenn der Siebwiderstand den Wert 50Ω aufweist und f_{Netz} 50Hz beträgt!

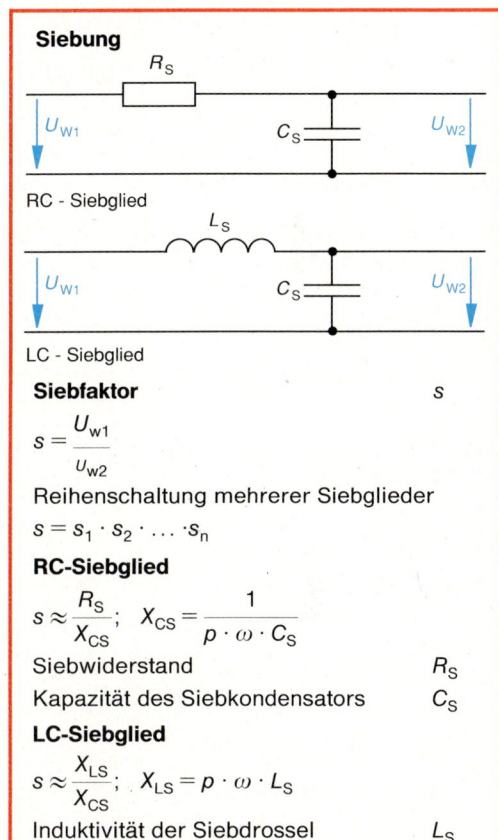

Siebung

R_S

U_{W1} C_S U_{W2}

RC - Siebglied

L_S

U_{W1} C_S U_{W2}

LC - Siebglied

Siebfaktor s

$$s = \frac{U_{w1}}{U_{w2}}$$

Reihenschaltung mehrerer Siebglieder

$s = s_1 \cdot s_2 \cdot \ldots \cdot s_n$

RC-Siebglied

$$s \approx \frac{R_S}{X_{CS}}; \quad X_{CS} = \frac{1}{p \cdot \omega \cdot C_S}$$

Siebwiderstand R_S
Kapazität des Siebkondensators C_S

LC-Siebglied

$$s \approx \frac{X_{LS}}{X_{CS}}; \quad X_{LS} = p \cdot \omega \cdot L_S$$

Induktivität der Siebdrossel L_S

Beispiellösung:

Gegeben: $U_{w1} = 1,2\,V$; $U_{w2} = 0,01\,V$; $R_S = 50\,\Omega$;
               $f_{Netz} = 50\,Hz$
Gesucht: a) s;   b) C_S

a) $s = \dfrac{U_{w1}}{U_{w2}}$; $s = \dfrac{1,2\,V}{0,01\,V}$; $\underline{s = 120}$

b) $s \approx \dfrac{R_S}{X_{CS}}$; $X_{CS} = \dfrac{R_S}{s}$; $X_{CS} \approx \dfrac{50\,\Omega}{120}$; $\underline{X_{CS} = 0,42\,\Omega}$

$C_S = \dfrac{1}{p \cdot 2\pi \cdot f \cdot X_{CS}}$; $C_S = \dfrac{1}{2 \cdot 2\pi \cdot 50\frac{1}{s} \cdot 0,42\,\Omega}$

$\underline{C_S = 3,8\,mF}$

Aufgaben

24. Ein RC-Siebglied besteht aus einem Kondensator von $150\,\mu F$ und einem Widerstand von $150\,\Omega$.
Wie groß ist der Siebfaktor s, wenn die Pulszahl der Gleichspannung $p = 2$ und die Frequenz des speisenden Netzes $50\,Hz$ betragen?

25. Mit Hilfe des Siebglieds aus Aufgabe 1 sollen Gleichspannungen mit den Pulszahlen $p = 3$ und $p = 6$ ($f_{Netz} = 50\,Hz$) geglättet werden.
a) Wie groß werden die Siebfaktoren?
b) Welche Beziehung besteht zwischen der Pulszahl einer pulsierenden Gleichspannung und dem Siebfaktor des RC-Siebglieds?

26. In dem Netzteil einer Steuerschaltung der Leistungselektronik soll die vom Ladekondensator stammende Gleichspannung durch ein RC-Glied mit dem Siebfaktor $s = 70$ weiter geglättet werden.
Wie groß muß die Kapazität des Siebkondensators C_S werden, wenn der Siebwiderstand $R_S = 500\,\Omega$ beträgt und die Gleichspannung einer Zweipuls-Brückenschaltung ($f_{Netz} = 50\,Hz$) entnommen wird?

27. Wie groß muß der Siebwiderstand eines RC-Siebglieds werden, wenn folgende Angaben gelten: $s = 90$; $C_S = 100\,\mu F$; Gleichrichterschaltung B2U; $f_{Netz} = 50\,Hz$?

28. Eine Gleichspannung mit der Pulszahl 2 ($f_{Netz} = 50\,Hz$) soll mit Hilfe eines LC-Siebglieds weiter geglättet werden. Die Induktivität der Siebdrossel beträgt $L_S = 0,5\,H$ und C_S hat den Wert $220\,\mu F$.
Wie groß ist der Siebfaktor?

29. Gegeben ist die Siebschaltung der Abb. 1.
a) Berechnen Sie die Induktivität L_S!
b) Welchen Wert könnte die Induktivität L_S erhalten, wenn bei sonst gleichbleibenden Werten C_S den Wert $120\,\mu F$ erhält?

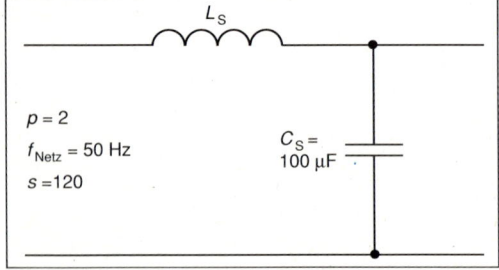

Abb. 1

30. Berechnen Sie die Kapazität des Siebkondensators in Abb. 2!

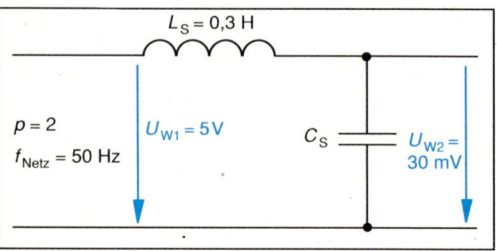

Abb. 2

31. Welcher Siebfaktor ergibt sich, wenn die Siebglieder aus Abb. 1 und Abb. 2 in Reihe geschaltet werden?

32. Gegeben ist die Schaltung eines Netzteils (Abb. 3). U_{w1} wird durch den Ladekondensator auf $7\,V$ herabgesetzt. Berechnen Sie:
a) die Kapazität des Ladekondensators,
b) den Siebfaktor des LC-Siebglieds und U_{w2}!

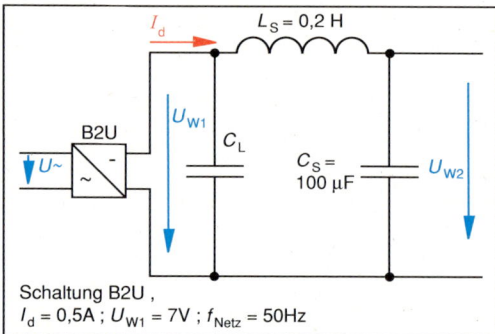

Abb. 3

33. Die Siebwirkung des LC-Siebglieds aus Aufgabe 32 soll verbessert werden. Aus diesem Grunde werden Siebdrossel und Siebkondensator ersetzt. Die neuen Werte betragen: $L_S = 0,8\,H$ und $C_S = 300\,\mu F$.
Welchen Wert nimmt nun U_{w2} an?

34. In Luftfahrzeugen hat die Bordwechselspannung in der Regel die Frequenz $f = 800\,Hz$. Berechnen Sie C_L, s und U_{w2} für ein Netzteil gemäß Abb. 3, wenn folgende weitere Angaben gelten: Gleichrichterschaltung B6U; U_{w1} gewünscht zu $5\,V$; Induktivität der Siebdrossel $L_S = 20\,mH$; Kapazität des Siebkondensators $C_S = 10\,\mu F$; $I_d = 0,75\,A$; $k \approx 0,15$.
Die Frequenz der Bordwechselspannung steigt um 10%. Welche Werte für U_{w1}, s und U_{w2} stellen sich nach der Änderung ein?

7.2 Bipolare Transistoren

7.2.1 Gleich- und Wechselstromkennwerte

▶ Gegeben ist die Kennlinie des Leistungstransistors BD 130 (Abb. 4). Ermitteln Sie die Gleichstromverstärkung B und den Eingangswiderstand R_{BE} des Transistors im Arbeitspunkt $U_{BE} = 1\,V$!

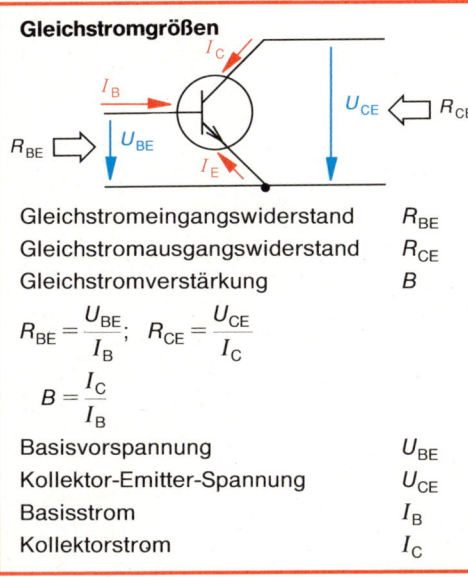

Gleichstromgrößen

Gleichstromeingangswiderstand	R_{BE}
Gleichstromausgangswiderstand	R_{CE}
Gleichstromverstärkung	B

$$R_{BE} = \frac{U_{BE}}{I_B}; \quad R_{CE} = \frac{U_{CE}}{I_C}$$

$$B = \frac{I_C}{I_B}$$

Basisvorspannung	U_{BE}
Kollektor-Emitter-Spannung	U_{CE}
Basisstrom	I_B
Kollektorstrom	I_C

Beispiellösung:

Gegeben: $U_{BE} = 1\,V$; $I_C = 4{,}6\,A$ (aus Abb. 4); $I_B = 140\,mA$ (aus Abb. 4)

Gesucht: a) B; b) R_{BE}

a) $B = \dfrac{I_C}{I_B}$; $B = \dfrac{4{,}6\,A}{140\,mA}$; $\underline{B = 32{,}9}$

b) $R_{BE} = \dfrac{U_{BE}}{I_B}$; $R_{BE} = \dfrac{1\,V}{140\,mA}$; $\underline{R_{BE} = 7{,}1\,\Omega}$

Aufgaben

1. Ein Transistor hat bei einem Kollektorstrom $I_C = 0{,}05\,A$ eine Stromverstärkung von $B = 80$. Welcher Basisstrom fließt?

2. Bei Transistoren ist der Wert der statischen Stromverstärkung im allgemeinen nicht konstant. Eine Meßreihe mit dem Transistor BD 130 ergab die folgenden Werte:

I_C in A	0,01	0,05	0,1	0,2	0,5	1	3	10
I_B in mA	0,18	0,56	0,8	1,54	4	11	63	666

a) Ermitteln Sie für jedes Wertepaar die statische Stromverstärkung B!
b) Stellen Sie B in Abhängigkeit von I_C dar! (Hinweis: Teilen Sie die x-Achse logarithmisch)
c) Zeichnen Sie die sich ergebende Stromsteuerkennlinie (Achsenteilung logarithmisch)!

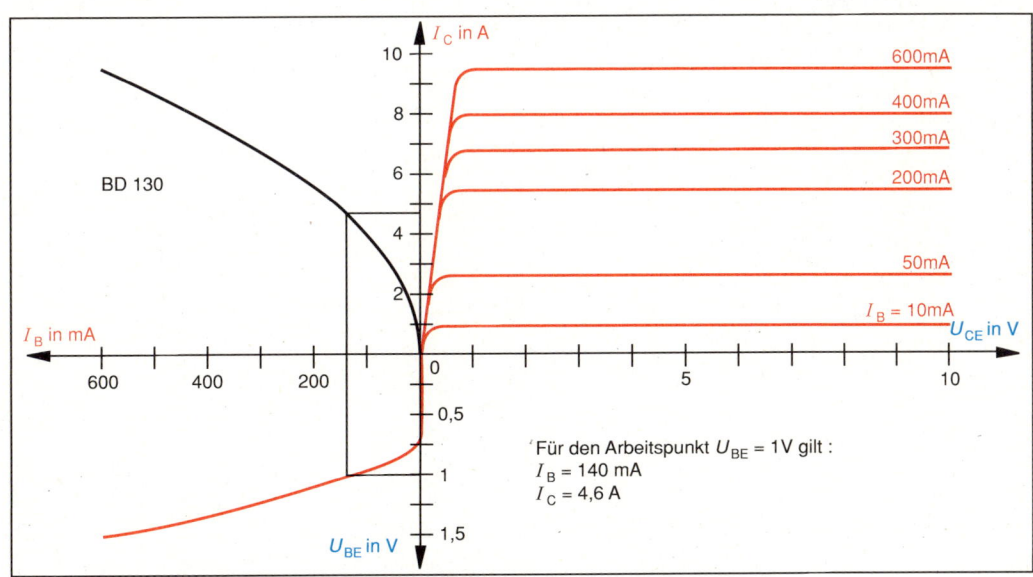

Abb. 4: Kennlinien des bipolaren Transistors BD 130

---

[1] Zur Lösung der Aufgaben kann es erforderlich sein, die Kennlinien auf ein Blatt Papier zu übertragen.

3. Abb. 1 zeigt das Kennlinienfeld des Klein-signaltransistors BCX 22. Ermitteln Sie mit Hilfe der Stromsteuerkennlinie die statische Strom-verstärkung B bei einem Kollektorstrom von 50 mA!

4. Der Transistor BD 130 hat bei einer bestimm-ten Anwendung einen Arbeitspunkt im Aus-gangskennlinienfeld mit den Daten $U_{CE} = 5$ V und $I_C = 3$ A.
Ermitteln Sie den Ausgangswiderstand R_{CE} bei diesem Arbeitspunkt.

5. Der Transistor BCX 22 (Kennlinien siehe Abb. 1) wird bei einem eingangsseitigen Arbeits-punkt von $U_{BE} = 0,7$ V betrieben.
a) Ermitteln Sie für diesen Arbeitspunkt den Wert von I_B und R_{BE}!
b) Welche Werte hat B in diesem Arbeitspunkt?

6. Der ausgangsseitige Arbeitspunkt des Tran-sistors BCX 22 liegt in einem bestimmten Fall bei $U_{CE} = 10$ V und $I_C \approx 50$ mA. Ermitteln Sie
a) den Gleichstromausgangswiderstand R_{CE},
b) den zugehörigen Arbeitspunkt auf der Ein-gangskennlinie,
c) den Eingangswiderstand R_{BE} und
d) die Gleichstromverstärkung B!

▶ Gegeben sind die Kennlinien des Transi-stors BCX 22. Ermitteln Sie für einen eingangs-seitigen Arbeitspunkt von $U_{BE} = 0,75$ V den Wechselstromeingangswiderstand r_{BE} und die Wechselstromverstärkung β.

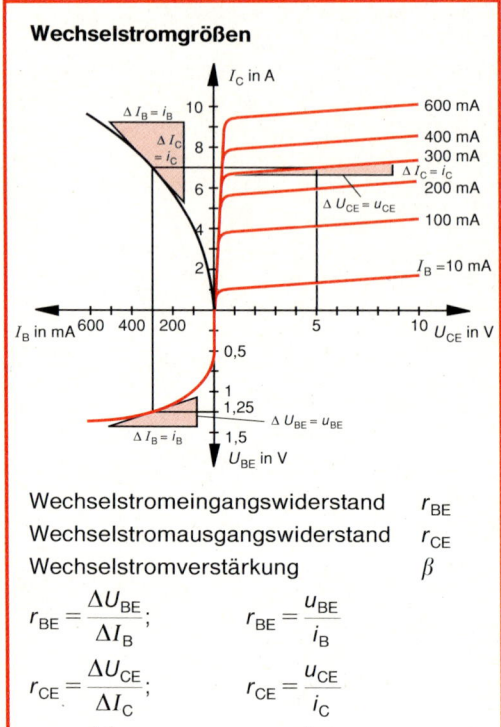

Wechselstromgrößen

Wechselstromeingangswiderstand	r_{BE}
Wechselstromausgangswiderstand	r_{CE}
Wechselstromverstärkung	β

$$r_{BE} = \frac{\Delta U_{BE}}{\Delta I_B}; \qquad r_{BE} = \frac{u_{BE}}{i_B}$$

$$r_{CE} = \frac{\Delta U_{CE}}{\Delta I_C}; \qquad r_{CE} = \frac{u_{CE}}{i_C}$$

$$\beta = \frac{\Delta I_C}{\Delta I_B}; \qquad \beta = \frac{i_C}{i_B}$$

Beispiellösung:
Siehe Abb. 1.

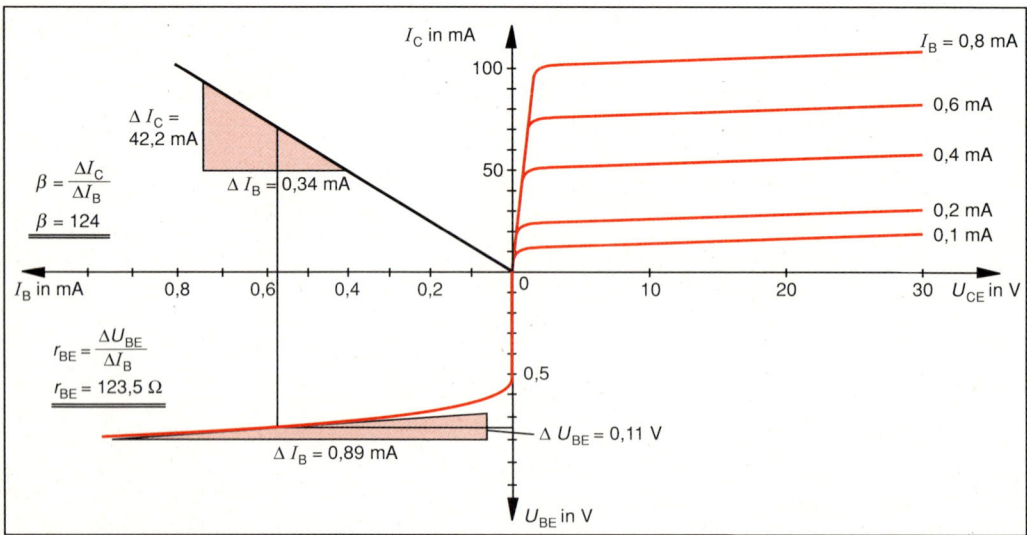

Abb. 1: Kennlinien des Transistors BCX 22

7. Bei einem Transistor BD 130 werden im ausgangsseitigen Arbeitspunkt die folgenden Werte festgestellt: $u_{CE} = 0,1\,V$ und $i_C = 0,3\,A$. Ermitteln Sie den Ausgangswiderstand r_{CE} bei diesem Arbeitspunkt.

8. Der Transistor BCX 22 (Kennlinien Abb. 1) wird bei einem eingangsseitigen Arbeitspunkt von $U_{BE} = 0,65\,V$ betrieben.
a) Ermitteln Sie für diesen Arbeitspunkt den Wert von r_{BE}!
b) Welchen Wert hat β in diesem Arbeitspunkt?

9. Der ausgangsseitige Arbeitspunkt des Transistors BCX 22 (Kennlinien Abb. 1) liegt in einem bestimmten Fall bei $U_{CE} = 10\,V$ und $I_C \approx 22\,mA$. Ermitteln Sie
a) den Wechselstromausgangswiderstand r_{CE},
b) den Eingangswiderstand r_{BE} und
c) die Wechselstromverstärkung β!

10. Ermitteln Sie für den ausgangsseitigen Arbeitspunkt ($U_{CE} = 5\,V$; $I_C \approx 6,87\,A$) eines Leistungstransistors BD 130 (Abb. 4, S. 107)
a) den eingangsseitigen Arbeitspunkt,
b) die Widerstände R_{BE} und r_{BE} sowie
c) B und β!

11. Vom eingangsseitigen Arbeitspunkt eines Transistors sind folgende Werte bekannt: $U_{BE} = 0,6\,V$, $I_B = 0,2\,A$ sowie $u_{BE} = 1,2\,V$ und $i_B = 0,7\,A$. Wie groß sind R_{BE} und r_{BE} bei diesem Arbeitspunkt?

12. Vom ausgangsseitigen Arbeitspunkt eines Transistors sind folgende Angaben bekannt: $U_{CE} = 15\,V$; $I_C = 6\,A$ und $u_{CE} = 0,3\,V$ sowie $i_C = 0,6\,A$. Berechnen Sie R_{CE} und r_{CE}!

13. Der Arbeitspunkt eines Transistors liegt bei folgenden Werten: $I_C = 7\,A$; $i_C = 3\,A$; $I_B = 0,4\,A$ und $i_B = 0,2\,A$. Wie groß sind B und β?

14. Für den Arbeitspunkt eines Transistors gilt: $\beta = 55$ und $i_B = 0,1\,A$. Wie groß wird der Kollektorstrom i_C?

15. Für den Arbeitspunkt eines Transistors gelten folgende Werte: $u_{CE} = 20\,V$; $i_C = 0,05\,A$.
a) Welchen Wert hat der Wechselstromausgangswiderstand des Transistors?
b) Wie groß ist i_B, wenn $\beta = 20$ ist?
c) Wie groß wird der Wechselstromeingangswiderstand r_{BE} bei $u_{BE} = 0,2\,V$?

7.2.2 Arbeitspunkt und Verlustleistung

▶ Gegeben ist die Schaltung (Abb. 2) zur Arbeitspunkteinstellung des bipolaren Transistors BD 130.
a) Ermitteln Sie den Wert und die erforderliche Leistung des Vorwiderstandes!
b) Wie groß wird die Verlustleistung P_{tot}, wenn $U_{CE} = 5\,V$ und $I_C = 7\,A$ betragen?

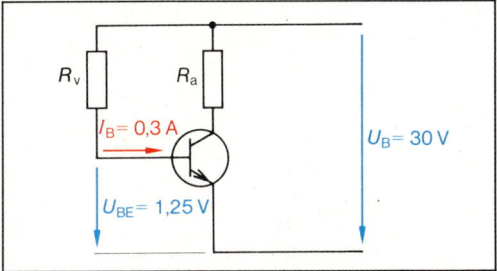

Abb. 2

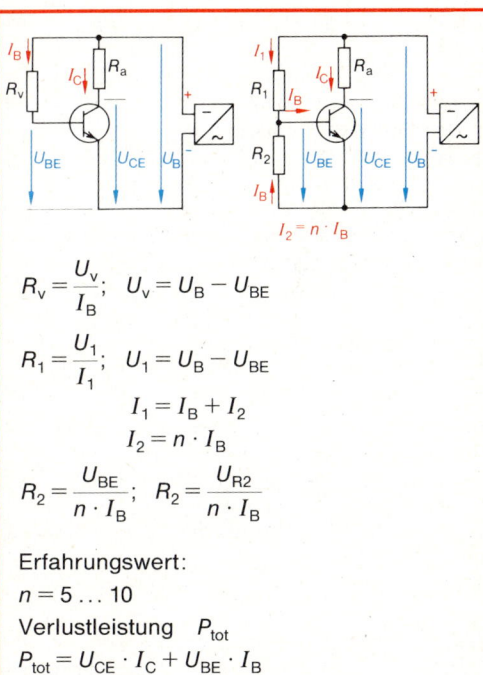

$$R_v = \frac{U_v}{I_B}; \quad U_v = U_B - U_{BE}$$

$$R_1 = \frac{U_1}{I_1}; \quad U_1 = U_B - U_{BE}$$

$$I_1 = I_B + I_2$$
$$I_2 = n \cdot I_B$$

$$R_2 = \frac{U_{BE}}{n \cdot I_B}; \quad R_2 = \frac{U_{R2}}{n \cdot I_B}$$

Erfahrungswert:
$n = 5 \dots 10$

Verlustleistung P_{tot}
$$P_{tot} = U_{CE} \cdot I_C + U_{BE} \cdot I_B$$

Beispiellösung:

Gegeben: $U_B = 30\,V$; $U_{BE} = 1,25\,V$; $I_B = 0,3\,A$; $U_{CE} = 5\,V$; $I_C = 7\,A$;

Gesucht: a) R_v; P_{RV}; b) P_{tot}

a) $R_V = \dfrac{U_B - U_{BE}}{I_B}$ $\qquad P_{RV} = \dfrac{(U_B - U_{BE})^2}{R_V}$

$$R_V = \frac{30\,V - 1,25\,V}{0,3\,A} \qquad P_{RV} = \frac{28,75^2\,V^2}{96\,\Omega}$$

$$\underline{\underline{R_v = 96\,\Omega}} \qquad \underline{\underline{P_{RV} = 8,61\,W}}$$

b) $P_{tot} = U_{CE} \cdot I_C + U_{BE} \cdot I_B$

$P_{tot} = 5\,V \cdot 7\,A + 1,25\,V \cdot 0,3\,A$

$\underline{\underline{P_{tot} = 35,375\,W}}$

Bei Vernachlässigung der in diesem Falle geringen eingangsseitigen Verlustleistung ($U_{BE} \cdot I_B$) ergibt sich:

$P_{tot} = 35\,W$

Aufgaben[1]

1. Ein Transistor BD 130 (Kennlinie siehe Abb. 4, S. 107) wird mit einem Arbeitswiderstand $R_a = 5\,\Omega$ an $U_B = 37,5\,V$ angeschlossen.
a) Ermitteln Sie den ausgangsseitigen Arbeitspunkt, wenn $I_B = 300\,mA$ beträgt!
b) Welcher eingangsseitige Arbeitspunkt ergibt sich?

2. Ein Transistor BD 130 soll eingangsseitig bei einer Basisvorspannung von $U_{BE} = 1\,V$ betrieben werden (Kennlinie Abb. 4, S. 107).
a) Welcher Basisstrom ergibt sich?
b) Die Basisvorspannung soll mit Hilfe eines Vorwiderstandes erzeugt werden. Welchen Wert hat der erforderliche Widerstand, wenn $U_B = 15\,V$ beträgt?

3. Der Transistor BD 130 (Kennlinie siehe Abb. 4, S. 107) wird mit einem Arbeitswiderstand von $2\,\Omega$ an eine Spannung von 20 V angeschlossen.
a) Ermitteln Sie den ausgangs- und den eingangsseitigen Arbeitspunkt ($I_B = 0,2\,A$)!
b) Die Basisvorspannung wird durch einen Basisspannungsteiler erzeugt ($n = 3$). Ermitteln Sie die Größe der Widerstände R_1 und R_2!
c) Wie groß wird die Verlustleistung P_{tot}?

4. Der Transistor BCX 22 (Kennlinien siehe Abb. 1, S. 108) soll bei einem Basisstrom von 0,4 mA betrieben werden. R_a beträgt $200\,\Omega$. Die Betriebsspannung U_B hat einen Wert von 20 V.
a) Ermitteln Sie die Widerstandswerte des Basisspannungsteilers ($n = 10$)!
b) Wie groß ist die Verlustleistung des Transistors, wenn die eingangsseitige Verlustleistung vernachlässigt werden kann?

5. Welche Größe haben die Widerstände R_1 und R_2, wenn an Stelle des Vorwiderstandes in Aufg. 2 ein Basisspannungsteiler eingesetzt wird. Das Stromverhältnis n soll den Wert 3 besitzen.

6. Gegeben ist die Schaltung in Abb. 1. Überprüfen Sie, ob die zulässige Verlustleistung von 0,45 W nicht überschritten wird! (Die eingangsseitige Verlustleistung kann vernachlässigt werden.)

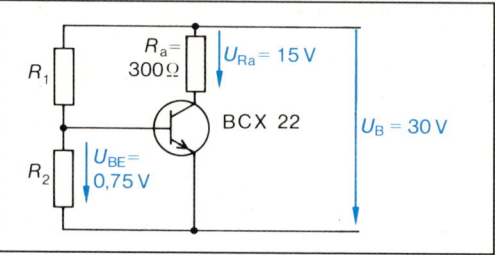

Abb. 1

7. Ermitteln Sie für die Schaltung in Abb. 1
a) die Widerstände des Basisspannungsteilers ($n = 6$) und
b) die eingangsseitige Verlustleistung (Kennlinie Abb. 1, S. 108)!

8. Abb. 2 beschreibt den Zusammenhang zwischen P_{tot} und der Gehäusetemperatur des Transistors BD 130.
a) Ermitteln Sie die zulässige Verlustleistung für eine Gehäusetemperatur von 100 °C!
b) Zeichnen Sie I_C als Funktion von U_{CE} (Verlustleistungshyperbel) mit $P_{tot} = 60\,W$ in das Ausgangskennlinienfeld des Transistors ein!
c) Überprüfen Sie, ob es ohne Zerstörungsgefahr möglich ist, den Transistor bei $\vartheta_G = 100\,°C$ zu betreiben, wenn folgende Betriebsdaten gelten: $R_a = 0,5\,\Omega$; $U_B = 10\,V$; $I_B = 400\,mA$. Die eingangsseitige Verlustleistung muß berücksichtigt werden!

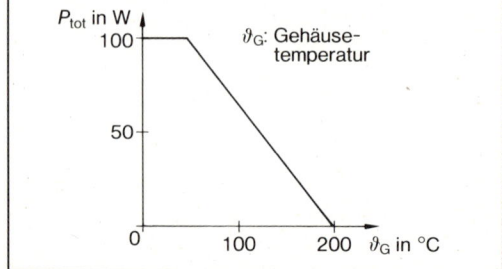

Abb. 2

---

[1] Zur Lösung der Aufgaben kann es erforderlich sein, die Kennlinien auf ein Blatt Papier zu übertragen!

9. Ein Transistor vom Typ BD 130 (Kennlinien Abb. 4, S. 107) soll so betrieben werden, daß die zulässige Verlustleistung für eine Gehäusetemperatur von 150 °C (siehe Abb. 2) nicht überschritten wird. Weiterhin gelten folgende Bedingungen:
$U_B = 10\,V$; $R_a = 0,25\,\Omega$; $I_B = 300\,mA$. (Die eingangsseitige Verlustleistung muß berücksichtigt werden.)
a) Wird der Transistor zerstört?
b) Wie könnte eine eventuelle Zerstörungsgefahr beseitigt werden?

10. Der Transistor BD 130 soll bei $\vartheta_G = 70\,°C$ betrieben werden.
a) Ermitteln Sie die zulässige Verlustleistung P_{tot} für diesen Fall!
b) Wie groß ist U_{CE} bei dieser Verlustleistung, wenn $I_C = 4\,A$ beträgt und die eingangsseitige Verlustleistung 0,4 W beträgt?

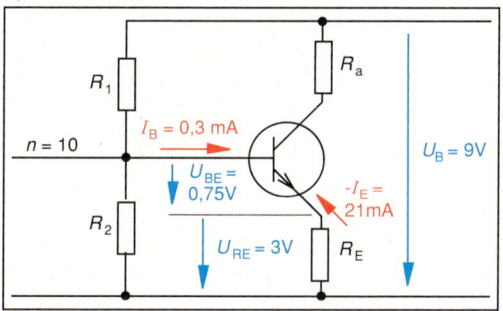

Abb. 3

11. Gegeben ist die Schaltung zur Arbeitspunkteinstellung mit Emitterwiderstand in Abb. 3. Ermitteln Sie die Größe der Widerstände R_1, R_2 und R_E!

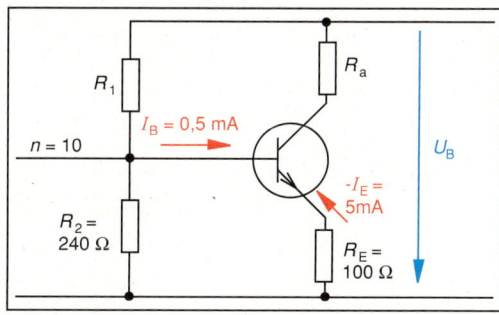

Abb. 4

12. Welchen Wert erhält die Basis-Emitter-Spannung U_{BE} in Abb. 4, wenn die folgenden Werte bekannt sind: $I_B = 0,5\,mA$; $R_2 = 240\,\Omega$; $R_E = 100\,\Omega$ und $-I_E = 5\,mA$?

7.2.3. Verstärkung

▶ Ein Wechselspannungsverstärker mit bipolarem Transistor verstärkt eine Wechselspannung, deren Scheitelwert 15 mV beträgt. An dem Transistor ergibt sich eine Kollektorspannungsänderung von $\Delta U_{CE} = 3,75\,V$. Wie groß ist die Spannungsverstärkung?

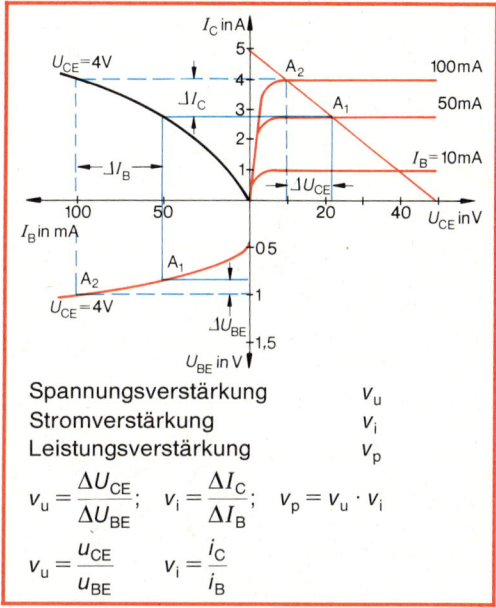

Spannungsverstärkung	v_u
Stromverstärkung	v_i
Leistungsverstärkung	v_p

$$v_u = \frac{\Delta U_{CE}}{\Delta U_{BE}}; \quad v_i = \frac{\Delta I_C}{\Delta I_B}; \quad v_p = v_u \cdot v_i$$

$$v_u = \frac{u_{CE}}{u_{BE}} \qquad v_i = \frac{i_C}{i_B}$$

Beispiellösung:

Gegeben: $\hat{u}_{BE} = 15\,mV$; $\Delta U_{CE} = 3,75\,V$
Gesucht: v_u

$$v_u = \frac{\Delta U_{CE}}{\Delta U_{BE}} \qquad \Delta U_{BE} = 2 \cdot \hat{u}_{BE} \qquad v_u = \frac{3,75\,V}{30\,mV}$$

$$\Delta U_{BE} = 30\,mV \qquad \underline{v_u = 125}$$

Aufgaben

1. Abb. 5 zeigt einen Wechselspannungsverstärker. Der Kollektorstrom schwankt zwischen 30 mA und 80 mA. Berechnen Sie v_u!

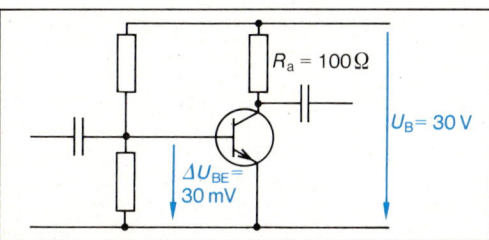

Abb. 5

2. Gegeben ist die Schaltung in Abb. 1. Ermitteln Sie v_u, v_i und v_p!

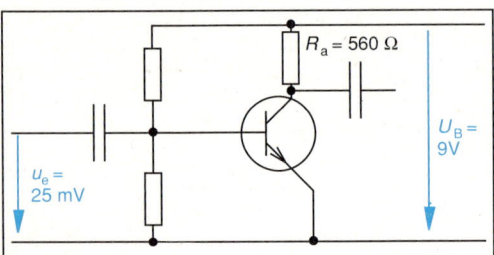

Abb. 1

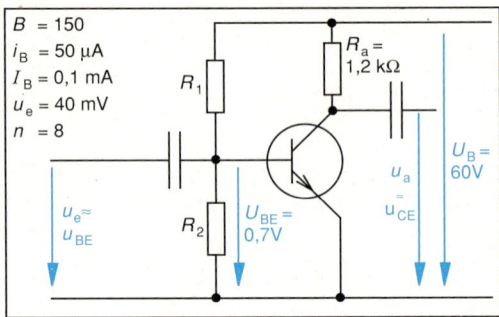

Abb. 2

3. Der Transistor BCX 22 (Kennlinie S. 108) arbeitet auf einen Arbeitswiderstand von $300\,\Omega$. U_B beträgt 30 V.
a) Ermitteln Sie die maximal mögliche Kollektor-Emitter-Spannungsänderung ΔU_{CE}!
b) Welche zugehörige Kollektorstromänderung ΔI_C stellt sich ein?
c) Ermitteln Sie für die Werte aus a) und b) die Änderungen von U_{BE} und I_B!
d) Wie groß sind v_u, v_i und v_p?

4. Ein Wechselspannungsverstärker mit dem Transistor BCX 22 (vgl. Abb. 1; S. 108) soll eingangsseitig bei einem Basisstrom von 0,4 mA betrieben werden.
a) Wie groß ist U_{BE} im Arbeitspunkt?
b) Wo liegt der ausgangsseitige Arbeitspunkt, wenn $U_B = 25$ V und $R_a = 100\,\Omega$ betragen?
c) Ermitteln Sie v_u, v_i und v_p, wenn $U_e = 35$ mV beträgt und sinusförmig verläuft! (Lösungshinweis: Zeichnen Sie in ein Kennlinienfeld des Transistors die Strom- und Spannungsverläufe sowie die Arbeitsgerade ein.)

5. Ermitteln Sie den Verlauf von u_{CE} für den Verstärker aus Aufg. 4, wenn $\hat{u}_e = 70$ mV und $R_a = 200\,\Omega$ betragen!
Wie groß wird die Spannungsverstärkung v_u?
(Lösungshinweis: Verwenden Sie zur Lösung ein Kennlinienfeld des Transistors BCX 22.)

6. Gegeben ist die Verstärkerschaltung nach Abb. 2. Sie wird mit sinusförmigen Wechselspannungen sehr niedriger Frequenz betrieben $(\beta \approx B)$. Verluste durch die Kondensatoren brauchen nicht berücksichtigt zu werden!
a) Berechnen Sie U_{CE}!
b) Welche Werte müssen die Widerstände des Basisspannungsteilers aufweisen?
c) Wie groß sind Spannungs-, Strom- und Leistungsverstärkung v_i, v_u und v_p, wenn $\Delta I_B = 50\,\mu$A beträgt?

7. Von einer Verstärkerschaltung, wie sie in Abb. 2 dargestellt ist, sind folgende Werte bekannt: $R_a = 3,3$ kΩ; $i_c = 4$ mA; $U_B = 50$ V; $B = 150$.
a) Zwischen welchen Werten schwankt die Kollektor-Emitter-Spannung U_{CE} bei sinusförmigem Kollektorstrom mit sehr geringer Frequenz?
b) Wie groß ist der Effektivwert der Ausgangsspannung?

8. Gegeben sind eine Verstärkerschaltung gemäß Abb. 5, S. 111 und der zugehörige Ausschnitt aus den Kennlinienfeldern des verwendeten Transistors in Abb. 3.
a) Ermitteln Sie für einen eingangsseitigen Arbeitspunkt von $U_{BE} = 0,75$ V und $\Delta U_{BE} = \pm 0,05$ V die Stromverstärkung v_i des Verstärkers.
b) Wie groß wird die Spannungsverstärkung, wenn $R_a = 150\,\Omega$ beträgt?

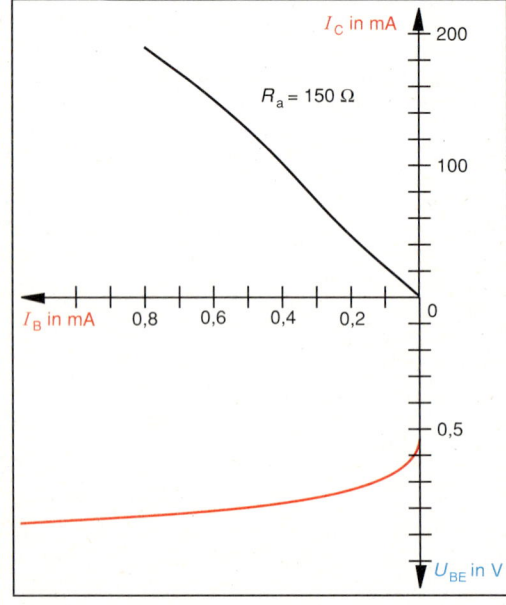

Abb. 3

7.2.4 Emitterschaltung

▶ Gegeben ist die Schaltung nach Abb. 4.
a) Wie groß sind der Eingangswiderstand r_e und der Ausgangswiderstand r_a?
b) Ermitteln Sie v_i, v_u und v_p!

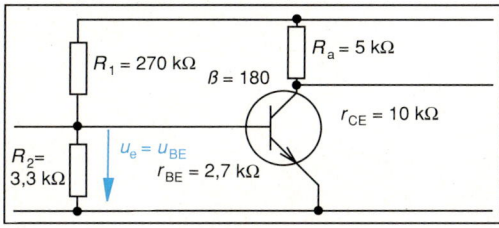

Abb. 4

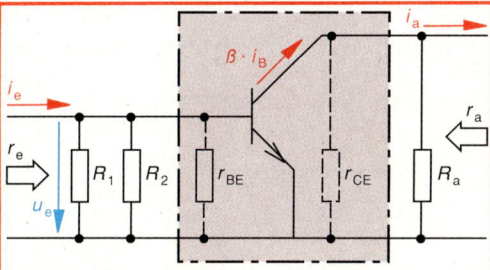

Wechselstromeingangswiderstand r_e

$$r_e = \frac{u_e}{i_e}$$

$$\frac{1}{r_e} = \frac{1}{r_{BE}} + \frac{1}{R_1} + \frac{1}{R_2}$$

Wechselstromausgangswiderstand r_a

$$r_a = \frac{r_{CE} \cdot R_a}{r_{CE} + R_a}$$

Verstärkungen $\qquad v_i,\ v_u,\ v_p$

$$v_i = \beta \cdot \frac{r_{CE}}{r_{CE} + R_a}$$

$$v_u = \frac{R_a}{r_e} \cdot v_i$$

$$v_p = v_u \cdot v_i$$

Beispiellösungen:

Gegeben: $r_{BE} = 2{,}7\,\text{k}\Omega$; $r_{CE} = 10\,\text{k}\Omega$; $R_a = 5\,\text{k}\Omega$; $\beta = 180$; $R_1 = 270\,\text{k}\Omega$; $R_2 = 3{,}3\,\text{k}\Omega$;

Gesucht: a) r_e; r_a; \quad b) v_i; v_u; v_p;

a) $\dfrac{1}{r_e} = \dfrac{1}{r_{BE}} + \dfrac{1}{R_1} + \dfrac{1}{R_2}$

$\dfrac{1}{r_e} = \dfrac{1}{2{,}7\,\text{k}\Omega} + \dfrac{1}{270\,\text{k}\Omega} + \dfrac{1}{3{,}3\,\text{k}\Omega}$

$\underline{r_e = 1{,}48\,\text{k}\Omega}$

$$r_a = \frac{r_{CE} \cdot R_a}{r_{CE} + R_a}; \quad r_a = \frac{10\,\text{k}\Omega \cdot 5\,\text{k}\Omega}{10\,\text{k}\Omega + 5\,\text{k}\Omega}$$

$\underline{r_a = 3{,}33\,\text{k}\Omega}$

b) $v_i = \beta \cdot \dfrac{r_{CE}}{r_{CE} + R_a}; \quad v_i = 180 \cdot \dfrac{10\,\text{k}\Omega}{15\,\text{k}\Omega}$

$\underline{v_i = 120}$

$v_u = \dfrac{R_a}{r_e} \cdot v_i; \quad v_u = \dfrac{5 \cdot \text{k}\Omega}{1{,}48\,\text{k}\Omega} \cdot 120$

$\underline{v_u = 405{,}4}$

$\underline{v_p = v_u \cdot v_i}$

$\underline{v_p = 48648}$

Aufgaben

1. Ein Verstärker in Emitterschaltung ist mit dem Transistor BCY 59 bestückt. Die Wechselstromverstärkung β wurde mit 300 ermittelt.
a) Wie groß wird v_i, wenn $r_{CE} = 20\,\text{k}\Omega$ und $R_a = 4\,\text{k}\Omega$ betragen?
b) Wie groß ist die Spannungsverstärkung, wenn $r_e = 1{,}8\,\text{k}\Omega$ beträgt?

2. In einer Emitterschaltung wird die Stromverstärkung $v_i = 170$ gemessen. Wie groß ist der Arbeitswiderstand R_a der Schaltung, wenn $r_{CE} = 4{,}7\,\text{k}\Omega$ beträgt und β den Wert 220 aufweist?

3. Wie groß ist der Arbeitswiderstand einer Emitterschaltung, für die folgende Werte gelten: $v_u = 180$; $v_i = 130$ und $r_e = 2{,}22\,\text{k}\Omega$?

4. Gegeben ist die Schaltung nach Abb. 5.
a) Ermitteln Sie den Eingangswiderstand der Schaltung!
b) Wie groß ist r_a?
c) Welche Stromverstärkung v_i stellt sich ein, wenn die Wechselstromverstärkung des Transistors $\beta = 120$ ist?
d) Welcher Strom fließt durch R_a, wenn der Basisstrom $i_B = 0{,}15\,\text{mA}$ beträgt?

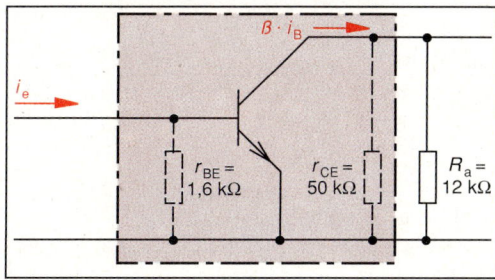

Abb. 5

5. Von einer Emitterschaltung sind folgende Werte bekannt: $r_e \approx r_{BE} = 1{,}7\,\text{k}\Omega$; $r_{CE} = 15\,\text{k}\Omega$; $R_a = 12\,\text{k}\Omega$; $v_i = 100$.
a) Wie groß ist die Wechselstromverstärkung β des Transistors?
b) Wie groß sind v_u und v_p der Schaltung?

6. Gegeben ist die Schaltung in Abb. 1.
a) Wie groß ist der Eingangswiderstand r_e der Schaltung?
b) Welchen Wert hat der Ausgangswiderstand r_a?
c) Welche Spannungsverstärkung ergibt sich, wenn $v_i = 125$ beträgt?

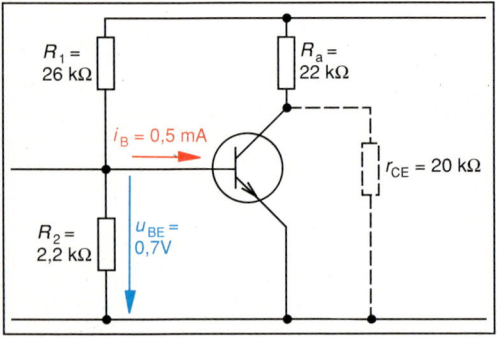

Abb. 1

7. Gegeben ist die Schaltung in Abb. 2.
a) Welche Werte haben r_{BE} und R_V?
b) Wie groß ist der Eingangswiderstand r_e der Schaltung?

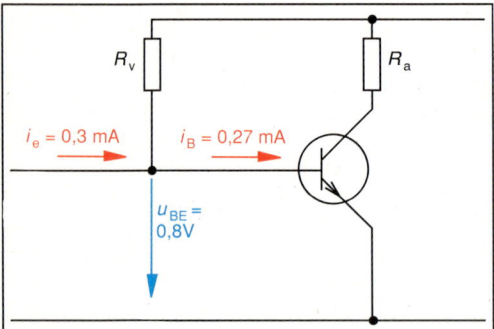

Abb. 2

8. Gegeben ist die Schaltung in Abb. 3.
a) Welchen Wert hat r_{BE}?
b) Welchen Wert erreicht der Eingangswiderstand r_e?
c) Wie groß wird der Eingangsstrom i_e?

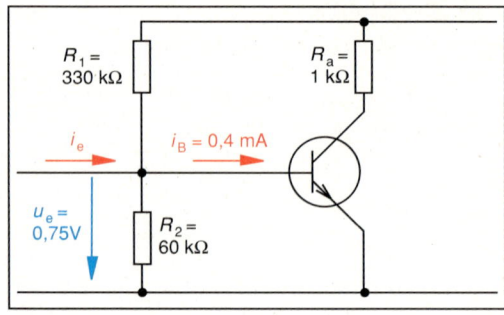

Abb. 3

9. Gegeben ist die Verstärkerschaltung in Abb. 4.
a) Wie groß ist r_e?
b) Welchen Wert erreicht der Eingangsstrom i_e?
c) Welcher Basiswechselstrom i_B stellt sich ein?

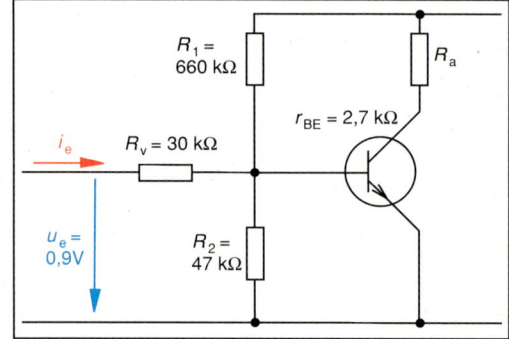

Abb. 4

10. Gegeben ist die Verstärkerschaltung in Abb. 5.
a) Welchen Wert hat r_e?
b) Welche Werte erreichen i_e und u_{BE}?

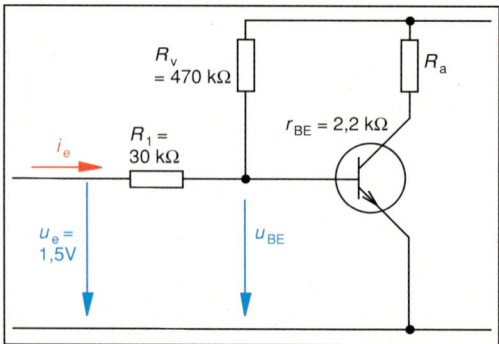

Abb. 5

7.2.5 Gegenkopplung

▶ Gegeben ist die Verstärkerschaltung mit Gegenkopplung in Abb. 6.

a) Ermitteln Sie den Gegenkopplungsfaktor k!

b) Welche Gesamtverstärkung v_u ergibt sich, wenn die Spannungsverstärkung ohne Gegenkopplung den Wert 170 erreicht?

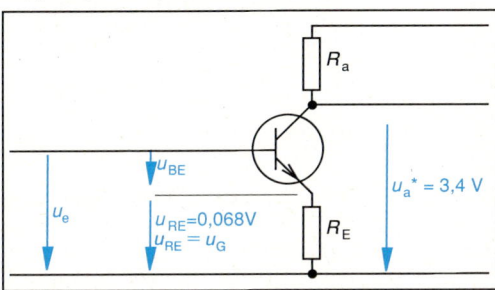

Abb. 6

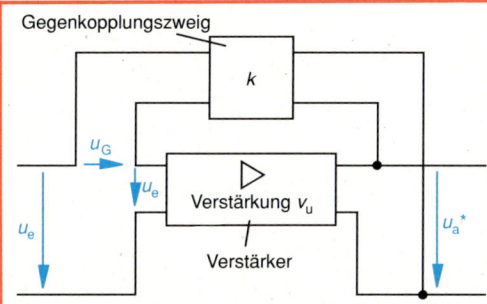

Gegenkopplungsspannung $\qquad U_G; u_G$

Ausgangsspannung des Verstärkers $U_a^*; u_a^*$

Verstärkungen ohne Gegenkopplung: $v_u; v_i$

Gegenkopplungsfaktor $\qquad\qquad k$

$$k = \frac{u_G}{u_a^*} \qquad k = \frac{U_g}{U_a^*}$$

resultierende Spannungsverstärkung $\qquad v_u'$

$$v_u' = \frac{v_u}{1 + k \cdot v_u}$$

resultierende Stromverstärkung $\qquad v_i'$

$$v_i' = \frac{v_i}{1 + k \cdot v_i}$$

Beispiellösung:

Gegeben: $u_G = 0{,}068\,\text{V}$; $u_a^* = 3{,}4\,\text{V}$; $v_u = 170$;

Gesucht: k; v_u';

a) $k = \dfrac{u_G}{u_a^*}$; $\quad k = \dfrac{0{,}068\,\text{V}}{3{,}4\,\text{V}}$ $\quad \underline{\underline{k = 0{,}02}}$

b) $v_u' = \dfrac{v_u}{1 + k \cdot v_u}$; $\quad v_u' = \dfrac{170}{1 + 0{,}02 \cdot 170}$; $\quad \underline{\underline{v_u' = 38{,}6}}$

Aufgaben

1. Bei einem Verstärker beträgt der Gegenkopplungsfaktor $k = 0{,}21$. Die Gegenkopplungsspannung u_G hat einen Wert von 0,7 V.
Wie groß ist u_a^*?

2. In einer Verstärkerschaltung betragen $v_u' = 1650$ und $v_u = 5000$.
Wie groß ist der Gegenkopplungsfaktor?

3. Gegeben ist die Verstärkerschaltung nach Abb. 7. Wie groß ist der Gegenkopplungsfaktor?

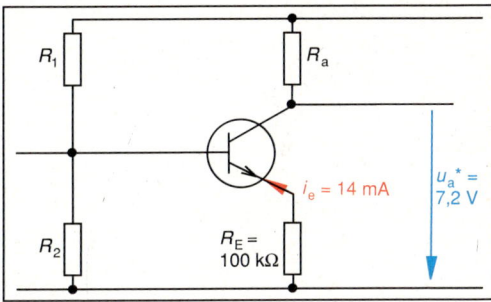

Abb. 7

4. Von einer Verstärkerschaltung mit Gegenkopplung sind bekannt: $v_u' = 7800$; $k = 0{,}17 \cdot 10^{-4}$.
Wie groß ist v_u?

5. Die Stromverstärkung in einer Emitterschaltung beträgt $v_i' = 180$. Der Gegenkopplungsfaktor hat den Wert 0,3.
Auf welchen Wert sinkt die resultierende Stromverstärkung?

6. Gegeben ist die Schaltung in Abb. 8.

a) Zeichnen Sie das Ersatzschaltbild der Schaltung!

b) Wie groß ist die gegengekoppelte Spannung u_G?

c) Wie groß wird die Spannungsverstärkung v_u', wenn $v_u = 3470$ ist?

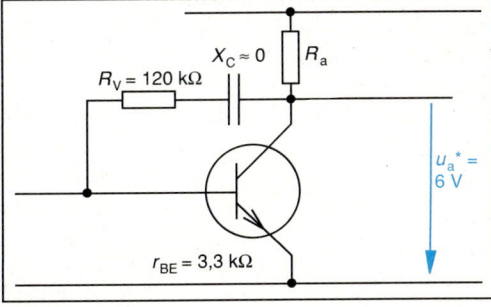

Abb. 8

7. In einer Verstärkerstufe mit Gegenkopplung beträgt der Gegenkopplungsfaktor $k = 0{,}01$. Die Spannungsverstärkung ohne Gegenkopplung v_u beträgt 5000.
a) Berechnen Sie die Spannungsverstärkung v'_u!
b) Auf welchen Wert sinkt v_p, wenn die Stromverstärkung 120 beträgt?

8. Bei der in Abb. 1 dargestellten Verstärkerstufe ist der Emitterkondensator defekt ($C_E = 0$).
a) Welche Folgen ergeben sich für die Verstärkung der Stufe?
b) Welche Spannungsverstärkung hat die Stufe, wenn v_u zuvor 7800 betrug?

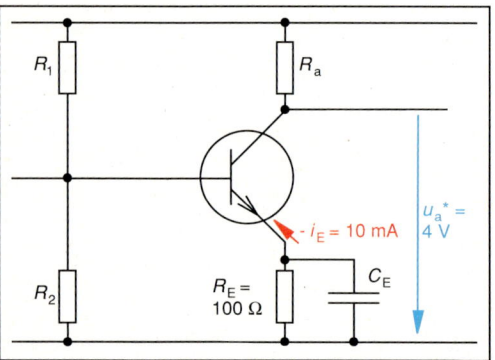

Abb. 1

9. Bei der in Abb. 2 dargestellten Schaltung wird der Arbeitspunkt auf eine besondere Weise stabilisiert.
a) Beschreiben Sie den Stabilisierungsvorgang!
b) Berechnen Sie den Gegenkopplungsfaktor (für Wechselspannungssignale) k, wenn der Kondensator C infolge eines Defekts seine Kapazität verloren ($C = 0$) hat!
c) Wie groß wird die Spannungsverstärkung nach Ausfall von C, wenn sie zuvor ca. 5700 betrug?

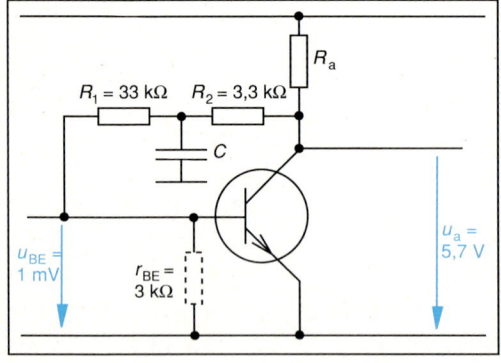

Abb. 2

7.2.6 Operationsverstärker

▶ Gegeben ist die in Abb. 3 dargestellte Schaltung mit einem Operationsverstärker. Wie groß ist die Ausgangsspannung U_0 der Schaltung?

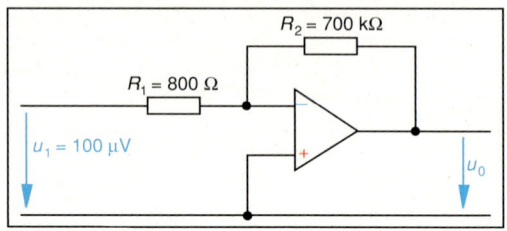

Abb. 3

Eingangsspannung	U_1, u_1, u_e
Ausgangsspannung	U_0, u_0
Differenz der Eingangsspannungen	$U_{1D}; u_{1D}$
Spannungsverstärkung	v_u

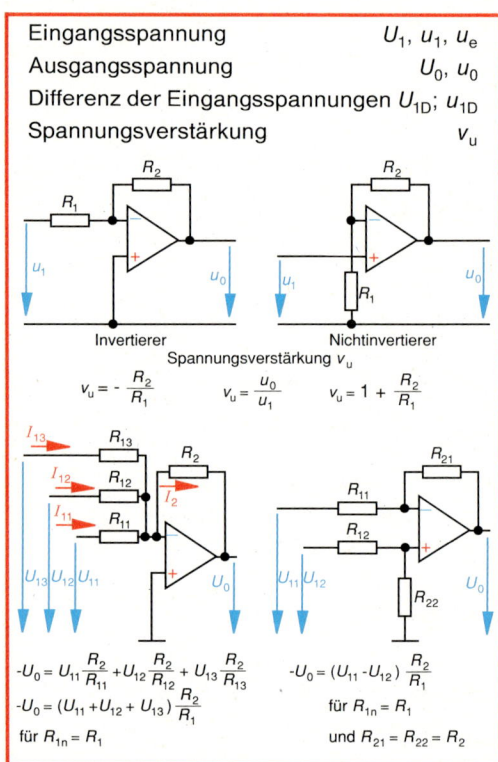

Invertierer   Nichtinvertierer

Spannungsverstärkung v_u

$$v_u = -\frac{R_2}{R_1} \qquad v_u = \frac{u_0}{u_1} \qquad v_u = 1 + \frac{R_2}{R_1}$$

$$-U_0 = U_{11}\frac{R_2}{R_{11}} + U_{12}\frac{R_2}{R_{12}} + U_{13}\frac{R_2}{R_{13}} \qquad -U_0 = (U_{11} - U_{12})\frac{R_2}{R_1}$$

$$-U_0 = (U_{11} + U_{12} + U_{13})\frac{R_2}{R_1} \qquad \text{für } R_{1n} = R_1$$

für $R_{1n} = R_1$ und $R_{21} = R_{22} = R_2$

Beispiellösung:

Gegeben: $u_1 = 100\,\mu\text{V}$; $R_1 = 800\,\Omega$; $R_2 = 700\,\text{k}\Omega$; Invertierer

Gesucht: u_0

$$v_u = \frac{u_0}{u_1}; \quad v_u = -\frac{R_2}{R_1}$$

$$v_u = -\frac{700\,\text{k}\Omega}{800\,\Omega}; \quad v_u = -875$$

$$u_0 = v_u \cdot u_1; \quad u_0 = -875 \cdot 100\,\mu\text{V}$$

$$u_0 = -87{,}5\,\text{mV}$$

Aufgaben

1. Wie groß sind in der Schaltung nach Abb. 3 die Ströme durch R_1 und R_2?

2. In einer Schaltung mit Operationsverstärker betragen $u_1 = 0{,}1\,V$ und $u_0 = -12{,}5\,V$. R_1 beträgt $100\,k\Omega$. Welchen Wert hat R_2?

3. Gegeben ist der invertierende Verstärker in Abb. 4. Berechnen Sie v_u und u_0!

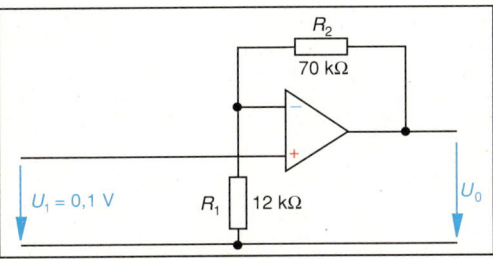

Abb. 4

4. Bei einer nichtinvertierenden Verstärkerschaltung betragen $R_1 = 800\,\Omega$ und $R_2 = 600\,k\Omega$. Welchen Wert erreicht v_u?

5. Gegeben ist die Schaltung in Abb. 5. Weisen Sie nach, daß die Formel zur Berechnung der Spannungsverstärkung $v_u = -\dfrac{R_2}{R_1}$ zutrifft!

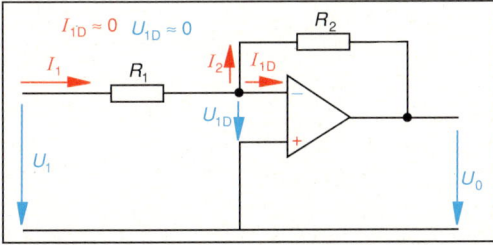

Abb. 5

6. Gegeben ist der Addierer in Abb. 6. Berechnen Sie die Ausgangsspannung!

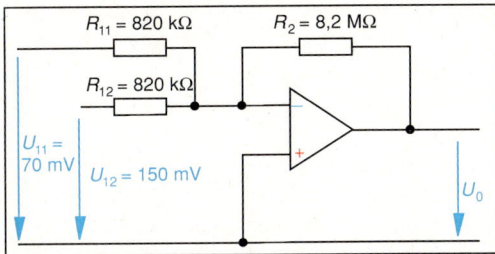

Abb. 6

7. Wie groß wird die Ausgangsspannung des Addierers in Abb. 6 für $R_2 = R_{1n}$?

8. Gegeben ist die Schaltung in Abb. 7. Wie groß ist die Ausgangsspannung?

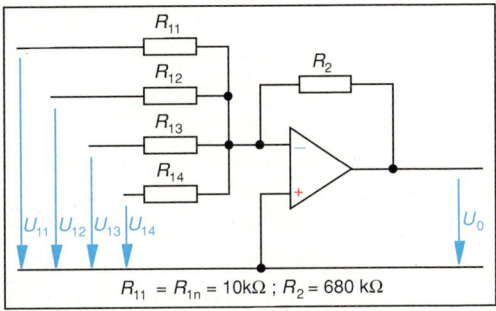

$R_{11} = R_{1n} = 10\,k\Omega$; $R_2 = 680\,k\Omega$

Abb. 7

9. Gegeben ist die Schaltung in Abb. 8. Berechnen Sie die fehlenden Widerstandswerte!

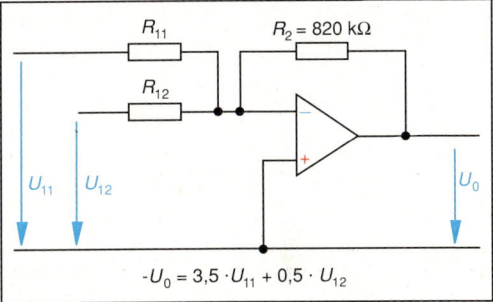

$-U_0 = 3{,}5 \cdot U_{11} + 0{,}5 \cdot U_{12}$

Abb. 8

10. Bei einer Addierschaltung (vgl. Abb. 8) ist die Beschriftung der Widerstände R_2 und R_{12} unleserlich geworden. Aus der Schaltungsbeschreibung ist jedoch die Formel für die Berechnung der Ausgangsspannung zu entnehmen:
$-U_0 = 3{,}75\,U_{11} + 0{,}25\,U_{12}$.
Berechnen Sie R_2 und R_{12}, wenn R_{11} $120\,k\Omega$ beträgt!

11. Für die Steuerung eines Produktionsprozesses wird die Addition dreier, von Sensoren gelieferter Spannungen verlangt:
$U_0 = 3U_1 + 2U_2 + U_3$.
Die Richtung von U_0 gegenüber den Eingangsspannungen ist beliebig. Die Addition der Spannungen soll mit einem Operationsverstärker vorgenommen werden.
a) Zeichnen Sie die Schaltung!
b) Der Gegenkopplungswiderstand R_2 wird zu $560\,k\Omega$ gewählt. Welche Werte müssen die Widerstände R_{1n} haben?

12. Abb. 1 zeigt einen Subtrahierer (Differenzverstärker). Ermitteln Sie die Ausgangsspannung der Schaltung!

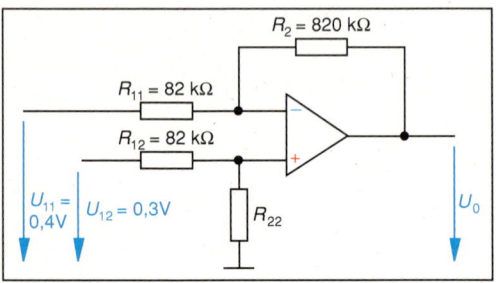

Abb. 1

13. Gegeben ist der Differenzverstärker in Abb. 2. Berechnen Sie die Ausgangsspannung!

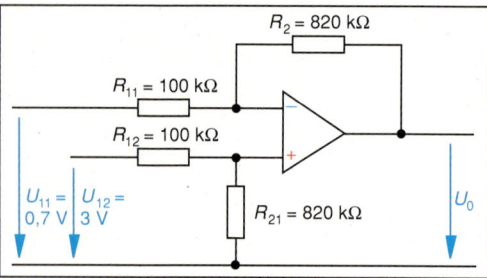

Abb. 2

14. Für eine Steuerschaltung wird die Subtraktion zweier sensorabhängiger Spannungen gewünscht. Für die Ausgangsspannung soll gelten: $-U_0 = 15(U_1 - U_2)$. Die Schaltung soll mit einem Operationsverstärker aufgebaut werden.
a) Zeichnen Sie die Schaltung!
b) Wie groß muß der Gegenkopplungswiderstand R_2 gewählt werden, wenn $R_1 = 180\,\text{k}\Omega$ beträgt? ($R_{11} = R_{12} = R_1$ und $R_{21} = R_{22} = R_2$)

15. Gegeben sind die Spannungen einer Schaltung mit Operationsverstärker in Abb. 3.
a) Um welche Schaltung handelt es sich?
b) Welche Formel gilt zur Berechnung von U_0?

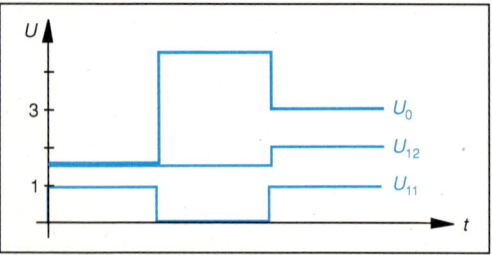

Abb. 3

7.3 Feldeffekttransistoren

▶ Bei einem N-Kanal-Feldeffekttransistor soll R_S so gewählt werden, daß sich eine Gate-Source-Spannung $U_{GS} = -3\,\text{V}$ einstellt. Der Drainstrom I_D beträgt bei dem gewählten Arbeitspunkt 4 mA.

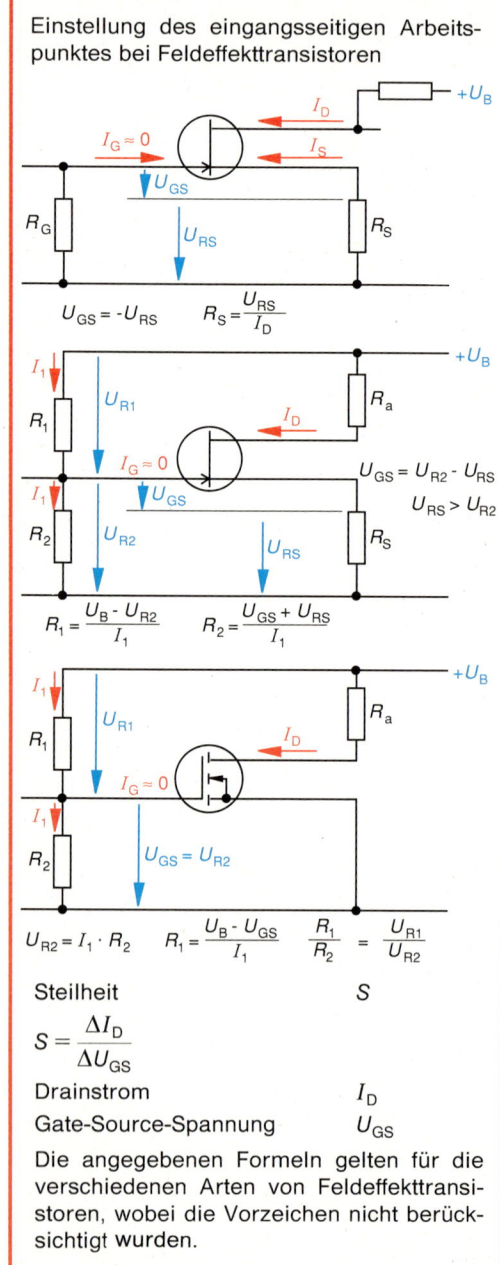

Einstellung des eingangsseitigen Arbeitspunktes bei Feldeffekttransistoren

$$U_{GS} = -U_{RS} \qquad R_S = \frac{U_{RS}}{I_D}$$

$$U_{GS} = U_{R2} - U_{RS}$$
$$U_{RS} > U_{R2}$$

$$R_1 = \frac{U_B - U_{R2}}{I_1} \qquad R_2 = \frac{U_{GS} + U_{RS}}{I_1}$$

$$U_{GS} = U_{R2}$$

$$U_{R2} = I_1 \cdot R_2 \qquad R_1 = \frac{U_B - U_{GS}}{I_1} \qquad \frac{R_1}{R_2} = \frac{U_{R1}}{U_{R2}}$$

Steilheit $\qquad\qquad\qquad\qquad\qquad S$

$$S = \frac{\Delta I_D}{\Delta U_{GS}}$$

Drainstrom $\qquad\qquad\qquad\qquad\qquad I_D$
Gate-Source-Spannung $\qquad\qquad U_{GS}$

Die angegebenen Formeln gelten für die verschiedenen Arten von Feldeffekttransistoren, wobei die Vorzeichen nicht berücksichtigt wurden.

Beispiellösung:

Gegeben: $U_{GS} = -3\,V$; $I_D = 4\,mA$

Gesucht: R_S

$U_{GS} = -U_{RS}$; $U_{RS} = 3\,V$

$U_{RS} = -U_{GS}$

$R_S = \dfrac{U_{RS}}{I_D}$; $\qquad R_S = \dfrac{3\,V}{4\,mA}$

$R_S = 750\,\Omega$

Aufgaben

1. Bei einem N-Kanal-Sperrschicht-FET soll der Arbeitspunkt durch einen Sourcewiderstand eingestellt werden. U_{GS} soll einen Wert von $-1,5\,V$ erreichen. Der Drainstrom wird dabei mit 3 mA angesetzt.
a) Zeichnen Sie die Schaltung!
b) Berechnen Sie R_S!

2. Bei einem P-Kanal-Sperrschicht-FET soll der eingangsseitige Arbeitspunkt durch einen Sourcewiderstand eingestelllt werden. Der erforderliche Wert für U_{GS} beträgt 4 V.
a) Zeichnen Sie die Schaltung!
b) Berechnen Sie R_S, wenn $-I_D = 15\,mA$ beträgt!

3. Bei einem Sperrschicht-Feldeffekt-Transistor wird der Arbeitspunkt durch einen Sourcewiderstand eingestellt. Ermitteln Sie den Wert von R_S, wenn $U_{RS} = 1,5\,V$, $U_{Ra} = 6\,V$ und $R_a = 1\,k\Omega$ betragen!

4. Der Arbeitspunkt des Transistors aus Aufgabe 1 soll mit Hilfe eines Spannungsteilers eingestellt werden. Der Strom I_1 durch den Spannungsteiler soll 1 mA betragen. U_B hat einen Wert von 9 V.
a) Zeichnen Sie die Schaltung!
b) Berechnen Sie R_1 und R_2 ($U_{RS} = 2\,V$)!
c) Weshalb muß U_{RS} größer als U_{R2} sein?

5. Zur Stabilisierung des Arbeitspunktes erfolgt die Arbeitspunkteinstellung eines N-Kanal-Sperrschicht-FET durch Spannungsteiler und Sourcewiderstand. Der Strom I_1 soll 1 mA betragen. Weiterhin gelten folgende Angaben: $-U_{GS} = 2,5\,V$; $I_D = 3\,mA$; $U_{RS} = 6,5\,V$ und $U_B = 15\,V$.
a) Zeichnen Sie die Schaltung!
b) Berechnen Sie R_S, R_1 und R_2!
c) Welche Spannung U_{DS} fällt am Transistor ab, wenn $R_a = 1,5\,k\Omega$ beträgt?

6. Bei einem N-Kanal-MOS-FET wird der Arbeitspunkt durch einen Spannungsteiler ($R_1 = 7,5\,k\Omega$; $R_2 = 1,5\,k\Omega$) eingestellt. U_B beträgt 9 V $\pm$ 10 %. Welche Werte kann U_{GS} annehmen?

7. Ein VMOS-FET 2N6656 (N-Kanal, selbstsperrend) benötigt für einen bestimmten Arbeitspunkt eine Gate-Source-Spannung $U_{GS} = 4\,V$.
a) Zeichnen Sie die Schaltung!
b) Berechnen Sie den erforderlichen Spannungsteilerstrom für $U_B = 20\,V$, wenn $R_1 = 10\,k\Omega$ beträgt!

8. Ein SIPMOS-FET hat bei einem bestimmten Arbeitspunkt einen Drainstrom von $I_D = 40\,A$. U_{DS} beträgt dabei 1,2 V, U_{GS} beträgt 5 V.
a) Wie groß ist die Verlustleistung P_{tot} des Transistors?
b) Welche Werte müssen die Spannungsteilerwiderstände für die Einstellung des eingangsseitigen Arbeitspunktes haben, wenn der Spannungsteilerstrom 1 mA betragen soll und $U_B = 220\,V$ beträgt?

9. Gegeben ist die Schaltung in Abb. 4. Berechnen Sie R_1, R_a, U_{DS} und P_{tot}!

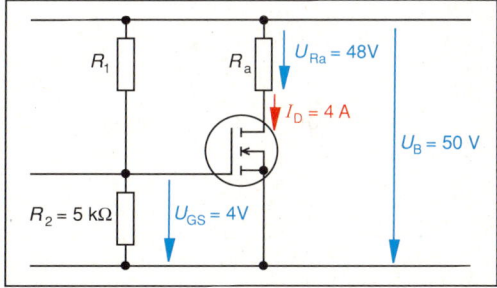

Abb. 4

10. Zur thermischen Stabilisierung des Arbeitspunktes von MOS-FET's dient die Schaltung in Abb. 5. Berechnen Sie die unbekannten Werte außer C_S!

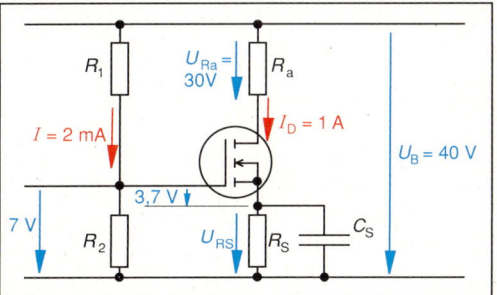

Abb. 5

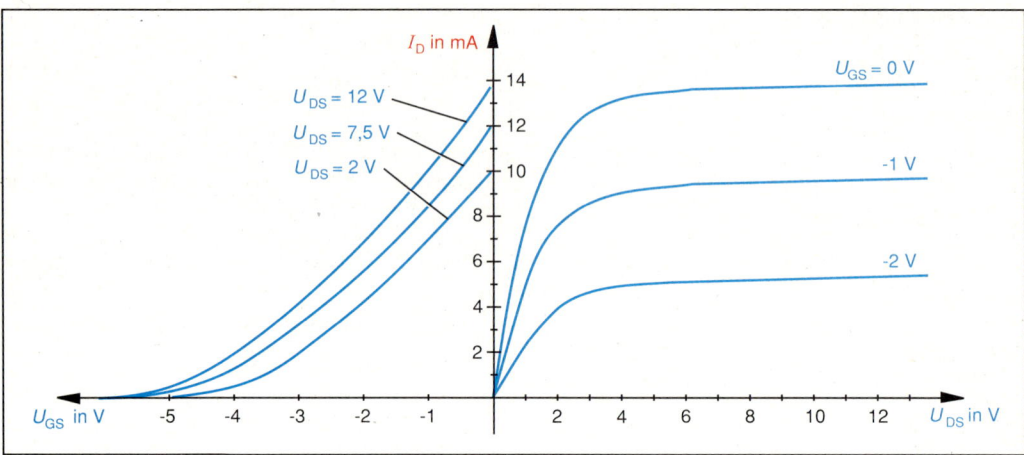

Abb. 1: Kennlinienfelder eines N-Kanal-Sperrschicht-Feldeffekttransistors

▶ Das Vorhandensein eines Arbeitswiderstands verändert bei Transistoren die Eingangskennlinien bzw. die Stromsteuerkennlinien, weil z.B. U_{DS} bei wechselnden Drainströmen nicht mehr konstant ist. Für einen N-Kanal-Sperrschicht-FET (Abb. 1) soll daher die Eingangskennlinie für eine Belastung mit einem Arbeitswiderstand von $R_a = 857\,\Omega$ und $U_B = 12\,V$ ermittelt werden.

Beispiellösung:

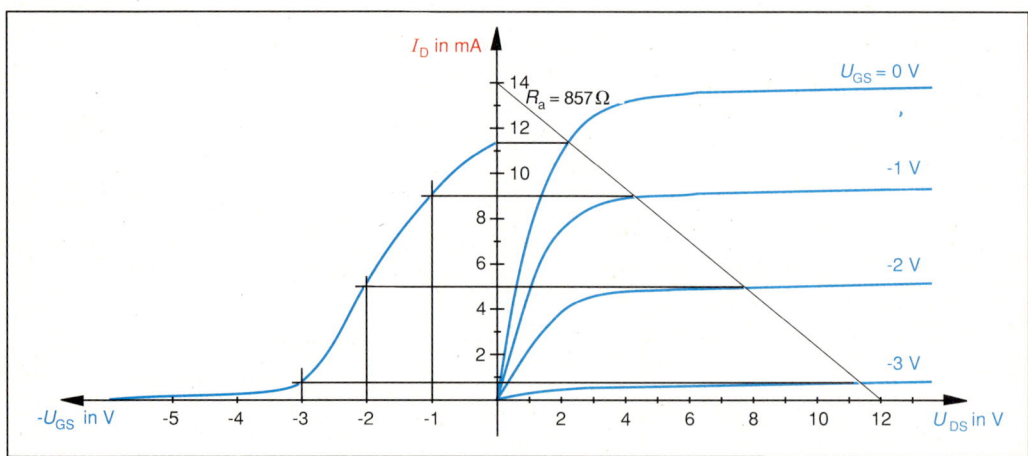

Aufgaben

11. Zeichnen Sie die Eingangskennlinie des Feldeffekttransistors, dessen Kennlinienfelder in Abb. 1 wiedergegeben sind. Der Arbeitswiderstand beträgt $R_a = 1{,}5\,k\Omega$ und U_B hat den Wert 15 V.

12. Gegeben ist das Kennlinienfeld eines Feldeffekttransistors (Abb. 1.)

a) Zeichnen Sie die Eingangskennlinien für die Arbeitswiderstände $R_{a1} = 2\,k\Omega$ und $R_{a2} = 1\,k\Omega$, wenn $U_B = 12\,V$ beträgt.
b) Wie verändern sich die Kennlinien mit fallenden Werten für R_a?
c) Der Transistor wird bei $-U_{GS} = 2\,V$ betrieben. Ermitteln Sie für beide Eingangskennlinien die Steilheit im angegebenen Arbeitspunkt!

7.4 Wärmeableitung

▶ Ein Transistor weist einen Wärmewiderstand von $R_{thJA} \leq 450\,\text{K/W}$ auf. Er soll mit einer Verlustleistung von 700 mW betrieben werden.

a) Welche Sperrschichttemperatur ϑ_J stellt sich ein, wenn die Umgebungstemperatur ϑ_A 25 °C beträgt?

b) Welche Auswirkungen hat dieser Betriebszustand auf den Transistor, wenn die maximale Sperrschichttemperatur $\vartheta_J = 200\,°\text{C}$ betragen darf?

c) Wie groß darf der Wärmewiderstand R_{thJA} werden, wenn die maximale Sperrschichttemperatur nicht überschritten werden soll?

d) Welche Sperrschichttemperatur stellt sich ein, wenn der Transistor auf ein Kühlblech mit $R_{thKA} = 25\,\text{K/W}$ montiert wird und die übrigen Wärmewiderstände $R_{thCK} = 1,5\,\text{K/W}$ sowie $R_{thJC} = 150\,\text{K/W}$ betragen?

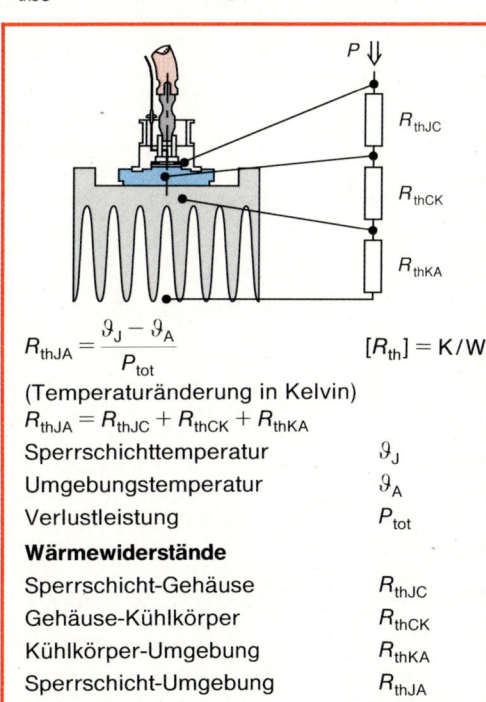

$$R_{thJA} = \frac{\vartheta_J - \vartheta_A}{P_{tot}} \qquad [R_{th}] = \text{K/W}$$

(Temperaturänderung in Kelvin)

$R_{thJA} = R_{thJC} + R_{thCK} + R_{thKA}$

Sperrschichttemperatur	ϑ_J
Umgebungstemperatur	ϑ_A
Verlustleistung	P_{tot}

Wärmewiderstände

Sperrschicht-Gehäuse	R_{thJC}
Gehäuse-Kühlkörper	R_{thCK}
Kühlkörper-Umgebung	R_{thKA}
Sperrschicht-Umgebung	R_{thJA}

Beispiellösung:

Gegeben: R_{thJA} des Transistors ohne Kühlkörper
$\leq 450\,\text{K/W}$; $P_{tot} = 700\,\text{mW}$;
$\vartheta_{Jmax} = 200\,°\text{C}$; $\vartheta_A = 25\,°\text{C}$;
$R_{thJC} = 150\,\text{K/W}$
$R_{thCK} = 1,5\,\text{K/W}$; $R_{thKA} = 25\,\text{K/W}$

Gesucht: a) ϑ_J; b) Folgen; c) R_{thJA}; d) ϑ_J

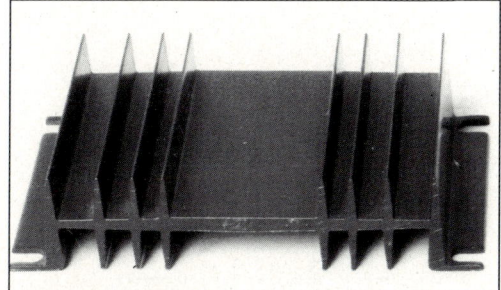

Abb. 2: Kühlkörper

a) $R_{thJA} = \dfrac{\vartheta_J - \vartheta_A}{P_{tot}};$ $\vartheta_J = R_{thJA} \cdot P_{tot} + \vartheta_A$

$\vartheta_J = 340\,°\text{C}$

b) Der Transistor wird zerstört!

c) $R_{thJA} = \dfrac{200\,°\text{C} - 25\,°\text{C}}{0,7\,\text{W}};$ $\underline{R_{thJA} = 250\,\text{K/W}}$

d) $\vartheta_J = R_{thJA} \cdot P_{tot} + \vartheta_A$
$\vartheta_J = (R_{thJC} + R_{thCK} + R_{thKA}) \cdot P_{tot} + \vartheta_A$
$\underline{\vartheta_J = 148,6\,°\text{C}}$

Aufgaben

1. Ein Kühlkörper soll aus Kupferblech der Dicke 1 mm so hergestellt werden, daß er bei senkrechter Montage einen Wärmewiderstand von $R_{thKA} = 7,5\,\text{K/W}$ hat.[1]

a) Welche Kantenlänge muß er haben, wenn er aus blankem Kupferblech hergestellt werden soll?

b) Welche Kantenlänge muß der Kühlkörper aufweisen, wenn er bei gleichem Wärmewiderstand aus geschwärztem Kupferblech hergestellt wird?

2. Ein Aluminiumkühlkörper soll aus blankem Material hergestellt werden. Er soll einen Wärmewiderstand R_{thKA} von 8,7 K/W besitzen.[1]

a) Wie lang muß die Kantenlänge des quadratischen Kühlkörpers bei einer Materialdicke von 1 mm sein?

b) Welche Kantenlänge ergibt sich bei 5 mm dickem blankem Material?

c) Welche Kantenlänge ergibt sich bei geschwärztem und 5 mm starkem Material?

d) Welche Kantenlänge ergibt sich für einen Kühlkörper nach Aufgabe c), wenn der Kühlkörper waagerecht montiert werden soll?

[1] Siehe Abbildung 1, S. 122

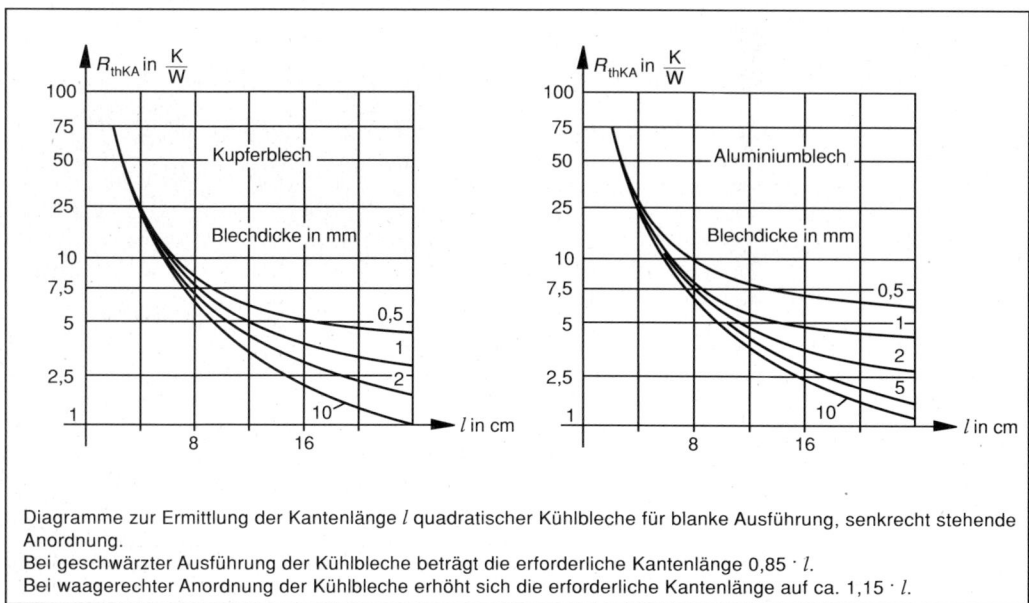

Diagramme zur Ermittlung der Kantenlänge l quadratischer Kühlbleche für blanke Ausführung, senkrecht stehende Anordnung.
Bei geschwärzter Ausführung der Kühlbleche beträgt die erforderliche Kantenlänge $0{,}85 \cdot l$.
Bei waagerechter Anordnung der Kühlbleche erhöht sich die erforderliche Kantenlänge auf ca. $1{,}15 \cdot l$.

Abb. 1: Ermittlung der Kantenlänge quadratischer Kühlbleche

3. Ein Kühlkörper mit dem Wärmewiderstand von $R_{thKA} = 7{,}5\,K/W$ soll aus geschwärztem Kupferblech mit der Blechdicke 2 mm hergestellt werden (siehe Abb. 1).
a) Welche Kantenlänge ergibt sich?
b) Welche Kantenlänge ergäbe sich bei geschwärztem Aluminiumblech gleicher Stärke und gleichen Wärmewiderstands?

4. Der Transistor BD 130 wird bei einem ausgangsseitigen Arbeitspunkt von $U_{CE} = 4{,}5\,V$; $I_C = 5{,}5\,A$ betrieben. Der eingangsseitige Arbeitspunkt liegt bei $U_{BE} = 1{,}2\,V$ und $I_B \approx 200\,mA$. Der Wärmewiderstand des Transistors R_{thJC} beträgt $1{,}5\,K/W$. Der verwendete Rippenkühlkörper (vgl. Abb. 2, S. 121) hat einen Wärmewiderstand von $4\,K/W$. Die zur elektrischen Isolierung von Transistor und Kühlkörper erforderliche Glimmerscheibe besitzt einen Wärmewiderstand von R_{th} von $1{,}25\,K/W$.
a) Welche Sperrschichttemperatur ϑ_J stellt sich bei dem Transistor ein, wenn die Umgebungstemperatur 25 °C beträgt?
b) Welche Sperrschichttemperatur stellt sich ein, wenn ein 10 cm langer Rippenkühlkörper mit einem Wärmewiderstand von $R_{thKA} = 4\,K/W$ je 5 cm Kühlkörperlänge verwendet wird, und der Wärmewiderstand zwischen Transistorgehäuse und Kühlkörper durch beidseitiges Einfetten der Glimmerscheibe mit Wärmeleitpaste auf $0{,}35\,K/W$ gesenkt wird?

5. Der Transistor BUY 73 hat eine maximal zulässige Sperrschichttemperatur von 175 °C. P_{tot} beträgt bei einem bestimmten Arbeitspunkt 60 W. R_{thJC} besitzt den Wert $1{,}28\,K/W$.
a) Welcher Wärmewiderstand R_{thKA} muß erreicht werden, damit ϑ_J den Wert 150 °C bei $\vartheta_A = 40\,°C$ nicht überschreitet ($R_{thCK} \approx 0$)?
b) Welche Fläche muß ein blankes, senkrecht montiertes Aluminiumkühlblech (Dicke 10 mm) haben, damit ϑ_J bei $\vartheta_A = 40\,°C$ und $P_{tot} = 40\,W$ ($R_{thCK} \approx 0$) 160 °C nicht überschreitet?

6. Eine Z-Diode hat eine maximale Verlustleistung P_{totmax} von $1{,}3\,W$ sowie einen Wärmewiderstand von $R_{thJA} = 110\,K/W$. Die maximale Sperrschichttemperatur ϑ_{Jmax} beträgt 175 °C. Bis zu welcher Umgebungstemperatur darf die Z-Diode ohne zusätzliche Kühlmaßnahmen betrieben werden?

7. Eine Z-Diode hat eine Verlustleistung $P_{totmax} = 500\,mW$ und eine maximal zulässige Sperrschichttemperatur von 175 °C. Ihr Wärmewiderstand R_{thJA} beträgt $300\,K/W$. Der maximale Sperrstrom I_{Zmax} beträgt (bei $\vartheta_A = 25\,°C$) $38{,}5\,mA$. Aus Sicherheitsgründen soll ϑ_J auf 120 °C bei einer Umgebungstemperatur von $\vartheta_A = 45\,°C$ begrenzt werden. Wie groß darf der Wärmewiderstand R_{thKA} eines Fingerkühlkörpers werden, damit die obige Bedingung eingehalten wird?

7.5 Stabilisierung

▶ Für eine Stabilisierungsschaltung mit Z-Diode ergeben sich die folgenden Bedingungen:
$U_1 = 20\,V \pm 10\%$; $U_Z = 6{,}2\,V$; $I_{Zmax} = 120\,mA$; $I_{Zmin} = 12\,mA$; $I_{Lmax} = 50\,mA$; $I_{Lmin} = 40\,mA$.
a) Ermitteln Sie, in welchem Bereich der Wert von R_V liegen darf und wählen Sie einen Normwert aus!
b) Welche Leistung muß der Vorwiderstand besitzen?

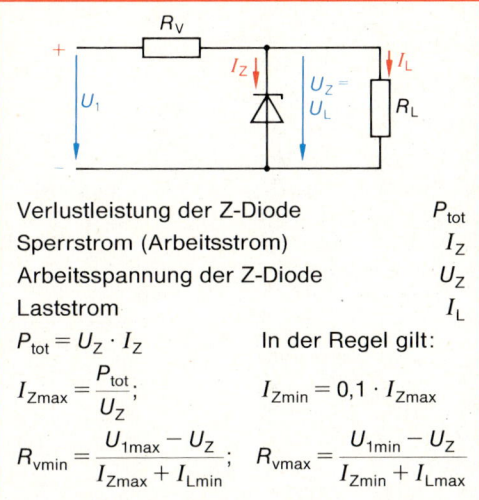

Verlustleistung der Z-Diode	P_{tot}
Sperrstrom (Arbeitsstrom)	I_Z
Arbeitsspannung der Z-Diode	U_Z
Laststrom	I_L

$P_{tot} = U_Z \cdot I_Z$ In der Regel gilt:

$I_{Zmax} = \dfrac{P_{tot}}{U_Z}$; $I_{Zmin} = 0{,}1 \cdot I_{Zmax}$

$R_{vmin} = \dfrac{U_{1max} - U_Z}{I_{Zmax} + I_{Lmin}}$; $R_{vmax} = \dfrac{U_{1min} - U_Z}{I_{Zmin} + I_{Lmax}}$

Beispiellösung:

Gegeben: $U_1 = 20\,V \pm 10\%$; $U_Z = 6{,}2\,V$;
$\qquad\qquad I_{Zmax} = 120\,mA$; $I_{Zmin} = 12\,mA$;
$\qquad\qquad I_{Lmax} = 50\,mA$; $I_{Lmin} = 40\,mA$

Gesucht: a) R_{vmin}; R_{vmax}; R_v; b) P_{RV}

a) $R_{vmin} = \dfrac{U_{1max} - U_2}{I_{Zmax} + I_{Lmin}}$; $R_{vmin} = \dfrac{22\,V - 6{,}2\,V}{0{,}12\,A + 0{,}04\,A}$

$\underline{R_{vmin} = 99\,\Omega}$

$R_{vmax} = \dfrac{U_{1min} - U_Z}{I_{Zmin} + I_{Lmax}}$; $R_{vmax} = \dfrac{18\,V - 6{,}2\,V}{0{,}012\,A + 0{,}05\,A}$

$\underline{R_{vmax} = 190\,\Omega}$

R_v wird zu $150\,\Omega$ (mittlerer Normwert) gewählt. Bei diesem Wert erreichen Stabilisierungswirkungen und P_{tot} der Z-Diode mittlere Werte.

b) $P_{Rvmax} = \dfrac{U_{Rvmax}^2}{R_v}$; $P_{Rvmax} = \dfrac{(22\,V - 6{,}2\,V)^2}{150\,\Omega}$

$\underline{P_{Rvmax} = 1{,}66\,W}$

1. Für das Netzteil einer Steuerschaltung wird eine Betriebsspannung von ca. $9\,V$ benötigt. Die Stabilisierung soll mit Hilfe einer Z-Diode $U_Z = 9{,}1\,V$; $I_{Zmax} = 54\,mA$ und $I_{Zmin} = 6\,mA$ erfolgen. Die Gleichrichterschaltung liefert eine unstabilisierte Spannung von $U_1 = 28\,V \pm 10\%$. Der Laststrom schwankt zwischen $50\,mA$ und $60\,mA$. Berechnen Sie R_{vmin} und R_{vmax}!

2. Zwischen welchen Werten kann der Vorwiderstand aus Aufgabe 1 liegen, wenn eine Z-Diode mit einer zulässigen Verlustleistung von $1{,}3\,W$ verwendet wird?

3. Für eine Schaltung mit einem Operationsverstärker wird eine stabilisierte Spannung von $15\,V$ benötigt. Die Stromstärke der Schaltung liegt zwischen $10\,mA$ und $12\,mA$. Es soll eine Z-Diode mit $P_{tot} = 0{,}5\,W$ verwendet werden. Zwischen welchen Werten darf der Vorwiderstand liegen, wenn U_1 bei einer möglichen Schwankung von $\pm 6\%$ einen Betrag von $30\,V$ erreicht?

4. Für ein stabilisiertes Netzteil mit einer Ausgangsspannung von $25\,V$ und einem Laststrom zwischen $0{,}2\,A \ldots 0{,}5\,A$ soll der Vorwiderstand der Z-Diode ($P_{tot} = 5\,W$) ermittelt werden ($U_1 = 40\,V \pm 5\%$).
a) Berechnen Sie R_{vmax} und R_{vmin}!
b) Kann die Schaltung realisiert werden?
c) Wie kann das Problem gelöst werden?

5. Der konstante Laststrom einer Stabilisierungsschaltung mit Z-Diode beträgt $60\,mA$. Die Eingangsspannung der Schaltung liegt zwischen $24\,V$ und $28\,V$. Die zu verwendende Z-Diode hat eine zulässige Verlustleistung von $0{,}5\,W$ und eine Arbeitsspannung von $U_z = 13\,V$.
a) Berechnen und wählen Sie R_v.
b) Ermitteln Sie P_{RV} und I_Z (Minimal- und Maximalwerte)!

6. Gegeben ist die Schaltung in Abb. 2. Ermitteln Sie R_{vmax} und R_{vmin}!

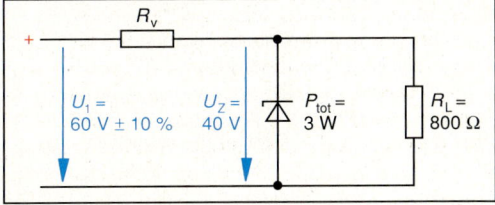

Abb. 2

7. Eine Stabilisierungsschaltung wird mit einer nahezu konstanten Spannung $U_1 = 30\,V$ versorgt ($I_L = 0,2\,A \pm 10\%$). Zur Erzeugung einer kleineren Ausgangsspannung soll mit der Z-Diode BZX 83 C5V1 ($P_{tot} = 500\,mW$) nachstabilisiert werden.
a) Berechnen und wählen Sie R_v.
b) Ermitteln Sie P_{RV}!

8. Für eine Stabilisierungsschaltung mit Z-Diode gelten die folgenden Werte:
$U_1 = 80\,V \pm 10\%$; $R_{vmax} = 595\,\Omega$;
$R_{vmin} = 548\,\Omega$; $I_{Zmax} = 37,5\,mA$.
Der konstante Laststrom hat einen Wert von 50 mA. Berechnen Sie die Verlustleistung der Z-Diode!

Tab. 7.2: Kenndaten einiger Z-Dioden bei $\vartheta_u = 50\,°C$

Z-Diode	U_2 in V	I_{zmax} in mA
BZX97 C5V1	5,1	80
BZX97 C10	10	40
BZX97 C15	15	27
BZX97 C20	20	20
BZX97 C24	24	16
BZX97 C30	30	13

9. Zwischen welchen Werten darf die Größe eines Vorwiderstandes liegen, wenn für die Stabilisierungsschaltung folgende Angaben gelten: $U_1 = 30\,V \pm 5\%$; $I_L = 40\,mA \pm 10\%$; $U_Z = 15\,V$ (BZX 97 siehe Tab. 7.2).

10. Eine Stabilisierungsschaltung hat bei einer Eingangsspannung von $60\,V \pm 10\%$ eine Ausgangsspannung von 30 V. Der Laststrom schwankt zwischen 0 und 5 mA.
a) Bestimmen Sie einen geeigneten Vorwiderstand (Normwert)!
b) Ermitteln Sie für Leerlauf und Vollast der Schaltung die Verlustleistung P_{tot} der Z-Diode BZX 97 bei $U_1 = 66\,V$ (siehe Tab. 7.2)!

11. Gegeben ist die in Abb. 1 dargestellte Stabilisierungsschaltung.
a) Ermitteln Sie die Basis-Emitter-Spannung U_{BE} des Längstransistors, wenn die Z-Diode eine Arbeitsspannung von $U_Z = 18\,V$ aufweist!
b) Wie ändert sich U_{BE}, wenn die Ausgangsspannung sich um $\pm 0,25\,V$ ändert?
c) Wie ändert sich der Emitterstrom des Transistors, wenn die Änderung von U_{BE} eine Änderung des Basisstroms I_B von $+ 0,19\,A$ und $- 0,08\,A$ hervorruft ($B = 20$).

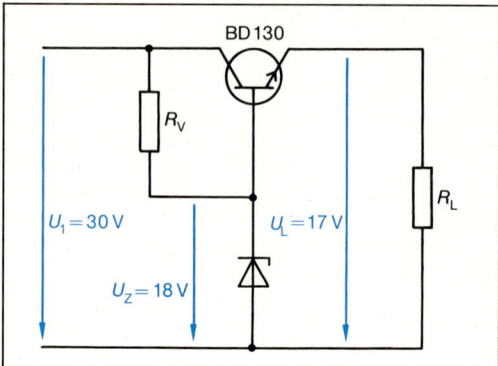

Abb. 1

12. Gegeben ist die Stabilisierungsschaltung mit integriertem Spannungsregler in Abb. 2. Der Strom über R_1 muß mindestens 5 mA betragen.
a) Wie groß muß R_1 gewählt werden, wenn mit einer minimalen Spannung von 1,2 V an R_1 gerechnet werden muß?
b) Wie groß wird U_0 in der Schaltung?

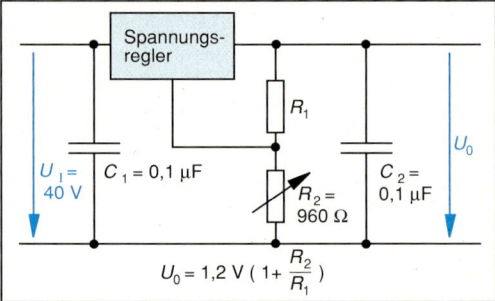

Abb. 2

13. Welche Größe muß der Widerstand R_2 in der Schaltung nach Abb. 2 haben, wenn $U_0 = 12\,V$ betragen soll?

14. Die Ausgangsspannung in Abb. 2 soll zwischen 4 V und 16 V einstellbar sein.
Welche Widerstandswerte müssen mit R_2 eingestellt werden können?

15. In einer Schaltung nach Abb. 2 ist ein Fehler aufgetreten. Die Überprüfung ergab einen Ausfall von R_1. Aus dem Datenblatt des Spannungsreglers läßt sich entnehmen, daß die minimale Spannung an R_1 1,4 V und der Strom durch R_1 mindestens 6 mA betragen muß.
a) Welchen Wert muß der Ersatzwiderstand haben?
b) Welche Ausgangsspannung U_0 ergibt sich, wenn $U_1 = 45\,V$ und $R_2 = 960\,\Omega$ betragen?

7.6 Thyristoren

▶ Bei einem Thyristor vom Typ BSt F25 steigt der Durchlaßstrom innerhalb von 2 µs auf einen Wert von 120 A an.
Überprüfen Sie, ob die kritische Stromsteilheit S_{Ikrit} von 50 A/µs eingehalten wird!

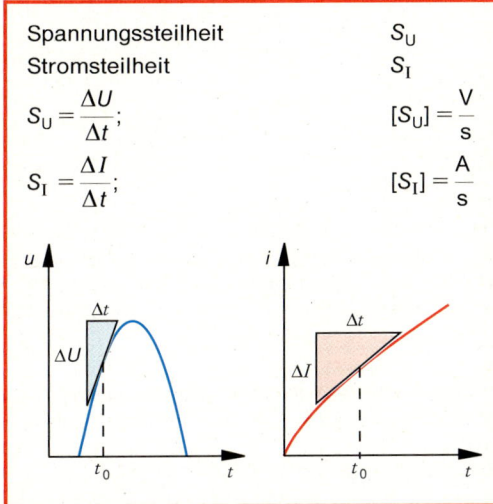

Spannungssteilheit	S_U
Stromsteilheit	S_I

$$S_U = \frac{\Delta U}{\Delta t}; \qquad [S_U] = \frac{V}{s}$$

$$S_I = \frac{\Delta I}{\Delta t}; \qquad [S_I] = \frac{A}{s}$$

Beispiellösung:

Gegeben: $\Delta I = 50\,A$; $\Delta t = 2\,µs$; $S_{Ikrit} = 50\,A/µs$
Gesucht: S_I

$$S_I = \frac{\Delta I}{\Delta t}; \quad S_I = \frac{120\,A}{2\,µs}$$

$$S_I = 60\,\frac{A}{µs}$$

Die kritische Stromsteilheit wird überschritten!

Aufgaben

1. In einer Thyristorschaltung steigt die Spannung am Thyristor innerhalb von 5 µs um 50 V. Wie groß ist die Spannungssteilheit S_U?

2. Gegeben ist der Spannungsverlauf an einem Thyristor in Abb. 3.
Wie groß ist die Spannungssteilheit S_U?

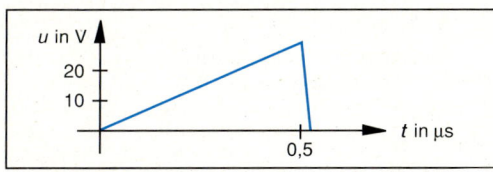

Abb. 3

3. Der Thyristor BSt 36 S 10 besitzt eine kritische Spannungssteilheit S_{Ukrit} von 100 V/µs. In welcher Zeit darf die Spannung am Thyristor auf den Wert von 400 V ansteigen?

4. An einem Thyristor wird innerhalb von 10 µs eine Stromänderung von 50 A festgestellt. Wie groß ist die Stromsteilheit S_I?

5. Gegeben ist der Stromverlauf durch einen Thyristor (Abb. 4). Wie groß ist die Stromsteilheit S_I?

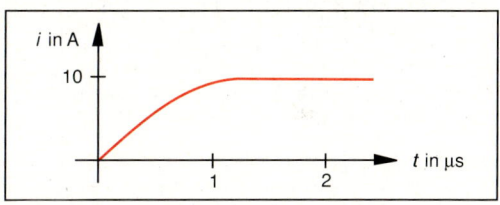

Abb. 4

▶ In einer Thyristorschaltung (Abb. 5) wird die Zündspannung mit Hilfe eines RC-Gliedes erzeugt und gegenüber der Netzspannung in der Phase verschoben.
a) Ermitteln Sie den Phasenverschiebungswinkel α zwischen der Netzspannung U und U_C!
b) Wie groß wird $\hat{u}_C$ ohne Berücksichtigung von V1 und V2?

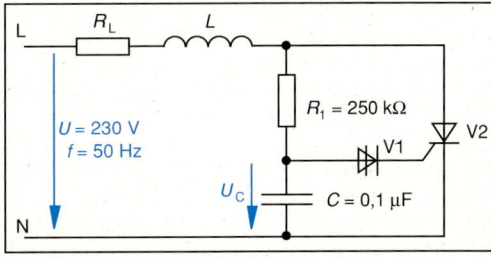

Abb. 5

Beispiellösung:

Gegeben: $R_1 = 250\,k\Omega$; $C = 0,1\,µF$; $U = 230\,V$;
Gesucht: a) α; b) $\hat{u}_C$; $\qquad f = 50\,Hz$

a) $\tan\alpha = \dfrac{R_1}{X_C}$; $\tan\alpha = \omega \cdot R_1 \cdot C$

$\tan\alpha = 2\pi \cdot f \cdot R_1 \cdot C$

$\tan\alpha = 2\pi \cdot 50\frac{1}{s} \cdot 250\,k\Omega \cdot 0,1\,µF$;

$\tan\alpha = 7,85;$ $\qquad \underline{\alpha = 82,7°}$

b) $\cos\alpha = \dfrac{U_C}{U}$; $U_C = U \cdot \cos\alpha$;

$\hat{u}_C = \hat{u} \cdot \cos\alpha$; $\hat{u}_C = 230\,V \cdot \sqrt{2} \cdot \cos 82,7°$

$\underline{\underline{\hat{u}_C = 41,33\,V}}$

6. Gegeben ist die Phasenanschnittsteuerung in Abb. 1.
a) Ermitteln Sie die Zündverzögerungswinkel α_{min} und α_{max}!
b) Welche Werte nimmt die Scheitelspannung $\hat{u}_C$ am Kondensator ohne Berücksichtigung von V1 und V2 jeweils an?

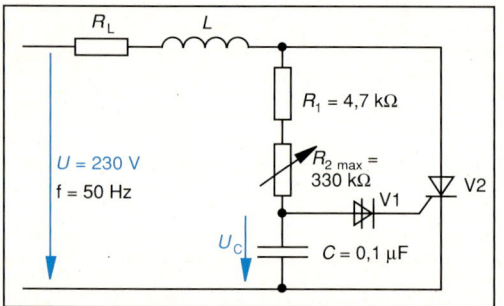

Abb. 1

7. Die Vierschichtdiode in Abb. 1 schaltet bei $U_{(B0)} = 24\,V$ durch und zündet den Thyristor.
a) Welche Ladung hat der Kondensator bei $U_{(B0)}$?
b) Nach dem Zünden der Vierschichtdiode und des Thyristors entlädt sich der Kondensator C innerhalb von 1,5 µs bis auf eine Spannung von 0,5 V (Unterschreiten des Haltestroms von V1). Wie groß war der mittlere Zündstrom über die Vierschichtdiode und den Thyristor?

8. In einer Schaltung nach Abb. 1 betragen $R_1 = 10\,k\Omega$ und $R_2 = 0$ bis $1\,M\Omega$.
a) Welche Zündverzögerungswinkel α_{min} und α_{max} lassen sich einstellen?
b) Kann V1 bei $\alpha = \alpha_{max}$ noch durchschalten?
c) Bei welchem Zündverzögerungswinkel α_{max} schaltet die Vierschichtdiode V1 gerade noch durch?

9. Gegeben ist der Schaltungsausschnitt in Abb. 2. Mit R_1 wird α_{min}, mit R_3 wird α_{max} eingestellt. R_2 dient der Veränderung von α innerhalb der voreinstellbaren Grenzen. Die Minimalwerte der Widerstände betragen $0\,\Omega$. Die Maximalwerte betragen $R_{1max} = 4,7\,k\Omega$; $R_{2max} = 330\,k\Omega$ und $R_{3max} = 500\,k\Omega$.
a) Welche Werte können α_{min} und α_{max} erreichen?
b) Wie groß wird jeweils u_C für die extremen Zündverzögerungswinkel ohne Berücksichtigung der nachfolgenden Schaltungsteile?
c) Wie verändern sich α_{min} und α_{max}, wenn infolge eines Defekts die Kapazität des Kondensators C auf die Hälfte sinkt?

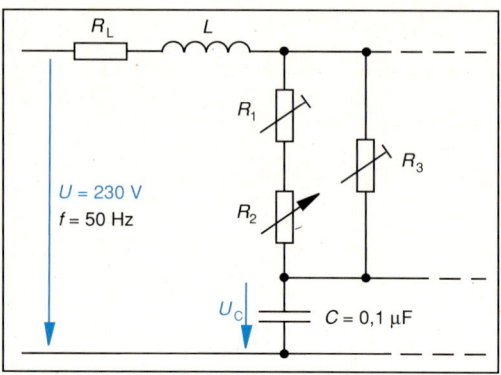

Abb. 2

10. Mit einer Schaltung nach Abb. 3 lassen sich Zündverzögerungswinkel zwischen ungefähr 10° und 160° erreichen.
a) Zwischen welchen Werten kann daher die Leistung von R_L schwanken?
(Lösungshinweis: Beachten Sie Abb. 4!)
b) Der Diac schaltet bei $U_{(B0)} = 32\,V$ durch. Innerhalb von 2 µs sinkt die Spannung an C_2 um 5 V.
Wie groß ist der mittlere Zündstrom?

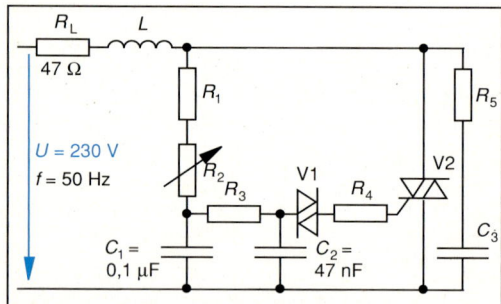

Abb. 3

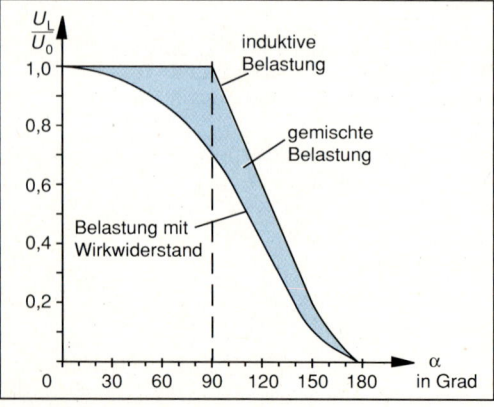

Abb. 4: Steuerkennlinien

8 Digitaltechnik

8.1 Funktionsgleichungen

▶ Ein Motor soll durch zwei Schalter S1 und S2 eingeschaltet werden können. Bedingung: Der Motor darf nur anlaufen, wenn **nur** S1 oder **nur** S2 betätigt wird. Wie lautet die Funktionsgleichung in disjunktiver Normalform? Zeichnen Sie die Schaltung mit digitalen Bausteinen!

Disjunktive Normalform

Die Eingangsvariablen der Kombinationen aus der Wertetabelle für die x = 1 ist, werden durch UND verknüpft (z.B. $a = 0 \widehat{=} \bar{a}$; $b = 1 \widehat{=} b$; → $x = \bar{a} \wedge b$).
Alle UND-Glieder werden durch ODER miteinander verknüpft.

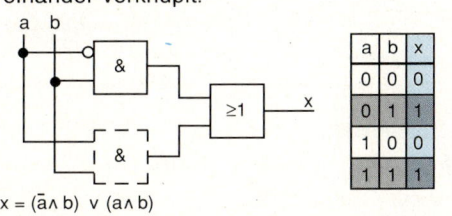

$x = (\bar{a} \wedge b) \vee (a \wedge b)$

Beispiellösung:

Gegeben: Funktionsbeschreibung

Gesucht: Steuerschaltung

Analyse der Aufgabe. Definieren der einzelnen Variablen und Aufstellung der Wertetabelle:

$S1 \widehat{=} a$; $S2 \widehat{=} b$;   Motor $\widehat{=} x$

	a	b	x	Gleichungen
1.	0	0	0	
2.	0	1	1	$\bar{a} \wedge b = x$
3.	1	0	1	$a \wedge \bar{b} = x$
4.	1	1	0	

Aufstellen der Funktionsgleichung in der disjunktiven Normalform:

$x = (\bar{a} \wedge b) \vee (a \wedge \bar{b})$

Realisierung der Schaltung:

Die Schaltung, die sich aus der disjunktiven Normalform der Funktionsgleichung ergibt, ist in der Abb. 8 dargestellt.

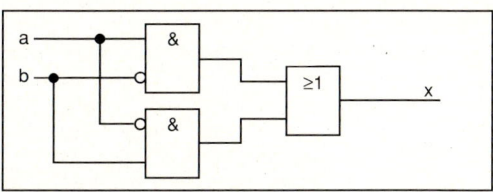

Abb. 8: Schaltung nach der disjunktiven Normalform

Aufgaben

1. Welche Bedingungen müssen erfüllt sein, damit die Schütze K1 oder K2 (Abb. 9.) betätigt werden können. Stellen Sie die Funktionsgleichungen in disjunktiver Normalform auf.

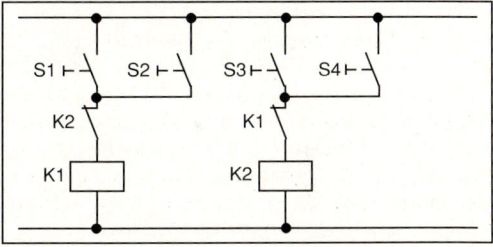

Abb. 9: Stromlaufplan einer Steuerung

2. In einer Anlage soll immer dann eine Störmeldung erfolgen, wenn mindestens zwei von drei Meßfühlern den Wert 1 haben.
a) Erstellen Sie die Wertetabelle!
b) Wie lautet die Gleichung in disjunktiver Normalform?
c) Zeichnen Sie den Funktionsplan, der sich aus der Funktionsgleichung ergibt.

3. Ein Lastenaufzug zwischen zwei Stockwerken eines Hauses darf nur dann losfahren, wenn
- die Aufzugstür geschlossen ist,
- die Überlastsicherung nicht ausgelöst hat,
- nur eine der Stockwerktasten ausgedrückt wird und
- die Kabinenstandsmeldung aussagt, daß sich der Aufzug nicht bereits im gewünschten Stockwerk befindet.

a) Erstellen Sie die Wertetabelle!
b) Wie lautet die Funktionsgleichung in der disjunktiven Normalform?
c) Zeichnen Sie den Funktionsplan, der sich aus der Funktionsgleichung ergibt!

4. Wie lauten die Funktionsgleichungen für das Einschalten der Schütze K1, K2 und K3 der dargestellten Steuerung? (Nichtbetätigte Kontakte und Taster ≙ 0-Signal).

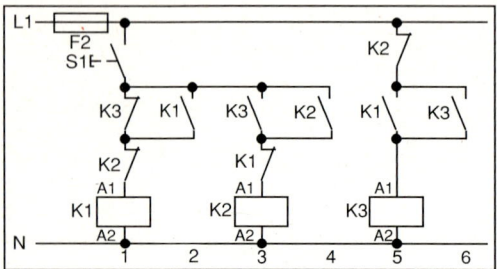

Abb. 1: Stromlaufplan einer Steuerung

5. Eine Transportanlage besteht aus zwei Förderbändern, die durch die Motoren M1 und M2 angetrieben werden. Motor M1 ist in Betrieb, wenn der Einschalter betätigt ist und der Motorschutzschalter nicht angesprochen hat. M2 soll in Betrieb sein, wenn der Motor M1 läuft und der Einschalter für M2 betätigt ist und der Motorschutzschalter für M2 nicht angesprochen hat. Am Ende des Förderbandes 1 befindet sich ein Stauschalter, der bei einem Materialstau schließt und M1 abschaltet. Nach Beseitigung des Staus läuft M1 wieder an. Motor M2 soll während des Staus in Betrieb bleiben.
a) Wie lauten die Funktionsgleichungen in disjunktiver Normalform für den Betrieb der beiden Motoren?
b) Zeichnen Sie den Funktionsplan!

6. Eine Steuerschaltung hat vier Eingänge. Die Wertetabelle gibt die Eingangskombinationen wieder, bei denen die Ausgangsvariable x den Wert 1 hat.

a	b	c	d	x
0	1	1	1	1
1	0	1	0	1
1	1	1	0	1

a) Wie lautet die Funktionsgleichung?
b) Die zum Aufbau der Schaltung verwendeten integrierten Bausteine beinhalten folgende Schaltungen: 6 INVERTER, 4 UND-Gatter mit je 2 Eingängen, 4 ODER-Gatter mit je 2 Eingängen. Wieviel ICs werden benötigt?
c) Formen Sie die Gleichung so um, daß nur NOR-Gatter (4 NOR-Gatter mit je 2 Eingängen pro IC) verwendet werden. Wieviel ICs werden für diese Schaltung benötigt?
d) Die Preise für die einzelnen ICs stehen etwa in folgendem Verhältnis:
Inverter : UND : ODER : NOR = 1 : 1,1 : 1,5 : 1.
Um wieviel Prozent unterscheiden sich die Preise für beide Schaltungen?

▶ Eine Lampe soll nur dann ausgeschaltet sein, wenn die drei Schalter S1, S2 und S3 folgende Signale führen, S3 muß 1-Signal führen und S1 und/oder S2 müssen 0-Signal führen.
a) Wie lauten die Gleichungen für die in Frage kommenden Kombinationen ($x = 0$ bzw. $\bar{x} = 1$).
b) Fassen Sie die einzelnen Kombinationen zur konjunktiven Normalform zusammen!

Konjunktive Normalform

Die Eingangsvariablen der Kombinationen aus der Wertetabelle für die $x = 0$ ist werden invertiert und durch ODER verknüpft (z.B. $a = 0 \triangleq \bar{a}$; $b = 1 \triangleq b$; $\rightarrow \bar{x} = \bar{a} \wedge b$
$\bar{x} = \bar{a} \wedge b \rightarrow x = a \vee \bar{b}$).
Alle ODER-Glieder werden durch ein UND-Glied miteinander verknüpft.

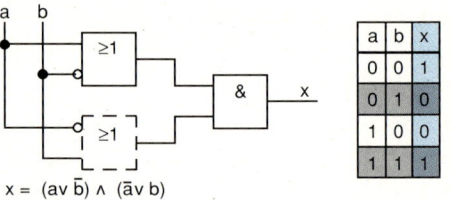

$x = (a \vee \bar{b}) \wedge (\bar{a} \vee b)$

a	b	x
0	0	1
0	1	0
1	0	0
1	1	1

Beispiellösung

Gegeben: Funktionsbeschreibung
Gesucht: Konjunktive Normalform
$S1 \triangleq a$; $S2 \triangleq b$; $S3 \triangleq c$; Lampe $\triangleq x$
a) Für drei – der acht möglichen – Kombinationen sind die Bedingungen erfüllt:

a	b	c	x	Gleichungen	
0	0	0	1		
0	0	1	0	$\bar{a} \wedge \bar{b} \wedge c = \bar{x}$ bzw. $a \vee b \vee \bar{c} = x$	
0	1	0	1		
0	1	1	0	$\bar{a} \wedge b \wedge c = \bar{x}$	$a \vee \bar{b} \vee \bar{c} = x$
1	0	0	1		
1	0	1	0	$a \wedge \bar{b} \wedge c = \bar{x}$	$\bar{a} \vee b \vee \bar{c} = x$
1	1	0	1		
1	1	1	1		

b) Die Gleichung für die Kombinationen, bei denen $x = 0$ ist, lautet:

$\bar{x} = (\bar{a} \wedge \bar{b} \wedge c) \vee (\bar{a} \wedge b \wedge c) \vee (a \wedge \bar{b} \wedge c)$

und in der konjunktiven Normalform:

$x = (a \vee b \vee \bar{c}) \wedge (a \vee \bar{b} \vee \bar{c}) \wedge (\bar{a} \vee b \vee \bar{c})$

(Die Umwandlung der einen Form der Gleichung in die andere Form erfolgt mit Hilfe der de Morganschen Gesetze vgl. 8.2.2, S. 132).

Aufgaben

7. Wie lautet die Funktionsgleichung in konjunktiver Normalform für den dargestellten Teil einer Wertetabelle?

a	b	c	x
1	0	0	0
0	1	0	0
1	1	1	0

8. a) Stellen Sie für die Beispielaufgabe (S. 128) die Funktionsgleichung in disjunktiver Normalform auf!
b) Wieviel integrierte Bausteine werden für die Schaltung nach der konjunktiven und nach der disjunktiven Normalform jeweils benötigt, wenn folgende ICs zur Verfügung stehen: 6 Inverter pro IC, 4 UND-Gatter mit je 2 Eingängen pro IC, 4 ODER-Gatter mit je 2 Eingängen pro IC?

9. Für eine Schaltung ergibt sich folgende Wertetabelle.
a) Wie lautet die Funktionsgleichung in disjunktiver Normalform?
b) Wie lautet die Funktionsgleichung in konjunktiver Normalform?
c) Formen Sie beide Gleichungen so um, daß nur NAND-Glieder (2 Eingänge pro Gatter) verwendet werden!

a	b	c	x
0	0	0	0
0	0	1	0
0	1	0	1
0	1	1	1
1	0	0	1
1	0	1	1
1	1	0	0
1	1	1	1

d) Formen Sie beide Gleichungen so um, daß nur NOR-Glieder (2 Eingänge pro Gatter) verwendet werden!
e) Wieviel ICs benötigen Sie für jede der vier Schaltungen, wenn sich in jedem IC vier Gatter mit je zwei Eingängen befinden?

10. Für eine Schaltung ergibt sich die dargestellte Wertetabelle.
a) Wie lautet die Funktionsgleichung in disjunktiver Normalform?
b) Wie lautet die Funktionsgleichung in konjunktiver Normalform?
c) Formen Sie beide Gleichungen so um, daß nur NAND-Glieder (2 Eingänge pro Gatter) verwendet werden!

a	b	c	x
0	0	0	0
0	0	1	1
0	1	0	0
0	1	1	0
1	0	0	1
1	0	1	1
1	1	0	0
1	1	1	1

d) Formen Sie beide Gleichungen so um, daß nur NOR-Glieder (2 Eingänge pro Gatter) verwendet werden!
e) Wieviel ICs benötigen Sie für jede der vier Schaltungen, wenn sich in jedem IC vier Gatter mit je zwei Eingängen befinden?

8.2 Vereinfachung von Schaltwerken

8.2.1. Vereinfachung mit Hilfe der KV[1]-Tafeln

▶ Gegeben ist die Steuerschaltung nach Abb. 2.
a) Wie lautet die Funktionsgleichung der Schaltung?
b) Vereinfachen Sie die Schaltung mit Hilfe der KV-Tafel!
c) Zeichnen Sie die Schaltung, die sich aus der vereinfachten Gleichung ergibt!

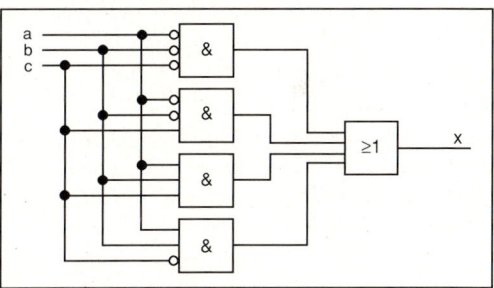

Abb. 2: Steuerschaltung

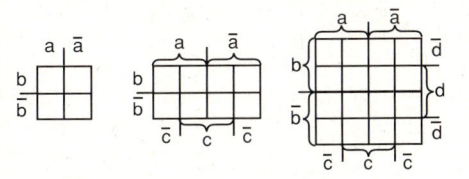

KV-Tafeln für 2, 3 und 4 Variable

Vorgehensweise:
1. Kennzeichnung der Felder in der KV-Tafel, für die x = 1 ist.
2. Zusammenfassung von 2, 4 oder 8 neben- oder übereinanderliegenden Feldern zu Blöcken.
3. Ermittlung der vereinfachten Aussagen für die einzelnen Blöcke. Variable, die in einem Block negiert und nicht negiert vorhanden sind, entfallen.
4. Zusammenfassung der einzelnen Aussagen zur vereinfachten Funktionsgleichung.

Beispiellösung:

Gegeben: Steuerschaltung
Gesucht: a) Funktionsgleichung;
          b) Vereinfachung der Gleichung;
          c) vereinfachte Schaltung.

---

[1] Karnaugh-Veitch: Entwickler des Verfahrens.

a) Aus der Schaltung ergibt sich die Funktionsgleichung:

$$x = (\bar{a} \wedge \bar{b} \wedge \bar{c}) \vee (\bar{a} \wedge \bar{b} \wedge c) \vee (a \wedge b \wedge c) \vee (a \wedge b \wedge \bar{c})$$
$$\underbrace{}_{1} \quad \underbrace{}_{2} \quad \underbrace{}_{3} \quad \underbrace{}_{4}$$

b) 1. Aufstellung der KV-Tafel und Kennzeichnung der Felder mit 1 für die einzelnen Ausdrücke der Funktionsgleichung.

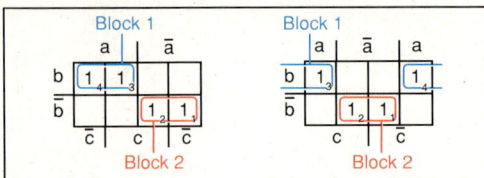

2. Blockbildung
Auch Randfelder können zur Blockbildung verwendet werden.

3. Ermittlung der vereinfachten Aussagen für die einzelnen Blöcke.

Block 1: $x = a \wedge b$;   Block 2: $x = \bar{a} \wedge \bar{b}$
(c und $\bar{c}$ entfallen da $c \wedge \bar{c} = 0$ ist).

4. Zusammenfassung der einzelnen Aussagen zur vereinfachten Funktionsgleichung.

$$x = (a \wedge b) \vee (\bar{a} \wedge \bar{b})$$

c) In der Abb. 1 ist die Schaltung dargestellt, die sich aus der vereinfachten Gleichung ergibt.

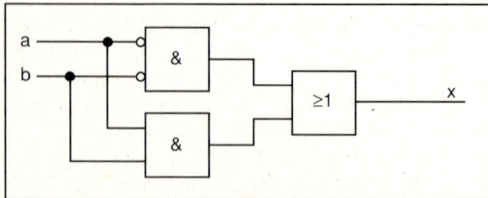

Abb. 1: Vereinfachte Steuerschaltung

Aufgaben

Vereinfachen Sie:

1.

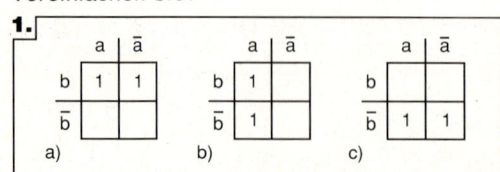

a)   b)   c)

2. $x = (a \wedge b) \vee (\bar{a} \wedge \bar{b})$ (Begründen Sie das Ergebnis!)

3. $x = (a \wedge \bar{b}) \vee (\bar{a} \wedge \bar{b}) \vee (\bar{a} \wedge b)$

4.

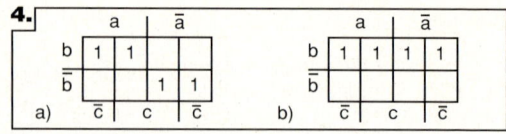

a)   b)

▶ Die Wirkungsweise einer Steuerschaltung wird durch die Funktionsgleichung:

$$x = (a \wedge b \wedge \bar{c} \wedge \bar{d}) \vee (a \wedge b \wedge c \wedge \bar{d})$$
$$\vee (a \wedge b \wedge c \wedge d) \vee (\bar{a} \wedge b \wedge c \wedge d)$$

beschrieben. Ermitteln Sie die vereinfachte Funktionsgleichung.

Beispiellösung:

Gegeben: Funktionsgleichung

Gesucht: vereinfachte Funktionsgleichung

Aufstellung der KV-Tafel und Blockbildung:

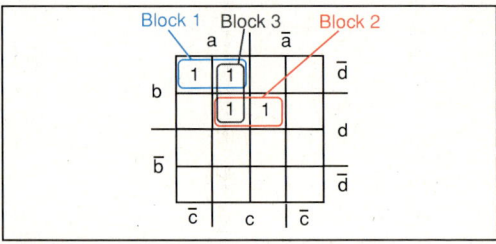

Block 1: $x = a \wedge b \wedge \bar{d}$
Block 2: $x = b \wedge c \wedge d$
Block 3: $x = a \wedge b \wedge c$

Vereinfachte Funktionsgleichung: .
$$x = (a \wedge b \wedge \bar{d}) \vee (b \wedge c \wedge d) \vee (a \wedge b \wedge c)$$

Felder können bei mehreren Blockbildungen verwendet werden.

Aufgaben

Vereinfachen Sie:

5.

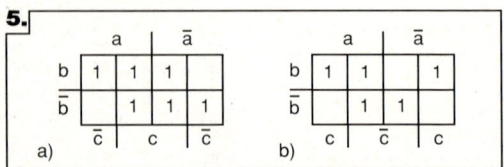

a)   b)

6.

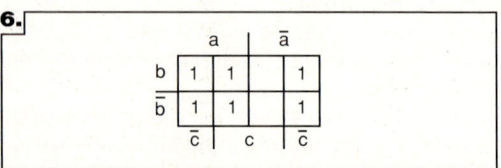

7.

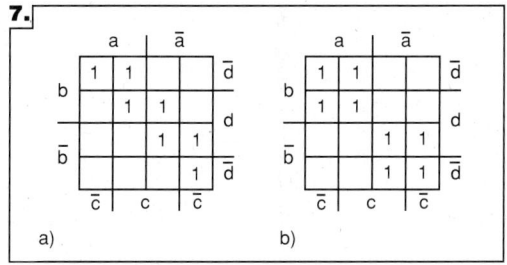

a)   b)

8. $x = (a \wedge b \wedge c \wedge d) \vee (\bar{a} \wedge b \wedge c \wedge d) \vee (\bar{a} \wedge b \wedge \bar{c} \wedge d)$

9. $x = (\bar{a} \wedge b \wedge c \wedge \bar{d}) \vee (\bar{a} \wedge b \wedge c \wedge d) \vee (a \wedge \bar{b} \wedge \bar{c} \wedge d)$
$\vee (\bar{a} \wedge \bar{b} \wedge \bar{c} \wedge \bar{d})$

10. $x = (\bar{a} \wedge \bar{b} \wedge c \wedge \bar{d}) \vee (\bar{a} \wedge b \wedge \bar{c} \wedge \bar{d}) \vee (\bar{a} \wedge \bar{b} \wedge \bar{c} \wedge d)$
$\vee (\bar{a} \wedge b \wedge \bar{c} \wedge d)$

11. $x = (\bar{a} \wedge \bar{b} \wedge \bar{c} \wedge \bar{d}) \vee (a \wedge \bar{b} \wedge \bar{c} \wedge \bar{d}) \vee (a \wedge b \wedge \bar{c} \wedge \bar{d})$
$\vee (\bar{a} \wedge b \wedge \bar{c} \wedge \bar{d}) \vee (\bar{a} \wedge \bar{b} \wedge c \wedge \bar{d}) \vee (\bar{a} \wedge \bar{b} \wedge c \wedge d)$
$\vee (\bar{a} \wedge \bar{b} \wedge \bar{c} \wedge d) \vee (a \wedge \bar{b} \wedge \bar{c} \wedge d) \vee (a \wedge b \wedge \bar{c} \wedge d)$
$\vee (\bar{a} \wedge b \wedge \bar{c} \wedge d) \vee (\bar{a} \wedge b \wedge c \wedge d) \vee (\bar{a} \wedge b \wedge c \wedge \bar{d})$

12. Für die Steuerung einer Sprechanlage soll eine Schaltung entworfen werden. Es bestehen vier Sprechstellen a, b, c, und x. Die Sprechstellen a, b, c können jeweils mit der Sprechstelle x in Verbindung treten. Dabei sollen folgende Bedingungen gelten:
● Die Sprechstelle a hat den Vorrang vor den Sprechstellen b und c.
● Die Sprechstelle b hat den Vorrang gegenüber der Sprechstelle c.
a) Ordnen Sie den Verknüpfungen der Sprechstellen a, b und c jeweils die Ausgänge u, v und w zu, und erstellen Sie die Wertetabelle für alle Kombinationsmöglichkeiten!
b) Stellen Sie nach der Wertetabelle die Gleichungen für die Ausgänge u, v und w in disjunktiver Normalform auf!
c) Vereinfachen Sie die Gleichungen und stellen Sie die Gleichung für die Sprechstelle x auf!
d) Zeichnen Sie den Funktionsplan, der sich aus dieser Gleichung ergibt!
e) Wieviel integrierte Bausteine werden zum Aufbau dieser Schaltung benötigt, wenn in jedem Baustein je vier UND- bzw. ODER-Gatter mit je zwei Eingängen vorhanden sind? Der INVERTER-Baustein enthält sechs Gatter.
f) Wieviel Bausteine benötigt man, wenn die Schaltung nur mit NAND-Gattern aufgebaut werden soll?
b) Wieviel Bausteine werden benötigt, wenn die Schaltung nur mit NOR-Gattern aufgebaut würde?

13. Ermitteln Sie die Funktionsgleichung, die sich aus der Schaltung in Abb. 2 ergibt!
Vereinfachen Sie die Gleichung, und zeichnen Sie die Schaltung, die sich aus der vereinfachten Gleichung ergibt!

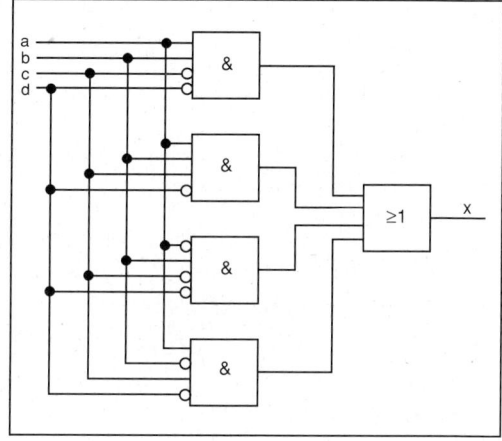

Abb. 2

14. Vier Motoren M1, M2, M3 und M4 haben die Leistungen 6,5 kW, 4,5 kW, 2,5 kW und 2,5 kW. Durch eine Steuerschaltung soll gewährleistet sein, daß immer nur soviel Motoren eingeschaltet sind, daß die Gesamtleistung einen Wert von 10 kW nicht überschreitet.
a) Erstellen Sie die Wertetabelle für alle 16 Kombinationsmöglichkeiten!
b) Ermitteln Sie aus der Wertetabelle die Kombinationen, die den Einzelbetrieb oder den gemeinsamen Betrieb der Motoren erlauben! Stellen Sie für diese Kombinationen die Gleichungen auf!
c) Fassen Sie die einzelnen Ausdrücke in einer Funktionsgleichung in disjunktiver Normalform zusammen! Vereinfachen Sie die Gleichung!
d) Zeichnen Sie den Funktionsplan, der sich aus dieser Gleichung ergibt!
e) Formen Sie diese Gleichung so um, daß nur NAND-Gatter für die Schaltung verwendet werden!
f) Wieviel integrierte Schaltungen werden für diese Schaltung benötigt? (2 NAND mit je 4 Eingängen pro IC; 6 INVERTER pro IC).
g) Stellen Sie aus der Wertetabelle die Funktionsgleichung in konjunktiver Normalform auf!
h) Formen Sie diese Gleichung so um, daß nur NAND-Gatter für die Schaltung verwendet werden!
i) Wieviel integrierte Schaltungen werden für diese Schaltung benötigt? (Bedingungen wie bei f.)

8.2.2 Algebraische Vereinfachung

▶ Die Wirkungsweise einer Steuerung wird durch folgende Funktionsgleichung beschrieben:

$x = (a \wedge b \wedge \bar{c}) \vee (\bar{a} \wedge b \wedge \bar{c})$

a) Zeichnen Sie die Schaltung, die sich aus der Funktionsgleichung ergibt.
b) Ermitteln Sie die vereinfachte Funktionsgleichung algebraisch und zeichnen Sie die vereinfachte Schaltung.

Rechenregeln der Schaltalgebra

Vertauschungsregel (Kommutatives Gesetz)

$x = a \wedge b = b \wedge a; \quad x = a \vee b = b \vee a$

Verbindungsregel (Assoziatives Gesetz)

$x = a \wedge b \wedge c = a \wedge (b \wedge c) = b \wedge (a \wedge c) = c \wedge (a \wedge b)$
$x = a \vee b \vee c = a \vee (b \vee c) = b \vee (a \vee c) = c \vee (a \vee b)$

Verteilungsregel (Distributives Gesetz)

$x = (a \wedge b) \vee (a \wedge c) = a \wedge (b \vee c)$
$x = (a \vee b) \wedge (a \vee c) = a \vee (b \wedge c)$

De Morgansches Gesetz

$x = \overline{a \wedge b} = \bar{a} \vee \bar{b}; \quad x = \overline{a \vee b} = \bar{a} \wedge \bar{b}$
$x = a \wedge b = \overline{\bar{a} \vee \bar{b}}; \quad x = a \vee b = \overline{\bar{a} \wedge \bar{b}}$

Beispiellösung:

Gegeben: Funktionsgleichung

Gesucht: a) Schaltung;
b) Vereinfachte Schaltung

Gleichung: $x = (a \wedge b \wedge \bar{c}) \vee (\bar{a} \wedge b \wedge \bar{c})$

Anwendung des Distributivgesetzes:

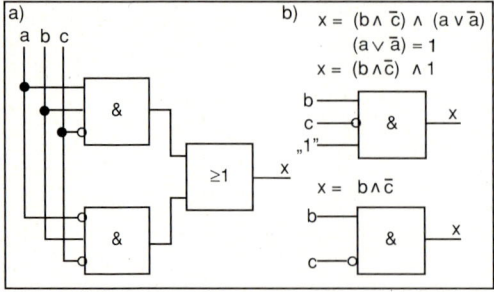

a)
a b c

&

≥1   x

&

b) $x = (b \wedge \bar{c}) \wedge (a \vee \bar{a})$
$(a \vee \bar{a}) = 1$
$x = (b \wedge \bar{c}) \wedge 1$

b
c   &   x
„1"

$x = b \wedge \bar{c}$

b
c   &   x

Aufgaben

Vereinfachen Sie folgende Funktionsgleichungen:

1. a) $x = (a \wedge \bar{b}) \vee (a \wedge b)$; b) $x = (\bar{a} \wedge \bar{b}) \vee (\bar{a} \wedge b)$
c) $x = (\bar{a} \wedge b) \vee (a \wedge b)$; d) $x = (\bar{a} \wedge \bar{b}) \vee (a \wedge \bar{b})$

2. $x = (a \wedge b) \vee (a \wedge \bar{b}) \vee (\bar{a} \wedge b) \vee (\bar{a} \wedge \bar{b})$

3. $x = (\bar{a} \wedge b \wedge \bar{c}) \vee (\bar{a} \wedge b \wedge c) \vee (a \wedge b \wedge \bar{c})$

4. $x = (\bar{a} \wedge \bar{b} \wedge c) \vee (\bar{a} \wedge b \wedge c) \vee (a \wedge \bar{b} \wedge c)$

5. $x = (\bar{a} \wedge \bar{b} \wedge \bar{c}) \vee (\bar{a} \wedge b \wedge \bar{c}) \vee (a \wedge \bar{b} \wedge \bar{c})$

6. $x = (\bar{a} \wedge \bar{b} \wedge c) \vee (\bar{a} \wedge b \wedge \bar{c}) \vee (\bar{a} \wedge b \wedge c)$

7. $x = (a \wedge \bar{b} \wedge \bar{c}) \vee (a \wedge \bar{b} \wedge c) \vee (a \wedge b \wedge \bar{c})$

8. $x = (\bar{a} \wedge \bar{b} \wedge \bar{c}) \vee (\bar{a} \wedge \bar{b} \wedge c) \vee (a \wedge \bar{b} \wedge c)$

9. $x = (\bar{a} \wedge b \wedge \bar{c}) \vee (\bar{a} \wedge b \wedge c) \vee (a \wedge b \wedge \bar{c})$
$\vee (a \wedge b \wedge c)$

10. $x = (\bar{a} \wedge \bar{b} \wedge \bar{c}) \vee (\bar{a} \wedge \bar{b} \wedge c) \vee (a \wedge \bar{b} \wedge c)$
$\vee (a \wedge b \wedge \bar{c})$

11. $x = (a \wedge \bar{b} \wedge \bar{c}) \vee (a \wedge \bar{b} \wedge c) \vee (a \wedge b \wedge \bar{c})$
$\vee (a \wedge b \wedge c)$

12. $x = (\bar{a} \wedge \bar{b} \wedge \bar{c}) \vee (\bar{a} \wedge \bar{b} \wedge c) \vee (\bar{a} \wedge b \wedge \bar{c})$
$\vee (\bar{a} \wedge b \wedge c)$

13. $x = (\bar{a} \wedge \bar{b} \wedge \bar{c}) \vee (\bar{a} \wedge b \wedge \bar{c}) \vee (a \wedge \bar{b} \wedge \bar{c})$
$\vee (a \wedge b \wedge \bar{c})$

14. $x = (\bar{a} \wedge \bar{b} \wedge c) \vee (\bar{a} \wedge b \wedge c) \vee (a \wedge \bar{b} \wedge c)$
$\vee (a \wedge b \wedge c)$

15. $x = (a \wedge b \wedge \bar{c} \wedge \bar{d}) \vee (a \wedge b \wedge c \wedge \bar{d}) \vee (a \wedge b \wedge \bar{c} \wedge d)$
$\vee (a \wedge b \wedge c \wedge d)$

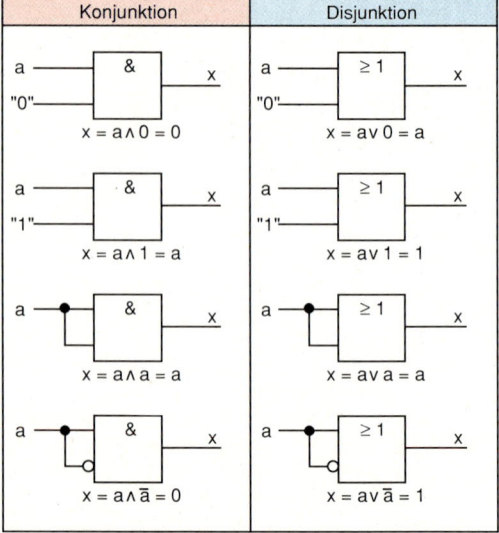

Konjunktion	Disjunktion
a — & — x "0" $x = a \wedge 0 = 0$	a — ≥1 — x "0" $x = a \vee 0 = a$
a — & — x "1" $x = a \wedge 1 = a$	a — ≥1 — x "1" $x = a \vee 1 = 1$
a — & — x $x = a \wedge a = a$	a — ≥1 — x $x = a \vee a = a$
a — & — x $x = a \wedge \bar{a} = 0$	a — ≥1 — x $x = a \vee \bar{a} = 1$

Abb. 1: Sonderfälle für Konjunktion und Disjunktion

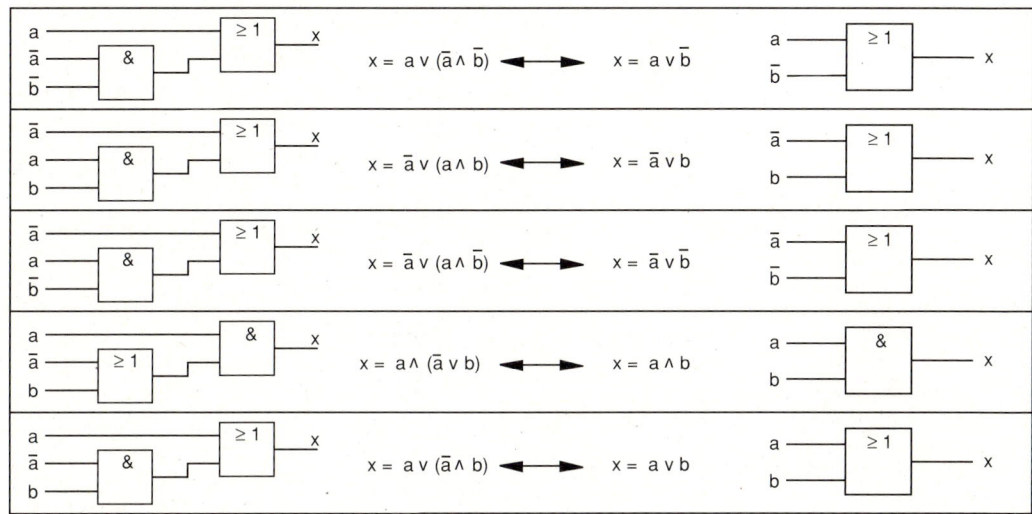

Abb. 2: Sonderfälle

16. $x = (\bar{a} \wedge b \wedge c \wedge \bar{d}) \vee (\bar{a} \wedge b \wedge c \wedge d) \vee (\bar{a} \wedge b \wedge \bar{c} \wedge \bar{d})$
$\vee (\bar{a} \wedge b \wedge \bar{c} \wedge d)$

17. $x = (a \wedge \bar{b} \wedge c \wedge d) \vee (\bar{a} \wedge \bar{b} \wedge c \wedge d) \vee (a \wedge \bar{b} \wedge c \wedge \bar{d})$
$\vee (\bar{a} \wedge \bar{b} \wedge c \wedge \bar{d})$

18. $x = (\bar{a} \wedge b \wedge \bar{c} \wedge \bar{d}) \vee (\bar{a} \wedge b \wedge \bar{c} \wedge d) \vee (\bar{a} \wedge \bar{b} \wedge \bar{c} \wedge d)$
$\vee (\bar{a} \wedge \bar{b} \wedge \bar{c} \wedge \bar{d})$

19. $x = (a \wedge \bar{b} \wedge \bar{c} \wedge d) \vee (a \wedge \bar{b} \wedge \bar{c} \wedge \bar{d}) \vee (\bar{a} \wedge \bar{b} \wedge \bar{c} \wedge \bar{d})$
$\vee (\bar{a} \wedge \bar{b} \wedge \bar{c} \wedge d)$

20. $x = (a \wedge \bar{b} \wedge c \wedge \bar{d}) \vee (\bar{a} \wedge \bar{b} \wedge c \wedge \bar{d}) \vee (a \wedge b \wedge c \wedge \bar{d})$
$\vee (\bar{a} \wedge b \wedge c \wedge \bar{d})$

21. $x = (a \wedge b \wedge \bar{c} \wedge \bar{d}) \vee (a \wedge b \wedge c \wedge \bar{d}) \vee (a \wedge b \wedge \bar{c} \wedge d)$
$\vee (a \wedge b \wedge c \wedge d) \vee (a \wedge \bar{b} \wedge \bar{c} \wedge d) \vee (a \wedge \bar{b} \wedge c \wedge d)$

22. $x = (\bar{a} \wedge b \wedge c \wedge \bar{d}) \vee (a \wedge b \wedge c \wedge d) \vee (a \wedge \bar{b} \wedge c \wedge d)$
$\vee (a \wedge \bar{b} \wedge c \wedge \bar{d}) \vee (\bar{a} \wedge b \wedge \bar{c} \wedge \bar{d}) \vee (\bar{a} \wedge b \wedge \bar{c} \wedge d)$

23. $x = (\bar{a} \wedge b \wedge \bar{c} \wedge \bar{d}) \vee (\bar{a} \wedge b \wedge c \wedge d) \vee (\bar{a} \wedge \bar{b} \wedge \bar{c} \wedge d)$
$\vee (\bar{a} \wedge \bar{b} \wedge \bar{c} \wedge \bar{d}) \vee (a \wedge b \wedge \bar{c} \wedge d) \vee (a \wedge b \wedge \bar{c} \wedge d)$
$\vee (a \wedge \bar{b} \wedge \bar{c} \wedge d) \vee (a \wedge \bar{b} \wedge \bar{c} \wedge \bar{d})$

24. $x = (a \wedge b \wedge \bar{c} \wedge \bar{d}) \vee (a \wedge b \wedge c \wedge d) \vee (\bar{a} \wedge b \wedge c \wedge \bar{d})$
$\vee (\bar{a} \wedge b \wedge \bar{c} \wedge \bar{d}) \vee (a \wedge \bar{b} \wedge c \wedge \bar{d}) \vee (a \wedge \bar{b} \wedge c \wedge \bar{d})$
$\vee (\bar{a} \wedge \bar{b} \wedge c \wedge \bar{d}) \vee (\bar{a} \wedge \bar{b} \wedge \bar{c} \wedge \bar{d})$

25. Die Abbildungen geben die Signalzustände an den Eingängen verschiedener Steuerschaltungen für Ausgangssignal $x = 1$ wieder.
Ermitteln Sie die Funktionsgleichungen und zeichnen Sie die minimierten Schaltungen!

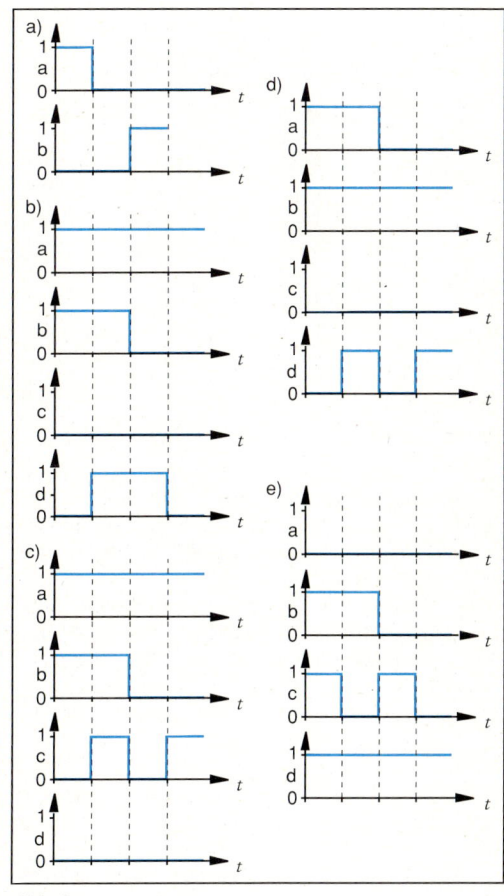

Abb. 3

26. In der Abb. 1 ist die Wertetabelle dargestellt, die den Zusammenhang zwischen den Eingangssignalen im 8-4-2-1-Code und der Ansteuerung der einzelnen Segmente einer 7-Segment-Anzeige zeigt.
a) Ermitteln Sie aus der Wertetabelle die Funktionsgleichung in disjunktiver Normalform für das Segment e!
b) Wie lautet die vereinfachte Gleichung für das Segment e?
c) Die Ansteuerschaltung für das Segment e soll nur mit NOR-Gattern aufgebaut werden (2 Eingänge pro Gatter). Wie lautet die Gleichung?
d) Ermitteln Sie aus der Wertetabelle die Funktionsgleichung in disjunktiver Normalform für das Segment f!
e) Wie lautet die vereinfachte Gleichung für das Segment f?
f) Die Ansteuerschaltung für das Segment f soll nur mit NAND-Gattern aufgebaut werden (2 Eingänge pro Gatter). Wie lautet die Gleichung?

8	4	2	1	a	b	c	d	e	f	g
0	0	0	0	1	1	1	1	1	1	0
0	0	0	1	0	1	1	0	0	0	0
0	0	1	0	1	1	0	1	1	0	1
0	0	1	1	1	1	1	1	0	0	1
0	1	0	0	0	1	1	0	0	1	1
0	1	0	1	1	0	1	1	0	1	1
0	1	1	0	1	0	1	1	1	1	1
0	1	1	1	1	1	1	0	0	0	0
1	0	0	0	1	1	1	1	1	1	1
1	0	0	1	1	1	1	1	0	1	1

Abb. 1: Wertetabelle zur 7-Segment-Ansteuerung

27. Mit der Schaltung nach Abb. 2 wird ein Segment einer 7-Segment-Anzeige angesteuert.
a) Stellen Sie die Funktionsgleichung auf, die sich aus der Schaltung ergibt!
b) Welches Segment wird angesteuert?
c) Stellen Sie mit Hilfe der Wertetabelle (Abb. 1) die Funktionsgleichung für dieses Segment auf!
d) Vereinfachen Sie die ermittelte Gleichung!
e) Wieviel NOR-Gatter werden zum Aufbau der Schaltung (nach d) benötigt, wenn jedes NOR-Gatter zwei Eingänge besitzt?
f) Stellen Sie mit Hilfe der Wertetabelle die Funktionsgleichung in konjunktiver Normalform auf!
g) Wieviel NOR-Gatter würden zum Aufbau dieser Schaltung benötigt?

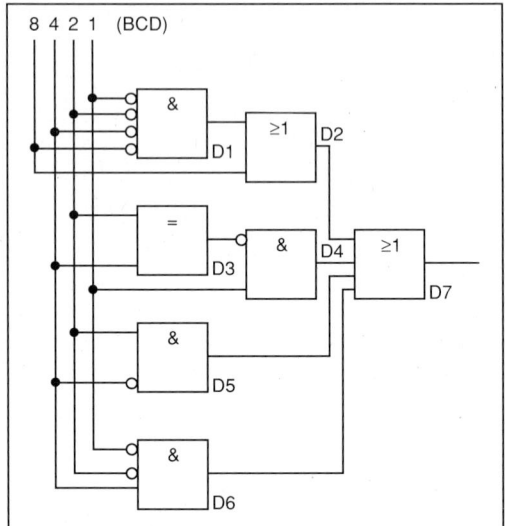

Abb. 2: Ansteuerschaltung für ein Segment

28. Wie lauten die Funktionsgleichungen für die in der Abb. 3 dargestellten Schaltungen?
Vereinfachen Sie die Gleichungen, und zeichnen Sie die Schaltungen, die sich aus den vereinfachten Gleichungen ergeben!

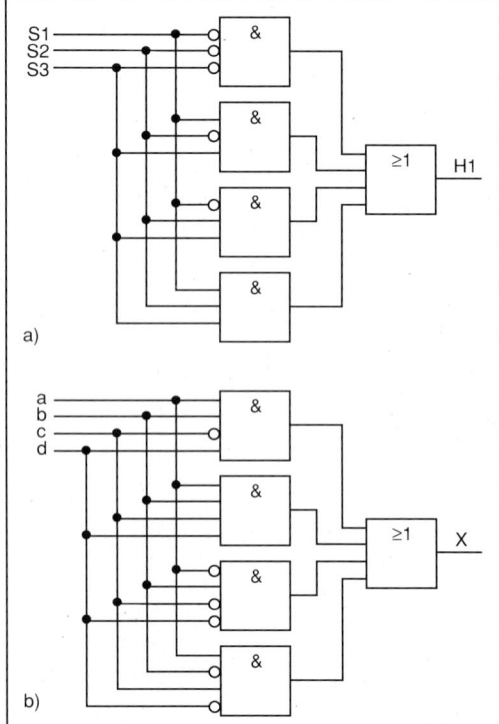

Abb. 3

8.3 Astabile Kippstufe

▶ Ein Rechteckgenerator (Abb. 4) soll bei einer Ausgangsfrequenz $f = 50\,\text{Hz}$ ein Tastverhältnis von $V = 4$ haben.

a) Wie groß ist die Periodendauer der Ausgangsfrequenz?

b) Wie groß sind die Zeiten für die Impulsdauer und die Pausendauer?

c) Welche Werte müssen die Widerstände R_{V1} und R_{V2} haben, wenn die Kondensatoren die Werte $C_1 = 2{,}2\,\mu\text{F}$ und $C_2 = 1\,\mu\text{F}$ besitzen?

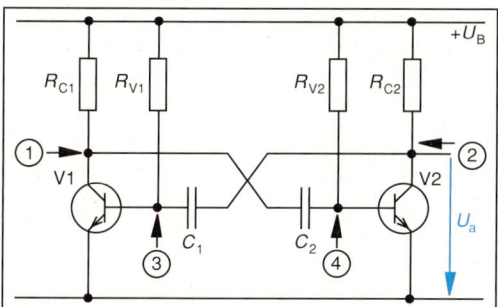

Abb. 4: Astabile Kippstufe

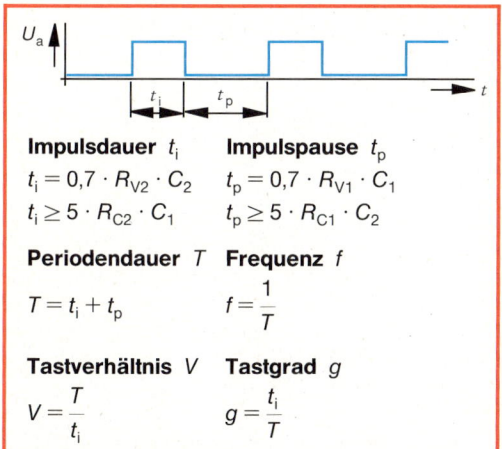

Impulsdauer t_i

$t_i = 0{,}7 \cdot R_{V2} \cdot C_2$

$t_i \geq 5 \cdot R_{C2} \cdot C_1$

Impulspause t_p

$t_p = 0{,}7 \cdot R_{V1} \cdot C_1$

$t_p \geq 5 \cdot R_{C1} \cdot C_2$

Periodendauer T

$T = t_i + t_p$

Frequenz f

$f = \dfrac{1}{T}$

Tastverhältnis V

$V = \dfrac{T}{t_i}$

Tastgrad g

$g = \dfrac{t_i}{T}$

Beispiellösung:

Gegeben: $f = 50\,\text{Hz}$; $V = 4$; $C = 2{,}2\,\mu\text{F}$;
$\qquad\qquad C = 1\,\mu\text{F}$

Gesucht: a) T; b) t_i und t_p; c) R_{V1} und R_{V2}

a) $f = \dfrac{1}{T}$; $T = \dfrac{1}{50 \cdot \frac{1}{\text{s}}}$; $\underline{\underline{T = 20\,\text{ms}}}$

b) $t_i = \dfrac{I}{V}$; $t_i = \dfrac{20\,\text{ms}}{4}$; $\underline{\underline{t_i = 5\,\text{ms}}}$

$t_p = T - t_i$; $t_p = 20\,\text{ms} - 5\,\text{ms}$; $\underline{\underline{t_p = 15\,\text{ms}}}$

c) $R_{V2} = \dfrac{t_i}{0{,}7 \cdot C_2}$; $R_{V2} = \dfrac{5 \cdot 10^{-3} \cdot \text{s}}{0{,}7 \cdot 1 \cdot 10^{-6}\,\text{F}}$;

$\underline{\underline{R_{V2} = 7{,}14\,\text{k}\Omega}}$

$R_{V1} = \dfrac{t_p}{0{,}7 \cdot C_1}$; $R_{V1} = \dfrac{15 \cdot 10^{-3}\,\text{s}}{0{,}7 \cdot 2{,}2 \cdot 10^{-6}\,\text{F}}$;

$\underline{\underline{R_{V1} = 9{,}74\,\text{k}\Omega}}$

Aufgaben

1. Die Oszillogramme (Abb. 5) zeigen den Spannungsverlauf an den Meßpunkten 1 und 2 einer astabilen Kippstufe nach Abb. 4.

a) Welche Frequenz haben die Ausgangsspannungen U_a in der Abb. 5a) und 5b)?

b) Welchen Wert hat der Widerstand R_{V2}, wenn die Kapazität von $C_2 = 0{,}1\,\mu\text{F}$ beträgt?

c) Welchen Wert hat C_1 bei $R_{V1} = 54{,}7\,\text{k}\Omega$?

d) Welcher Kondensator ist gegenüber der ersten Schaltung im Wert verkleinert worden, und welcher Widerstand wurde vergrößert, damit sich das Oszillogramm in Abb. 5b) ergibt? Begründen Sie Ihre Antwort!

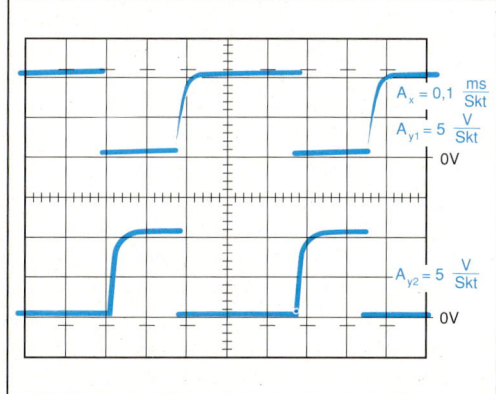

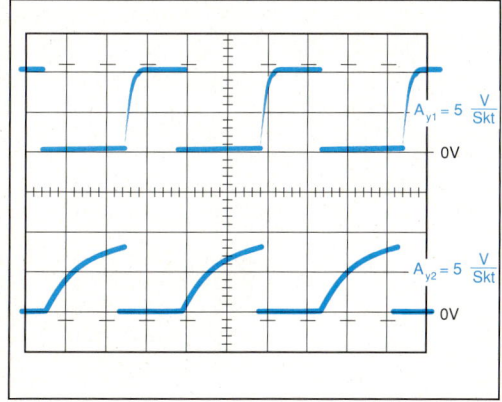

Abb. 5: Oszillogramme zur astabilen Kippstufe

2. Ein Rechteckgenerator nach Abb. 4 (S. 135) soll mit der Frequenz $f = 1\,\text{kHz}$ schwingen (Punkt 2 der Schaltung). Der Tastgrad soll 0,2 betragen.
a) Berechnen Sie die Impulsdauer und -pause der Ausgangsfrequenz!
b) Berechnen Sie R_{V2}, wenn der Kondensator C_2 eine Kapazität von 47 nF besitzt!
c) Wie groß muß R_{V1} gewählt werden, wenn für $C_1 = 22\,\text{nF}$ vorgesehen sind?
d) Wie groß dürfen die Werte von R_{C1} und R_{C2} maximal werden, damit die Schaltung noch einwandfrei funktioniert?

3. Das obere Oszillogramm von Abb. 1 wurde am Punkt 1 (Abb. 4, S. 135) einer astabilen Kippschaltung aufgenommen.
a) Welche Frequenz hat die Spannung?
b) An welchem Punkt der Schaltung wurde das untere Oszillogramm aufgenommen?
c) Welchen Wert muß R_{V1} haben, wenn der Kondensator C_1 eine Kapazität von 0,1 µF besitzt?

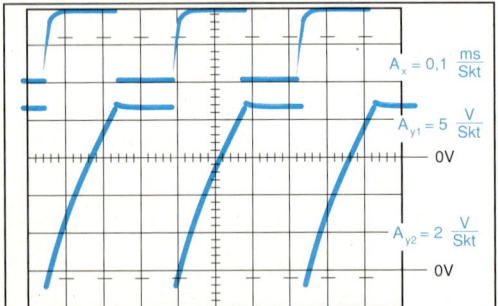

Abb. 1: Oszillogramme zur astabilen Kippstufe

4. Eine astabile Kippstufe ist mit zwei NAND-Gattern der integrierten Schaltung SN 7400 aufgebaut (Abb. 2). Für die Berechnung der Frequenz (bei symmetrischer Impulsfolge) verwendet man die Formel: $f = \dfrac{1}{2 \cdot R \cdot C}$.
Berechnen Sie die Kapazitäten der Kondensatoren für eine Frequenz $f = 100\,\text{kHz}$, wenn die Widerstände Werte von je 2,2 kΩ besitzen!

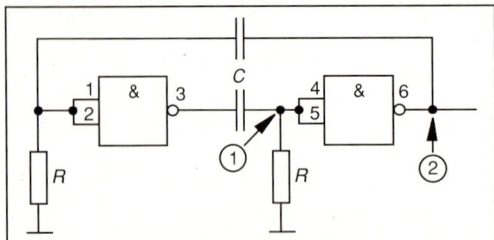

Abb. 2: Astabile Kippschaltung mit NAND-Gattern

5. Bei einer astabilen Kippstufe nach Abb. 2 wurden die beiden Oszillogramme (Abb. 3) an den Punkten 1 und 2 aufgenommen.
a) Ermitteln Sie aus dem unteren Oszillogramm die Frequenz, mit der die Schaltung schwingt!
b) Auf welchen Wert wird der Kondensator aufgeladen?
c) Bei der Schaltung hatten die Widerstände je einen Wert von 2,2 kΩ und die Kapazitäten der Kondensatoren betrugen jeweils 0,47 µF. Berechnen Sie die Frequenz der Ausgangsspannung nach der Formel $f = \dfrac{1}{2 \cdot R \cdot C}$! Um wieviel Prozent weicht die berechnete Frequenz von der aus dem Oszillogramm ermittelten Frequenz ab?
d) Zwischen welchen Werten kann der Wert der Ausgangsfrequenz bei der Berechnung liegen, wenn Bauteile mit einer Toleranz von ±10% verwendet werden?

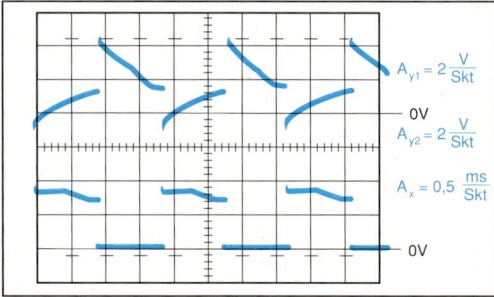

Abb. 3: Oszillogramme zur Schaltung Abb. 2.

6. Die Abb. 4 zeigt eine weitere Möglichkeit, eine Rechteckspannung zu erzeugen. Der Wert des Widerstandes soll in dieser Schaltung 330 Ω betragen.
Der zweite Schmitt-Trigger dient als Impulsformerstufe für das verschliffene Signal am Ausgang des ersten Schmitt-Triggers, (vgl. 8.5). Ermitteln Sie aus dem Diagramm (Abb. 5) die Werte für die benötigten Kapazitäten, um mit der Schaltung nach Abb. 4 die Frequenzen 100 Hz, 1 kHz und 10 kHz erzeugen zu können!

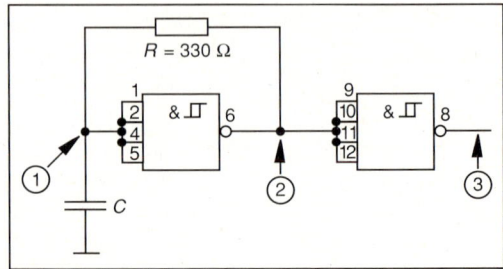

Abb. 4: Astabile Kippstufe mit Schmitt-Trigger

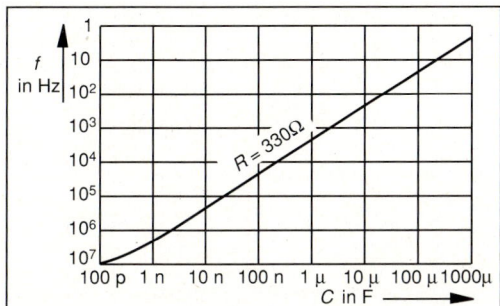

Abb. 5: Diagramm zur Bestimmung der Kapazität für eine astabile Kippstufe mit Schmitt-Trigger (7413)

7. Die Oszillogramme in der Abb. 6 wurden bei einer astabilen Kippstufe nach Abb. 4 an den Punkten 3 und 1 der Schaltung aufgenommen.
a) Bei welchen Spannungswerten am Eingang des ersten Schmitt-Triggers (Punkt 1) ändert sich die Ausgangsspannung?
b) Ermitteln Sie die Frequenz der Ausgangsspannung!
c) Ermitteln Sie aus dem Diagramm von Abb. 5 die Kapazität, die zur Erzeugung der Frequenz notwendig war!

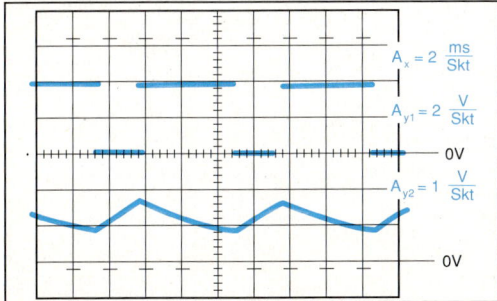

Abb. 6: Oszillogramme zur Schaltung Abb. 4

8. In der Abb. 7 ist eine Schaltung dargestellt, bei der eine Transistorverstärkerstufe mit Lautsprecher von einer astabilen Kippstufe angesteuert wird. Die Kippstufe kann über den Start/Stop-Eingang gesteuert werden.
a) Welches Signal muß am Start/Stop-Eingang anliegen, damit die Schaltung schwingt?
b) Ermitteln Sie mit Hilfe des Diagramms (Abb. 5) die Frequenz, mit der die Schaltung schwingt!
c) Die Kollektor-Emitter-Spannung des Transistors beträgt im Arbeitspunkt 2,5 V. Die Basis-Emitter-Spannung hat dabei einen Wert von 0,7 V. Bestimmen Sie für die gegebene Dimensionierung die Basisstromstärke und die Stromverstärkung des Transistors!

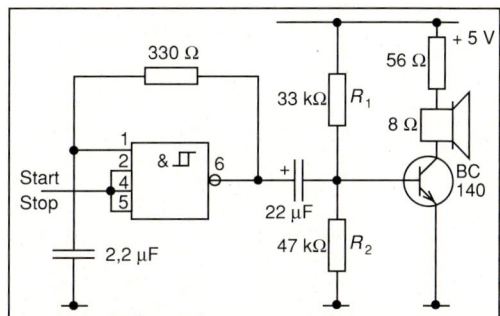

Abb. 7: Rechteckgenerator mit Verstärkerstufe

9. Der integrierte Schaltkreis NE 555 (Abb. 8a) ist so beschaltet (Abb. 8b), daß er als Rechteckgenerator arbeitet.
a) Welche Werte haben die Spannungen am nichtinvertierenden Eingang von N1 und am invertierenden Eingang von N2?
b) Erläutern Sie die Wirkungsweise der Schaltung!
c) Bestimmen Sie Impuls- und Pausendauer sowie die Frequenz der Ausgangsspannung! (Verwendung Sie zur Lösung das normierte Diagramm Abb. 7; S. 141!)

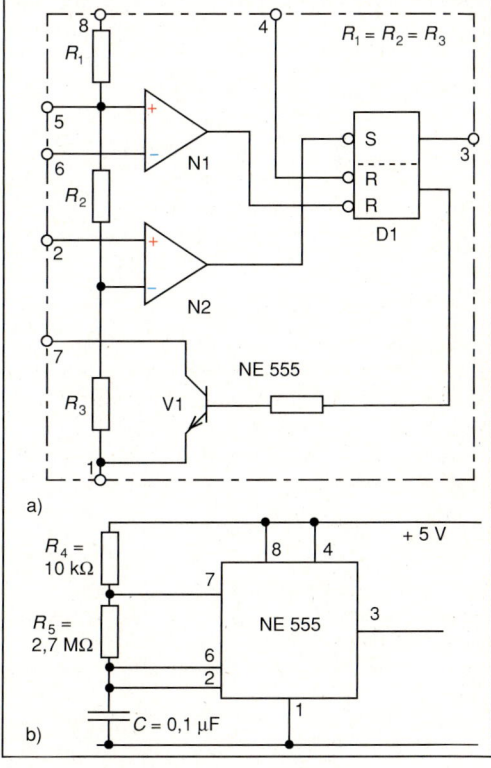

Abb. 8: Rechteckgenerator mit NE 555

8.4 Monostabile Kippstufe

Mit Hilfe einer monostabilen Kippstufe (Abb. 1) sollen Ausgangsimpulse mit der Impulsdauer $t_i = 2,3\,ms$ erzeugt werden. Welchen Wert muß der Widerstand R_{V2} haben, wenn die Kapazität des Kondensators $C_2 = 0,1\,\mu F$ beträgt?

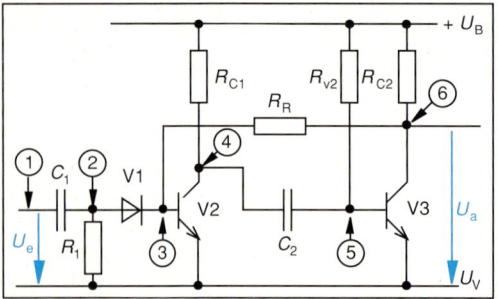

Abb. 1: Monostabile Kippstufe mit Transistoren

Impulsdauer t_i

$t_i \approx 0,7 \cdot R_{V2} \cdot C_2$

Beispiellösung:

Gegeben: $t_i = 2,3\,ms$; $C_2 = 0,1\,\mu F$

Gesucht: R_{V2}

$t_i = 0,7 \cdot R_{V2} \cdot C_2$; $\qquad R_{V2} = \dfrac{t_i}{0,7 \cdot C_2}$

$R_{V2} = \dfrac{2,3 \cdot 10^{-3}\,s}{0,7 \cdot 0,1 \cdot 10^{-6}\,F}$; $\qquad \underline{\underline{R_{V2} = 32,86\,k\Omega}}$

Aufgaben

1. In einer mit diskreten Bauelementen aufgebauten monostabilen Kippstufe nach Abb. 1 hat der Widerstand R_{V2} den Wert $68\,k\Omega$. Der Kondensator C_2 besitzt die Kapazität $470\,nF$. Berechnen Sie die Impulsdauer für die Ausgangsspannung U_a!

2. Die in Abb. 2 dargestellten Oszillogramme wurden an den Punkten 1 und 6 einer monostabilen Kippstufe nach Abb. 1 aufgenommen.
a) Welche Größe haben die Ein- und Ausgangsspannungen?
b) Bestimmen Sie die Frequenz der Eingangsspannung!
c) Welchen Wert besitzt die Kapazität des Kondensators C_2, wenn der Widerstand R_{V2} einen Wert von $22\,k\Omega$ hat?

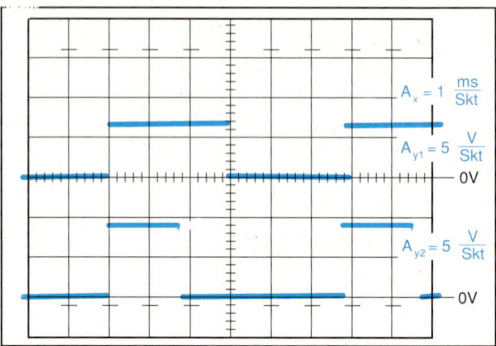

Abb. 2: Oszillogramme zur monostabilen Kippstufe

3. Die in Abb. 3 dargestellten Oszillogramme wurden beide an den Punkten 1 und 4 eines Monoflops nach Abb. 1 aufgenommen. Die Kapazität des Kondensators C_2 hat einen Wert von $0,1\,\mu F$.
a) Bei welchem Oszillogramm hatte der Kollektorwiderstand R_{C1} einen größeren Wert? Begründen Sie ihre Antwort!
b) Ermitteln Sie aus den Oszillogrammen, um das Wievielfache der Wert des Widerstandes R_{C1} etwa vergrößert wurde!

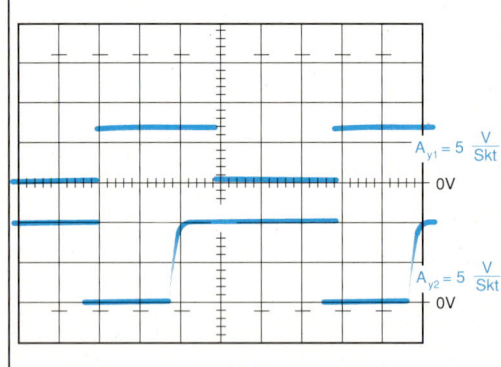

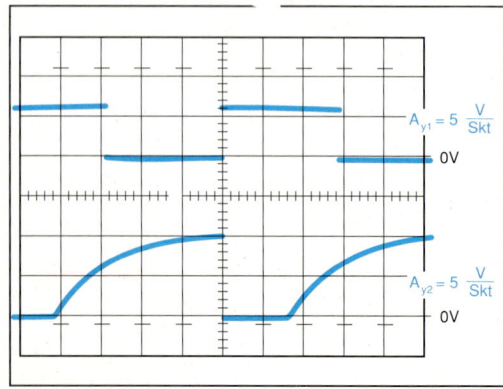

Abb. 3: Oszillogramme zur monostabilen Kippstufe

4. Die Abb. 4 zeigt eine monostabile Kippschaltung, die mit NAND-Gattern des integrierten Bausteins SN 7400 aufgebaut ist.

a) Welche Signale führt die Schaltung an den Anschlußpunkten 4/5, 6/1 und 3, wenn kein Eingangssignal am Anschlußpunkt 2 anliegt (Ruhelage der Schaltung)?

b) Bei welcher Taktflanke des Eingangssignals an Anschlußpunkt 2 kippt die Schaltung in den Arbeitszustand?

c) 0-Signal an den Eingängen $\triangleq 0.8\,V$. Dieser Wert wird bei $R \approx 1\,k\Omega$ erreicht bzw. unterschritten. Für die Berechnung der Impulsdauer gilt unter diesen Bedingungen $t_i = 0.7 \cdot R \cdot C$. Welchen Wert muß der Widerstand bei $C = 22\,\mu F$ haben, damit $t_i \approx 13\,ms$ wird?

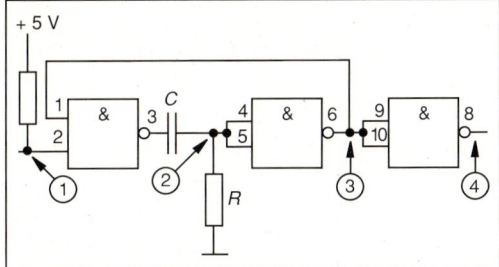

Abb. 4: Monoflop mit NAND-Gatter

5. Die Oszillogramme (Abb. 5) wurden an den Meßpunkten 1 und 2 der Schaltung nach Abb. 4 aufgenommen.

a) Bestimmen Sie die Frequenz der Eingangsspannung!

b) Bei welcher Spannung an den Anschlüssen 4 und 5 kippt die Schaltung wieder in die Ruhelage zurück?

c) Bestimmen Sie die Impulsdauer!

d) Welche Kapazität hat der Kondensator bei $R = 1\,k\Omega$?

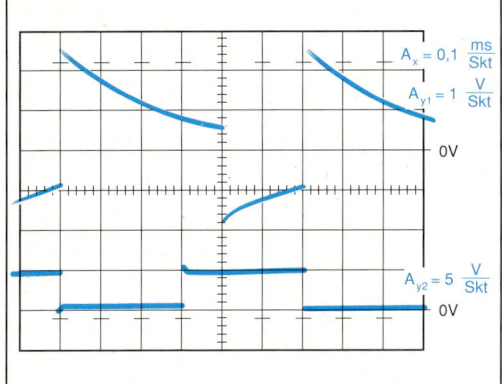

Abb. 5: Oszillogramm zur Schaltung Abb. 4

6. Damit der Ausgang Q der Schaltung in Abb. 6 in der Ruhelage 0-Signal führt, muß an den Anschlüssen 5 und 6 des NOR-Gatters ein 1-Signal $\geq 2\,V$ anliegen.

a) Berechnen Sie die Spannungen am Spannungsteiler bei Vernachlässigung des Eingangswiderstandes des NOR-Gatters!

b) Wie sind die Signalzustände an den Anschlußpunkten 2/4, 5/6, 1 und 3 der Schaltung, wenn sie sich in Ruhelage befindet ($U_1 = 0\,V$)?

c) Mit welcher Taktflanke wird die Schaltung in die Arbeitslage gekippt?

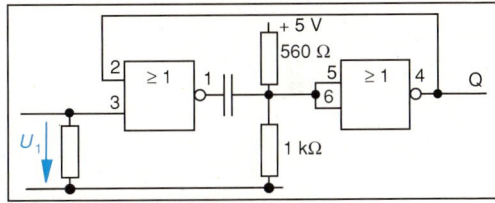

Abb. 6: Monoflop mit NOR-Gattern

7. Die Abb. 7 zeigt das Anschlußbild eines Monoflops in integrierter Bauweise (SN 74121). Als untere Grenze wird für $R = 1,4\,k\Omega$ und als obere Grenze wird für $C = 1000\,\mu F$ vom Hersteller angegeben.

a) Wie müssen die Anschlüsse 3, 4 und 5 beschaltet werden, wenn das Monoflop mit der ansteigenden Signalflanke getriggert (angesteuert) werden soll?

b) Wie müssen die Anschlüsse 3, 4 und 5 beschaltet werden, wenn das Monoflop mit der abfallenden Signalflanke getriggert werden soll?

c) Welchen Wert hat der Widerstand, wenn sich bei einem Kondensator mit der Kapazität $C = 470\,\mu F$ eine Impulsdauer von ca. 8,9 s ergibt ($t_i = 0,7 \cdot R \cdot C$)?

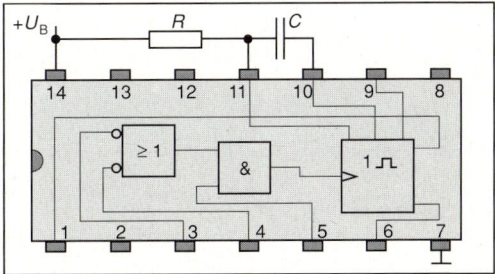

Abb. 7: Monoflop mit dem integrierten Baustein SN 74121

8. a) Berechnen Sie die Werte für C_1 und R_2 der in Abb. 1 (S. 140) dargestellten Schaltung!

b) Zeichnen Sie das Impulsdiagramm an den Ausgängen x und y zeitgleich zum Taktsignal!

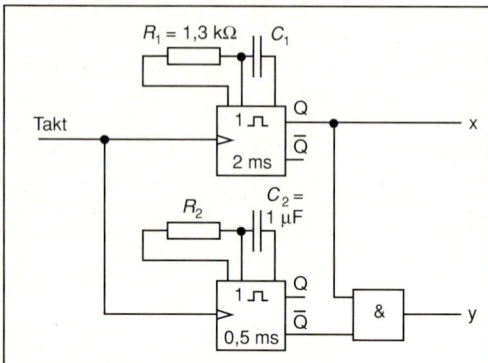

Abb. 1: Einschaltverzögerung mit Monoflop

9. Die Abb. 2 zeigt eine Schaltung mit dem nachtriggerbaren integrierten Baustein SN74123. In dem Baustein befinden sich zwei gleiche Schaltungen (Zahlen in Klammern = Anschlüsse der zweiten Schaltung).

a) Mit welcher Taktflanke wird das Monoflop angesteuert?

b) Wie groß muß die Frequenz des Taktsignals mindestens sein, damit die Leuchtdiode dauernd leuchtet (Die Impulsdauer und -pause des Taktsignals sollen gleich groß sein.)? Bei Verwendung von $C \geq 1000\,\text{pF}$ errechnet sich die Impulsdauer des Monoflops $t_i = 0{,}28 \cdot C \cdot (R + 700\,\Omega)$.

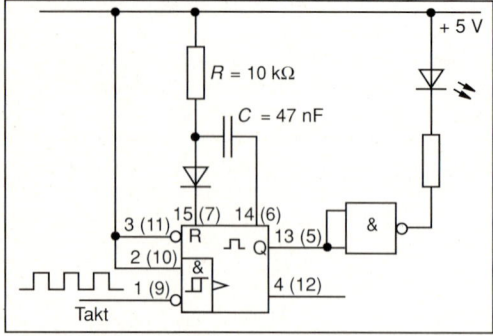

Abb. 2: Monoflop mit SN74123

10. Bestimmen Sie die Frequenz f_2 am Ausgang des zweiten Monoflops in Abb. 3, wenn die Eingangsfrequenz $f_1 = 4\,\text{kHz}$ beträgt!

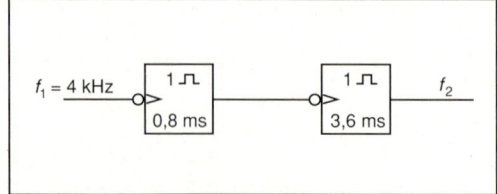

Abb. 3: Schaltung mit Monoflops

8.5 Schmitt-Trigger

In Abb. 4 sind die Schwellenspannungen in Abhängigkeit von der Betriebsspannung für den Schmitt-Trigger SN 7413 dargestellt.
Ermitteln Sie aus dem Diagramm für eine Betriebsspannung von 4,75 V die Werte für die obere und untere Schwellenspannung und für die Hystersespannung.

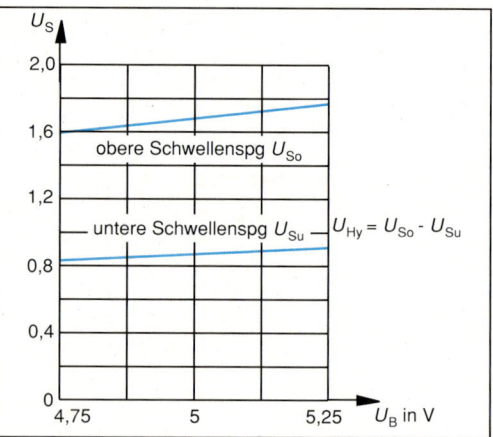

Abb. 4: Diagramm zur Ermittlung der Schwellenspannungen für einen Schmitt-Trigger (SN 7413)

Beispiellösung:

Gegeben: Diagramm

Gesucht: obere und untere Schwellenspannung; Hysteresespannung.

Aus dem Diagramm ergeben sich bei einer Betriebsspannung $U_B = 4{,}75\,\text{V}$:
$U_{Su} = 0{,}8\,\text{V}$; $\quad U_{So} = 1{,}59\,\text{V}$; $\quad U_{Hy} = U_{So} - U_{Su}$;
$U_{Hy} = 0{,}79\,\text{V}$.

Aufgaben

1. Die integrierte Schaltung SN 7413 wird oft verwendet, um aus der sinusförmigen Netzspannung der Frequenz 50 Hz eine Rechteckspannung mit der Frequenz 100 Hz zu erzeugen. Das Prinzip der Schaltung ist in Abb. 5 dargestellt.

a) Welche Aufgabe hat die Z-Diode?

b) Zeichnen Sie für die Eingangswechselspannungen $\hat{u}_1 = 2\,\text{V}$ bzw. $\hat{u}_1 = 6\,\text{V}$ die Rechteckspannung am Ausgang des Schmitt-Triggers für die Schwellenspannungen 0,9 V und 1,7 V! (Spannungen an den Dioden vernachlässigen!)

c) Ermitteln Sie den jeweiligen Tastgrad der Ausgangsspannung!

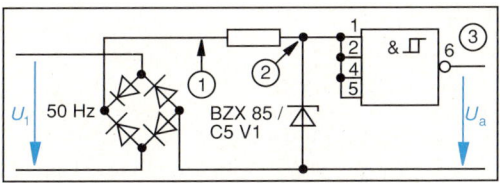

Abb. 5: Erzeugung einer Rechteckspannung mit $f = 100\,Hz$

2. Die in Abb. 6 dargestellten Oszillogramme wurden in einer Schaltung nach Abb. 5 an den Punkten 1 und 2 (Abb. 6a) bzw. 2 und 3 (Abb. 6b) aufgenommen.
a) Wie hoch ist der Spitzenwert der gleichgerichteten Spannung?
b) Auf welchen Wert begrenzt bei dieser Schaltung die Z-Diode die Eingangsspannung?
c) Bestimmen Sie Tastverhältnis und Tastgrad?

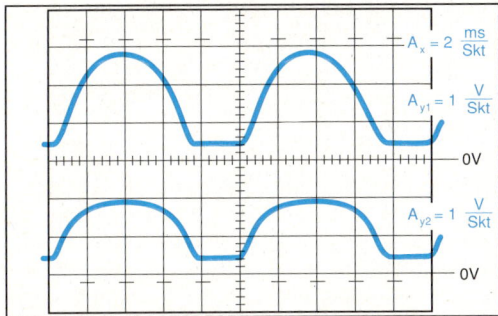

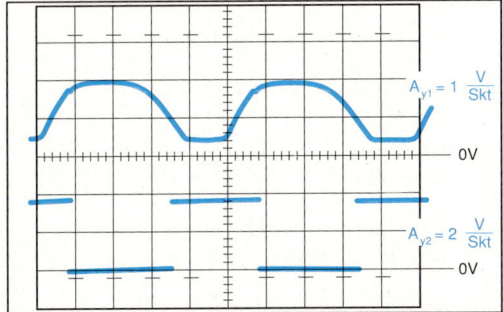

Abb. 6: Oszillogramme zur Schaltung nach Abb. 5

3. Mit einem invertierenden Schmitt-Trigger des Typs SN 7414 ist ein Rechteckgenerator aufgebaut (vgl. Abb. 4; S. 136). $R = 330\,\Omega$, $C = 68\,pF$. Die Werte für die Schwellenspannungen betragen 0,9 V bzw. 1,6 V. Die Ausgangsspannung beträgt bei 1-Signal 3,3 V. Bestimmen Sie mit Hilfe des normierten Diagramms (Abb. 7) die Zeiten für die Auf- und Entladung des Kondensators und die Frequenz der Ausgangsspannung!

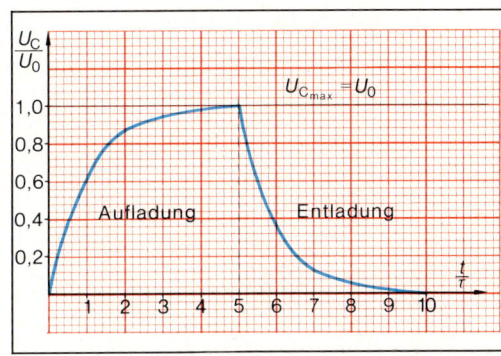

Abb. 7: Auf- und Entladekurve eines Kondensators

4. Mit dem integrierten Baustein SN 7413 soll eine Schaltung nach Abb. 8 aufgebaut werden. Die Lampe soll leuchten, wenn die Beleuchtungsstärke den Wert 100 lx unterschreitet. Wird die Beleuchtungsstärke wieder größer, soll die Lampe erlöschen. Als ein Spannungsteilerwiderstand wird der LDR-Widerstand verwendet (Abb. 9).
a) Welcher der beiden Widerstände – R_1 oder R_2 – muß der LDR-Widerstand sein?
b) Ermitteln Sie aus dem Diagramm (Abb. 3) die untere und die obere Schwellenspannung!
c) Bei der unteren Schwellenspannung beträgt die Eingangsstromstärke des SN 7413 0,85 mA. Berechnen Sie den Wert des zweiten Spannungsteilerwiderstandes.
d) Bei der oberen Schwellenspannung beträgt die Eingangsstromstärke 0,65 mA. Bestimmen Sie die Beleuchtungsstärke, bei der die Lampe wieder erlischt!
e) Die Ausgangsspannung des SN 7413 beträgt im H-Zustand 3,3 V.
Berechnen Sie R_V ($U_{BE} = 0,7\,V$; $B = 100$)!

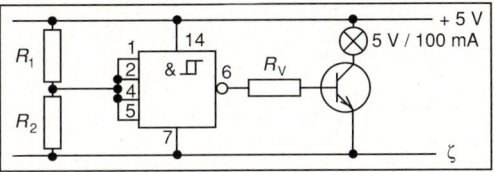

Abb. 8: Schwellwertschalter mit Schmitt-Trigger

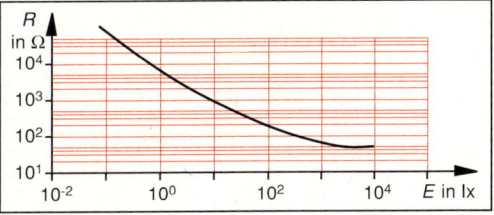

Abb. 9: Kennlinie eines LDR

8.6 Zähler, Teiler und Schieberegister

▶ Drei JK-Flipflops sind nach Abb. 1 zusammengeschaltet. Die Taktfrequenz, mit der das erste Flipflop angesteuert wird, beträgt 1 kHz.

a) Welche Bedingungen müssen erfüllt sein, damit die einzelnen Flipflops kippen können?

b) Zeichnen Sie die Impulsdiagramme für die Ausgangsspannungen in Abhängigkeit vom Taktsignal.

c) Welche Teilerverhältnisse ergeben sich zwischen der Taktfrequenz und den Frequenzen der Ausgangssignale?

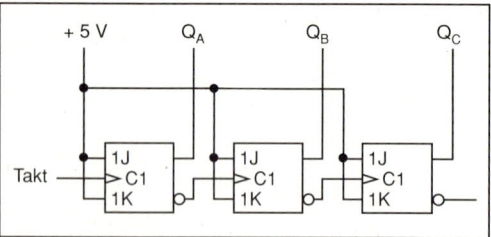

Abb. 1: Teiler- bzw. Zählerschaltung

Beispiellösung:

Gegeben: Schaltung

Gesucht: a) Kippbedingungen;
          b) Impulsdiagramme;
          c) Teilerverhältnisse.

a) JK-Flipflops kippen, wenn vor der Taktflanke am J- bzw. K-Eingang 1-Signal anliegt. Bei dieser Schaltung sind die J- und K-Eingänge immer mit 1-Signal beschaltet. Das erste Flipflop kippt also bei jeder positiven Flanke des Taktsignals. Die positiven Taktflanken für das zweite und dritte Flipflop ergeben sich bei der negativen Flanke der Signale an Q_A und Q_B.

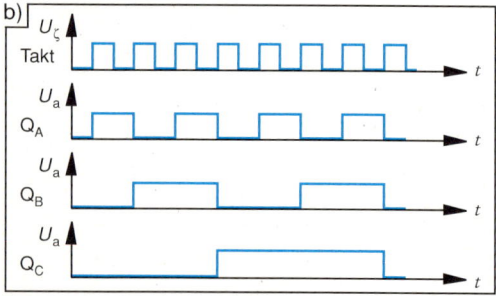

c) Aus dem Impulsdiagramm ergeben sich die Teilerverhältnisse:

$$\frac{f_{Takt}}{f_{Q_A}} = \frac{2}{1}; \quad \frac{f_{Takt}}{f_{Q_B}} = \frac{4}{1}; \quad \frac{f_{Takt}}{f_{Q_C}} = \frac{8}{1};$$

Aufgaben

1. Die Abb. 2 zeigt einen BCD-Zähler.

a) Mit welchen Signalen müssen die Rücksetzeingänge (Anschlüsse 2, 3, 6 und 7) beschaltet werden, damit ein Taktsignal am Anschluß 14 bzw. 1 wirksam wird?

b) Am Anschluß 14 liegt ein Signal mit der Frequenz $f = 1$ kHz an. Welche Frequenz hat das Ausgangssignal am Ausgang Q_A?

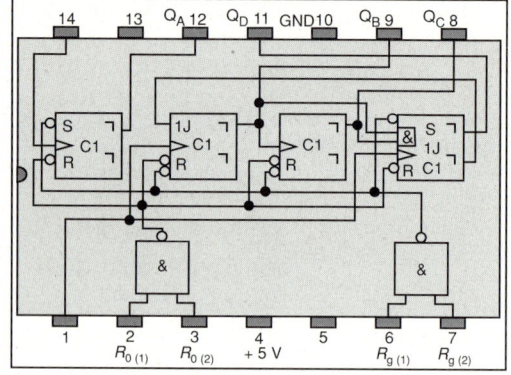

Abb. 2: BCD-Zähler (SN 7490)

2. Bei dem BCD-Zähler SN 7490 (Abb. 2) ist der Anschluß 12 mit dem Anschluß 1 verbunden. Alle Rücksetzeingänge sind mit 0 V verbunden.

a) Zeichnen Sie die Impulsdiagramme für die Ausgangssignale an $Q_A \ldots Q_D$ in Abhängigkeit vom Taktsignal (Anschluß 14).

b) In welchem Verhältnis stehen die Frequenzen an den Ausgängen zur Taktfrequenz?

3. Die integrierte Schaltung SN 7490 ist nach Abb. 3 beschaltet.

a) Welche Frequenz hat das Signal am Ausgang Q_C, wenn das Taktsignal am Anschluß 14 eine Frequenz von $f_1 = 1800$ Hz hat?

b) In welchem Verhältnis steht f_2 zu f_1?

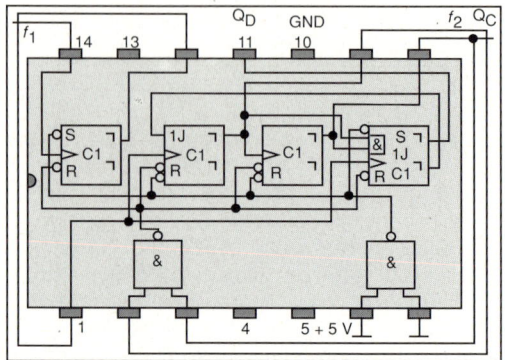

Abb. 3: Teilerschaltung mit dem IC SN 7490

4. Mit dem Zählerbaustein SN 7490 soll die Taktfrequenz, die am Anschluß 14 anliegt durch neun geteilt werden. Wie muß der Baustein beschaltet werden, wenn die Ausgangsfrequenz an Q_C abgenommen wird?

5. Die Abb. 4 zeigt eine Zusammenschaltung zweier JK-Flipflops zu einer Frequenzteilerschaltung. Zeichnen Sie die Impulsdiagramme für das Taktsignal und das Ausgangssignal. Ermitteln Sie aus dem Diagramm das Teilerverhältnis der Schaltung!

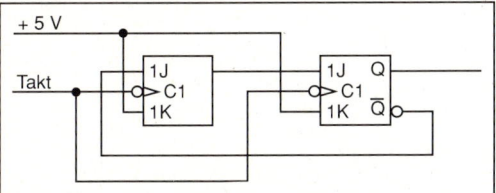

Abb. 4: Teilerschaltung mit zwei JK-Flipflops

6. Ermitteln Sie das Verhältnis der Ausgangsfrequenz zur Taktfrequenz bei der in Abb. 5 dargestellten Teilerschaltung!

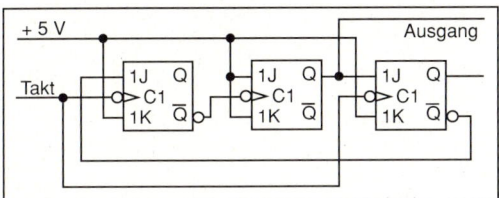

Abb. 5: Teilerschaltung mit drei JK-Flipflops

7. Die Abb. 6 zeigt einen Zähler, der aus drei Flipflops aufgebaut ist.
a) Handelt es sich um einen Synchron- oder Asynchronzähler?
b) Wie lauten die Funktionsgleichungen für den J- und K-Eingang des ersten Flipflops, damit es kippen bzw. zurückkippen kann?
c) Zeichnen Sie die Impulsdiagramme für die Ausgangssignale an den Ausgängen $Q_A \ldots Q_C$, und ermitteln Sie aus den Diagrammen, wieweit man mit diesem Zähler zählen kann!

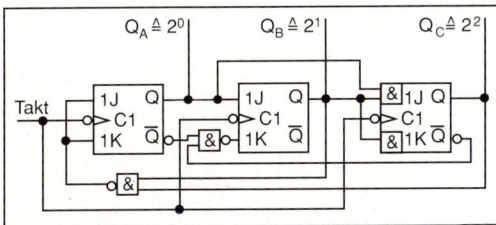

Abb. 6: Zählerschaltung

8. Ein Teil der Schaltung und das Symbol eines Schieberegisters sind in der Abb. 7 dargestellt. Beantworten Sie die nachfolgenden Fragen mit Hilfe der Schaltung. Vergleichen Sie, wie die Wirkungsweise der Schaltung und die Abhängigkeit der Eingänge voneinander im Symbol gekennzeichnet sind.
a) Woran erkennt man, daß es sich um ein Schieberegister handelt? Wieviel Bit hat es?
b) An welchem Eingang und durch welches Signal werden alle Flipflops – unabhängig vom Taktsignal – zurückgesetzt?
c) Mit welcher Taktflanke werden die einzelnen Flipflops angesteuert? Welche Taktflanke muß zur Ansteuerung der Flipflops an CLK anliegen?
d) Welche Signale müssen an den Eingängen $\overline{CLR}$, A und B anliegen, damit das erste Flipflop gesetzt werden kann?
e) Woran erkennt man im Symbol, welche Art von Flipflop verwendet wird?
f) Wieviel Taktimpulse werden benötigt, um eine Information, die aus acht Bit besteht, in das Schieberegister zu bringen?
g) Ergänzen Sie das Impulsdiagramm für $Q_A \ldots Q_H$!

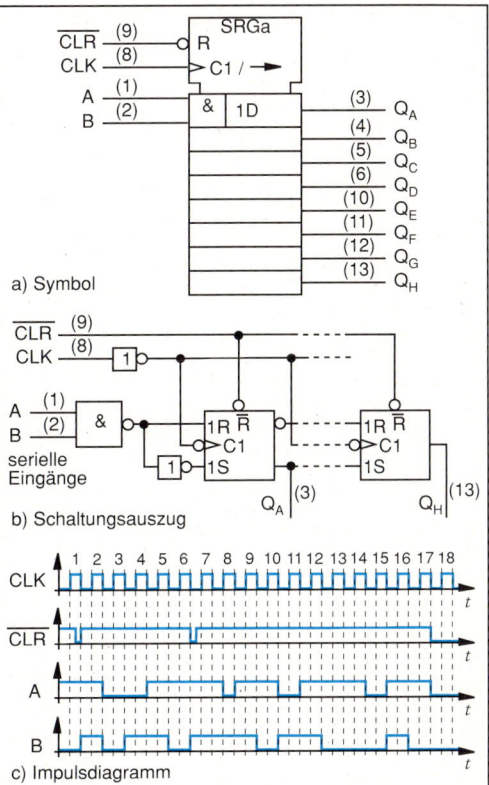

a) Symbol

b) Schaltungsauszug

c) Impulsdiagramm

Abb. 7: Schieberegister (SN 74 ALS 164)

9. Die Abb. 1 zeigt die Eingangsschaltung (Abb. 1b) mit dem ersten Flipflop und das Symbol eines 4-Bit-Schieberegisters (Abb. 1a). Beantworten Sie die nachfolgenden Fragen mit Hilfe der Schaltung. Vergleichen Sie, wie die Wirkungsweise der Schaltung und die Abhängigkeit der Eingänge voneinander im Symbol gekennzeichnet sind.

a) Welche Bedingungen müssen erfüllt sein, damit das erste Flipflop gesetzt ($Q_A = 1$) wird? Drücken Sie diese Bedingungen durch eine Gleichung aus!

b) An den Eingängen A...D liegt die Information 1001 an. Wie müssen die einzelnen Steuereingänge beschaltet werden, damit diese Information in die vier Flipflops übernommen wird?

c) Ergänzen Sie das Impulsdiagramm für $Q_A \ldots Q_D$ (1c)!

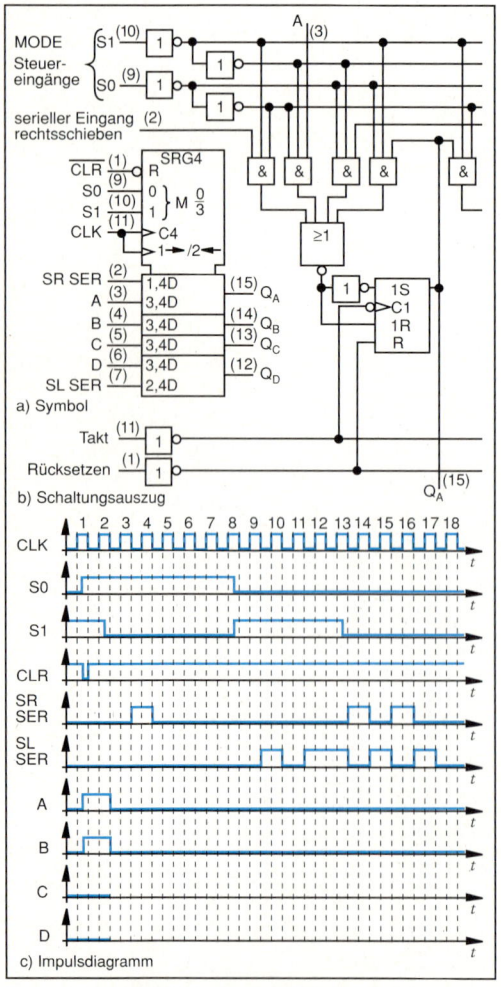

a) Symbol

b) Schaltungsauszug

c) Impulsdiagramm

Abb. 1: 4-Bit-Schieberegister (SN 47 AS 194)

8.7 Codierer, Code-Umsetzer

▶ Erstellen Sie die Wertetabelle für den Code-Umsetzer in Abb. 2!

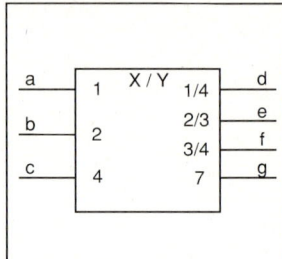

Abb. 2: Symbol eines Code-Umsetzers

Beispiellösung:

Gegeben: Symbol eines Code-Umsetzers

Gesucht: Wertetabelle

Aus der Kennzeichnung der Ein- und Ausgänge mit Ziffern läßt sich der Zusammenhang erkennen.

– Der Ausgang d führt nur dann ein 1-Signal, wenn die Eingangssignale die Kombination 1 oder 4 ergeben.
Das ist der Fall bei den Kombinationen:
a = 1 b = 0 c = 0 und a = 0 b = 0 c = 1

– Der Ausgang e führt nur dann ein 1-Signal, wenn die Eingangssignale die Kombinationen 2 oder 3 ergeben.
Das ist der Fall bei den Kombinationen:
a = 0 b = 1 c = 0 und a = 1 b = 1 c = 0

– Der Ausgang f führt nur dann ein 1-Signal, wenn die Eingangssignale die Kombinationen 3 oder 4 ergeben.
Das ist der Fall bei den Kombinationen:
a = 1 b = 1 c = 0 und a = 0 b = 0 c = 1

– Der Ausgang g führt nur dann ein 1-Signal, wenn die Eingangssignale die Kombination 7 ergeben.
Das ist der Fall bei der Kombination:
a = 1 b = 1 c = 1.

Damit ergibt sich folgende Wertetabelle:

a	b	c	d	e	f	g
0	0	0	0	0	0	0
0	0	1	1	0	1	0
0	1	0	0	1	0	0
0	1	1	0	0	0	0
1	0	0	1	0	0	0
1	0	1	0	0	0	0
1	1	0	0	1	1	0
1	1	1	0	1	1	1

Abb. 3: Wertetabelle zur Beispielaufgabe

Aufgaben

1. Erstellen Sie die Wertetabelle für den Code-Umsetzer, dessen Symbol in Abb. 4 dargestellt ist.
Hinweis: Bei diesem Code-Umsetzer führen z. B. die Ausgänge l und m ein 1-Signal, wenn der Eingang g mit 1-Signal beschaltet ist!

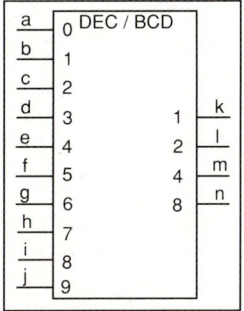

Abb. 4: Dezimal zu BCD-Code-Umsetzer

2. Die Abb. 5 zeigt die Wertetabellen für den 8421- und den Aiken-Code. Für einen Code-Umsetzer (Eingang: 8421-Code; Ausgang: Aiken-Code) soll eine Schaltung entwickelt werden.
a) Wie lauten die Gleichungen für die Ausgänge y1...y4?
b) Vereinfachen Sie diese Gleichungen!
c) Wie lauten die vereinfachten Gleichungen, wenn nur NAND-Gatter für die Schaltung verwendet werden sollen?
d) Zeichnen Sie die aus NAND-Gattern bestehende Schaltung!

	8 - 4 - 2 - 1 - Code				Aiken-Code			
	d	c	b	a	y4	y3	y2	y1
0	0	0	0	0	0	0	0	0
1	0	0	0	1	0	0	0	1
2	0	0	1	0	0	0	1	0
3	0	0	1	1	0	0	1	1
4	0	1	0	0	0	1	0	0
5	0	1	0	1	1	0	1	1
6	0	1	1	0	1	1	0	0
7	0	1	1	1	1	1	0	1
8	1	0	0	0	1	1	1	0
9	1	0	0	1	1	1	1	1

Abb. 5: 8-4-2-1-Code und Aiken-Code

3. In der Abb. 6 ist eine Hälfte der Schaltung des integrierten Bausteins SN 74153 dargestellt. Bei dieser Schaltung handelt es sich um einen Datenselektor / Multiplexer (MUX).
a) Welche Wirkung hat ein 1-Signal am 1G̅-Eingang?
b) An den Eingängen 1C0...1C3 liegt parallel die Information 1101 an. Wie müssen die Datenselektions-Eingänge beschaltet werden, damit diese Information seriell am Ausgang 1Y zur Verfügung steht?

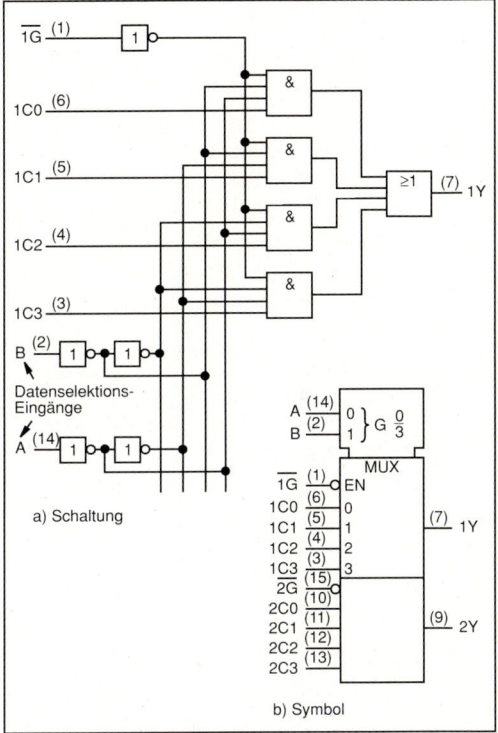

Abb. 6: Multiplexer (SN 74153)

4. Die Abb. 7 zeigt das Symbol eines Decoders/ Demultiplexers (SN 74AS138) in zwei verschiedenen Darstellungen. An den Eingängen A, B und C kann eine Information in binärer Form angelegt werden. Die Wertigkeiten der Eingänge wird in Abb. 7a) dezimal mit 1,2 und 4 gekennzeichnet. In der Abb. 7b) wird die Wertigkeit durch die Hochzahlen zur Basis 2 dargestellt ($0 \cong 2^0 = 1$; $2 \cong 2^2 = 4$).
Die Ausgabe einer Information an den Ausgängen Y0...Y7 kann durch die Steuereingänge G1, G̅2A und G̅2B realisiert werden.
a) Mit welchen Signalen müssen die Steuereingänge beschaltet werden, damit eine Information an die Ausgänge gegeben wird?
b) Wie lautet die Funktionsgleichung für Y7 = 0?

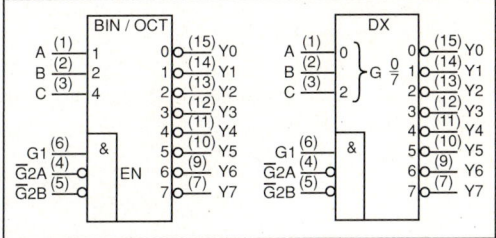

Abb. 7: Symbole eines Demultiplexers

8.8 Zahlensysteme

▶ Die Hexadezimalzahl 4AF soll in eine Dezimalzahl umgewandelt werden.

Beim Hexadezimalsystem wird als Basis die Zahl 16 verwendet.

Darstellung der Zahlen im Dezimal- und Hexadezimal-System:

Dezimalzahlsystem: 0 1 2 3 4 5 6 7 8 9 10 11 12 13 14 15
Hexadezimalsystem: 0 1 2 3 4 5 6 7 8 9 A B C D E F

Umwandlung einer Dezimalzahl in eine Hexadezimalzahl:
Fortlaufende Division der Dezimalzahl bzw. des ganzzahligen Teils des Quotienten durch 16 bis das Ergebnis Null wird.

Beispiel:

$$1251 : 16 = 78 \quad \text{Rest:} \quad 3 \rightarrow 3 \cdot 16^0$$
$$78 : 16 = 4 \quad \text{Rest:} \quad 14 \rightarrow E \cdot 16^1$$
$$4 : 16 = 0 \quad \text{Rest:} \quad 4 \rightarrow 4 \cdot 16^2$$
$$1251_D = 4E3_H$$

Umwandlung einer Hexadezimalzahl in eine Dezimalzahl:
Die einzelnen Ziffern der Hexadezimalzahl dienen als Multiplikatoren der 16er Potenzen. Die Dezimalzahl ergibt sich aus der Summe der Einzelergebnisse.

Beispiel:

hexadezimal: 3   B   5
dezimal: $3 \cdot 16^2 + 11 \cdot 16^1 + 5 \cdot 16^0$
               768   +   176   +   5

$$3B5_H = 949_D$$

Beispiellösung:

Gegeben: Hexadezimalzahl 4AF

Gesucht: Dezimalzahl

$$4AF = 4 \cdot 16^2 + 10 \cdot 16^1 + 15 \cdot 16^0$$
$$4AF = 1024 + 160 + 15$$
$$4AF_H = 1199_D$$

Aufgaben

1. Wandeln Sie die gegebenen Dezimalzahlen in Hexadezimalzahlen um!

a)	33	b)	57	c)	99
d)	129	e)	254	f)	639
g)	2451	h)	4568	i)	9423
j)	3287	k)	2398	l)	8765
m)	49152	n)	40960	o)	65535

2. Wandeln Sie die gegebenen Hexadezimalzahlen in Dezimalzahlen um!

a)	$4E_H$	b)	$A2_H$	c)	39_H
d)	$BE3_H$	e)	$4F6_H$	f)	FFF_H
g)	$154A_H$	h)	$CA67_H$	i)	$CC00_H$
j)	$BADE_H$	k)	$AFFE_H$	l)	$CAFE_H$

▶ Die Hexadezimalzahl 3A7 soll in eine Dualzahl umgewandelt werden.

Umwandlung: Hexadezimalzahl in Dualzahl. Die Hexadezimalzahl wird in einzelne Gruppen zu je 4 Bit (Tetraden) aufgeteilt.

hexadezimal: B   4   F

dual: 1011   0100   1111

$$B4F_H = 101101001111$$

Beispiellösungen:

Gegeben: Hexadezimalzahl 3A7

Gesucht: Dualzahl

hexadezimal: 3   A   7

dual: 0011   1010   0111

$$3A7_H = 001110100111$$

Aufgaben

3. Wandeln Sie die gegebenen Hexadezimalzahlen in Dualzahlen um!

a)	$3E_H$	b)	$B2_H$	c)	37_H
d)	$CF2_H$	e)	$5C4_H$	f)	CCC_H
g)	$243B_H$	h)	$CE98_H$	i)	$C000_H$

4. Wandeln Sie die gegebenen Dualzahlen in Hexadezimalzahlen um!

a)	001011010101	b)	110101101111
c)	110001011011	d)	011110000101
e)	100110110111	f)	011011010011

5. Addieren Sie die gegebenen Hexadezimalzahlen! Geben Sie das Ergebnis wieder als Hexadezimalzahl an!

a)	$2A_H$ $+ 62_H$	b)	$1C_H$ $+ 43_H$	c)	40_H $+ FE_H$
d)	AF_H $+ BE_H$	e)	CC_H $+ 70_H$	f)	AA_H $+ BB_H$
g)	$BF4_H$ 54_H $+ 642_H$	h)	769_H 99_H $+ F43_H$	i)	$9AB_H$ AAA_H $+ BA7_H$

9 Automatisierungstechnik

9.1 Sensoren

▶ In Abb. 1a ist die Prinzipschaltung mit einem Feuchtigkeitssensor zu sehen. Aus der darunter befindlichen Kennlinie (Abb. 1b) kann die Kapazität des Sensors in Abhängigkeit von der relativen Feuchtigkeit entnommen werden. Wie groß muß C_X eingestellt werden, damit sich das angeschlossene Meßgerät bei 60% relativer Feuchtigkeit in Nullstellung befindet?

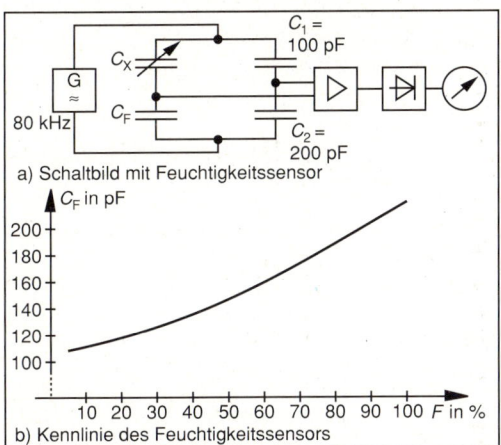

a) Schaltbild mit Feuchtigkeitssensor

b) Kennlinie des Feuchtigkeitssensors

Abb. 1: Feuchtigkeitssensor

Beispiellösung:

Gegeben: Abb. 1

Gesucht: C_X

Abgleichbedingung: $\dfrac{C_X}{C_F} = \dfrac{C_1}{C_2}$

$C_X = \dfrac{C_F \cdot C_1}{C_2}$ ($C_F = 160\,\text{pF}$, aus Kennlinie)

$C_X = \dfrac{160\,\text{pF} \cdot 100\,\text{pF}}{200\,\text{pF}}$ $\quad \underline{\underline{C_X = 80\,\text{pF}}}$

Aufgaben

1. Zur Linearisierung der Kennlinien werden in Temperatursensoren häufig temperaturabhängige und temperaturunabhängige Widerstände parallel geschaltet. Berechnen Sie den Gesamtwiderstand der Parallelschaltung von R_1 (NTC) und R_2 für die Temperaturen 40°C; 60°C; 80°C und 100°C (Abb. 2).

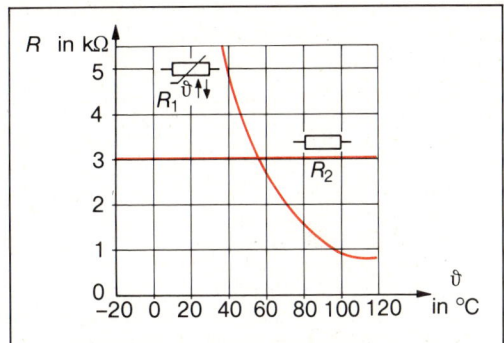

Abb. 2: Linearisierung von NTC-Kennlinien

2. NTC-Widerstände lassen sich zur Spannungsstabilisierung verwenden. In Abb. 3 ist die Gesamtspannung der Reihenschaltung aus einem temperaturabhängigen Widerstand mit einem temperaturunabhängigen Widerstand von 150 Ω in Abhängigkeit von der Stromstärke abgebildet. Berechnen Sie den Widerstand des NTC, wenn in der Reihenschaltung zuerst ein Strom von 3 mA und dann einer von 13,5 mA fließt.

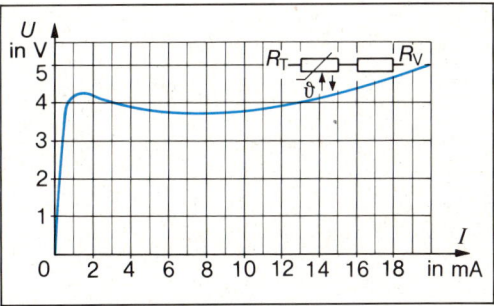

Abb. 3: NTC-Kennlinie

3. In der Brückenschaltung von Abb. 1a (auf S. 148) zur Temperaturanzeige befinden sich ein NTC-Widerstand (Abb. 1b) und drei temperaturunabhängige Widerstände. Die Temperatur soll sich von −20°C bis 80°C verändern.
a) Bei welcher Temperatur zeigt das Brückeninstrument 0 V an?
b) Welche Spannungen werden bei −20°C und bei 80°C angezeigt und welche Richtung hat die Spannung zwischen den Anschlüssen A und B?

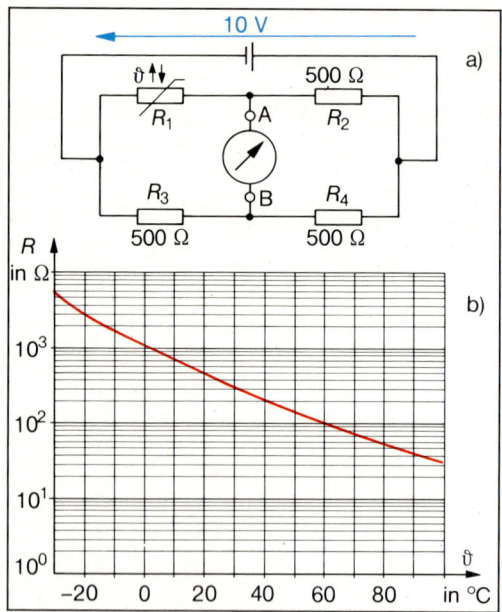

Abb. 1: Brückenschaltung mit NTC

4. Die Abb. 2 zeigt eine Temperaturregelung für eine elektische Heizung. Der Triac wird durch den Spannungsfall am Widerstand $R_3 = 330\,\Omega$ gesteuert. Mit dem Schalter können durch die PTC-Widerstände von Abb. 3b die Grenzen 80 °C und 140 °C gewählt werden.

Berechnen Sie für jede Schalterstellung die Steuerspannung
a) bei 20 °C und
b) bei den Grenztemperaturen 80 °C und 140 °C.

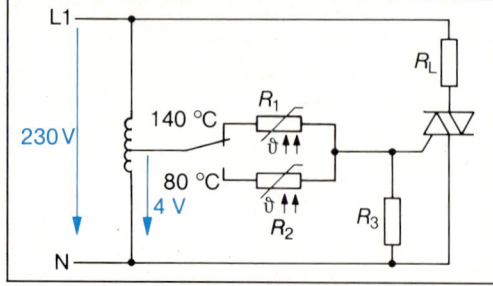

Abb. 2: Temperaturregelung mit PTC

5. Die Abb. 3a zeigt eine elektronische Meßeinrichtung für Flüssigkeitspegel. In Abhängigkeit von der Umgebung (Luft, Flüssigkeit) ändert der PTC (R_1 in Abb. 3a) seinen Widerstand und somit ändert sich U_e.

Berechnen Sie die Spannung U_e, wenn die Temperatur des PTC 20 °C (Flüssigkeitstemperatur) und 100 °C (Aufheizung in Luft) beträgt!

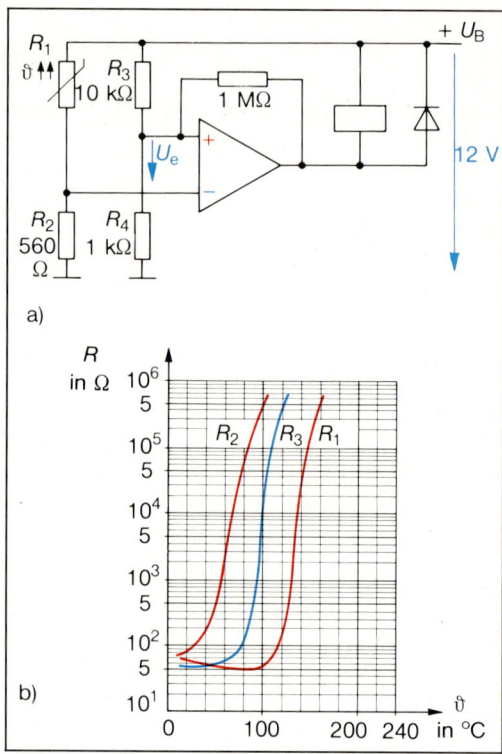

Abb. 3: Meßeinrichtung für Flüssigkeitspegel

6. Eine Feldplatte befindet sich zur Messung der magnetischen Flußdichte im Luftspalt eines Wechselspannungsgenerators. Die Feldplatte hat bei 0 T einen Widerstand von $R_0 = 100\,\Omega$. Sie liegt in der Reihe mit einem Widerstand von $820\,\Omega$. Die Gesamtspannung beträgt 10 V. Berechnen Sie mit Hilfe der normierten Kennlinie von Abb. 4 die minimale und maximale Stromstärke und Spannung an der Feldplatte, wenn sich B von 0 T bis $\pm\,0{,}9$ T ändert!

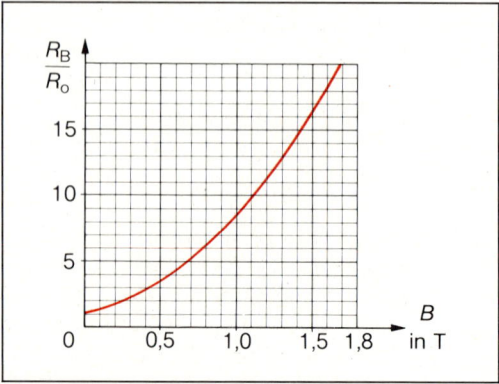

Abb. 4: Kennlinie einer Feldplatte

7. Zur Messung der Beleuchtungsstärke befindet sich ein lichtabhängiger Widerstand in der Brückenschaltung von Abb. 5. Die Beleuchtungsstärke ändert sich von 0,1 lx bis 10^3 lx. Wie groß sind die Spannungen zwischen A und B und welche Richtungen ergeben sich?

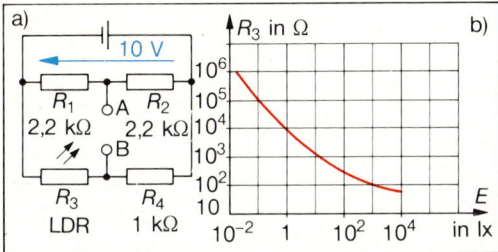

Abb. 5: Beleuchtungsstärke-Messung

8. In Abb. 6a ist ein Teil einer Temperatur-Regelschaltung mit einem SI-Temperatursensor und in Abb. 6b die dazugehörige Kennlinie des Sensors zu sehen. Die Anlage soll zwischen 25°C und 100°C arbeiten.

a) Bestimmen Sie R_V so, daß bei keiner Meßtemperatur die Stromstärke von 1 mA durch den Sensor überschritten wird!

b) Die Regelungsschaltung mit dem Operationsverstärker und dem Transistor ist so ausgelegt, daß je nach Temperatur im Ausgangskreis ein Strom I_L von 0 mA bis 20 mA fließt. Wie groß ist die Spannungsänderung bei einem Belastungswiderstand von 470 Ω?

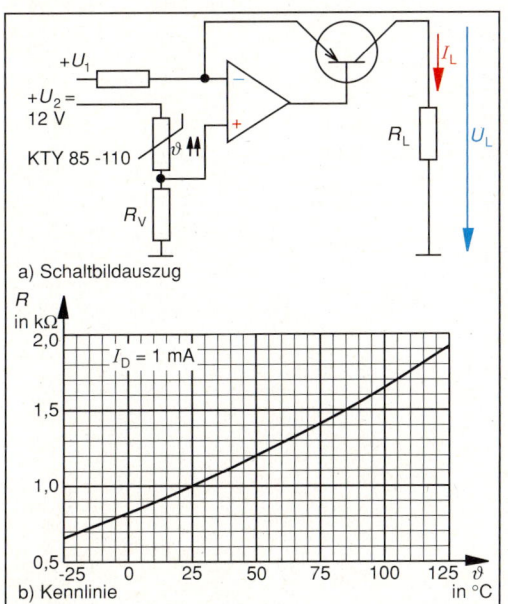

Abb. 6: SI-Temperatursensor

9. An den integrierten Temperatursensor von Abb. 7 ist ein Belastungswiderstand R_L angeschlossen. Der Vorwiderstand R_V muß so bemessen werden, daß die Stromstärke durch den Sensor zwischen 0,4 mA und 5 mA liegt. Die Betriebsspannung kann zwischen 12 V und 16 V schwanken. Durch den Belastungswiderstand von $R_L = 10$ kΩ fließt ein maximaler Strom von 1,2 mA.

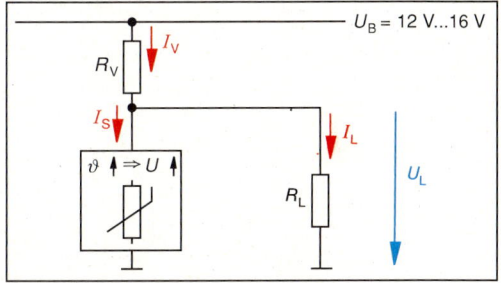

Abb. 7: Integrierter Temperatursensor

10. Ein in Form einer Brückenschaltung aufgebauter Drucksensor soll im Bereich von 1 bar bis 2 bar betrieben werden. Ein Schaltungsauszug sowie ein Diagramm über die Brückenspannung in Abhängigkeit vom Druck sind in Abb. 8 zu sehen. Berechnen Sie aufgrund der gegebenen Werte die Ausgangsspannung!

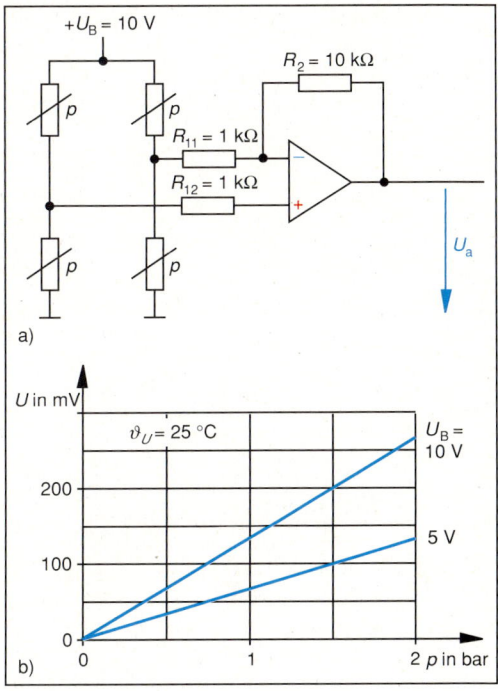

Abb. 8: Kennlinie eines Drucksensors

9.2 Elektronische Regler

9.2.1 P-Regler

▶ An dem Eingang eines elektronischen P-Reglers liegen die in Abb. 1 dargestellten Spannungen, die von unterschiedlichen Sensoren geliefert werden. Die Eingangswiderstände für den Operationsverstärker betragen jeweils 200 Ω. Der Proportionalbeiwert K_p soll einen Wert von -100 besitzen. Berechnen Sie den dazu erforderlichen Widerstand R_2 ($U_{I1} = U_{I2}$)!

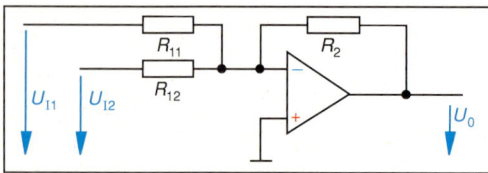

Abb. 1

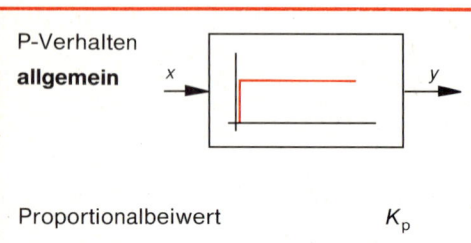

P-Verhalten

allgemein

| Proportionalbeiwert | K_p |

$$K_p = \frac{y - y_0}{x}$$

Stellgröße y
Anfangswert der Stellgröße y_0
Regelgröße x

elektronisch

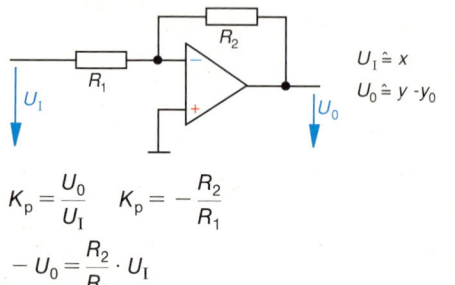

$U_I \hateq x$
$U_0 \hateq y - y_0$

$$K_p = \frac{U_0}{U_I} \qquad K_p = -\frac{R_2}{R_1}$$

$$-U_0 = \frac{R_2}{R_1} \cdot U_I$$

Beispiellösung:

Gegeben: $R_{11} = R_{12} = 200\,\Omega$, $K_p = -100$
Gesucht: R_2

$$-U_0 = \frac{R_2 \cdot U_{I1}}{R_{11}} + \frac{R_2 \cdot U_{I2}}{R_{12}} \qquad R_{11} = R_{12} = R_1$$
$$U_{I1} = U_{I2} = U_I$$

$$-U_0 = \frac{2 \cdot R_2 \cdot U_I}{R_1}$$

$$R_2 = -\frac{U_0}{U_I} \cdot \frac{R_1}{2} \qquad R_2 = 100 \cdot 100\,\Omega$$

$$\underline{R_2 = 10\,k\Omega}$$

Aufgaben

1. Drei Sensoren führen ihre Spannungen über Widerstände an den invertierenden Eingang eines Operationsverstärkers, der als P-Regler arbeitet. Wie groß ist die Ausgangsspannung des Reglers, wenn folgende Werte gegeben sind:
$R_2 = 22\,k\Omega$;
$R_{11} = 10\,k\Omega$; $R_{12} = 22\,k\Omega$; $R_{13} = 47\,k\Omega$;
$U_{I1} = +2\,V$; $U_{I2} = -5\,V$; $U_{I3} = +4\,V$

2. An dem elektronischen P-Regler von Abb. 2 werden die dort angegebenen Spannungen gemessen. Wie groß ist die Spannung des Sollwertes U_{I3}?

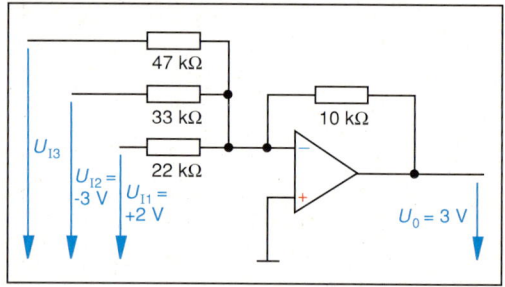

Abb. 2

3. In Abb. 3 sind zwei als P-Regler arbeitende Operationsverstärker zu sehen.
a) Berechnen Sie die einzelnen Proportionalbeiwerte und den gesamten Proportionalbeiwert!
b) Wie groß ist die Ausgangsspannung, wenn am Eingang ein Spannungssprung von 80 mV auftritt?
c) Wie groß ist die Eingangsstromstärke?

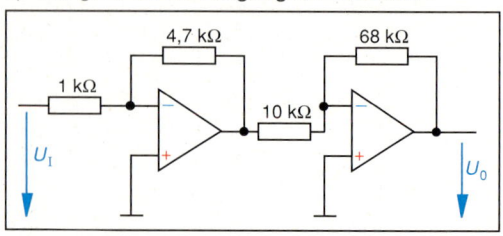

Abb. 3

9.2.2 I-Regler, Integrierer

▶ An dem Eingang eines elektronischen I-Reglers wird eine Spannung von 2 V angeschaltet. In einer Zeit von $\Delta t = 5\,\text{ms}$ soll die Ausgangsspannung im Bereich der linearen Aussteuerung von 0 V bis $-10\,\text{V}$ absinken. Als Kapazität wurden $C_1 = 22\,\text{nF}$ gewählt. Berechnen Sie den dazu erforderlichen Widerstand R_1.

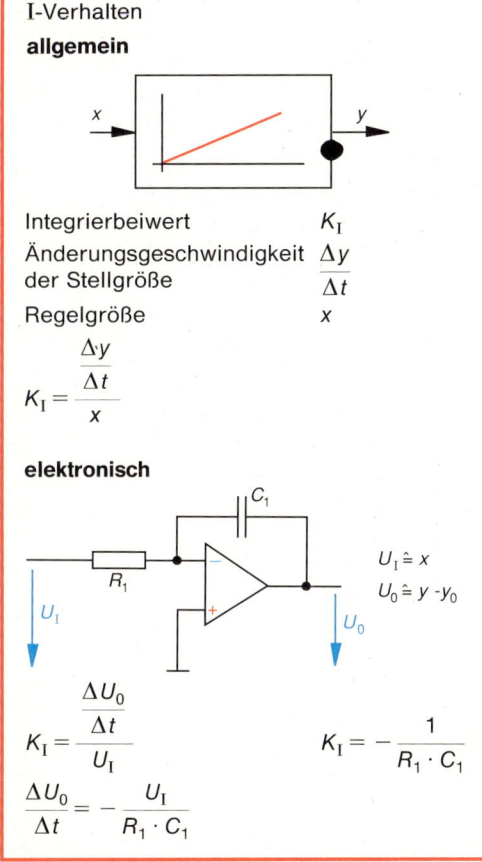

I-Verhalten
allgemein

Integrierbeiwert	K_I
Änderungsgeschwindigkeit der Stellgröße	$\dfrac{\Delta y}{\Delta t}$
Regelgröße	x

$$K_I = \frac{\dfrac{\Delta y}{\Delta t}}{x}$$

elektronisch

$U_I \mathrel{\hat{=}} x$

$U_0 \mathrel{\hat{=}} y - y_0$

$$K_I = \frac{\dfrac{\Delta U_0}{\Delta t}}{U_I} \qquad K_I = -\frac{1}{R_1 \cdot C_1}$$

$$\frac{\Delta U_0}{\Delta t} = -\frac{U_I}{R_1 \cdot C_1}$$

Beispiellösung:

Gegeben: $U_I = 2\,\text{V}$; $\Delta t = 5\,\text{ms}$; $\Delta U_0 = 10\,\text{V}$; $C_1 = 22\,\text{nF}$

Gesucht: R_1

$$\frac{\Delta U_0}{\Delta t} = \frac{U_I}{R_1 \cdot C_1}$$

$$R_1 = \frac{U_I \cdot \Delta t}{\Delta U_0 \cdot C_1}$$

$$R_1 = \frac{2\,\text{V} \cdot 5 \cdot 10^{-3}\,\text{s}}{10\,\text{V} \cdot 22 \cdot 10^{-9}\,\dfrac{\text{As}}{\text{V}}}; \qquad \underline{\underline{R_1 = 45{,}5\,\text{k}\Omega}}$$

1. In Abb. 4 ist die Eingangsspannung für einen elektronischen I-Regler abgebildet. Innerhalb der Impulsdauer bleibt der Verstärker im linearen Aussteuerbereich. Berechnen Sie die Ausgangsspannungsänderung, wenn R_1 und C_1 eine Zeitkonstante von 2 ms besitzen!

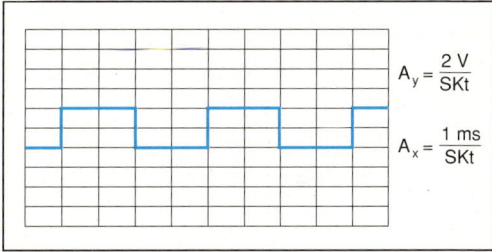

$A_y = \dfrac{2\,\text{V}}{\text{SKt}}$

$A_x = \dfrac{1\,\text{ms}}{\text{SKt}}$

Abb. 4

2. Aus einer Rechteckspannung mit $U = 9\,\text{V}$, $f = 1\,\text{kHz}$ und einem Tastverhältnis von 1 : 1 soll eine Dreieckspannung mit $\Delta U_0 = 10\,\text{V}$ mit Hilfe eines Integrierers entstehen ($\Delta t = \frac{T}{2}$).
a) Berechnen Sie die Zeitkonstante des RC-Gliedes!
b) Wie groß ist die Kapazität, wenn ein Widerstand von $10\,\text{k}\Omega$ verwendet werden soll?

3. Bei einem elektronischen I-Regler ändert sich die Ausgangsspannung innerhalb von $t_1 = 3\,\text{ms}$ bis $t_2 = 5\,\text{ms}$ von 0 V auf $-5\,\text{V}$. Die Eingangsspannung beträgt 2 V. Es befindet sich ein Integrierkondensator von 1 µF in der Schaltung. Berechnen Sie den Widerstand R_1!

4. Bei einer als Integrierer arbeitenden Schaltung ist die Zeitkonstante $\tau = 10 \cdot \Delta t$.
a) Berechnen Sie die Ausgangsspannungsänderung bei einer Eingangsspannung von 3,2 V!
b) Wie groß kann die Kapazität des Kondensators gewählt werden, wenn $\Delta t = 0{,}1\,\text{ms}$ und $R_1 = 10\,\text{k}\Omega$ gegeben sind?

5. In Abb. 5 ist die Reihenschaltung aus einem I- und einem P-Regler zu sehen.
a) Berechnen Sie den Integrierbeiwert!
b) Welche Funktion hat der P-Regler?

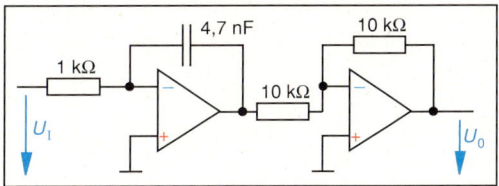

Abb. 5

9.2.3 D-Regler, Differenzierer

▶ In einer Reihenschaltung von Reglern befindet sich ein Regler mit D-Verhalten. An seinem Eingang ändert sich die Spannung linear innerhalb von 0,3 s von 0 V auf 5 V. Der Differenzierbeiwert beträgt − 2 ms.

a) Berechnen Sie die Ausgangsspannung U_0!

b) Wie groß muß der Widerstand sein, wenn die Kapazität 0,1 µF beträgt?

D-Verhalten
allgemein

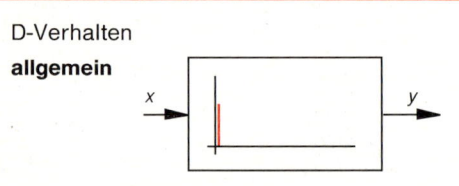

Differenzierbeiwert K_D
Änderung der Stellgröße $y - y_0$
Änderungsgeschwindigkeit $\dfrac{\Delta x}{\Delta t}$
der Regelgröße

$$K_D = \dfrac{y - y_0}{\dfrac{\Delta x}{\Delta t}}$$

elektronisch

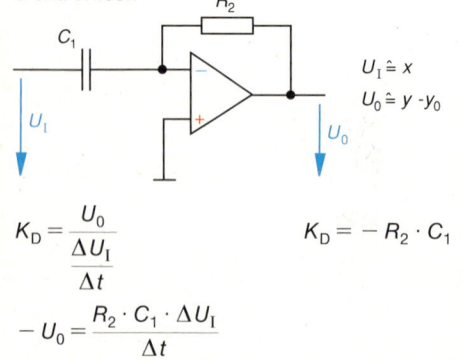

$U_I \mathrel{\hat=} x$
$U_0 \mathrel{\hat=} y - y_0$

$$K_D = \dfrac{U_0}{\dfrac{\Delta U_I}{\Delta t}} \qquad\qquad K_D = - R_2 \cdot C_1$$

$$- U_0 = \dfrac{R_2 \cdot C_1 \cdot \Delta U_I}{\Delta t}$$

Beispiellösung:

Gegeben: $\Delta t = 0,3\,s$; $\Delta U_I = 5\,V$; $R_2 \cdot C_1 = 2\,ms$

Gesucht: a) U_0;   b) R_2

a) $- U_0 = \dfrac{R_2 \cdot C_1 \cdot \Delta U_I}{\Delta t}$

    $- U_0 = \dfrac{2\,ms \cdot 5\,V}{0,3\,s}$; $\underline{\underline{- U_0 = 33,3\,mV}}$

b) $R_2 \cdot C_1 = \Delta t$

    $R_2 = \dfrac{2 \cdot 10^{-3}\,s}{0,1 \cdot 10^{-6} \cdot \dfrac{As}{V}}$; $\underline{\underline{R_2 = 20\,k\Omega}}$

Aufgaben

1. Ein Operationsverstärker arbeitet als Differenzierer. Am Eingang liegt eine dreieckförmige Spannung. Innerhalb von $\Delta t = 5\,ms$ ändert sich die Spannung von $+ 0,5\,V$ auf $- 0,5\,V$. Berechnen Sie die Ausgangsspannung, wenn die Zeitkonstante des RC-Gliedes 20 ms beträgt!

2. Ein als Differenzierer arbeitender Operationsverstärker besitzt die folgenden zugeschalteten Bauteile: $R_2 = 6,8\,k\Omega$; $C_1 = 47\,nF$. Am Ausgang liegt eine Rechteckspannung von $U_0 = 10\,V$. Berechnen Sie die Steigung der dreieckförmigen Spannung am Eingang ($\Delta U_I / \Delta t$).

3. Am Eingang eines als Differenzierers arbeitenden Operationsverstärkers liegt die Eingangsspannung von Abb. 1.

a) Berechnen Sie aus den gegebenen Werten die Steigung der Eingangsspannung $\Delta U_I / \Delta t$!

b) Wie groß ist die Zeitkonstante τ, wenn sich eine Ausgangsspannung von 8 V ergibt?

c) Wie groß muß die Kapazität des Kondensators gewählt werden, wenn $R_2 = 33\,k\Omega$ groß ist?

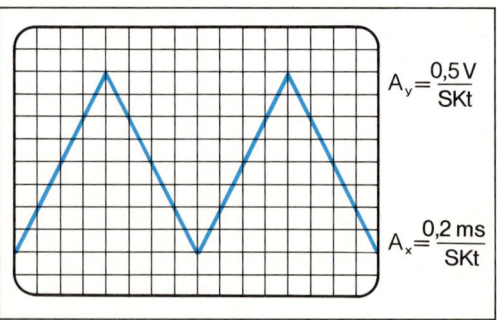

$A_y = \dfrac{0,5\,V}{SKt}$

$A_x = \dfrac{0,2\,ms}{SKt}$

Abb. 1

4. In Abb. 2 ist der D-Anteil einer Regelstrecke zu sehen.

a) Berechnen Sie die Spannungsspitze der Ausgangsspannung, wenn am Eingang ein rechteckförmiges Signal von $+ 0,56\,V$ anliegt!

b) Wie groß ist I_{max}?

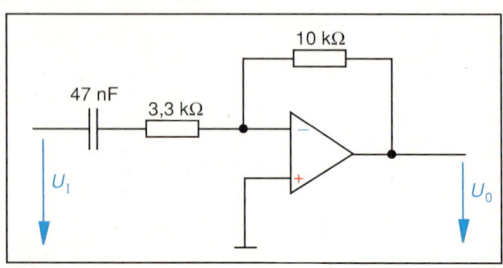

Abb. 2

9.2.4 Regler mit kombiniertem Verhalten

▶ Der PI-Regler mit Operationsverstärker von Abb. 3 besitzt folgende Daten:
$R_1 = 3,3\,\text{k}\Omega$; $R_2 = 10\,\text{k}\Omega$; $C_2 = 0,47\,\mu\text{F}$
Am Regler liegt ein Spannungssprung von $U_I = 60\,\text{mV}$.
a) Berechnen Sie die Nachstellzeit T_n,
b) den Proportionalspannungsanteil und
c) die Ausgangsspannungsänderung pro Zeit!

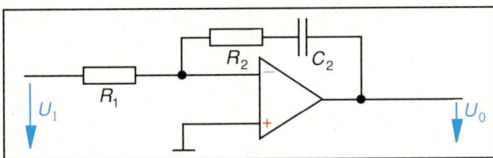

Abb. 3

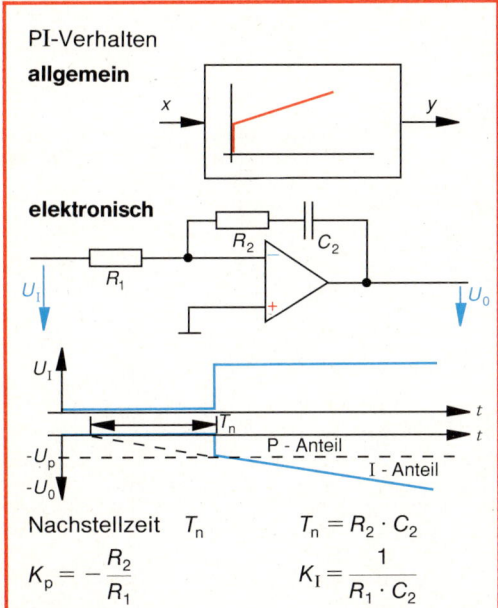

PI-Verhalten
allgemein

elektronisch

Nachstellzeit T_n $T_n = R_2 \cdot C_2$

$$K_p = -\frac{R_2}{R_1} \qquad K_I = \frac{1}{R_1 \cdot C_2}$$

Beispiellösung:

Gegeben: $R_1 = 3,3\,\text{k}\Omega$; $R_2 = 10\,\text{k}\Omega$; $C_2 = 0,47\,\mu\text{F}$
$\qquad\qquad U_I = 60\,\text{mV}$

Gesucht: a) T_n,   b) U_p,   c) $\Delta U_0 / \Delta t$

a) $T_n = R_2 \cdot C_2$; $T_n = 10\,\text{k}\Omega \cdot 0,47\,\mu\text{F}$; $\underline{T_n = 4,7\,\text{ms}}$

b) $-U_p = \dfrac{U_I \cdot R_2}{R_1}$; $-U_p = \dfrac{60\,\text{mV} \cdot 10\,\text{k}\Omega}{3,3\,\text{k}\Omega}$

   $-U_p = \underline{182\,\text{mV}}$

c) $\dfrac{\Delta U_0}{\Delta t} = -\dfrac{60\,\text{mV}}{4,7\,\text{ms}}$; $\dfrac{\Delta U_0}{\Delta t} = -\dfrac{12,8\,\text{V}}{\text{s}}$

Aufgaben

1. Ein elektronischer PI-Regler entsprechend der Abb. 3 besitzt folgende Werte: $R_2 = 10\,\text{k}\Omega$; $C_2 = 0,1\,\mu\text{F}$; $R_1 = 2,2\,\text{k}\Omega$.
Berechnen Sie den Proportional- und den Integrierbeiwert sowie die Ausgangsspannung zum Zeitpunkt des Einschaltens, wenn ein rechteckförmiges Eingangssignal von $-0,3\,\text{V}$ anliegt!

2. Ein elektronischer PI-Regler soll in einem Regelkreis die folgenden Bedingungen erfüllen: Die der Regelgröße x entsprechende Spannung, soll durch den PI-Regler mit einem Widerstand von $5\,\text{k}\Omega$ belastet werden. Der Proportionalbeiwert soll einen Wert von -8 besitzen und die Nachstellzeit soll $120\,\text{ms}$ betragen.
a) Berechnen Sie die Widerstände und den Kondensator zum Beschalten des Operationsverstärkers!
b) Wie groß ist die Ausgangsspannung am Regler im Einschaltmoment, wenn die Eingangsspannung von $0\,\text{V}$ auf $0,3\,\text{V}$ springt?

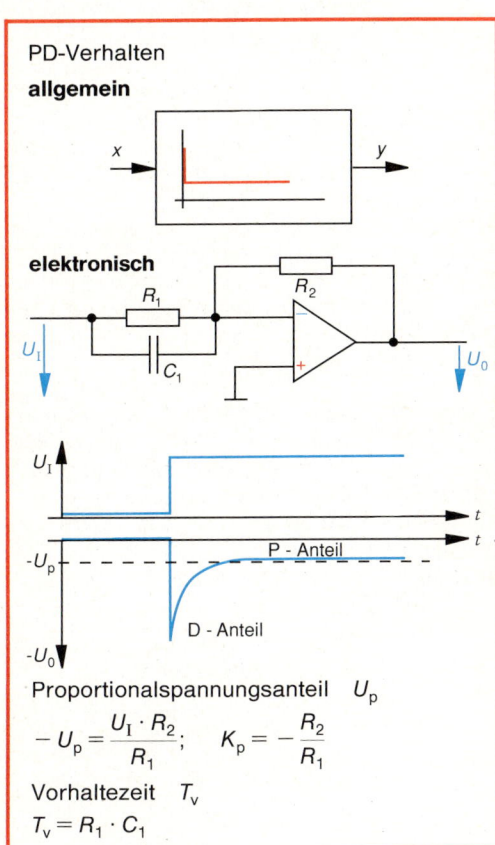

PD-Verhalten
allgemein

elektronisch

Proportionalspannungsanteil U_p

$$-U_p = \frac{U_I \cdot R_2}{R_1}; \qquad K_p = -\frac{R_2}{R_1}$$

Vorhaltezeit T_v
$T_v = R_1 \cdot C_1$

3. Am Eingang des PD-Reglers von Abb. 1 ändert sich die Spannung sprungartig von 0 V auf $+3$ V.
a) Berechnen Sie die Ausgangsspannung, wenn Auf- und Entladevorgänge abgeschlossen sind und folgende Werte gegeben sind: $C_1 = 33$ nF; $R_1 = 10$ kΩ; $R_2 = 47$ kΩ
b) Wie groß ist die Zeitkonstante des D-Anteils (Vorhaltezeit)?
c) Welche maximale Eingangsstromstärke für den Operationsverstärker ergibt sich, wenn die Eingansspannungsquelle, welche die Eingangsspannungsänderung hervorruft, einen Innenwiderstand von 250 Ω besitzt?

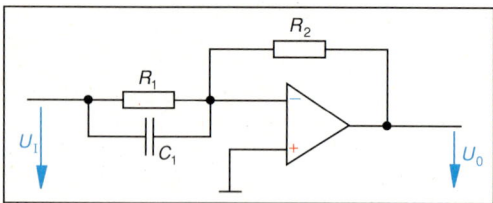

Abb. 1

4. Ein elektronischer PD-Regler soll gemäß Abb. 1 mit folgenden Daten aufgebaut werden:
● Der Proportionalbeiwert soll zwischen den Werten -1 und -10 veränderbar sein.
● Die Vorhaltezeit soll 8 ms betragen.
● Die vor dem Regler liegende Stufe darf nur mit einer maximalen Kapazität von 0,1 μF belastet werden.
a) Berechnen Sie die für den Operationsverstärker erforderlichen Widerstände!
b) Wie groß ist die Ausgangsspannung für die beiden Einstellwerte, wenn eine Spannung von 0,4 V angelegt wird und Ausgleichsvorgänge abgeschlossen sind?

5. Der PID-Regler von Abb. 2 hat folgende Daten: $R_2 = 22$ kΩ; $C_2 = 22$ μF; $R_{11} = 10$ kΩ; $R_{12} = 8,2$ kΩ; $C_1 = 33$ μF. Am Eingang liegt eine Spannung von 0,5 V (Spannungssprung).
a) Berechnen Sie die Spannungsspitze am Ausgang im Einschaltmoment!
b) Wie groß ist der Proportionalanteil der Ausgangsspannung?

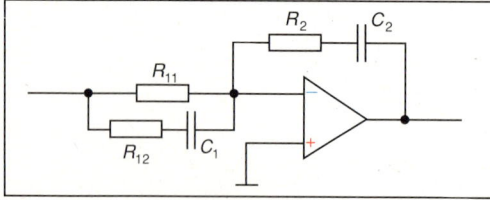

Abb. 2

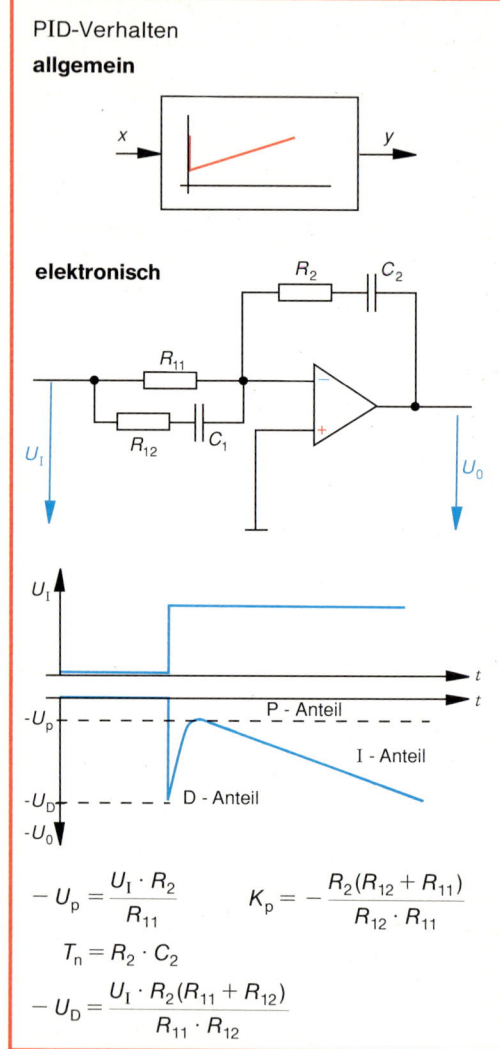

PID-Verhalten

allgemein

elektronisch

$$-U_p = \frac{U_I \cdot R_2}{R_{11}} \qquad K_p = -\frac{R_2(R_{12} + R_{11})}{R_{12} \cdot R_{11}}$$

$$T_n = R_2 \cdot C_2$$

$$-U_D = \frac{U_I \cdot R_2(R_{11} + R_{12})}{R_{11} \cdot R_{12}}$$

6. Ein elektronischer PID-Regler entsprechend der Abb. 2 soll für folgende Bedingungen dimensioniert werden:
● Der Proportionalbeiwert soll einen Wert von -10 besitzen.
● Wenn ein Eingangsimpuls von 10 V anliegt, darf in den Regler nur ein Strom von 2 mA fließen.
● Die Nachstellzeit soll 10 ms bei $C_2 = 0,33$ μF betragen.
a) Berechnen Sie die erforderlichen Widerstände!
b) Wie groß ist die am Ausgang liegende Spitzenspannung im Einschaltmoment, wenn ein Eingangsimpuls von 1 V angelegt wird?

9.3 Anpassungen zwischen Bausteinen elektronischer Steuerungen

▶ Zwischen zwei elektronischen Steuerschaltungen soll aus Gründen der galvanischen Trennung ein Optokoppler zwischengeschaltet werden. Der IL 250 besitzt folgende Daten: Isolationsprüfspannung 5 kV; Gleichstrom-Übersetzungsverhältnis 150%, Ausgangsspannung $U_{CE0} = 30\,V$.
a) Berechnen Sie die Diodenstromstärke bei $U_F = 1{,}6\,V$, einer Betriebsspannung des Eingangskreises von 5 V und einem Vorwiderstand von 220 Ω.
b) Wie groß ist die Kollektorstromstärke?

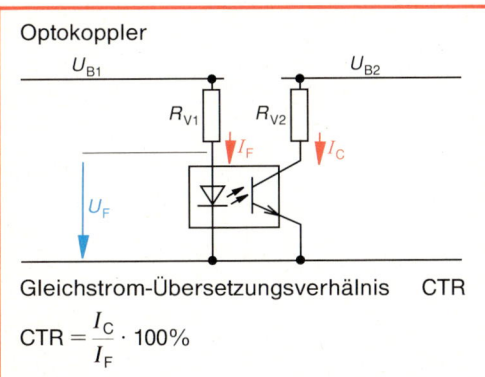

Optokoppler

Gleichstrom-Übersetzungsverhälnis   CTR

$$CTR = \frac{I_C}{I_F} \cdot 100\%$$

Beispiellösung:

Gegeben: $U_{B1} = 5\,V$; $R_{V1} = 220\,Ω$; $U_F = 1{,}6\,V$;
CTR = 150%

Gesucht: a) I_F;   b) I_C

a) $I_F = \dfrac{U_{B1} - U_F}{R_{V1}}$; $I_F = \dfrac{5\,V - 1{,}6\,V}{220\,Ω}$

$\underline{\underline{I_F = 15{,}5\,mA}}$

b) $CTR = \dfrac{I_C}{I_F}$; $I_C = CTR \cdot I_F$

$I_C = 1{,}5 \cdot 15{,}5\,mA$; $\underline{\underline{I_C = 23{,}3\,mA}}$

Aufgaben

1. Ein Optokoppler wird zum Einsatz in einer Steuerschaltung meßtechnisch untersucht (Abb. 3). Es soll dabei das Gleichstrom-Übersetzungsverhältnis ermittelt werden. Folgende Werte wurden gemessen bzw. eingestellt:
$I_F = 11\,mA$; $U_2 = 1{,}9\,V$

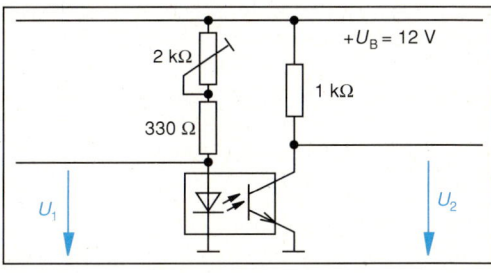

Abb. 3

2. Eine Steuerschaltung soll vom Leistungselektronikteil vollkommen durch einen Optokoppler galvanisch getrennt werden. Der Eingangskreis (Abb. 4) wird mit 5 V und der Ausgangskreis mit 24 V betrieben. Das Gleichstrom-Übersetzungsverhältnis soll 100% betragen.
a) Berechnen Sie den Vorwiderstand für die LED, wenn sie bei $I_F = 20\,mA$ eine Durchlaßspannung von $U_F = 1{,}8\,V$ besitzt!
b) Wie groß muß der Vorwiderstand im Ausgangskreis gewählt werden, wenn im durchgesteuerten Zustand am Transistor eine Spannung von 0,2 V abfällt?
c) Wie groß müßte R_2 gewählt werden, wenn das Gleichstromübersetzungsverhältnis 150% betragen soll?

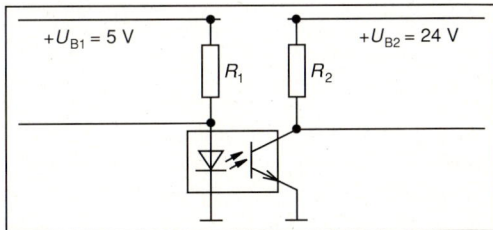

Abb. 4

3. Mit der Schaltung von Abb. 5 soll eine Spannung von 24 V gefiltert, über einen Optokoppler galvanisch getrennt und auf den TTL-Pegel von 5 V herabgesetzt werden. Berechnen Sie
a) den Diodenstrom der LED bei $U_F = 1{,}6\,V$ und
b) das Gleichstrom-Übersetzungsverhältnis, wenn für den Transistor im durchgesteuerten Zustand 0,2 V angenommen werden!

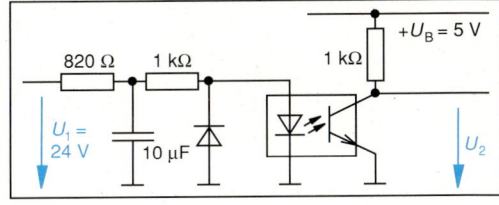

Abb. 5

4. Das 39 V-Signal einer Steuerschaltung soll mit der Schaltung von Abb. 1 herabgesetzt und über einen Optokoppler galvanisch vom nachfolgenden 12 V-Kreis getrennt werden.

a) Berechnen Sie die Stromstärke im Eingangskreis, wenn in den Inverter bei einem H-Pegel von 3,5 V ein Eingangsstrom von 0,04 mA fließt!

b) Wie groß ist der Widerstand R_1, wenn folgende Werte bekannt sind:
$U_F = 1,6$ V; $I_F = 4$ mA; $U_2 = 0,2$ V (Ausgangsspannung des Inverters bei L-Pegel)?

c) Berechnen Sie die Stromstärke im Ausgangskreis bei $U_3 = 0,1$ V (L-Pegel)!

d) Wie groß ist das Gleichstrom-Übersetzungsverhältnis des Optokopplers?

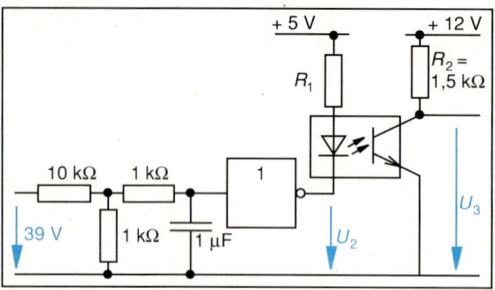

Abb. 1

▶ Das Leistungselement von Abb. 2 besitzt einen Auslastfaktor von $F_Q = 30$.

a) Überprüfen Sie, ob die Zusammenschaltbedingung erfüllt ist!

b) Wie groß sind die Eingangsstromstärken der einzelnen TTL-Gatter, wenn für $F_I = 1$ eine Eingangsstromstärke von $-I_{I1} = 1,5$ mA erforderlich ist?

c) Wie groß ist die vom Leistungselement abzugebende Stromstärke?

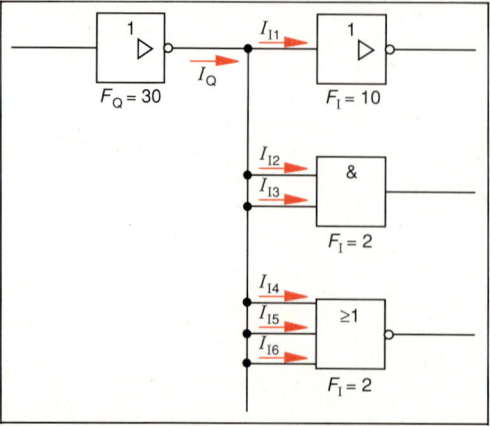

Abb. 2

Beispiellösung:

Gegeben: $F_Q = 30$; $-I_{IL} = 1,5$ mA für $F_I = 1$
Gesucht: a) F_{Iges} b) $I_{I1}, \ldots I_{I6}$

a) $F_{Iges} = 10 + 2 \cdot 2 + 3 \cdot 2$

$\underline{F_{Iges} = 20};$ Bedingung erfüllt, da $F_Q > F_{Iges}$

b) $-I_{I1} = 10 \cdot 1,5$ mA; $\underline{-I_{I1} = 15\,\text{mA}}$

$-I_{I2} = -I_{I3} = 2 \cdot 1,5$ mA; $\underline{-I_{I2} = 3\,\text{mA}}$

$-I_{I4} = -I_{I5} = I_{I6} = 2 \cdot 15$ mA; $\underline{-I_{I4} = 3\,\text{mA}}$

c) $I_{Iges} = I_{I1} + \cdots + I_{I6};$

$I_{Iges} = 15\,\text{mA} + 2 \cdot 3\,\text{mA} + 3 \cdot 3\,\text{mA};$

$\underline{I_{Iges} = 30\,\text{mA}}$

Zusammenschaltung integrierter Steuerglieder

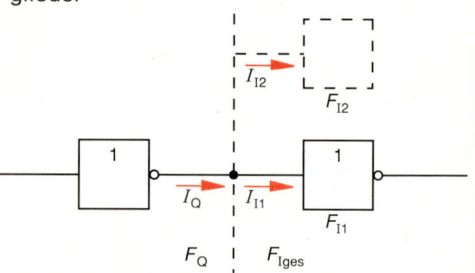

Eingangslastfaktor F_I

Ausgangslastfaktor F_Q

L-Pegel: Eingangsstromstärke I_{IL}
            Ausgangsstromstärke I_{QL}

H-Pegel: Eingangsstromstärke I_{IH}
            Ausgangsstromstärke I_{QH}

Bedingungen für Zusammenschaltung

$F_Q \geq F_{I1} + F_{I2} + \cdots F_{In} = F_{Iges}$

$I_Q \geq I_{I1} + I_{I2} + \cdots + I_{In}$

---

5. Der Logikzustand am Ende einer Steuerstrecke soll durch eine LED wie in Abb. 3 angezeigt werden.

a) Bei welchem Eingangspegel für das NICHT-Glied leuchtet die Diode?

b) Wie groß ist die Stromstärke durch die leuchtende Diode, wenn folgende Werte gegeben sind:
$U_{QL} = 0,2$ V; $U_F = 1,6$ V; $U_{QH} = 3,5$ V (Die zusätzlich durch das NICHT-Glied hervorgerufene Stromstärke soll unberücksichtigt bleiben.)

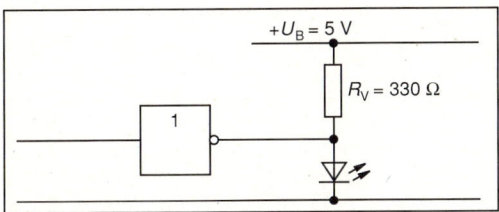

Abb. 3

6. Berechnen Sie die in das NAND-Gatter fließenden maximalen Stromstärken, wenn eine LED gemäß Abb. 4 eingefügt ist! Am Gatterausgang wird bei eingangsseitigem L-Signal ein $U_Q = 0,1$ V angenommen.

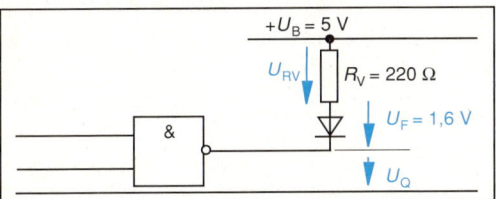

Abb. 4

7. Das L-Signal am Eingang des NICHT-Gatters soll entsprechend der Schaltung in Abb. 5 über den Transistor mit Hilfe einer LED angezeigt werden. Es sind die folgenden Werte bekannt: LED mit $U_F = 1,6$ V; Transistor mit $U_{CEsat} = 0,2$ V (Spannung zwischen Kollektor und Emitter in durchgesteuertem Zustand); $B = 200$; $U_{BE} = 0,7$ V; NAND-Gatter mit $- I_{QH} = 0,4$ mA, $U_{QH} = 3,5$ V.
a) Berechnen Sie I_C und I_B ohne Berücksichtigung des NICHT-Gatters.
b) Wie groß ist der Übersteuerungsfaktor (Verhältnis I_{B2}/I_{B1}) für den Transistor, wenn zur Berechnung von I_B die Ausgangsspannung des NICHT-Gatters berücksichtigt wird?
c) Welche Stromstärke könnte vom Ausgang des NICHT-Gatters noch zur Ansteuerung weiterer Bauteile verwendet werden, ohne daß die Ansteuerung gefährdet wäre?

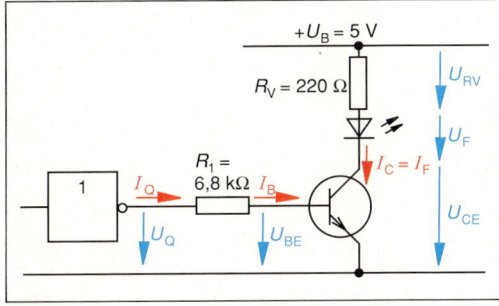

Abb. 5

8. Das Ausgangssignal einer elektronischen Steuerung soll durch das Relais von Abb. 6 weitergegeben werden. Das Relais soll bei einem L-Signal am Eingang des NICHT-Gatters anziehen. Berechnen Sie I_C, I_B und den Übersteuerungsfaktor des Transistors bei folgenden gegebenen Werten:
Widerstand des Relais 48 Ω, $U_{CEsat} = 0,2$ V; $B = 50$; $U_{QH} = 2,4$ V (Minimalwert angenommen).

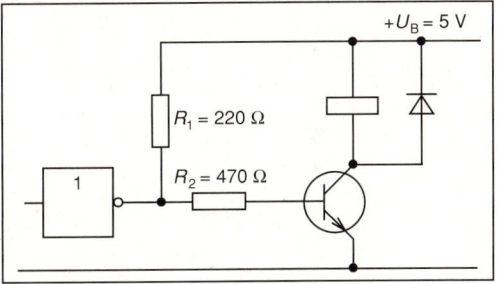

Abb. 6

▶ Mit Invertern oder Schaltverstärkern, die einen „offenen Kollektor" besitzen, lassen sich durch einen extern hinzuzuschaltenden Widerstand problemlos Anpassungen zwischen verschiedenen Schaltkreisfamilien oder Anpassungen an besondere Belastungsfälle vornehmen. In Abb. 7 ist eine Spannungsanpassung zwischen zwei verschiedenen Spannungssystemen zu sehen. Der Wert des minimalen Widerstandes soll bestimmt werden, wenn folgende Werte für die TTL-Stufe gegeben sind: L-Signal am Ausgang: $U_{QL} \leq +0,4$ V, $I_{QLmax} = 16$ mA.

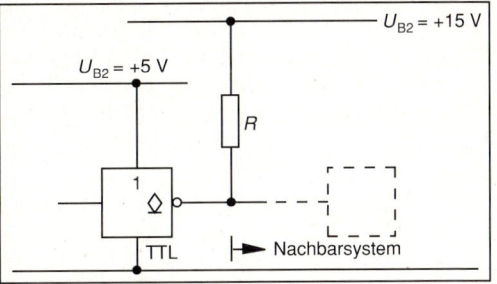

Abb. 7

Beispiellösung:

Gegeben: $U_{QL} \leq +0,4$ V; $I_{QLmax} = 16$ mA
Gesucht: R_{min} für $U_{B2} = +15$ V

$$R_{min} = \frac{U_{B2} - U_{QL}}{I_{QLmax}} \qquad R_{min} = \frac{15\,V - 0,4\,V}{16\,mA}$$

$$\underline{R_{min} = 913\,\Omega}$$

9. Der Inverter von Abb. 7 auf S. 157 soll an ein Nachbarsystem mit $U_{B2} = +30\,V$ angepaßt werden. Am Ausgang der TTL-Schaltung liegt bei L-Signal eine Spannung von $U_{QL} \leq 0,4\,V$. Die Stromstärke darf dabei 40 mA nicht überschreiten (Typ 7406). Berechnen Sie den Minimalwert für den zuzuschaltenden Widerstand!

10. Die LED in Abb. 1 ist an den Ausgang eines TTL-Bausteins über einen Widerstand an $U_B = +15\,V$ angeschlossen. Sie soll bei 0-Signal am Ausgang leuchten. Berechnen Sie den Widerstand, wenn folgende Werte gefordert bzw. bekannt sind:

Durchlaßstromstärke der LED: $I_F = 22\,mA$
Durchlaßspannung der LED $U_F = 1,6\,V$
Spannung am Ausgang des
TTL-Bausteins bei L-Signal: $U_{QL} = 0,4\,V$

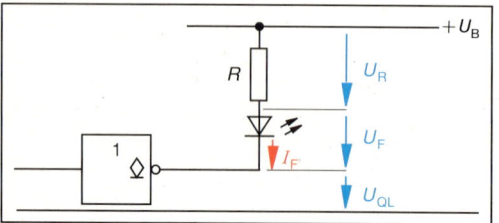

Abb. 1

11. Berechnen Sie die Stromstärke durch die LED von Abb. 1, wenn folgende Spannungen gemessen wurden:
$U_B = 12\,V$; $U_F = 1,65\,V$; $U_{QL} = 0,7\,V$
Der Widerstand R besitzt einen Wert von 330 Ω.

12. Das Relais am Ausgang einer Steuerkette (Abb. 2) wird direkt von einem TTL-Inverter mit offenem Kollektor angesteuert. Berechnen Sie die Stromstärke durch das Relais, wenn folgende Werte gemessen wurden bzw. gegeben sind:
Widerstand des Relais: 800 Ω; $U_{QL} = 0,7\,V$

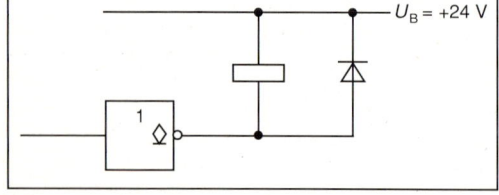

Abb. 2

13. In Steuerschaltungen ist es mitunter erforderlich, TTL-Bausteine an C-MOS-Bausteine anzupassen. Bezüglich des L-Pegels gibt es keine Anpassungsprobleme (Abb. 3a). Da der

H-Pegel der TTL-Schaltung jedoch ab 2,4 V beginnt und der H-Pegel der C-MOS-Schaltung erst bei 3,5 V anfängt, muß durch den Pull-up-Widerstand in Abb. 3b der Ausgang des TTL-Bausteins bei dem H-Signal auf $+U_B$ „angehoben" werden. Der Widerstand darf einen Minimalwert nicht unterschreiten. Er wird festgelegt durch die maximale Ausgangsstromstärke des TTL-Bausteins im L-Zustand ($I_{QLmax} = 16\,mA$). Berechnen Sie den Minimalwert des Pull-up-Widerstandes!

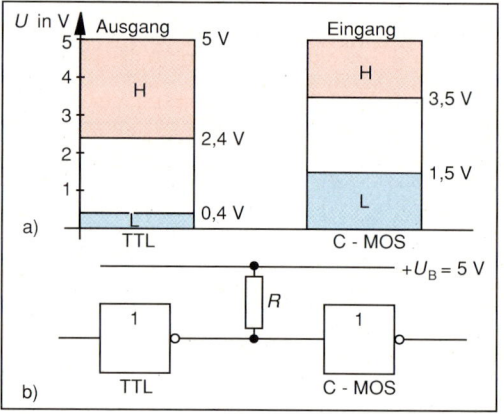

Abb. 3

14. Ermitteln Sie die Stromstärke durch das Relais und die Spannung zwischen Drain und Source, wenn sich der Ausgang der TTL-Schaltung (Abb. 4) im H-Zustand befindet. Der Widerstand des Relais beträgt 1,2 Ω.

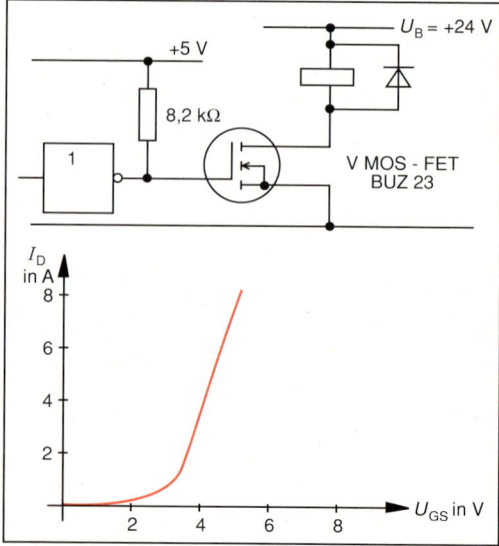

Abb. 4

Sachwortverzeichnis

A

Addierer 116
Anlagen
– Drehstrom ~ 78 ff.
– elektrische ~ 73 ff.
– Ringleitungen 81 f.
– Wechselstrom ~, verzweigt 76 f.
– Wechselstrom ~, unverzweigt 73 ff.
Anlasser
– Drehstrommotor 55
– Gleichstrommotor 66
Anpassung zwischen Steuerungen 155 ff.
Antennen 100
Arbeit
– elektrische ~ 91 f.
Arbeitspunkt- und Verlustleistung 109 ff.
Arbeitspunkteinstellung 118
Arbeitsspannung 123
Arithmetischer Mittelwert des Gleichstroms 101
Astabile Kippstufe 135 ff.
Asynchronmotor 55
Aufheizzeit 91 f.
Automatisierungstechnik 147 ff.

B

Bandbreite 32
Basisspannungsteiler 109
Basisstrom 107
Basisvorspannung 107
Belastbarkeitstabelle 74
Beleuchtungsstärke 93 f.
Beleuchtungstechnik 93
Beleuchtungswirkungsgrad 93 ff., 96
Bipolare Transistoren 107 ff.
Blindleistung 83 ff.
Blindwiderstand
– der Spule 8 f.
– des Kondensators 18 f.
Bogenmaß 1 f.
Brummspannung 103

C

Code-Umsetzer 144 f.
Codierer 144 f.
Cosinus 1

D

D-Regler 152
Dämpfungsfaktor 97
Dämpfungsmaß 97
Differenzierbeiwert 152
Differenzierer 152
Digitaltechnik 127 ff.
Disjunktive Normalform 127 f.
Doppelschlußgenerator 63
Doppelschlußmotor 64 f.
Drainstrom 118
Drehfelddrehzahl 55
Drehmoment 53 f.
Drehstrom 35 ff.
– Anlagen 78 ff.
– Asynchronmotor 55 f.
– Dreieckschaltung 37 ff.
– Leistung 35 ff.
– Leiterspannung 35 ff.
– Leiterstrom 35 ff.
– Motorkompensation 86 ff., 89
– Sternschaltung 35 ff.
– Strangspannung 35 ff.
– Strangstrom 35 ff.
– unsymmetrische Belastung 39 ff.
Drehstromtransformatoren 50 ff.
– Parallelschaltung von ~ 51 f.
Drehzahl 4
Dreieckschaltung 37 ff.
Dreiphasenwechselstrom 35 ff.
Duoschaltung 83 ff.
Durchlauferhitzer 92

E

Effektivwerte 5
Einheitskreis 1
Einphasen-Wechselstrommotor 57
Elektrische Anlagen 73 ff.
Elektrische Arbeit 91 f.
Elektronische Regler 150 ff.
Emitterschaltung 113 f.
Energiekosten 90 f.
Erdungswiderstand 70 ff.

F

Fan-in 156
Fan-out 156
Feldeffekttransistoren 118 ff.

Feldsteller 66
Filter 33 f.
FI-Schutzeinrichtung 70 f.
FI-Schutzschalter 71
Frequenz 4
Funktionsgleichungen 127 f.

G

Gate-Source-Spannung 118
Gegenkopplung 115 f.
Gegenkopplungsfaktor 115
Gegenkopplungsspannung 115
Gesamtdämpfungsmaß 98
Glättung 103 ff.
Glättungsdrossel 104
Gleich- und Wechselstromkennwerte 107 ff.
Gleichrichterschaltungen 101 ff.
Gleichstrom
– ausgangswiderstand 107
– eingangswiderstand 107
– generator 62 f.
– generator, fremderregt 62
– maschine 62 ff.
– motor 64 ff.
– motor, fremderregt 64
– verstärkung 107
Gleichstrom-Übersetzungsverhältnis 155
Gleichzeitigkeitsfaktor 78 f.
Gradmaß 1
Grenzfrequenz 32 f.
Großphasenschieber 89
Gruppenkompensation 88 f.
Güte 32

H

Hochpaß 33 f.
Hypotenuse 1

I

I-Regler 151
Ideelle Gleichspannung 101
Ideelle primärseitige Scheinleistung des Transformators 101
Ideelle Scheitelsperrspannung 101
Induktivität 8
Induktivitätsfaktor 8

Integrierbeiwert 151
Integrierer 151
Invertierer 116
Isolationswiderstand 69

K

Kathete 1
Kennwerte von Gleichrichter-
  schaltungen 101
Kippstufen 135ff.
– astabile $\sim$ 135ff.
– monostabile $\sim$ 138ff.
– Schmitt-Trigger-$\sim$ 140f.
Kollektor-Emitter-Spannung 107
Kollektorstrom 107
Kompensation
– Drehstrommotor$\sim$ 86ff., 89
– Gruppen$\sim$ 88f.
– in Reihe 83ff.
– Kondensator$\sim$ 84ff.
– Leuchtstofflampen$\sim$ 83ff., 88f.
– Parallel$\sim$ 83ff.
– Transformator$\sim$ 87
– Wechselstrommotor $\sim$ 84ff., 89
– Zentral$\sim$ 88f.
Kompensationskondensatoren
  84f., 87
Kondensatormotor 57f.
Konjunktive Normalform 128f.
Kostenrechnung 90f.
Kreisfrequenz 4
Kurzschlußläufermotor 55f.
Kurzschlußspannung 46f.
Kurzschlußstrom 46f.
KV-Tafel 129f.

L

Ladekondensator 104
Lastpunkt 81f.
LC-Siebglied 105
Leistung
– mechanische $\sim$ 53
– von Transformatoren 48f.
Leistungen in RC-Schaltungen
  24f.
Leistungen in RCL-Schaltungen
  29f.
Leistungen in RL-Schaltungen
  16ff.
Leistungsfaktor
– Kompensation 83ff.
– mittlerer $\sim$ 76
Leistungsverstärkung 111
Leiterquerschnitt 73ff., 76f., 78ff.,
  82f.
Leitungsschutz-Sicherungen 67f.

Leuchtstofflampenkompensation
  83ff., 88f.
Leuchtwirkungsgrad 93, 95
Lichtausbeute 93f.
Lichtstärkeverteilungskurve 93, 95
Lichtstrom 93ff.
Lichttechnik 93
Liniendiagramme 5

M

Magnetische Feldkonstante 8
Mechanische Festigkeit von
– Antennen 100
– Lastmoment 100
– Windlast 100
Mittlerer Leistungsfaktor 76
Momentanwerte 5
Monostabile Kippstufe 138ff.

N

Nachstellzeit 153
Nebenschlußgenerator 63f.
Nennbeleuchtungsstärke 93
Netze
– TN 67ff.
– TT 70f.
Nichtinvertierer 116
Normquerschnitte 74

O

Operationsverstärker 116f.

P

P-Regler 150
Parallelschaltung
– von X_C und R 22f.
– von X_L und R 12ff.
– von X_L, X_C und R 27ff.
Parallelschwingkreis 31f.
Parallelkompensation 83ff.
PD-Regler 153f.
Periodendauer 4
Permeabilitätszahl 8
periodische Spitzensperr-
  spannung der Gleichrichter-
  dioden 101
Phasenverschiebung 5
Phasenverschiebungswinkel 5
PI-Regler 153
PID-Regler 154
Polpaarzahl 4
Proportionalbeiwert 150
Pulszahl 101
Pythagoras 1

R

Radiant 1
Raumfaktor 93, 95
Raumwirkungsgrad 93, 95
RC-Filter 34
RC-Schaltungen 18ff.
RC-Siebglied 105
RCL-Schaltungen 25ff.
Reflexionsgrad 96
Regelgröße 150ff.
Reihenkompensation 83ff.
Reihenschaltung
– von X_C und R 20f.
– von X_L und R 10ff.
– von X_L, X_C und R 25ff.
Reihenschlußgenerator 63
Reihenschlußmotor 64f.
Reihenschwingkreis 31f.
Relativer Pegel 99
Resonanzfrequenz 31
Resultierende Spannungs-
  verstärkung 115
Resultierende Stromverstärkung
  115
Riementrieb 54
Ringleitungen 81f.
RL-Filter 33
RL-Schaltungen 8ff.

S

Schaltungsumrechnung 15
Scheinwiderstand der Spule 8f.
Scheitelwerte 5
Schieberegister 142f.
Schleifenimpedanz 67f.
Schleifringläufermotor 55f.
Schlupf 55
Schlupfdrehzahl 55
Schrittmotor 61
Schutzmaßnahmen 67ff.
Schwingkreis 31f.
Sensoren 147ff.
Siebdrossel 105
Siebfaktor 105
Siebung 103ff.
Sinus 1
Spaltpolmotor 59
Spannungsfall 73ff., 76f., 78ff.
Spannungssteilheit 125
Spannungsverstärkung 111
Spannungswandler 45f.
Spannungswelligkeit 101, 103
Spartransformator 47f.
Sperrschichttemperatur 121
Sperrstrom 123
Spezifische Wärmekapazität 91f.
Spulenkonstante 8

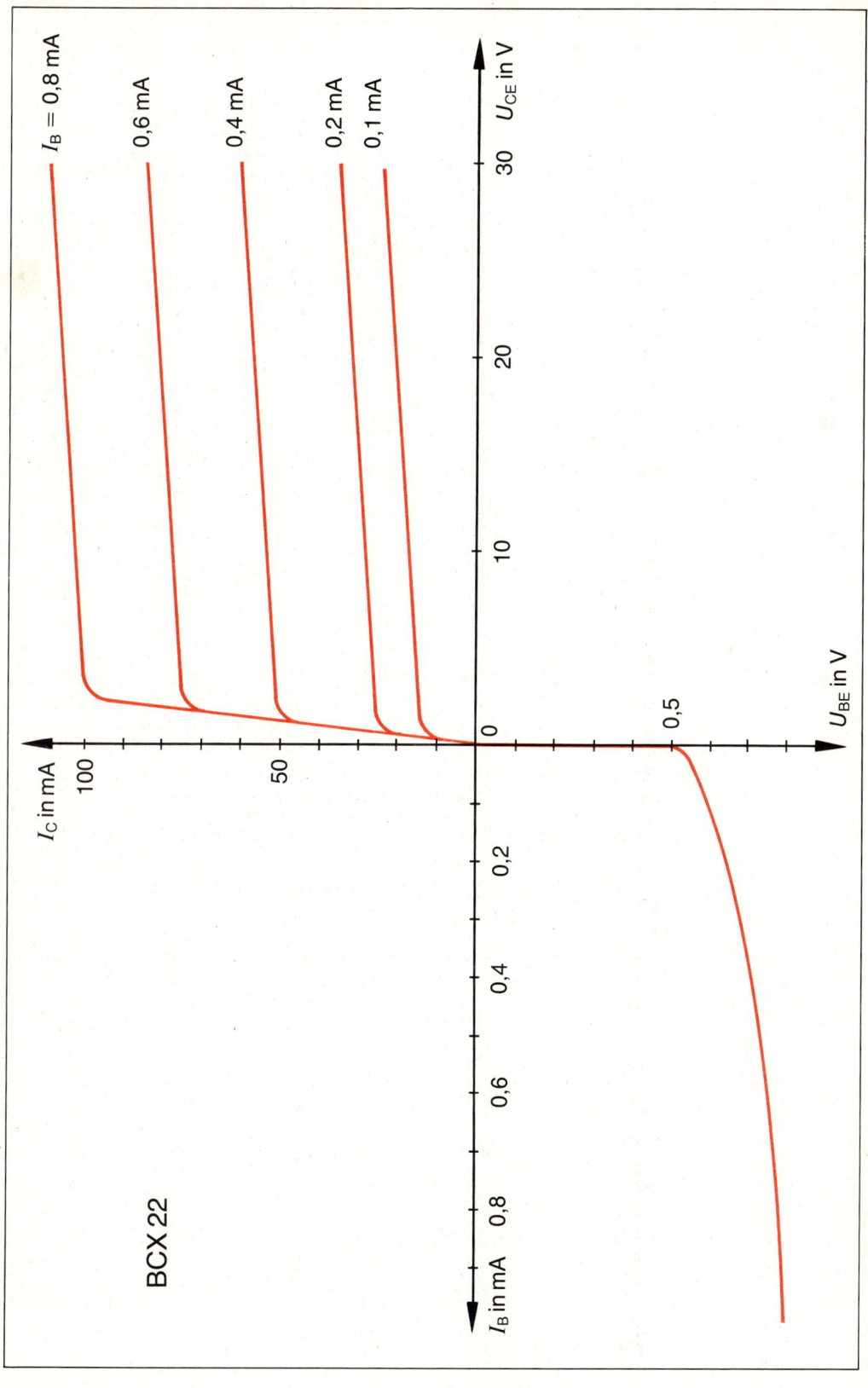

Kennlinien des Transistors BCX 22

Stabilisierung 123f.
Steilheit 118
Steinmetzschaltung 57
Stellgröße 150
Sternschaltung 35ff.
Strombelastbarkeit isolierter
  Leitungen 82f.
Stromsteilheit 125
Stromverstärkung 111
Stromwandler 45f.
Stromwelligkeit 103
Subtrahierer 116
Synchrongenerator 59
Synchronmaschine 59
Synchronmotor 60

T

Tangens 1
Tarife 91f.
Teilerschaltungen 142f.
Thyristoren 125f
Tiefpaß 33f.
TN-Netz 67ff.
Transformatoren 43ff.
– Kurzschlußspannung bei ∼ 46f.
– Kurzschlußstrom bei ∼ 46f.
– Leistungen von ∼ 48f.
– Spannungsübersetzung
  bei ∼ 43f.
– Spar∼ 47f.
– Stromübersetzung bei ∼ 43f.
– Widerstandsübersetzung
  bei ∼ 44f.
– Wirkungsgrad von ∼ 48f.
Transformatorkompensation 87
TT-Netz 70f.

U

Übersetzung 54
Übertragungsfaktor 97
Übertragungsmaß 97
Umdrehungsfrequenz 4f.
Umfangsgeschwindigkeit 54
Umgebungstemperatur 75, 82f.,
  121
Umrechnung von Schaltungen 15
Universalmotor 58

V

V-Kurven 60
Ventilseitige Leerlaufspannung
  101
Ventilseitiger Leiterstrom 101
Vereinfachung von Schaltwerken
  129ff.
– algebraische ∼ 132f.
– mit KV-Tafel 129f.
Verlegearten 74
Verlustfaktor 22
Verlustleistung 73ff., 76f., 78ff.,
  109, 121
Verstärkung 111
– der Emitterschaltung 113
Verstärkungsfaktor 97
Vorhaltezeit 153

W

Wärmeableitung 121f.
Wärmebedarf 91f.
Wärmekapazität
– spezifische ∼ 91f.
Wärmewiderstand 121
Warmwasserspeicher 91f.
Wechselspannung 1ff.
Wechselstrom 1ff.
– anlagen 73ff.
– Asynchronmotor 57f.
– ausgangswiderstand 108, 113
– eingangswiderstand 108,113
– kreis 1ff.
– motor 57f.
– motorkompensation 84ff., 89
– verstärkung 108
Welligkeit 103
Winkel 1
– funktionen 1f.
– geschwindigkeit 4
Wirkungsgrad
– von Transformatoren 48f.
Wirkungsgradverfahren 93ff.

Z

Z-Diode 123
Zählerschaltungen 142f.
Zahlensysteme 146
Zahnradtrieb 54
Zeigerdiagramm 5
Zeit-Strom-Bereiche 68
Zentralkompensation 88f.
zulässige Verlustleistung 123
Zweigstrom 101

Bildquellenverzeichnis

Hinweis: Ziffern vor dem Komma = Seitenzahl; Ziffern nach dem Komma = Bild-Nr.

BBC, Mannheim: 70,1
Busch-Jaeger Elektro GmbH, Lüdenscheid-Freisenberg: 71,3
Foto & Grafik Rixe, Braunschweig: 4,1; 7,2; 37,1; 43,3
Hartmann & Braun AG, Frankfurt/Main: 72,1
LEPPER DOMINIT Transformatoren GmbH, Bad Honnef: 85,2
Metrawatt GmbH, Nürnberg: 72,2
V. Pauly, Limburg: 135,5; 136,1; 136,3; 137,6; 138,2 und 3; 139,5; 141,6
Siemens AG, Erlangen: 53,3

Werkfoto Hager Electro, Ensheim-Saar: 67,1
Westermann-Foto, Hermann Buresch, Braunschweig: 121,2
Einbandgestaltung: Wolfgang Seipelt, Eilert Focken

Zeichnungen:
Technisch-Grafische Abteilung Westermann
Zeichenstudio Lorenz, Braunschweig